浙江大学
农业遥感与信息技术
研究进展 （1979—2016）

◆顾问　王人潮
◆主编　梁建设

ZHEJIANG UNIVERSITY PRESS
浙江大学出版社

浙江大学建校 120 周年华诞纪念

（1897—2017）

浙江大学环境与资源学院建院 87 周年纪念

（1930—2017）

创建一个全新的学科
——农业遥感与信息技术

浙江大学农业遥感与信息技术研究开展 37 周年纪念

（1979—2016）

浙江大学农业遥感与信息技术应用研究所建立 24 周年纪念

（1992—2016）

浙江省农业遥感与信息技术重点研究实验室建立 23 周年纪念

（1993—2016）

浙江大学农业信息科学与技术中心建立 14 周年纪念

（2002—2016）

努力走出一条经济高效、产品安全、资源节约、环境友好、技术密集、凸显人才资源优势的新型农业现代化道路。

——引自 2007 年时任浙江省委书记习近平

主政浙江省工作时的讲话

同步推进新型工业化、信息化、城镇化、农业现代化，薄弱环节是农业现代化。要着眼于加快农业现代化步伐，在稳定粮食和重要农产品产量、保障国家粮食安全和重要农产品有效供给的同时，加快转变农业发展方式，加快农业技术创新步伐，走出一条集约、高效、安全、持续的现代农业发展道路。

——引自 2015 年 5 月 27 日习近平总书记

在华东七省市党委主要负责同志座谈会上的讲话

为改变农业生产的靠天被动局面，稳定提高农业收获、改善省民生活而努力奋斗

为农业信息化、实现信息农业的新一次农业技术革命而奋斗

2016年12月31日

完成农业经营模式转型、实现信息农业，为浙江大学实现"立足浙江、面向全国、走向世界、奔国际一流"而努力奋斗

发挥科学研究的"爱国敬业、求是作风，认定目标、团结合作，攻克堡垒、为民造福"的团队精神

王人潮 2016·8·1
于浙江大学

——录自《王人潮教授口述历史访谈记》

主持浙江大学农业遥感与信息技术应用研究所、
浙江省农业遥感与信息技术重点研究实验室日常工作的领导集体

王人潮（中）　首任所长、省重点研究实验室首任主任

王　珂（右2）　第二任所长、环资学院副院长

黄敬峰（左2）　第三任所长、省重点研究实验室现任主任、
　　　　　　　　校学科交叉中心首席科学家

史　舟（右1）　现任所长、省重点研究实验室副主任

吴嘉平（左1）　省重点研究实验室副主任、校学科交叉中心学
　　　　　　　　术负责人（现已调往海洋学院）

浙江省农业遥感与信息技术重点研究实验室
历届学术委员会主任

陈述彭

首任学术委员会主任，
中国科学院院士，
中科院遥感应用研究所首任所长、
研究员

李德仁

第二任学术委员会主任，
中国科学院、工程院两院院士，
原武汉测绘科技大学校长、教授

潘德炉

现任学术委员会主任，
中国工程院院士、研究员，
卫星海洋环境力学国家重点实验
室主任

王人潮

学术委员会名誉主任，
浙江大学教授、博导，
新学科奠基人

序

　　早在 2007 年，习近平同志主政浙江省工作时，提出"努力走出一条经济高效、产品安全、资源节约、环境友好、凸显人才资源优势的新型农业现代化道路"（简称新型农业现代化道路）。这是一条突出人才优势、解放农业生产力的农业发展道路；也是一条科学的、全面的，以经济高效、环境友好、技术密集为主线的大农业发展道路。为了探索"新型农业现代化道路"，我们组织力量，系统总结我所近 40 年的农业遥感与信息技术研究成果及应用状况，编写了《浙江大学农业遥感与信息技术研究进展（1979—2016）》，结合当前我国农业发展中存在的问题以及未来科学研究的方向，提出了"探索网络化的融合信息农业模式"。这个模式的提出，融进了浙江大学农业遥感工作者近 40 年的辛勤耕耘的汗水和研究成果，有效地融合了现代网络技术、卫星遥感技术和农业信息技术，能够最大程度地解决农业发展缓慢、经济效益不高、受自然影响较大等一系列问题。网络化的融合信息农业模式是对新型农业现代化道路的一种科学探索。经过数十年的努力，我们在这个方面积累了大量的经验和成果，尤其在我国进入航天技术、卫星技术、大数据、云计算、网络化快速发展的时代，随着信息的产生、获取、处理和应用能力的不断提高，我们对建设和发展新型农业现代化道路充满信心。我们希望创造条件，完成农业信息化（工程）建设后，向全国推广应用，促进我国农业转型并成为融合二、三产业的新型农业，使中国的农业真正走上快速、稳健的可持续发展的道路，实现不受自然干预的高科技、高品质、高效益的新型农业现代化道路。

《浙江大学农业遥感与信息技术研究进展（1979—2016）》编委会

2018 年 4 月 18 日

前　言

学科创建、科研成绩、方向目标

一、新学科的创建过程和现状

农业遥感与信息技术是在20世纪70年代末开始发展起来的高新技术，是国家学科名录中没有的全新学科，要想取得国家的认可，它的创建过程就会比较长，也会比较难。我们经过37年的创新研发，建成了一个包括"研究所""省重点研究实验室""校学科交叉中心"三个科教组织和一个新专业，以及具有博士学位授予权的农业遥感与信息技术新学科。研究所现有1000 km²以上的科教用房，单价10万元以上的仪器设备价值超过1400万元，已具备全面开展农业信息技术及其产业化研发的基础条件。

1979年10—11月，浙江农业大学（1998年"四校合并"为新浙江大学）指派王人潮参加由农业部和联合国粮农组织（FAO）、开发总署（UNDP）共同主办的，由北京农业大学（现为中国农业大学）承办的"以MSS卫片影像土地利用和土壤目视解译"为主要内容的卫星资料在农业中的应用的讲习班。国家、省部属24个单位，32人参加。讲习班结束时，农业部领导和联合国专家指定，由承办单位（北京农业大学）和浙江农业大学两校，分别承担农业部首批"卫星遥感资料在农业中的应用研究"。我们为了配合全国第二次土壤普查运动，成立了土壤遥感课题组，开展"MSS卫片影像目视土壤解译与制图技术研究"，并将其在土壤普查中推广应用，该研究获浙江省科技进步奖二等奖。这就是我们创建农业遥感与信息技术新学科的起步。

1980年，浙江农业大学土化系为土壤学研究生开设《航卫片在土壤调查中的应用》专题讲座。1982年，成立土壤遥感技术应用科研组。1983年，土壤学科开始招收土壤遥感硕士研究生，吴嘉平是我国第一位土壤遥感硕士研究生。1986年，随着农业遥感研究内容的扩大，浙江农业大学批准成立浙江农业大学农业遥感技术应用研究室，王人潮任主任。从此，土壤遥感硕士研究生都改为农业遥感技术应用研究生。

　　1989年，我们组织社会上的有关单位，向省科委申报批准成立浙江省遥感中心，由浙江省科委主任陈传群教授兼中心主任，王人潮任中心副主任兼《遥感应用》主编。1991年，随着信息技术的应用与发展，土壤学科开始招收农业遥感与信息技术博士研究生，赵小敏是我国第一位农业遥感与信息技术博士研究生。

　　1992年，经省教委批准，农业遥感技术应用研究室扩建为浙江农业大学农业遥感与信息技术应用研究所，从此，硕士、博士都改为农业遥感与信息技术应用研究生。同年，省教委批准成立浙江省高等院校遥感中心，王人潮任中心主任。

　　1993年，在研究所的基础上组织申报，经省政府批准投资75万元，创建浙江省农业遥感与信息技术重点研究实验室。这是我国第一个省部级以上的农业遥感与信息技术重点实验室，王人潮任主任；中科院遥感应用研究所首任所长陈述彭院士兼任学术委员会主任。1994年，农业遥感与信息技术学科被浙江农业大学批准为校级重点学科，设生物资源遥感与信息技术及其系统开发研究、环境资源遥感与信息技术及其系统开发研究、遥感与信息技术应用基础研究三个方向。1995年发起组建中国土壤学会土壤遥感与信息专业委员会。同年，浙江大学农业遥感与信息技术应用研究所承办由国家遥感中心主办的第十一届全国遥感学术讨论会。1998年，浙江省科委首次组织省级重点实验室评估工作，浙江省农业遥感与信息技术重点研究实验室被评为10个省级优秀重点实验室之一，获得50万元奖励金。往后，它每次评估都被评为优秀或重点资助实验室。同年，学校拨款50万元，准备成立浙江农业大学农业遥感与信息技术中心，但适逢"四校合并"而停止。1999年，应教育部邀请做"农业信息系统工程建设"专题报告。2000年，参加编制《国家农业科技发展规划》，浙江大学农业遥感与信息技术应用研究所与中科院地理研究所共同负责起草"农业信息技术及其产业化"专项。

　　2002年，我校在国家一级重点学科农业资源利用下面，申报自主设立农业遥感与信息技术二级学科，获得国务院学位委员会批准。从此，我国正式成立第一个具有独立招收硕士、博士研究生及其学位授予权的新学科，完成建设程序。"四校合并"后，又经过4年的组织申报，在2002年，浙江大学批准以省重点实验室为基础，联合校内相关学科，投资200万元组建浙江大学农业信息科学与技术中心，黄敬峰任首席科学家。在研究所外围，设有6个与专业结合的研究室。农业遥感与信息技术学科的研究方向调整扩大为①农业遥感与信息技术基础理论研究；②农业遥感与信息关键技术研究；③农业遥感与信息技术应用系统开发研究；④农业遥感与信息技术集成、应用与示范研究；⑤农业生物信息技术与虚拟生物学研究，共5个方向，学科带头人有12位教授（研究员）。此时是农业遥感与信息技术学科的最盛时期。

　　长期以来，我校农业遥感与信息技术学科是国内唯一具有博士学位授予权，也是国内唯一的省部级以上的重点实验室，一直处于国内绝对领先地位。"四校合并"后，浙江大学成立了农业信息科学与技术中心，科学研究内容和范围也不断扩大，1999年还创办了信息化管理资源环境科学新专业，但是受到浙江大学一刀切的进人制度的影响，新学科的发展规模受阻，特别是在申报国家重点实验室、国家工程技术中心、科技创新团队等时，都受到特殊情况的严重干扰，农业遥感与信息技术新学科的发展严重受阻，在国内的领先地位也受到严重挑战。

2003年，我应科技部邀请做"中国农业信息技术现状及其发展战略"专题报告。2005年，王人潮因年迈（75岁）退休，当时研究所已经有4位较高水平的人才，但都比较年轻，知识面也不够宽，故采用集体接班过渡的方式。其中，①王珂在1998年被任命为副所长，晋升研究员后，接任所长和学科带头人；被推荐接替浙江省遥感中心副主任、中国遥感应用协会常务理事、浙江省土地学会副理事长，是《农业资源信息系统》新编国家统编教材第一副主编。②黄敬峰在1998年攻读博士学位时，就被任命为副所长（王珂担任环境与资源学院副院长后任所长），接任浙江省农业遥感与信息技术重点研究实验室主任，担任浙江大学农业信息科学与技术中心首席科学家；被建议接替中国环境遥感学会常务理事、中国自然资源学会理事，与我合著《水稻遥感估产》专著。③吴嘉平是从美国康奈尔大学引进的，担任省重点研究实验室第一副主任、校交叉学科中心学术负责人；被建议接替《科技通报》编委会副主委、《浙江大学学报》（农业与生物技术版）编委，推荐担任《Pedosphere》杂志编委。④史舟是具有培养前途的青年教师，担任副所长（现为所长和学科负责人）、省重点研究实验室副主任；被推荐担任中国土壤学会土壤遥感与信息专业委员会副主任委员（现为主任委员），是《农业信息科学与农业信息技术》专著第二作者。

2005年，王人潮参加国家首次设立的重大专项——"十一五"国家支撑计划"现代农村信息化研究与示范"项目的专题论证。2006年，参加该项目评审，任副组长。2009年，应国家遥感中心的建议，起草《中国农业遥感与信息技术十年发展纲要》（国家农业信息化建设，2010—2020年），参见附件1。

农业遥感与信息技术新学科现有"研究所""省重点研究实验室""校学科交叉中心"三个科教组织和一个信息化管理资源环境科学新专业，并具有博士学位授予权，这在国内是唯一的。截至2016年年底，研究所在职员工21人（含博士后4人、项目聘用4人），在读研究生92人，本科专业学生28人，是一支以专职科教人员为骨干，以研究生、博士后为基本队伍的，精干的、知识结构合理的科研队伍。研究所拥有1000 km²以上的科教用房，单价10万元以上的仪器设备达1400万元以上，其规模和总体水平已经具备农业信息化研究和建设的物质基础条件。

二、新学科的科研成绩和水平

浙江大学农业遥感与信息技术应用研究所经过37年的不同类型、不同级别、不同大小的200多个课题的持续创新研究，其内容涉及农、林、水、气、环境、海洋、地质，及其土壤（地）、施肥、栽培、植保、畜牧和农业生态与管理等领域，已经研发出20多个应用系统及其科技试验产品，特别是提出了以种植业为主的农业信息系统工程概念框架，明确了农业信息化建设的技术思路；获得省部级以上的科技奖励成果23项；发表创新型论文、著作1000多篇（本），主编国家统编教材4册；培养研究生逾226名、本科生六十多名。科技总体水平处于有多项突出贡献的国际先进、国内领先地位。研究所已经具备全面开展农业信息化建设研究、逐步实现信息农业的科技能力。

　　37年来，我们已承担：国家攻关、重大专项、支撑计划、重点项目和国家自然科学基金，以及农业部、国防科工委等部门的项目；联合国及美、英、法、德、东南亚等国际合作或双边合作项目；省内外的省政府、厅（局）和企业事业单位的计划或横向课题等，共计在200个以上。研究内容涉及农业、林业、水利、气候、环境、海洋、地质，以及土壤（地）、施肥、栽培、植保、畜牧和农业生态与经营管理等领域，并都取得不同程度的良好效果。其中：①水稻遥感与信息技术应用研究，是以国家攻关项目——水稻遥感估产为中心开展研究的，在水稻遥感农学机理、遥感数据分析及其遥感估产的关键技术等方面取得突破性进展，提出了省、地、县三级水稻遥感估产的技术方案；研究完成国际上第一个浙江省水稻卫星遥感估产运行系统（包括水稻长势监测）。浙江大学农业遥感与信息技术应用研究所还在多项技术综合集成、高光谱应用和不确定性研究，以及遥感定量化技术的应用研究等方面都有突破性进展，处于国际领先水平。②土壤遥感与信息技术应用研究，在运用航片、SPOT和TM资料开展土壤调查制图技术研究取得成功的基础上，研制出我国第一个由省级（1：50万）、市级（1：25万）和县级（1：5万）三种比例尺集成的、具有无缝嵌入和面向生产单位服务等良好功能的浙江省红壤资源信息系统（附有1.1版光盘）。在土壤地面高光谱遥感原理及方法等方面有突破性进展。完成的"浙江省土壤数据库"和"全国主要土壤光谱数据库"，为土壤管理、开发利用、土壤调查及更新，以及科学研究提供了基础条件。③土地遥感与信息技术应用研究，研发出我国第一个具有数量、空间优化配置和系统更新与管理决策等功能的土地利用总体规划信息系统，以及城镇和农村土地定级估价信息系统、土地利用现状调查、变更调查和预测预报系统等。这些都已通过建立"公司"和向土地管理部门推广应用。④其他遥感与信息技术应用研究，包括农作物栽培、农水施肥、植物保护、农业生态、环境保护、果树蔬菜、农业管理，以及林业、水利、气象、环境、海洋、地质等领域，都是由本所研究或与相关单位合作研制的信息系统，例如与浙江省水利厅合作研究完成的"浙江实时水雨情WEBGIS发布系统"已经由水利部门推广应用。⑤遥感光谱及其机理研究，通过对大量的不同地物及其在不同时间、不同状态时的光谱特性与变化规律研究，找出与监测地物有关的敏感波段，以及与其相关波段组合的光谱变量（参数），再通过与农学专业相结合，建立起一系列的估算、计算、监测、预报等的相关模型或光谱参数，在水稻、土壤（地）等地物遥感原理与技术以及信息技术在农业中的应用等方面有很大进展；已经建成的"水稻光谱数据库""全国土壤可见光—近红外光谱数据库"等，为农业遥感与信息技术的应用研究提供了基础条件。⑥农业遥感与信息技术综合性研究，已经建成一个全新的农业遥感与信息技术学科（暂归农业资源利用一级学科），完成《农业信息科学与农业信息技术》等系列专著；建成一个信息化管理资源环境科学新专业，新编国家统编教材《农业资源信息系统》，教育部批准为"面向21世纪课程教材"，并已由中国农业出版社组织修订后出第二版，现在正在筹划修订出第三版。最后，本所提出以种植业为主的农业信息系统工程概念框架，为农业信息化建设提供了技术思路。

经过37年的创新研究，已经发表的论文和出版的专著、教材超过1000篇（本）。大约有三分之一的论文是被SCI、SSCI或EI收录的。绝大部分科技著作和教材都是在国内或国际上首次出版的。例如《水稻遥感估产》是中华农业科教基金资助的重点图书，也是至今在该领域国内外唯一的科技专著；《水稻高光谱遥感实验研究》和《水稻卫星遥感不确定性研究》也是该领域的唯一专著；又如《农业信息科学与农业信息技术》是国内最系统全面论述的专著之一，被中国农业出版社列为重点图书出版；再如《浙江红壤资源信息系统研制与应用》是国内外第一部环境资源领域的信息系统专著；《土壤地面高光谱遥感原理与方法》和《地统计学在土壤学中的应用》两部著作也是土壤领域的第一部科技专著，分别由科学出版社和中国农业出版社出版；还有，《浙江土地资源》是浙江省第一部系统的、具有历史意义的土地资源专著，填补了相关领域的空白；《"多规融合"探索——临安实践》是具有时代特色的、问题导向性的科技著作，由科学出版社出版；《水稻营养综合诊断及其应用》研究提出综合诊断的理论与技术，及其诊断施肥法，将其推广应用后取得巨大的经济效益，其获国家优秀科技图书奖二等奖，研究成果获浙江省优秀科技成果推广奖二等奖；《诊断施肥新技术丛书》（13分册）是国内第一部普及肥料知识的新技术丛书；《农业资源信息系统》和《农业资源信息系统实验指导》（附数字光盘）是农业环境资源领域的国内第一部由农业部组织的统编教材；等等。

37年来，通过省部级鉴定的科技成果30项，其中获得省部级以上的成果奖励23项（含合作奖），包括国家科技进步奖3项：①水稻遥感估产技术攻关研究（1998年），②农业旱涝灾害遥感监测技术（2014年），③植物—环境信息快速感知与物联网实时监控技术及装备（2015年）。省部级一等奖3项：①浙江省土地资源详查研究（1998年），②设施栽培物联网智能监控与精确管理关键技术与装备（2012年），③农业信息多尺度获取与精准管理技术及装备（2016年）。以及省部级二等奖13项、三等奖4项。其中部分成果的技术水平是很高的，例如，"浙江省水稻卫星遥感估产运行系统及其应用基础研究"经过20多年的持续研究，是我国连续四个"五年计划"攻关（重点）项目，是在克服多种国际性技术难点的情况下研发成功的，是国际领先的研发成果，经举手表决被评为三等奖。遗憾的是这影响了"中国水稻卫星遥感估产运行系统研究与实施"的申报（见附件2）。最后，本所还研究开发出多种科技产品和专利等。

　　37年来，我们已培养农业遥感与信息技术人才286名（含留学生6人），其中博士研究生112名（含博士后）、硕士研究生114名、学士60名。现有在读生120名，其中博士生31名、硕士生61名、本科生28名，另有博士后2名，已经形成博士、硕士、学士（本科生）以及留学生等完整的培养体系。据不完全统计，培养的人才，获得博士学位的研究生大约1/2晋升高级职称，其中又有1/2是教授或研究员；获硕士学位的多数是继续深造、攻读博士学位，其余的大约有1/2晋升高级职称，部分已是正高；获学士学位的也多数攻读硕士学位。他们都在发展国家农业遥感与信息技术新学科的事业中发挥重要作用。有不少人还在科教单位担任校、院、系（所）的领导和学科负责人，或担任省级以上的学术团体的负责人等。其中较为突出的是硕、博连读的首届博士赵小敏教授、博导，他是中国土壤学会土壤遥感与信息专业委员会第二任主任，现任江西农业大学校长；硕、博连读的第六届博士史舟教授、博导，现任中国土壤学会土壤遥感与信息专业委员会主任（第三任），2016年被选为国际土壤学会土壤近地传感工作委员会主席；同届博士张洪亮教授，现任贵州省社会科学院副院长等。

三、新学科的研究方向和目标

　　37年的研究证明：全面发展和运用农业遥感与信息技术，能有效地调控农业生产的分散性、时空的变异性、灾害的突发性、市场的多变性，及农业种类、生长发育的复杂性等5个基本难点，会有效地改善农业生产的靠天被动局面。今后新学科的研究方向与奋斗目标是积极争取"浙江省农业信息化建设国家试点"，在总结和提升现有研究成果产业化的基础上，全面开展农业信息化研究和建设，完成新一次的农业技术革命，走出一条新型农业现代化道路，逐步实现信息农业，并形成高新技术产业，为浙江大学实现"立足浙江、面向全国、走向世界、奔国际一流"的奋斗目标做出重要贡献。

　　早在2007年，习近平同志主持浙江省委工作时就提出："努力走出一条经济高效、产品安全、资源节约、环境友好、技术密集、凸显人才资源优势的新型农业现代化道路。"这是我国"三农"工作的一件划时代的大事，也是我国农业科技工作者的伟大使命，为我所指明了研究方向和奋斗目标。我从事农业科技、教育与生产实践60年，结合近40年的农业遥感与信息技术研究取得的科技成果和实践经历。逐渐认识到：在浙江省，从农业生产的基本特点出发，研究农业经营模式的转型，根据现在农业科技和生产水平，只要全面运用农业遥感与信息技术、大数据、云计算、网络化等高新技术，推动一次新的农业技术革命，促进农业经营模式的快速转型，实现网络化的融合信息农业模式是可能的。这就是新学科的研究方向和奋斗目标。

农业生产是在地球表面露天进行的有生命的社会生产活动。它伴随着农业生产的分散性、时空的变异性、灾害的突发性、市场的多变性，及农业种类、生长发育的复杂性等人们运用常规技术难以调控和克服的五个基本难点，是严重影响农业生产发展的自然因素；极其复杂的农业生产，长期以来以农户个体经营为主的生产方式，严重阻碍其吸取新的科研成果和生产技能的进步，是影响农业生产发展的人为因素。这两个障碍因素导致农业生产长期以来一直处于靠天的被动局面，而且难以引入和运用新技术，这是造成农业行业脆弱性的根本原因，也是造成农业生产的发展速度始终落后于其他行业的原因。例如，现在发展农业生产比其他行业都更需要信息化，就是因为农业生产伴随着"五个基本难点"和农户个体经营。农业信息化所需的技术、经济和推广应用都很难，使得农业信息化至今没有动起来，大大地落后了。

科学技术和生产技能的不断进步是人类研究自然、认识自然和利用自然，促进国民经济发展和提高创造美好生活能力的推动力。早在远古石器时代的原始社会和农奴社会，农业生产实施的是刀耕火种渔猎农业模式。这是一种原始农业，每100 km²的土地能养活不足10人。当进入封建社会的铁器化时代时，农业生产实施的是连续种植圈养农业模式，每100 km²的土地可养活200人以上。当人类进入工业化时代时，农业生产实施的是工业化的集约经营农业模式，农地环境虽受到污染，但每100 km²的土地可以养活1500人以上。现在，社会正在进入以遥感与信息技术为主要手段的大数据、云计算、网络化的信息时代。农业生产也随着科技与教育、生产实践经验及其相关因素资料（信息）等的积累，随着利用遥感信息技术大面积地快速获取农业生产现势信息及其他相关因素信息技术的不断提高，随着计算机及计算技术的进步，对庞大而复杂的有关农业生产的数据（含积累的信息数据），能通过运算得以有效利用。这样，现行的工业化的集约经营农业模式，就有可能向着网络化的融合信息农业模式转型。

网络化的融合信息农业模式，简称信息农业。所谓信息农业，首先是能快速获取并融合土、肥、水、气、种、保、工、管，以及生物自身生长发育等现势性的信息，并能找到有用的最佳信息；其次是利用科学研究和生产实践等长期积累的全部信息与经验，找到变化规律及其相关性，获取可利用的最佳信息；最后研制出因地制宜的最佳信息组合的、技术密集的分专业执行的、网络化的农业生产管理经营模式。通俗理解信息农业就是运用遥感与信息技术等高科技，因地制宜地聚集融合成最佳信息（技术）组合，分专业协作完成农业生产全过程。这种农业模式至少有十大优势：①做到经济高效、环境友好、生态文明；②能获得优质高产；③历史经验教训能为现代生产服务；④减少产销失调的损失；⑤能取得最佳的农作效果；⑥防治污染，保证产品安全；⑦减少或防止灾害损失；⑧取得最佳的栽培效果；⑨快速吸取研究成果，提高科学种田水平；⑩能及时更换农业器具，提高农业生产技能。由此，可以实现习近平同志提出的要求："努力走出一条经济高效、产品安全、资源节约、环境友好、技术密集、凸显人才资源优势的新型农业现代化道路。"这条道路就是实现信息农业。随着农业基础设施建设的完善，农业科技和生产技能的发展，以及农业生产实践信息的积累与有效利用，信息农业的经营水平还会不断提高，其结果必然会稳定地提高农业收入，从而农业生产就会走上可持续发展的轨道。

根据我从事农业科技、教育与生产实践的经历，以及从国外农业信息化发展中吸取的经验，可以正确地推论出以浙江省现在的农业科技水平和生产状况，及其积累的信息资料，只要全面研发和运用以农业遥感与信息技术为主导的高新技术，就能有序地逐步完成农业信息化的建设，实现信息农业，并可形成高新技术产业。但是，促使工业化的集约经营农业模式向着网络化的融合信息农业模式的转型，是一次艰难而复杂的新的农业技术革命过程，是以高新技术为主要手段的、技术密集型的、难度很大的农业经营模式的飞跃转型。因此，既要培养专业信息技术人才，用科学仪器武装农业，还要开展与信息农业模式相适应的农业管理机构的改革和分专业操作系统的建设，而且还要创造必要的条件，稳步推进。因此，农业信息化建设必须要有领导，有组织，有研发，有推广并有序地同步推进。所以，我提出今后新学科的研究方向是积极争取"浙江省农业信息化建设国家试点"，在省政府的领导下，组织与农业相关的单位成立浙江省农业信息化研究联盟组织，同时还要争取农业农村部等有关国家部门的支持，而且还要采取必要的有力的相适应的措施，以保证全面开展农业信息化研究和建设，加速农业经营模式的转型，实现信息农业，以最大限度地改变农业生产靠天的被动局面，改变社会上轻视农业的状况，这就是新学科的奋斗目标。

我出生在山区农村，做过农民，深知农民因为农业生产的劳累艰苦和产业收入的不稳定，而过着面朝黄土背朝天的贫穷困苦的生活。我立志学农，现已从事农业科教及其遥感与信息技术应用研究60年，拒受名利引诱，全身心地投入工作，决心终身为改变农业生产找到出路而努力奋斗。"出路"就是执行习近平同志提出的"新型农业现代化道路"。但我已是一个退休的（工作未停）87岁老人了，体力有些不济，连看书、写字都有点困难。但是，为了落实习近平同志的"2007指示"，我决心借编写《浙江大学农业遥感与信息技术研究进展（1979—2016）》的机会，请我的学生梁建设研究员（副所长）担任主编。我负责写"编写大纲""前言"和起草《浙江省农业信息化建设国家试点实施方案》（见附件3），为领导建言献策，更希望我的接班人能进一步增强为"三农"服务的思想，积极争取、创造机会投身农业信息化建设，为早日实现信息农业而努力奋斗。

王人潮

2018年1月15日

附：浙江省农业信息化建设试点的主要研究任务和采取必要措施（建议稿）

一、主要研究任务

第一，在总结和提升37年来的研究成果产业化的基础上，开展成果产业化的推广应用研究。 例如浙江省水稻卫星遥感估产运行系统（含水稻长势监测及追施氮肥的测报等）、红壤和海涂资源土壤利用动态监测与合理开发等20多个信息系统的业务化运行研究。

第二，全面开展农业信息化研究，首先是新的急需的专业信息系统的研发与应用。 例如研制浙江省农作物生产（含经济作物）和主要畜禽养殖网络化信息系统，做到因地制宜、产销对接，减少盲目生产造成的损失，以及溯源追查，保证食物安全等。又如研究开发浙江省重大农业自然灾害预防测报信息系统，防止或减轻灾害损失等。其次，全面有序地开展农业信息化研究。

第三，农业信息化工程建设所需的各种装备和专用软件研发与产业化。 浙江大学研发的20多个专业信息系统及其软件、科技产品，以及多个信息化的自动监测和调控系统装备等，都需要产业化开发，形成产品，并在此基础上，全面开展信息农业所需的仪器、成套装备和专业软件等的研究及其产业化，以保证农业模式的转型升级。

第四，各个专业信息系统融合为农业信息系统的综合集成技术研究， 完成农业信息化的系统工程建设，以及适应信息农业的管理机构的改革等。最终，实现信息农业，发展高新技术产业，走出新型农业现代化的道路。

二、采取必要措施

第一，成立强有力的统一领导机构。 通过农业信息化建设，实现信息农业是以高新技术为主要手段的新一轮农业技术革命，是农业经营模式的飞跃转型，不但技术难度很大而且牵涉的面也很广。所以，必须由与农业相关的单位的领导组建浙江省农业信息化建设委员会，由省领导兼任主任委员，下设办公室，由农业厅领导兼任办公室主任。由县（市）成立相应的领导机构，统一领导农业信息化建设及其相适应的农业管理机构的改革。

第二，成立综合性的研发机构。 首先建议浙江大学在浙江省农业遥感与信息技术重点研究实验室、浙江大学农业信息科学与技术中心的基础上，组织有关单位成立农业信息化研究院（或浙江农业信息化工程院），再由该院联合省内与农业信息化相关的单位，建成浙江省农业信息化研发联盟，负责农业信息化建设的研究，及其研究成果应用推广的技术指导工作。

第三，成立培训机构、健全农业推广机制。 首先是成立培训机构，培养出适应农业新技术革命需要的、不同等级的农业信息化的专业技术人才；其次是充实调整各级农业技术推广站的人员和科学设备，以促进研究成果产业化的推广运行。

4. 设立专项基金和确立各方支持的政策。众所周知，国家实现工业化以后，农业就成为社会支柱产业，特别是以农业新技术革命为手段的农业经营模式飞跃转型升级，各级政府都要设立专项基金，分年按需拨款开展研发各种信息系统（含专业软件）及其新装备，用于农业模式转型。同时，还要确立与农业相关的单位都要无偿支持信息资料的搜集，并配合研究等政策。

目　录

上 篇

农业遥感与信息技术研究内容（课题）摘要

　　1979年，从浙江大学与北京农业大学（现为中国农业大学）分别承担农业部首批下达的"卫星遥感资料在农业中的应用研究"开始，我们克服多次、多种困难，坚持37年研究不中断，先后承担国家支撑计划、国家攻关、国家重大项目、国家专项、国家自然科学基金，以及国防科工委、农业部等项目；联合国及美、英、法、德、东南亚等国际合作或双边合作项目；浙江省人民政府省长基金、省科技厅攻关重大项目、浙江省自然科学基金、浙江省国土资源厅、浙江省农业厅等课题；以及浙江省和外省各级政府机构和企业事业单位的计划和计划外项目等，总计200多个研究课题（项目）。研究内容涉及农业、林业、水利、气候、海洋、土地、地质，以及土壤、肥料、栽培、植保、畜牧、环境生态与农业经济管理等领域，均取得了良好效果，其中部分研究取得突破性进展。37年来，农业遥感与信息技术应用研究的项目，除早期为数不多的课题外，大多数研究项目是通过研究生培养，组织研究生共同研究完成的。也就是说，浙江大学农业遥感与信息技术应用研究所在各个方面取得的成就离不开历届研究生的辛勤劳动和努力。为此，我们在本书上篇的研究内容摘要中，将收集到的202位研究生的学位论文（1981—2016年），根据不同的研究方向，分为水稻遥感与信息技术应用研究、土壤遥感与信息技术应用研究、土地遥感与信息技术应用研究、环境综合遥感与信息技术应用研究、其他内容的遥感与信息技术应用研究、遥感光谱及其机理研究6个部分，并以学位论文摘要的形式进行编辑。先分类，再按毕业年次为序介绍，以展示每位研究生在农业遥感与信息技术新学科的建设中做出的贡献。这也从侧面显示了浙江大学农业遥感与信息技术应用研究所在科学研究和研究生培养方面取得的成绩。

第一章 水稻遥感与信息技术应用研究

　　水稻遥感与信息技术应用研究都是围绕水稻遥感估产为中心开展的一系列研究。我们在水稻遥感农学机理、遥感数据分析以及遥感估产的关键技术等方面均取得突破性进展，已经完成水稻氮素、叶绿素、叶面积指数及其水稻长势动态监测系统，提出县、市、省三个级别的水稻遥感估产的技术方案。特别是将遥感参数引进水稻生长模拟与产量的预报中，建立了Rice-SRS估产模型；完成了"浙江省水稻卫星遥感估产运行系统"，这是国内外第一个研制成功的水稻卫星遥感估产运行系统；它在研究期间曾获国家科技进步奖三等奖1项（五级制）；省部级科技进步（含推广）奖二等奖3项、三等奖2项。同时还完成了由中华农业科教基金会资助的国内外水稻遥感领域的第一部科技专著《水稻遥感估产》（50万字），2002年被中国农业出版社列为重点图书出版。另外，还在多项技术集成、高光谱应用及不确定性研究，以及遥感定量技术的应用研究等方面都有不同程度的突破和进展。完成了《水稻高光谱遥感实验研究》（50.5万字）和《水稻卫星遥感不确定性研究》（30.4万字）两本科技专著，分别于2010年和2013年由浙江大学出版社出版，另外，建立了水稻光谱数据库（含高光谱），这为水稻遥感估产及信息技术应用打下了坚实的基础。

　　建成的浙江省水稻卫星遥感估产运行系统，经过浙江省4年早、晚稻8次连续估产和检验结果表明：面积精度是，早稻89.83%～96.38%，晚稻92.30%～99.32%；总产精度是：早稻88.34%～95.42%，晚稻：92.49%～98.14%。经同类研究文献检索，该研究结果处于国际领先地位。但是，我们考虑到估产精度的稳定性还是不够理想，特别是水稻卫星遥感估产的专用软件还没有开发出来，组织推广该技术仍有困难。为此，我们联合国内4家权威研究机构，撰写了《中国水稻卫星遥感估产运行系统研究与实施》项目可行性研究报告（见附件2）。我们报送农业部、科技部，并两次报送原国务院副总理回良玉。时任科技部部长徐冠华院士批转给高新技术产业化司，要求"认真阅办"。回良玉批示给农业部"请宝文同志阅处"（张宝文是原农业部副部长）。由于受国家科研体制以及当时社会风气的限制，该项目最终没能获准实施。于是这个由国家、各部委支持的经过21年连续攻关、处于国际领先地位的研究计划被搁浅。这应该是一个很大的遗憾。

一、博士生学位论文摘要

1. 水稻播种面积遥感监测信息系统研究（1995，陈铭臻；导师：王人潮）

　　根据水稻播种面积遥感监测信息系统的目的和任务，该研究详细论述了以ARC/INFO软件为主要支撑软件，以工作站为核心，在局部网络环境下的水稻播种面积遥感监测信息系统的构成及系统应具有的具体功能。该研究介绍了系统中各种数据类型、种类，以及各种数据编码方案。该研究提出了根据稻田空间分布规律和遥感图像光谱特征来识别TM图像中稻田像元的方法，论述了在背景数据支持下，从TM图像中多层提取稻田信息的具体方法，并以实际稻田分布图为标准，进行精度分析，得到的结论为：TM图像在水稻土分布图等背景资料支持下，提取的稻田面积精度在90%左右，其中平原地区精度较高，达93.2%，丘陵山区精度较低，达86.3%。

该研究提出了根据地物空间分布规律和像元光谱特征进行混合像元的识别、分解及混合像元内各种地物的空间定位的观点，讨论了稻田—水体、稻田—道路等混合像元的识别、分解和空间定位的具体方法，对TM图像提取的稻田像元进行混合像元分解，其稻田面积精度有明显改善，平原地区达96.1%，丘陵山区达91.6%。

针对水稻生长季节很难得到合适的遥感资料这一事实，文中提出了以稻田分区为基础，以样点村的实际稻田面积为依据，得到统计上报面积的修正系数，由修正系数校正统计上报面积，最终得到实验区稻田面积的算法。在1994年早稻生长期间选择了23个样点，测报的试验区1994年早稻实际播种面积为510635.5亩（1亩＝0.0666667 hm²，下同），比上报面积487396亩多23239.5亩，统计数据的相对误差为4.8%。

2. 基于GIS的大面积水稻遥感估产方法研究——以浙江省为例（1999，黄敬峰；导师：王人潮）

该研究主要成果在于确定一种有效地建立在卫星遥感和地理信息系统基础上的水稻估产方法，可以归纳为以下八个方面。

（1）提出了选择水稻遥感估产最佳时相应包括水稻种植面积估算最佳时相和水稻产量预报最佳时相。并确定各区水稻产量遥感预测最佳时相。

（2）提出先计算NOAA/AVHRR数据的统计量，采用ENVI的选择感兴趣区功能在影像中判断其是否符合要求，来确定天空反照率，用改进的方法确定的反照率才是像元最低点的值，然后再用能见度进行透射率订正，该方法取得了较好的结果。

（3）提出基于GIS的小范围AVHRR几何纠正的方法，通过各种变换进行图像增强处理，选取地面控制点，利用方差分析和多重比较进行统计检验，结果表明，二元二次多项式拟合法的精度最高。

（4）提出了利用分类法和综合法消除云的影响的效果最好，这是利用时间系列内插和比值法进行云区资料插补，通过分析云检测的阈值法、纹理检测法、分类法和综合法的检测效果后得出的。

（5）引入地理信息层，将土地利用现状信息作为一维与AVHRR复合进行土地利用分类，在引入地理信息层参与分类运算后，大大提高了分类精度，尤其是空间定位精度有了很大提高。

（6）提出水稻可能种植区域的概念，并提出亚像元分类的水稻种植棉结遥感估算的运行化方法。该方法不仅具有统计精度，而且具有很高的空间精度。

（7）提出利用模板技术，把水稻可能种植区域制成模板，保证计算的各县的植被指数中水稻信息量占主导地位，再利用NOAA/AVHRR资料开展各区水稻长势监测，取得了良好的效果。

（8）利用比值法和回归模型法建立的水稻总产量预报模型精度高，达到业务化要求。该研究是以各个县的植被指数与面积信息的乘积为自变量建立的水稻总产预报模型，拟合精度和预报精度都在90%以上。

3. 水稻遥感估产模拟模型研究与系统开发——以中国浙江省为例（2000，奥塞马·阿布·依思玛尔；导师：王人潮，黄敬峰协助）

遥感技术具有定量、实时、非破坏性地提供大面积农作物信息的优势。作物生长模拟模型能较好地描述作物生长过程和环境条件，但是在非理想条件下，作物生长模拟模型的估算误差较大。由于遥感资料能提供大面积作物生长的实际状况，因此，遥感资料与模拟模型的结合已成为作物产量估算与预报的重要趋势。

该研究建立了以Windows 95为平台的水稻生长遥感监测模拟系统软件，该系统不仅完成了传统意义上的水稻生长模拟，而且将遥感资料引入生长模拟模型，使大面积应用有了可能。该研究的特点主要体现在以下几个方面：①对ORYZA 1模型进行改进，提出新的模拟模型（Rice-SRS），使其能应用不同的遥感资料NOAA/AVHRR (LAC)-NDVI, NOAA/AVHRR（GAC）-NDVI和水稻光谱——NDVI在模拟模型中应用NOAA/AVHRR（LAC）资料，采用Rice-SRS估算绍兴市的早稻、晚稻和单季稻产量，估算误差分别为1.027%、-0.787%和0.794%；②应用NOAA/AVHRR（GAC）获取的NDVI资料作为输入变量，采用Rice-SRS估算水稻产量，误差为-7.43%；应用水稻光谱观测资料，采用Rice-SRS估算早稻产量，10个品种的平均估算误差小于1%。

如果能获取孕穗期和抽穗期的合适的卫星影像资料，则Rice-SRS只要2～3次的卫星资料就可估算水稻产量，但是，如果影像资料有云或其他因素影响影像质量，可能导致较大误差。因此，对于早稻和晚稻，最好用4次资料数据进行估算，单季稻则需要5次资料数据。应用差值法（Gap II）订正尺Rice-SRS计算出来的潜在产量作为实际产量，结果表明，杭州市1992—1997年早稻的估算误差为4.59%，晚稻的估算误差为-4.6%；而绍兴市1992—1998年早稻的估算误差为0.47%，晚稻的估算误差为-9.17%。将Rice-SRS用于调节移栽日期和秧龄，结果表明，在绍兴市，如果移栽日期推迟15天，早稻产量将提高12.76%。本模型还可用于温度升高和CO_2浓度增加对水稻产量和成熟时间的影响上。最后，在Windows 95平台上成功地开发建立了界面友好、数据统一、紧密结合、无缝嵌入的水稻生长遥感模拟系统。

4. 利用GIS与TM资料集成技术估算中国南方早稻面积——以龙游县为例（2000，阿罕默德·杨晞；导师：王人潮，黄敬峰协助）

该研究的目的是研究应用GIS与TM资料集成技术，提高在中国南方丘陵山地县级早稻种植面积遥感估算精度以及该地区其他土地利用类型的遥感分类精度。研究区选在龙游县和位于该县北部的横山镇。

研究内容主要有：①龙游县和横山镇土地利用现状图的数字化，从中提取耕地分布图、水田分布图、河流分布图、行政边界区划等；②矢量转栅格，即将龙游县1∶5万土地利用现状图（矢量）转为像元分辨率为30 m×30 m的栅格图，将横山镇1∶1万土地利用现状图（矢量）转为30 m×30 m、10 m×10 m和5 m×5 m的栅格图；③图像配准：包括分辨率为30 m×30 m龙游县土地利用现状图、分辨率为30 m×30 m、10 m×10 m和5 m×5 m的横山镇土地利用现状图、TM影像资料配准到统一的地理坐标和分辨率；④研究区及专题图的提取：利用ENVI的模板技术，制作龙游县和横山镇及其不同土地利用类型的模板，采用ENVI的波段运算功能，提取整个研究区及耕地、水田等专题图；⑤利用GIS和TM资料集成技术提取早稻种植面积方法研究；⑥应用基于GIS的混合像元分解方法及其在早稻面积遥感估算方法研究。

研究以TM资料为主要信息源，利用GIS技术，估算丘陵山区早稻种植面积。研究结果表明：①非监督分类法不能用于提取丘陵山区的水稻种植面积；②只用TM资料估算龙游县早稻面积，与统计数据相比，平行六面体分类法、最大似然分类法的估算精度分别达到82.83%和59.95%；③用GIS与TM资料集成技术对水田分布图进行分类估算早稻面积，平行六面体分类法的估算精度总体达到97.52%，平原和山区的估算精度分别达到98.38%和94.08%，这表明基于GIS的平行六面体分类法对南方丘陵山地早稻种植面积估算的精度最高。与单纯采用TM资料相比，该方法大大提高了分类估算精度，尤其是空间定位精度。由于提取范围仅限于水稻可能种植区域，避免了林地、园地、草地及耕地中旱地作物、未利用地中的荒草地对水稻种植区域的可能影响，较好地解决了"同物异谱"和"同谱异物"对常规分类方法的影响。

基于GIS技术，将TM影像资料重采样成空间分辨率为10 m×5 m，消除水稻可能种植区域中的农村居民点、坑塘水面和一些比较窄线状河流、沟渠的影响；然后提取水田TM影像资料，采用平行六面体分类法估算早稻种植面积，结果表明，10 m×5 m分辨率的分类精度分别为96.96%和97.93%，达到实用化的要求。此外，该方法还可以用于其他类型土地利用面积的估算和其他作物产量预报项目。

5. 水稻生物物理与生物化学参数的光谱遥感估算模型研究（2001，王秀珍；导师：王人潮）

该研究是在浙江大学农业遥感与信息技术应用研究所十多年来的系统研究基础上，采用相关分析、线性与非线性回归分析和逐步回归方法，建立了光谱变量与水稻生物物理和生物化学参数之间的关系，在水稻参数估算中，建立了较为全面的水稻生物物理和生物化学参数光谱遥感估算模型，并将叶绿素a含量和叶绿素b含量从叶绿素含量中分开进行研究，叶绿素a含量与光谱变量之间有着很好的相关性，而叶绿素b含量和类胡萝卜素与光谱变量之间的相关关系远不如叶绿素a。该研究在以下七个方面取得了新的进展。

（1）用美国ASD背挂式野外光谱辐射仪（ASD Field Spec），获取1999—2000年两年晚稻整个生育期的高光谱数据，该数据具有可比性。比较了高光谱变量与多光谱变量用于估算水稻生物物理和生物化学参数，其中如红边面积SDr、SDb以及它们的组合，加上一阶微分光谱等，用这些变量来估算生物化学参数，取得了较好的结果，这是高光谱独有的特点。

（2）研究认为，光谱遥感估算水稻生物物理和生物化学参数的最佳参数是LAI，其次是地上鲜生物量和地上干生物量，再次是上叶叶绿素a、累积施氮量，而纤维素、蛋白质含量估算模型未通过预测精度检验，不能用其估算纤维素、蛋白质含量。

（3）利用线性与非线性回归和逐步回归技术建立了水稻生物物理和生物化学参数光谱遥感估算模型，其中以LAI的估算模型最佳，其次是地上鲜生物量和地上干生物量，再次是上叶叶绿素a、累积施氮量。原始光谱变量与一阶微分光谱变量相比，从生物物理和生物化学参数与原始光谱变量和一阶微分光谱变量之间的相关分析中，选出波段的一阶微分光谱与生物物理和生物化学参数的相关关系较为密切，且一阶微分光谱与参数之间的相关性更明了。

（4）通过比较高光谱变量与多光谱变量用于估算水稻生物物理和生物化学参数，高光谱估算模型精度明显高于多光谱估算模型精度，特别是一些高光谱特征变量如红边面积SDr、SDb以及它们的组合，加上一阶微分光谱等，在估算生物化学参数方面，取得了较好的结果。

（5）用逐步回归技术探求原始光谱变量与一阶微分光谱变量最佳波段，两者相比，用一阶微分光谱选出的波段与生物物理和生物化学参数的相关关系较为密切，且一阶微分光谱与参数之间的相关关系更明了。

（6）在水稻生物物理、生物化学参数拟合中，检查"蓝边、黄边、红边"光谱区域内一阶微分光谱用于估计水稻生物物理和生物化学参数的有效性。相比之下，红边面积最有效，其次是蓝边面积，而黄边面积是无效的。

（7）在水稻生物化学参数估算中，将叶绿素a含量和叶绿素b含量从叶绿素含量中分开进行研究，叶绿素a含量与光谱变量之间有着很好的相关性，而叶绿素b含量和类胡萝卜素与光谱变量之间的相关关系远不如叶绿素a。

此项研究结果证实了利用光谱变量可以用于估测水稻生物物理和生物化学参数，但是，要提高估算模型的精度，减小误差，达到实用化程度，至少还有如下五个方面的工作要做：提高光谱的信噪比（SNR）；增加光谱的测试范围，探求红外光谱与生物物理和生物化学参数之间的关系；选择生物化学成分含量变幅较宽的冠层；减少水稻生物化学参数在实验室里的测量误差；利用其他统计分析技术从光谱数据中提取生物化学信息（如曲线拟合、光谱分解等）。

6. 水稻BRDF模型集成与应用研究（2001，李云梅，导师：王人潮）

该研究主要成果如下。

（1）始于1999年和2000年的两次大田试验，获得了大量、全面、翔实的第一手资料，弥补了植被二向反射特性研究中试验数据不足的问题。研究结果证明运用遥感手段进行水稻长势监测和产量预测是非常有价值的。

（2）通过对不同氮素营养水平的水稻冠层研究，总结出水稻冠层二向反射率随不同氮素水平变化的规律。

（3）将系统集成生成植被光谱模拟系统，在系统中，只需输入叶片的生物化学含量、椭圆模型参数及观测角度和观测时间，便可实现冠层叶倾角分布、叶片光谱、冠层垂直反射率和冠层二向反射率的模拟，反之，通过输入冠层二向反射率、椭圆模型参数及观测角度和观测时间，便可反演冠层结构参数和叶片生物化学含量。

（4）植被二向反射特性研究的目的是希望通过非破坏性手段，提取冠层信息，实现作物长势监测和产量估算。反演的相对误差较大，而且不稳定，如何提高模拟和反演的精度，有两个途径：一是改进观测仪器，如改进观测支架，使快速、准确获取植被二向反射数据成为可能；二是改进模型，如在模型中考虑茎、穗、花的影响等。总之，水稻二向反射率模型要达到适用化程度还有待于进一步研究。

（5）集成太阳高度角计算模型、冠层结构模拟模型、叶片光谱模拟模型、水稻BRDF模型和反演模型，使得通过输入叶片的生物化学含量、椭圆模型参数及观测角度和观测时间，便可实现叶片光谱、冠层垂直反射率和冠层二向反射率的模拟，反之，通过输入冠层二向反射率、椭圆模型参数及观测角度和观测时间，便可反演冠层结构参数和叶片生物化学含量。该系统不仅适用于水稻的光谱模拟，也同样适用于其他作物的光谱模拟。水稻BRDF模型的应用，最终必将是与卫星遥感资料相结合的，因此，应设计将地面实测资料与卫星遥感资料相结合的试验，力图建立水稻卫星遥感BRDF模型，以求通过卫星遥感数据，直接解译水稻冠层参数信息，实现遥感的宏观监测。

7. 农业园区管理信息系统的构建及水稻双向反射模型研究（2002，申广荣；导师：王人潮）

该研究在深度上，从不同角度进行了水稻双向反射模型的研究，以现代农业园区为对象，进行了其管理信息系统及水稻长势监测模型应用系统的构建。归纳起来，其创新点有以下几个方面。

（1）在水稻双向反射中热点效应的规律植被双向反射特性的模拟中，发现"热点"效应的精确模拟是植被双向反射模型建立及提高模拟精度的关键所在。该研究集成的水稻"热点"模型，基本模拟出水稻"热点"系数随观测大顶角和叶片长宽比的变化规律，填补了国内水稻"热点"效应模拟研究的空白，对植被双向反射特性模拟研究的完善和发展具有重要意义。

（2）水稻多组分双向反射模型研究表明，在植被"热点"效应的模拟中，仅考虑植被叶组分的尺度和形状是不够的，在"热点"效应及多次散射系数的估算中都全面考虑了所有组分的作用，并根据水稻不同生长时期的特点，对水稻叶、茎、穗给予不同处理，建立了水稻多组分双向反射模型，取得了较好的效果。

（3）将人工神经网络应用于水稻双向反射前向和反演模型的构建中，是一种新的尝试。所建立的水稻双向反射前向和反演模型，都达到了较高的拟合精度。基于神经网络的水稻双向反射BP模型模拟系统，用户只要输入训练数据文件名和有关参数（比如训练样本数、隐含层个数等）就可进行模型训练，并可以文本和图形两种形式监测训练过程的收敛情况，以便方便地调整相关参数（学习效率和冲量因子），得到理想的训练模型。

（4）现代农业园区管理信息系统的构建实现了集GIS、RS、计算机网络技术等高科技手段为一体的现代农业示范园区管理信息系统的系统分析与总体设计和一些功能模块。不同于一般的专业管理信息系统，系统采用组件式结构，具有较强的图形显示功能，网络化和显示先进技术的超前性等特点。

（5）该研究在详细分析园区（以浙江省仙居县横溪现代农业园区为例）建成前后景观空间格局动态变化的基础上，探讨了现代农业园区建设和发展中土地可持续利用的景观生态评价方法和园区建设和发展应遵循的原则。此项研究是进行现代农业园区建设、发展的规划设计以及进一步建立现代农业园区科学、合理、完整的评价指标体系的基础。

8. 光谱遥感诊断水稻氮素营养机理与方法研究（2003，张金恒；导师：王人潮）

该研究根据高光谱遥感的独特性能，实施光谱遥感诊断水稻氮素营养机理与方法探索，将水稻高光谱反射率和窄波段光谱反射率与水稻氮素营养的实验室化学分析相结合，采用相关分析、回归分析和差异显著性分析方法，研究水稻光谱遥感诊断氮素营养的机理。研究的内容与结果总结如下。

（1）综合考虑水稻上下两功能叶片反射光谱一阶导数红边位置和红边斜率，提出了诊断氮素营养新的植被指数，暂命名为"红边肩角植被指数"。初步证明了该植被指数能够对不同品种、不同生育期、不同环境条件的水稻进行比较理想的氮素营养诊断。

（2）基于矿物质光谱特征连续统去除法的原理及其在植被光谱研究中的一些特点，该研究将这种方法引入到水稻鲜叶片光谱反射率诊断氮素营养的研究中。研究表明在不同品种、不同生育期以及不同环境条件之间，鲜叶片连续统去除的特征参数——吸收谷整体面积与氮素营养之间的相关性较为稳定，该特征参数不仅能定性评价氮肥水平，还可以定量评价水稻氮素营养。

（3）由于高光谱特定波段与氮素营养相关性不稳定，该研究还从叶片宽波段角度出发探索诊断水稻氮素营养的方法。研究表明在不同品种、不同生育期、不同生长环境下存在诊断氮素营养稳定性较好的具有新含意的宽波段组合植被指数。

（4）研究探索基于冠层光谱反射率诊断水稻氮素营养的最佳新组合宽波段植被指数。初步证明了TM 4/（TM 3×TM 2），TM 5/（TM 2×TM 3），（TM 1×TM 4）/（TM 2×TM 3），（TM 1×TM 5）/（TM 2×TM 3），（TM 1×TM 4×TM 7）/（TM 2×TM 3×TM 5），（TM 2－TM 4）/（TM 2＋TM 4），（TM 3－TM 4）/（TM 3＋TM 4），（TM 3－TM 5）/（TM 3＋TM 5）用于预测氮素营养比较理想。

9. 田间土壤养分与作物产量的时空变异及其相关性研究（2004，许红卫；导师：王人潮）

该研究以英国北爱尔兰牧草地和我国南方典型农田（水稻田）为研究区，研究土壤养分和作物产量的时空变异，并进行牧草地土壤养分、牧草养分、牧草产量的相关性、一体化研究；在此基础上，提出研究区实施精确养分分区管理和田间施肥的初步方案；同时探索适合我国农业分散经营管理的国情的土壤养分采样方式和养分管理模式。

（1）对牧草地土壤养分、牧草素吸收量（又称牧草氮素产量或移走量）、牧草产量的相关性、一体化的研究结果表明，牧草地土壤养分存在一定的空间变异与时间变异，且各养分的变异程度不尽相同。研究提出了试验田施肥建议；特别是对试验田氮肥的施用，根据牧草产量的时空变异性及土壤-牧草氮素平衡，提出了分区管理的建议方案。

（2）水稻田土壤的特性与牧草地（旱地）土壤有很大的不同，其土壤养分的空间变异特点也不同。研究结果提出对像试验区这样的我国南方平原水网地区的小规模分散经营体制下的精确田间管理，提出以农户经营地块为单位，并采用以农户为单元的混合样采样方式，既能了解田块土壤养分的基本状况，又有可能大大减少土壤采样量和分析成本。

（3）该研究是基于遥感技术的水稻田土壤养分的空间变异的研究，研究结果表明，不同生育期测定的水稻冠层光谱，根据TM、SPOT卫星影像可见光及近红外波段范围计算的光谱平均反射率计算的某些光谱指数，特别是植被指数，如TM 4/TM 3、B 3/B 2等，与土壤速效氮、有机质等土壤养分具有显著的相关性；以分蘖期比值植被指数TM 4/TM 3、B 3/B 2为协因子进行的土壤有效氮的Co-Kriging插值的精度比普通Kriging插值的精度有所提高，而且采样点减少时，精度提高更明显。因此，水稻冠层光谱可以用于土壤养分的空间变异研究，特别是在以精确养分管理为目的的农田土壤养分调查时，结合农作物光谱测定，可以适当减少采样点，以减少土壤采样及分析成本。

10. MODIS数据提高水稻卫星遥感估产精度稳定性机理与方法研究（2004，程乾；导师：王人潮）

作者利用MODIS数据进行对水稻卫星遥感估产精度的稳定性研究，主要研究内容及成果归纳为以下6个方面。

（1）通过分析MODIS数据产品的性能及其特点，掌握MODIS数据产品的计算原理和方法，并与其他传感器功能作用比较，找出MODIS数据产品在水稻估产中的优势，并在此基础上开展采用MODIS常用通道的实用化大气校正方法和利用MODIS数据多通道的优势进行云检测方法的研究。

（2）基于地面实测数据分析MODIS-EVI和NDVI植被指数的差异，建立植被指数与水稻理化参数的相关性，揭示出MODIS-NDVI在高生物量区域更加容易饱和，而MODIS-EVI则不容易饱和，证明了在水稻遥感估产中MODIS-EVI比NDVI要更好一些。另外，基于MODIS和AVHRR的卫星影像也证明了MODIS-EVI指数倾向于低值、不易饱和的特性。

（3）通过两个时相的星载TM、MODIS，MOD13、MOD09和地面准同步光谱数据观测，得出的结论是单景TM和MODIS植被指数比较相近，但比地面实测数据要低，经过严格大气校正的MOD09产品接近地面实测数据，但仍然偏低，16天合成的MODIS植被指数产品（MOD13）与地面光谱计算的植被指数最接近，这说明MOD13产品更能准确地反映南方水稻长势特性。

（4）利用地面准同步实测水稻LAI对NASA提供的MODIS产品中的LAI进行了精度验证，发现MODIS-LAl与地面实测LAI在水稻不同生育期的差异不同，这种差异在孕穗期、抽穗期和乳熟期较高，而在水稻分蘖期和成熟期两个阶段则相对较小。根据水稻不同生育期对MODIS-LAI分别建立修正模型，经修正后的MODIS-LAI更接近地面实测LAI。

（5）利用MODIS数据产品和DEM所产生的坡度进行了多源数据复合提取水稻面积的研究，初步证明利用GIS辅助信息和多时相MODIS数据可以提高分类精度，为此，在GIS技术提取可能种植区的基础上，利用多时相MODIS数据进行水稻面积信息提取，并与NOAA/AVHRR进行了比较，得出在GIS数据辅助下MODIS可以很好地提高水稻面积预测精度的稳定性的结论，相对于NOAA/AVHRR预测精度变化幅度为7.3百分点，MODIS可以将预测精度稳定性提高5.3百分点，并且将精度稳定在94%以上。

（6）根据地面实测的光谱数据模拟MODIS前19波段，以NDVI和RVI为光谱指数依据，两两组合建立与理论和实际产量的相关关系，寻找与产量相关性较好的波段组合，如果仅从光谱指数看，近红外波段组合指数（b2，b19）和（b16，b19）估测产量要优于EVI，但在实际应用中，如果综合考虑空间分辨率的因素，MODIS-EVI是遥感估测产量的首要植被指数，并且EVI指数在整个生育期与产量的相关性上要远远优于NDVI指数。在浙江省水稻卫星遥感估产运行系统基础上，将MODIS数据引入到水稻卫星遥感总产估算，相对于AVHRR的7.7百分点的变幅，MODIS可以使总产预测精度的稳定性提高5.6百分点，并且将预测精度稳定在93％以上。

11. 水稻高光谱特性及其生物理化参数模拟与估测模型研究（2004，唐延林；导师：王人潮）

该研究针对水稻高光谱特性开展生物理化参数模拟与估测模型研究。研究是在浙江大学农业遥感与信息技术应用研究所从1983年以来对水稻光谱研究的基础上，通过水培和小区试验设计、测量与分析而做出的。获取不同品种在不同氮素水平下、不同发育时期水稻冠层和叶片的高光谱数据及水稻生育期间的平均气温等气象数据，测定水稻主要生化组分的高光谱、冠层和组分的生物物理与生物化学参数，对试验结果通过多种方法予以分析，建立水稻产量上生化组分的高光谱遥感估测模型，探索水稻品质遥感监测的可行性和初步建立水稻品质综合监测模型，进而探索水稻冠层、器官和生化组分的高光谱特征及其理化基础和农学机理。通过两年水稻田间试验，结果如下。

（1）利用光谱仪系统测定不同品种水稻在不同氮素营养水平下、在不同发育时期的冠层、叶片、穗和稻谷光谱，及水稻主要生化组分（蛋白质、粗淀粉、直链淀粉）的高光谱，比较了不同品种水稻冠层、叶片的光谱差异，水稻不同生化组分的光谱特征及差异；

（2）根据高光谱特点和水稻光谱特征，明确了水稻产量与冠层光谱高光谱植被指数的相关性在抽穗前以RVI较好，在抽穗后以DVI较好，并建立了水稻高光谱遥感估产模型，检验精度在95％以上；

（3）采用单变量线性与非线性拟合模型和逐步回归分析，得到了以单位面积叶片全氮含量的最佳估测模型为原始光谱反射率的逐步回归模型，以单位面积土地上叶片全氮含量和单位面积土地上叶茎全氮含量的最佳估测模型为一阶导数光谱值的逐步回归模型，以稻穗粗蛋白质、粗淀粉含量和稻谷粗蛋白质、粗淀粉含量的最佳估测模型为一阶导数光谱值的逐步回归模型，模型检验精度在90％以上；

（4）分析了不同品种之间、同一品种不同生长条件下的粗蛋白质、淀粉和直链淀粉含量差异，建立了水稻品质的两个重要指标——粗蛋白质P和直链淀粉A含量的一般预测模型，可以根据水稻的冠层光谱和灌浆期的日平均温度来预测：

$$P（A）=S（\lambda）\times（kT+b）$$

模型检验精度一般在90％以上；

（5）分析了水稻冠层和室外叶片的红边特征，明确了它们的红边"双峰"和"多峰"现象并不是由导数光谱的计算方法引起的，而可能是由光源、气象条件、冠层结构等因素引起的；

（6）对水稻蛋白质和粗淀粉的混合光谱分析发现，混合物的反射光谱与纯净物的反射光谱相比会出现峰谷位置"红移"或"蓝移"现象，且稻米蛋白质和粗淀粉含量与其光谱曲线在2020～2235 nm的吸收面积显著相关。

12. 基于MODIS数据更新Rice-SRS模型的水稻估产研究（2005博士后，Ousama Abou-Ismail；导师：王人潮，黄敬峰协助）

研究首先利用MODIS和ASD地面光谱数据开发了一个新版本的Rice-SRS模型。新的集成技术依靠加强的纠正程序，能增强模型的稳定性，提高估产精度，并使新模型比基于NOAA数据的老版本的模型更加先进。新模型不仅能够对图像数据本身进行平滑处理，而且能够对应用基于水稻生长的物候参数进行比较，实现"智能化纠正"，因此在新版本软件中对MODIS-NDVI的纠正方法更加先进，对数据的纠正效果更好。与上一版软件相比，新版软件的预测结果的稳定性得到了提高。在上一版本中，应用NOAA数据，尽管一些估产的精度达到95％以上，但在非星下点位置像元混合比较严重的一些情况下，精度下降到了85％以下。但在新版软件中，基于MODIS数据的估产结果的精度仅在97％～99％这一很小的范围内波动。其次，利用MODIS-NDVI和地面光谱数据作为直接参数输入模型，对中国浙江省杭州市余杭区2002年与2003年单季稻产量进行了估产。

研究结果表明，新的模型能够将获取到的每个像元的NDVI值的标准差减少50％，从而能够使估产结果有所改进。而且，在2002年的估产研究中，利用新模型进行的估产精度达到9％，试验区的RMSE为131.43 kg/hm²，验证区的则为103.9 kg/hm²。然而这个数字在2003年的重新验证区则为133.87 kg/hm²。

在2003年的试验中，如果仅应用五个时相中的前四个时相的图像数据来进行估产，误差会有少许上升，最大为3.5％。在这种情况下，由于最后一个时相图像的获取时间在水稻成熟前34天，因此，通过加强对气象数据库中缺少数据的处理，本模型不仅可用于产量估计，也有可能用于产量的预测。

利用地面光谱数据得到的NDVI值作为Rice-SRS 2.0模型的输入参数，水稻估产的估计误差可以小于5％。试验区和验证区的RMSE分别为257.42 kg/hm²和276.31 kg/hm²。

因此，通过对水稻植株不同部位的干物质积累进行研究，结果表明，绿色叶片的标准误差是最小的，其次是茎，最后是谷粒产量。这种现象反映了运用LAI进行基于遥感和水稻生长模拟模型集成技术的水稻遥感估产的适应性。

最后，利用Visual Basic 6.0开发了新版本的Rice-SRS 2.0软件，而且此软件已成为一个完整的软件包，可以在所有的Windows系统下安装和运行，而不像上一版本那样需要其他的支持文件。

13. 水稻参数高光谱反演方法研究及其系统开发和水稻面积遥感提取（2007，王福民；导师：黄敬峰）

该研究取得的结果如下。

（1）使用不同生育期水稻光谱的数据研究了光谱波段位置和波段宽度对NDVI的影响，结果表明，在所有生育期，近红外波段的位置和宽度对NDVI影响不大；而红光波段的位置和宽度对NDVI有相对较大影响，特别是当红光波段中心位置接近红谷极值（670 nm附近）时影响尤为显著。当保证NDVI的相对偏差在1％以内时，在水稻生长旺期，NDVI红光波段宽度随着波段中心位置向长波移动而逐渐变窄，当到达690 nm附近时达到最窄，而后略变宽，而对于生长前期和后期，NDVI红光波段宽度由于随着波段中心位置变化的趋势在648 nm附近变窄而有波动。

（2）在波段宽度对使用NDVI估算水稻LAI的影响研究中，使用NDVI估算水稻LAI的最合适波段宽度为15 nm。另外，通过简单的理论推导，证明了：当使用NDVI估算LAI时，在满足一定条件下，窄波段估算效果要好于或等于宽波段。

（3）利用水稻冠层光谱数据模拟了Landsat-5 TM的红、绿、蓝和近红外波段，并使用红、绿、蓝波段所有可能组合替代常规NDVI的红光波段构建新的植被指数，来进行水稻LAI的估算，结果表明，GNDVI（Green NDVI）和GBNDVI（Green-Blue NDVI）与LAI有比较好的关系。使用其他条件下的水稻冠层光谱及LAI数据进行验证，仍然得到同样的结论。

（4）植被指数WDVI、SAVI（Soil Adjusted Vegetation Index）、SAVI 2、TSAVI（Transformed Soil Adjusted Vegetation Index）都包含调节土壤背景的参数，然而水稻是以水土混合物为背景的，因此在使用这些植被指数进行水稻LAI估算时，需要对其参数进行修正。

（5）使用主成分分析法、波段自相关法、导数相关系数法、植被指数建模法以及逐步回归5种方法进行水稻LAI估算的波段选择，确定在水稻叶面积指数估算时，最经常使用的波段出现在红光长波区域650～700 nm和红边区域700～750 nm，其次为红光短波区域600～650 nm和绿光长波区域550～600 nm。在近红外区域出现频率较高的区域为1100～1150 nm。另外，在短波红外区域也有两个出现频率较高的区间，分别是1600～1650 nm，2300～2350 nm。

（6）通过水稻反射光谱获取多种光谱变量，包括对数变换变量、一阶导数变量、二阶导数变量、光谱位置面积变量、连续统去除吸收特征光谱变量、连续统去除反射率变量，并分析这些光谱变量与叶绿素a含量之间的相关关系。对于大田冠层和大田叶片的情况，连续统去除反射率变量与叶绿素a含量的相关性最好。对于水培叶片和穗的情况，与叶绿素a含量相关性最好的是二阶导数变量。

（7）使用四种方法建模进行叶绿素a含量的估算，分别为将所有光谱波段两两组合构建比值色素指数NDVI和RVI的一元线性回归方法、改进的逐步回归方法、偏最小二乘方法（PLS）和BP神经网络方法。在每种方法中又分别使用了四种变量类型对叶绿素a的含量进行了估算。比较五种模型，大田冠层和稻穗叶绿素a含量的最佳估算方法为BP神经网络方法。对于叶片的情况，包括水培叶片和大田叶片，最佳估算模型都为偏最小二乘回归模型。从最佳模型使用的光谱变量类型来看，大田冠层叶绿素a的最佳估算模型使用的是一阶导数光谱变量，水培叶片、大田叶片和稻穗的叶绿素a最佳估算模型使用的是原始光谱变量。

（8）在穗帽变换原理分析的基础上，提出了一种基于穗帽变换的IKONOS影像融合方法，即将IKONOS全色波段代替穗帽变换后的亮度变量，然后进行逆变换得到融合后影像。将这种方法与其他影像融合方法相比较，表明基于穗帽变换的融合方法在纹理信息摄入方面表现相对较优，同时还可以较好地保持光谱信息。

（9）利用水稻生育前期和后期两个不同时期TM影像分别进行穗帽变换，生成亮度、绿度和湿度变量，并将其合成为多时相影像，充分利用这三个具有物理意义的变量，特别是湿度变量，进行水稻种植区分类和以水为背景的水稻面积提取，并使用亚米级别GPS地面详查的数据进行分类验证。

（10）在对高光谱数据处理算法，植被生物理化参数分析及建模方法，以及在轨卫星模拟等算法研究的基础上，使用VB和ACCESS将高光谱数据存储、处理、分析等功能集成为一个植被高光谱数据处理系统，旨在提高光谱数据的分析处理效率，以实现数据分析的快速、准确的应用目标。

14. 水稻遥感估产的不确定性研究（2007，陈拉；导师：黄敬峰）

该研究就水稻遥感估产的不确定性问题进行了定性分析和定量研究，主要研究内容和成果概述如下。

（1）从不确定性的哲学思想出发，介绍了不确定性概念、研究领域和研究进展，重点阐述了空间信息科学中对不确定性的理解、认识、不确定性的主要表现形式、不确定性研究现状以及研究系统框架。根据不确定性普遍性原理和已有研究成果，沿着水稻遥感估产中信息获取、传递和处理的顺序过程，定性地分析了在水稻遥感估产整个过程中的各环节存在的不确定性的问题，分析表明水稻遥感估产系统链中很多环节存在不确定性源，它们最终都会对估产结果产生影响。

（2）研究了参考点和地面控制点存在定位随机误差对遥感影像校正结果的影响，结果表明：参考点和控制点随机误差的影响大小是由定位精度和影像空间分辨率相对大小决定的，当定位精度的随机误差大于空间分辨率时，校正结果的准确率主要受定位精度影响；而当空间分辨率的随机误差大于控制点定位精度时，校正的结果主要受参考点误差影响。

（3）对研究区TM影像用的三种非参数的分类法（最近邻法KNN、误差后向传播神经网络BPN、模糊自适应网络FUZZYART MAP）和一种参数分类法（最大似然法MLC）进行分类，研究区TM影像全部像元的分类精度验证结果表明，三种非参数分类法的精度均高于参数分类法，BPN全模糊分类、BPN和KNN模糊分类法用于模拟影像和真实TM影像混合像元类别面积估测，结果表明全模糊分类法的混合像元类别面积估测精度明显高于部分模糊分类法，采用成对法t检验能较好地评估分类法的面积估测精度；就中国南方的情况而言，全模糊分类法更适于空间分辨率相对较低且混合像元比例很大的遥感影像分类，用全模糊分类法可以避免部分模糊分类法存在的选择合适和足够的纯像元进行分类法训练的难题，并能提高分类精度。

（4）多分类器结合的分类法，无论采用投票法还是与测量级方法结合都能提高分类的总精度。采用全局敏感性方法分析水稻生长模型与遥感数据耦合估产的不确定性问题。分析表明：当ORYZA 2000模型的输入变量模拟导入可能存在误差时，模型的最终生物量、叶面积指数（LAI）、籽粒重和叶片氮含量等模拟输出结果显示较大的不确定性，LAI的最大变幅超过20%，最终籽粒产量最大变幅超过10%。在引起模型输出结果不确定性的输入变量中，水稻播种期的影响最大；模型的驱动变量温度和日照时数的误差对成熟期的产量影响较大；水稻干物质地上叶片比重（FLVTB）对所有关于叶片和籽粒生物量的输出结果都有较大的影响，因此要利用生长模型和遥感数据耦合估产，水稻播种期、模型的驱动变量温度和日照时数及水稻干物质地上叶片比重等数据精度对估产结果有很大影响。

（5）用全局敏感性分析方法，比较LAI、叶片氮素含量，以及叶片氮素含量单独或LAI＋ NFLV同时耦合ORYZA 2000模型的三种耦合方案发现，无论是对总生物量，还是对籽粒产量的模型估测结果，都是LAI＋NFI同时耦合的敏感性最好，其次是LAI单独耦合，而NFLV单独耦合对ORYZA 2000模型结果耦合的敏感性最差。无论何种耦合方案，水稻移栽后70～80天的遥感影像数据都是必须获得的，此期前后20～30天的两次数据也比较重要；而模型耦合估测总生物量时，水稻营养生长和生殖生长过渡期以及其前后的20天左右的数据都很重要，对结果的调整能力大体相当，因此耦合模型至少要有这3次的遥感数据。水稻幼苗期和成熟期的遥感数据耦合生长模型对产量和生物量的估测意义不大。

用水稻室内叶片和穗的高光谱数据计算的430 nm、460 nm、470 nm、640 nm和660 nm处的连续统去除参数，绿峰550 nm相对反射率以及红边位置参数，以高光谱参数为自变量，用相同的训练数据集合拟合BPN模型和多元回归（MLR）模型，估测叶片和穗的色素含量，比较发现，BPN模型对水稻色素含量的估测的模型拟合和独立数据验证的决定系数（R^2）均高于MLR模型，而绝对误差和均方根误差均低于对应的MLR模型，成对t检验的差异显著性分析表明绝大部分的BPN和MLR模型间差异达到显著水平，用BPN模型往往可以获得比MLR模型更高的水稻色素估测精度。BPN模型对训练数据没有严格的数据统计分布要求，BPN模型在训练数据上选择的灵活性远远大于MLR模型，采用BPN模型可以减少因为数据选择而引起的模型估测误差。无论用何种模型，水稻叶片的色素估测精度都大于穗的色素估测精度。

（6）用田间试验的水稻冠层高光谱数据模拟3种卫星传感器（NOAA-AVHRR，Terra-MODLS和LANDSAT-TM）的各波段数据，构建多种植被指数估测水稻LAI，比较各种植被指数模型对LAI估测精度和敏感性，结果表明相对于红波段植被指数，红边比值植被指数（RED-EDGERVI）和绿波段指数（GRVI）与LAI有更好的线性相关关系，而GNDVI与LAI呈现更好的对数相关关系。通过不同传感器的13种植被指数估测水稻LAI的精度比较发现，MODIS的RED-EDGERVI指数不仅模型拟合的精度最高，而且独立数据验证的估测精度也最高，还有它的验证精度较拟合精度下降程度最小，绿波段构建的GNDVI和GRVI的水稻LAI的估测精度居其次，再次是NDVI和EVI的估测精度，GRVI的估测精度最差；各种植被指数对LAI的敏感性分析结果表明植被指数遥感估测水稻LAI时，插秧后至分蘖盛期前（40天左右）用GNDVI，此后用RED-EDGERVI或GRVI模型理论上说是一个很好的策略。

15. 基于神经网络和支持向量机的水稻遥感信息提取研究（2007，杨晓华；导师：黄敬峰）

该研究所选用的模型有后向传播神经网络（Back Propagation Neural Network，简称BP）模型、径向基函数神经网络（Radial Basis Function Neural Network，简称RBF）模型、支持向量机网络（Support Vector Machine Network，简称SVM）模型。RBF模型又分普通RBF（General RBF，简称GRBF）、基于梯度下降的RBF（Gradient Descend RBF，简称GDRBF）、广义回归神经网络（Generalized Regression Neural Network，简称GRNN）和概率神经网络（Probabilistic Neural Network，简称PNN）。具有不同核函数的SVM模型包括：点函数核（Dot，简称DOT）SVM模型（SVM-DOT）、多项式核（Polynomial，简称POLY）SVM模型（SVM-POLY）、径向基函数核（Radial Basis Function，简称RBF）SVM模型（SVM-RBF）和方差分析核（Analysis of Variance，简称ANOVA）SVM模型（SVM-ANOVA）。在研究中，根据不同情况选用不同的神经网络模型和支持向量机模型，分别进行基于植被指数的水稻叶面积指数（LAI）和叶绿素密度（GLCD）提取；基于高光谱变换的水稻叶面积指数和叶绿素密度提取；水稻冠层光谱模拟研究；水稻种植面积遥感信息提取研究。概述如下。

（1）基于植被指数水稻叶面积指数和叶绿素密度提取。研究结果表明：①对于水稻LAI估算，不同的植被指数有不同的最佳估算模型：基于植被指数$NDVI_{green}$的SVM-POLY模型估算精度最高；基于植被指数TCARI/OSAVI和RVI_2的GRBF模型为最好估算模型。在所有估算模型中，基于植被指数TCARI/OSAVI的GRBF模型精度最高，其RMSE为1.3215，ABSE为1.0728。②对于水稻GLCD的估算，植被指数不同，其最佳估算模型也不同：对于植被指数RVI，$RVI_{750/700}$，$RVI_{800/600}$，MSR，GRBF

模型的RMSE相对于其统计模型降低最多，估算效果最好；对植被指数MCACI，SVM-RBF模型估算精度最高；对植被指数RVI_2，GRNN模型RMSE降低19.42%，其估算效果最好；对于其他植被指数NDVI，$NDVI_{green}$，SAVI，OSAVI，MSAVI，TCARI/OSAVI，RDVI，TVI，NLI，$NDVI_1$和RVI_2都是BP模型体现出最强估算能力。所有估算模型中，基于植被指数TCARI/OSAVI的BP模型精度最高，其RMSE为523.9782 mg/m^2，ABSE为421.5459 mg/m^2。可见，植被指数TCARI/OSAVI对水稻LAI和GLCD的估算能力较强；与统计模型相比，神经网络模型和SVM模型的估算精度都有很大程度提高。

（2）基于高光谱变换的水稻叶面积指数和叶绿素密度信息提取。研究结果表明，①对于LAI的估算，基于SP的SVM-POLY模型精度提高最多；对于D1，GRNN模型的RMSE降低程度为11.76%，其估算效果最佳，体现了其很强的非线性映射能力；对于D2，则BP模型的RMSE降低程度达23.64%；对于LOG，也是BP模型估算能力最强；在所有模型中，基于D2的BP模型RMSE为0.9549，ABSE为0.7679，对水稻LAI具有最强的估算能力。②对于GLCD的估算，基于SP的BP模型估算效果最佳；基于D1的GRNN模型估算精度最高；对于D2，BP模型的RMSE降低程度达10.43%；对于LOG估算结果，同样是BP模型估算能力最强；基于D2的BP模型RMSE为511.9701 mg/m^2，ABSE为421.5459 mg/m^2，其对水稻GLCD具有最高的估算精度。可见，D2对水稻LAI和GLCD的估算效果较好，同时也体现了BP模型强大的非线性映射能力。

（3）水稻冠层光谱模拟，研究结果表明，最小距离法分类模型的结果表现中庸；BP模型虽然整体分类精度较低，但对于水稻分类精度还是有所提高的；PNN模型分类精度较高；SVM-RBF模型是该研究中遥感影像分类精度最高的方法。从水稻种植面积提取结果来看，最小距离法提取精度表现较差；BP模型面积提取精度较高；PNN模型面积提取精度也达到令人满意的效果；SVM-RBF模型也是该研究中面积提取精度最高的方法，主要因为它具有出色的学习性能，并且与人工神经网络相比，具有更加严格的数学理论基础。可见，SVM模型对于遥感影像分类及面积提取都具有最高精度。

16. 浙江省三个主要农业地貌区土壤与稻谷微量元素空间变异规律研究（2007，王琳；导师：吴嘉平）

该研究以浙江省的金衢盆地河谷平原区、杭嘉湖水网平原区、杭州湾南岸滨海平原区为研究单元。在水稻成熟期，采用网格、非均衡嵌套和横断面采样相结合的方法进行采样，共采集土壤样品584个，水稻样品259个。研究表层（0～20 cm）稻田土壤主要性状（pH、有机质含量、质地、电导率）、土壤微量元素全量、植物有效态含量以及稻谷中微量元素含量在1 km^2网格单元内的空间结构，然后建立模型，并进行空间预测。研究成果可为当前正在开展的"农业地质环境调查"提供补充信息，有利于"农业地质环境调查"成果在实际生产中的应用，同时也为浙江省农业生产中科学施肥、土壤改良以及农业区划等提供重要的地球化学依据。主要取得以下结论。

（1）研究区土壤微量元素全量与浙江和中国背景值接近，多数符合国家土壤环境质量标准的一级限值，土壤有效态元素含量通常为丰富或极丰富水平。稻谷中元素基本符合国家标准限值。

（2）在千米网格单元内，采用克里格法对变量进行空间预测，发现在不同农业地貌区，空间变异规律不同。在杭嘉湖水网平原田块尺度上，土壤性质与微量元素均存在较大的变异，该变异在空间上存在着较强的空间自相关性。因此在该地貌区同一田块内需要实施变量施肥和管理。金衢盆地河谷平原微量元素含量与土壤性质以带状特征为主，自河床向谷地边缘发生变化。而滨海平原微量元素含量自沿海向内陆逐渐发生变化。

（3）方差分析和空间尺度分析表明，河谷平原区表层土壤元素的变异主要来自土壤类型间的差异。滨海平原区土壤微量元素的空间变异则主要源于不同时期海涂围垦差异。杭嘉湖水网平原区的变异可能来自于田块内农业管理措施的差异。

（4）多数情况下，稻谷与稻田土壤微量元素及土壤性质间存在协同区域化现象，土壤和稻谷中的同一微量元素的空间分布规律基本一致。土壤因子的空间分布在一定程度上可以指示稻谷中微量元素的空间格局。利用协同区域化理论，以较易测定的或测试费用较低的土壤有效态元素含量或土壤性质为辅助变量，预测稻谷元素含量的空间分布，不仅可以提高稻谷元素预测精度，而且还能降低测试成本。

（5）运用主成分分析法，从三个农业地貌区土壤微量元素全量和土壤主要理化性质中提取出主成分因子。其中水网平原区铜、铁、镍、铅具有共生组合特征，河谷平原区铜、铁、锰、镍具有共生组合特征，滨海平原区铁、锰、铅具有共生组合特征。通过对主成分因子的空间分析，发现主成分因子的空间结构和分布规律与它包含的元素相似。因此可以判断，主成分因子可能是某一主要空间控制因素的反映，用它编制的图件可以概括出多元素的总体分布特征，为特定微量元素在研究区域中的空间分布成因及其影响因素提供某种解释依据。此外，由于同一主成分内微量元素在地球化学特征和空间分布的相似性，可以利用已知元素的空间特征，判断出与其具有相似地球化学特征的元素的总体空间分布规律。

（6）三大农业地貌区之间在成土母质、成土过程、土壤理化性质、土壤与稻谷微量元素含量及空间变异规律存在显著差异。这说明，在更大尺度上，水热条件、地形地貌、成土母质和成土过程等的差异是土壤和水稻特性空间分布的主要影响因子。由于成土母质的不同及地表环境的差异，土壤微量元素含量出现地区性差异。

（7）同一土种内微量元素变异较小，说明土种可以作为评估微量元素空间分布的基本单元，用来解释土壤微量元素空间变异特征和农业管理区划，增强了土壤调查制图在农业生产中的应用。由于同一土种内也存在变异，土壤微量元素空间分布特征宜将土壤调查制图与地统计结合起来进行分析。

（8）该研究在"农业地质环境调查"基础上，采用100 m网格与非均衡嵌套采样，再与横断面采样相结合的采样方案，可以利用较少的样品，分析土壤微量元素在不同尺度上的变异，也适用于多变量的空间分析。在水网平原、河谷平原和滨海平原的研究区内，10 m，100 m和500 m的采样间距能够反映各农业地貌区微量元素含量的主要空间变异特征。

17. 不同遥感水平水稻氮素信息提取研究（2008，易秋香；导师：黄敬峰）

该研究围绕遥感信息数据挖掘技术这一前沿课题，以不同遥感水平数据定量提取作物氮素信息为研究重点，在研究ANN和SVM数据挖掘技术理论以及PCA技术的基础上，从统计回归方法到ANN和SVM算法，从方法分析到模型建立，进行了较为系统的研究，构建了基于数据挖掘技术的不同遥感水平作物氮素信息提取模型，并系统地对比了传统统计方法与ANN算法以及SVM方法用于遥感提取作物氮素信息的精度，以及不同遥感水平作物氮素信息提取的精度。研究的主要内容与成果如下。

（1）叶片水平氮含量遥感诊断模型研究。结果表明，对比不同发育期氮含量诊断模型发现，通常灌浆期和乳熟期模型的各类精度指标表现较好，其中，基于灌浆期光谱主成分的分值构建的PC-RBF模型的精度较高，模型的RMSE和REP分别为0.151和6.816，由其得到的估算氮和实测氮之间的相关系数：−0.977，两者之间极显著相关；对比不同氮素水平氮含量遥感诊断模型发现，基于N1适氮水平的氮含量诊断模型精度通常要优于N0和N2水平模型的精度，其中N1水平的R-LR模型的精度最优，其RMSE和REP值分别为0.720和25.647，由其得到的估算氮和实测氮之间的相关系数：−0.747，说明两者极显著相关；采用大田水稻数据对各类模型的普适性进行验证的结果表明，将基于水稻小区试验数据构建的各类氮含量诊断模型应用于大田水稻数据，不但可行而且总体结果令人满意；采用油菜数据对各类模型的普适性进行验证，结果发现各类模型虽然也能实现油菜氮含量的估算，但总体精度不如在大田水稻数据中的应用精度，此外还发现，由于参与模型验证的油菜氮含量的取值范围（1.07～2.84 mg/g）要远远小于建模水稻氮含量的取值范围（0.91～4.82 mg/g），从而导致各模型对油菜氮含量的拟合结果普遍高于油菜实测氮含量。

（2）冠层水平氮含量遥感诊断模型研究，结果表明：对比不同发育期氮含量诊断模型发现，乳熟期和成熟期模型各类精度指标表现较好，其中成熟期的R-ANN模型表现相对最优，模型RMSE和REP分别为0.746和48.147，氮估算值和实测值之间显著相关。对比不同氮素水平氮含量诊断模型，三个氮素水平的各类模型都能较好地实现氮含量诊断，精度令人满意。采用大田水稻数据对各类模型的普适性进行验证的结果与叶片水平模型的验证结果类似，由R-LR模型和R-SVM模型得到的大田水稻氮估算值与实测值之间的相关关系极显著，分别等于0.865和0.854；采用油菜数据对各类模型的普适性进行验证，与叶片水平结果类似，估算总体精度不如对大田水稻氮含量的估算精度。

（3）基于TM数据的水稻氮含量遥感诊断模型研究，以TM数据和相应的氮含量数据为数据源，采用LR线性建模法、RBF建模法以及SVM建模法，在相关性分析的基础上，构建了基于TM2、TM3波段光谱变量以及NDVI和RVI植被指数的氮含量遥感诊断模型，并对模型精度进行检验，结果表明，采用TM数据对水稻氮含量进行估算不但可行而且总体精度令人满意。其中以SVM模型的表现最佳；由四个输入变量构建的SVM模型又以TM2-SVM模型的表现最佳，由其得到的氮估算值和氮实测值之间的相关系数为−0.751，两者之间极显著相关。

18. 微波遥感水稻种植面积提取、生物量反演与稻田甲烷排放模拟（2008，张远；导师：吴嘉平、齐家国）

该研究利用一个基于模拟生态过程的DNDC（Denitrification and Decomposition）模型对水稻生长期内的甲烷排放进行了模拟。通过情景分析，提出了有利于甲烷气体减排的耕作管理措施，并为今后减少和控制水田甲烷排放提供科学依据。具体研究内容和结果概述如下。

（1）利用富阳市（现为富阳区，下同）水稻生长期内获取的三个不同时期ALOS/PALSAR数据进行合成，生成多时相彩色复合图，利用支持向量机（Support Vector Machine，SVM）算法进行分类。目的是充分利用这三个水稻生长期内各地物的后向散射系数的时间变化差异进行感兴趣目标（水稻田）的提取。研究结果表明水稻类别的提取精度可以达到90%。

（2）利用上述SVM自动分类方法，结合逐级分类、人工辅助纠正的方法，对水稻田信息进行提取。以水稻的分类专题图为掩模，得到只包含水田的雷达原始后向散射图层，得到适用于模拟水稻作物的冠层后向散射系数的模型。结果表明，改进模型的模拟值与地面实测点对应的雷达遥感数据后向散射系数值进行比较，两者具有很好的一致性。

（3）以后向散射系数图像、雷达波束入射角为输入变量，利用改进的一阶辐射传输模型以及遗传算法优化工具GAOT，在Matlab环境下，对水稻部分种植区内的两个重要结构参数（水稻高度和密度）进行反演。再通过对水稻测量数据进行统计分析，得到了水稻生物量生长方程，进而对研究区内水稻田生物量进行空间分布制图和定量估算，为进一步开展遥感估产以及农田生态系统碳平衡定量研究提供重要参数。

（4）利用ALOS/AVNIR-2多光谱数据提取的水稻面积信息和实地调查获得的水稻耕作管理信息为输入变量，应用生物地球化学模型（DNDC模型）对研究区水稻田进行生态过程模拟。通过对不同耕作模式下稻田温室气体CH$_4$排放量进行情景分析与定量估算，提出了有利于稻田甲烷减排的耕作措施。

综上所述，该研究验证了在水稻主要生长期内获得的多时相ALOS/PALSAR雷达数据提取种植面积的实用性；在原有辐射传输模型基础上进行改进，得到了适用于模拟水稻后向散射系数的一阶散射模型；利用改进的模型和遗传算法优化工具进行水稻结构参数反演，并对研究区开展水稻生物量空间分布制图和估算；利用DNDC模型模拟和足量估算稻田CH_4的排放量，进而提出了具体减排耕作措施。

19. 水稻主要病虫害遥感监测研究（2008，刘占宇；导师：黄敬峰）

该研究通过对5种水稻病虫害的观测，运用多种数据处理方法，选择对水稻病虫害响应敏感的光谱区域和谱段，构建病虫害胁迫指数，探索对不同水稻病虫害的危害等级分类和色素含量、病害严重度指数、虫情指数等危害指标的估算方法，运用Quick Bird影像提取稻飞虱危害面积和产量损失评估。研究内容和研究结果概述如下。

（1）对受病虫害胁迫水稻的光谱特征进行变化分析发现，除稻飞虱和穗颈瘟引起的倒伏外，水稻植株受病虫害胁迫后，光谱反射率在可见光范围内上升，在近红外和短波红外区域内下降。水稻在受到病虫害胁迫后，"红边"和"蓝边"均发生蓝移。

（2）水稻病虫害响应敏感的光谱波段选择及病虫害胁迫光谱指数的构建，运用三种方法，对健康的和受病虫害胁迫水稻的原始光谱、反对数光谱、一阶、二阶微分光谱进行分析，从各种变换形式的光谱数据中筛选出对病虫害响应敏感的光谱区域为460～520 nm，530～590 nm，620～680 nm和690～730 nm，并构建了22个水稻病虫害胁迫光谱指数。

（3）水稻不同病虫害危害等级的识别方法研究，运用四种分类方法，开展对水稻不同病虫害的危害等级识别研究，结果显示，先从分类精度、使用方便程度和消耗时间三个方面来评判分类方法的优劣，分类精度依次为PNN网络（93.5%）＞C-支持向量分类机（90.5%）＞聚类分析CA（84.3%）＞LVQ网络（83.2%），使用方便程度排序为PNN网络＞C-SVC＞LVQ网络＞聚类分析CA，消耗时间排序为C-SVC＜PNN＜LVQ＜CA。

（4）色素含量和病害严重度指数的估算方法研究，运用多元逐步回归分析偏最小二乘回归法、径向基函数神经网络、后向传播神经网络、支持向量回归机等五种回归模型，以及现有的14个光谱植被指数、17个高光谱三边特征参数和该研究提出的22个病虫害胁迫指数的简单线性回归、二次多项式回归模型等多种估算方法，对受病虫危害的叶片色素含量和稻胡麻斑病病害严重度指数进行估算方法研究，并使用相关系数、方差分析F检验值、均方根误差、平均绝对误差和平均相对误差等五个指标，对不同的估算方法进行综合评价。

（5）基于Quick Bird影像的稻飞虱危害评估研究，通过目视解译提取研究区内的土地利用类型专题图，选择水稻种植典型样区。研究发现：倒伏的、收割的和受稻飞虱危害而尚未倒伏的稻田与健康稻田相比，其影像色调、NDVI和EVI均发生了巨大的变化。对典型样区内受稻飞虱不同危害状况的稻田进行矢量化，结合实地调查的产量损失数据，确定2005年夏秋之际爆发的稻飞虱，对当年晚稻的产量造成的损失比例为40％。

20. 利用多时相MODIS数据提取中国水稻种植面积和长势信息（2008，孙华生；导师：黄敬峰）

该研究利用EOS-MODIS数据空间覆盖面大和时间分辨率高的优势，选取覆盖中国范围的数据，实现对全国范围水稻种植和生长信息的提取。研究目标是解决水稻遥感估产中最关键的技术问题，为实施大面积水稻遥感估产提供理论与试验依据。研究的主要内容包括：中国水稻遥感信息获取区划、水稻关键生长发育期识别、水稻种植空间分布和面积信息提取，以及水稻生长发育状况分析等4个在大尺度水稻遥感估产中最关键的部分。研究的具体内容和结果如下。

（1）在水稻关键生长发育期识别的研究中，以2005年的多时相MODIS数据为例，提取全国范围内的水稻关键生长发育期。首先，利用傅立叶低通滤波和小波低通滤波平滑处理后的时间序列增强型植被指数（Enhanced Vegetation Index，EVI），然后根据水稻在移栽期、分蘖初期、抽穗期和成熟期的EVI变化特征，分别对各个生长发育期进行识别。通过将利用MODIS数据识别的结果与当年气象台站的地面观测数据进行比较，各个生长发育期的提取结果的误差绝大部分在±16天以内，F检验表明，利用MODIS提取的结果与地面观测数据在0.05水平下具有显著的一致性。研究中的提取方法可以被用于其他年份的水稻生长发育期识别，而且根据其他作物的生长发育特点，也可能被用于识别其他作物的生长发育期。

（2）在水稻种植空间分布和面积信息提取的研究中，探讨了提取中国水稻种植空间分布及其种植面积信息的方法。研究结果表明，利用MODIS数据提取水稻的算法是有效的；提取结果的精度取决于水稻与其他地物的混合程度，混合像元中水稻的纯度越高，提取结果的精度就越高；云覆盖对最终的分类结果的精度也会产生很大的影响，在多云的地区，云覆盖成为光学传感器应用的一个重要的限制因素。

（3）水稻生长发育状况分析研究。以2005年数据为例，通过在典型试验区建立水稻植被指数与其生物物理参数的关系模型，反演出水稻在不同时期的LAI和FPAR。试验结果表明，EVI反演水稻生物物理参数的效果比NDVI更好。因此，研究最终选择EVI作为反演水稻生物物理参数的依据。根据对水稻生长发育期的识别结果，从而得出全国单季稻、早稻和晚稻的生长季的开始和结束日期，并在像素水平上识别水稻的生长季，通过时间序列EVI反演各个时期的LAI和FPAR，再进一步通过光能利用效率模型得到各个时期的NPP，最后得出单季稻、早稻和晚稻在整个生长季内的生物量，实现对长势的定量化分析，并为进一步的单产分析提供参考依据。

21. 基于统计与MODIS数据的水稻遥感估产方法研究（2009，彭代亮；导师：黄敬峰）

该研究选择湖南省为试验区，利用湖南省统计局统计抽样调查地块实割实测水稻标准单位面积产量数据及其空间位置信息，在Terra、Aqua MODIS EVI（Enhanced Vegetation Index）比较分析的基础上，研究基于统计局统计抽样调查地块实割实测数据及多时相Tera、Aqua MODIS EVI的水稻遥感估产方法，取得了以下结果。

（1）水稻遥感估产模型构建，采用湖南省气象局提供的2006—2007年早稻、晚稻及一季稻生育期数据，分别提取2006—2007年早稻、晚稻及一季稻抽样地块所对应的3×3网格的分蘖期、孕穗期、抽穗期、乳熟期及成熟期的MOD13Q1、MYD13Q1 EVI数据。根据数据产品中数据实际所用的时间，将两组数据按时间顺序排列，形成一组由MOD13Q1与MYD13Q1 EVI结合后的MODIS EVI数据集。根据水稻抽样建模及验证站点的选择结果，建立MODIS EVI与地块标准单产数据的各主要生育期（分蘖期、孕穗期、抽穗期、乳熟期及成熟期）的一次线性、二次非线性与逐步回归单产遥感拟合模型。然后，对模型进行误差分析，根据建模及验证地块的误差大小，选择最优单产拟合模型。在此基础上，利用上一年的最优遥感拟合模型，预测下一年的水稻单产。

（2）模型精度验证。①水稻单产遥感拟合模型及误差分析。通过以上方法得到2006—2007年早稻、晚稻及一季稻遥感估产的各主要生育期的统计模型。经过误差分析，选择最优单产遥感拟合模型。在各年水稻遥感估产模型中，二次非线性模型或逐步回归模型精度较高，且时相集中在水稻生长的孕穗期到抽穗期。再将建模和验证地块综合，利用最优拟合模型拟合地块单产，对2006—2007年各地块拟合与实割实测标准单产数据进行比较。经与实测值比较，表明两者之间呈典型线性关系。根据2006—2007年基于统计局统计抽样调查地块实割实测数据的湖南省级水稻单产遥感估算，发现基于地块的水稻单产最优遥感拟合模型的拟合值与统计值的相对误差小于2%，其中2006年早稻、2007年一季稻的均方根误差较小。②水稻单产遥感预测及误差分析。基于地块实割实测数据的最优拟合模型，通过提取与2006年最优遥感估产模型所对应生育期的2007年各地块3×3像元水平的MOD13Q1与MYD13Q1 EVI值，代入2006年最优拟合模型预测2007年的省级水稻单产，从而得到基于2006年水稻总产最优遥感拟合模型的2007年湖南省水稻单产预测结果，均方根误差及相对误差明显要大，但相对误差仍然小于5%。

根据2006—2007年不同种植制度的水稻遥感估产模型，二次非线性模型或回归模型精度较高，且时相集中在水稻生长的孕穗期到抽穗期；基于最优拟合模型拟合的2006—2007年地块单产，发现实割实测标准单产数据主要分布在1：1线附近，在省级水平上，基于地块的水稻单产最优遥感拟合模型的拟合值与统计值的相对误差小于2%，其中2006年早稻、2007年一季稻的均方根误差较小；省级水稻单产预测结果相对于拟合结果而言，均方根误差及相对误差明显要大，但相对误差仍然小于5%，显示预测结果与统计值在空间分布上具有较好的一致性。

22. 基于数字图像的水稻氮磷钾营养诊断与建模研究（2010，石媛媛；导师：王珂）

该研究以扫描仪和低空无人机机载数码相机两种数字图像获取方式，分别获取水稻叶片扫描图像和田间冠层图像，分析叶片和冠层数字图像特征与水稻氮磷钾营养状况的关系，选择图像光谱敏感特征，建立营养模式识别规则及定量化模型。同时将作物营养专家的诊断经验量化处理，以作为水稻营养诊断的辅助因子。该研究的主要工作、认识及结论如下。

（1）两种方式获取的数字图像的对比。利用扫描仪采集水稻叶片数字图像，采集过程受环境影响小，方便快捷，扫描图像的背景单一性为叶片特征的准确提取提供了保证。为了对比扫描数字图像和数码相机获取数字图像之间的异同，该研究从彩色度、对比度和信息度三方面进行对比分析。结果表明，两种图像在三项评价标准下，彩色度和信息度不存在显著差异，但对比度差异较大，以扫描为手段获取图像进行图像分析并做理论性研究是有独特优势的。考虑到扫描获取日益普遍，我们对影响元素缺乏种类及程度判断的叶片局部关键信息量化获取采用扫描方式，而对水稻冠层整体信息的采集选择数码相机。

（2）基于叶片扫描图像的氮磷钾营养诊断规则的建立。该研究以氮磷钾不同营养水平处理的水培水稻为材料，利用扫描方式获取叶片样本数字图像，采用数字图像技术提取叶片颜色、纹理、形状特征，并根据水稻叶片不同缺素种类下的生理症状表现，针对性地加入一些特异性的识别特征。单因素营养水平间特征差异性对比和选择出的最优特征集合显示，其中叶片颜色对氮素营养诊断具有重要作用；磷营养诊断中，纹理特征间差异性明显，可用于磷营养水平的区分；钾营养诊断中，叶片斑点面积比例特征可区分和识别钾营养水平。

（3）基于无人机冠层图像的水稻氮素营养的诊断。该研究以旋翼无人机机载数码相机获取的不同氮肥处理水稻冠层图像为对象，提取与地面取样点对应的图像特征，分析图像特征与地面测定值之间的关系，探求利用低空冠层图像对水稻营养状况进行监测的可行性。结论如下：冠层水稻高光谱曲线在可见光区域的趋势和深绿色指数DGCI与叶片含氮量呈极显著二次曲线关系，这表明冠层图像的RGB、HSI颜色空间特征与水稻氮营养水平显著相关，可用于估测水稻氮肥营养状况。通过RGB、HSI颜色空间特征和纹理特征三方面与不同水稻氮营养水平冠层图像综合分析，说明利用冠层图像对水稻氮肥营养状况估测具有可行性。

（4）叶片含氮量预测模型的建立。为了能更精确地衡量水稻氮营养状况，预测叶片氮含量，分别以不同氮处理叶片图像特征和冠层图像特征选择出的特征集合为依据构建综合预测因子。对水培叶片图像和冠层图像的分析结果表明：叶片特征组成的因子可以分为颜色因子、纹理因子、形状因子，对结果贡献率分别为40.04%、29.62%和26.44%。冠层图像特征组成的因子分为颜色因子和纹理因子，各自贡献率为85.55%和9.27%，对比单叶和冠层分析结果可知，利用叶片特征对叶片氮含量预测时，颜色因子的贡献率虽然最高，但纹理和形状因子的共同贡献率较高，对结果的预测有不可忽视的作用。我们以综合预测因子FZ值为自变量，叶片含氮量N为因变量，获得水培氮水平处理叶片含氮量的预测模型和大田不同施氮水平水稻叶片含氮量模型。

（5）专家经验的量化及对营养诊断的辅助作用。由于水稻品种多样，而且生长环境差别较大，品种间叶片特征的表达有很大差异，为了保证诊断结果的准确性以及诊断规则的广泛适用性，在研究过程中，收集大量水稻营养诊断经验知识，筛选出能够判断水稻氮磷钾营养状态的3个经验性特征RLS（叶鞘比）、DL（叶距）、CI5/CI4（第五叶与第四叶颜色比），并将其作为研究对象，利用图像分析技术和其他便捷方式将经验特征量化，并通过监督离散和决策树的方法分别对氮磷钾三种不同营养的64个样本进行分类诊断，并得到区间形式的诊断规则，分类结果评价显示其精度较高。

23. 中国南方双季稻低温冷害风险评估、遥感监测与损失评估方法研究（2013，程勇翔；导师：黄敬峰）

我国南方双季稻生产常常会受到低温冷害的影响，该研究利用星地多源数据对南方双季稻低温冷害进行了风险评估、动态监测和损失评估，主要开展了以下工作。

（1）南方双季稻可能种植区提取。首先利用农业统计资料分析确定了研究区范围，利用研究区气象站点1954—2011年逐日气温数据，计算了每年≥10℃积温，并获得站点≥10℃的多年平均积温，以各个站点的多年平均积温为因变量，以经度、纬度、海拔高度等地理因子为自变量建立多年平均积温推算模型。根据模型得到了研究区积温空间分布图。按照南方双季稻安全生产积温阈值为5300℃·d的指标，去除研究区内≥10℃的多年平均积温小于5300℃·d的地区；最后利用MODIS MCD12Q1分类产品获取了2001—2010年十年间的谷类作物分布图。将以上结果叠加求交集，获得南方双季稻可能种植区，该成果为双季稻冷害风险评估和监测明确了研究空间范围。

（2）双季稻主要发育期时空动态模拟。南方双季稻区水稻冷害主要发生在双季早稻播种至育秧期间的倒春寒、双季早稻分蘖期至幼穗分化期的5月低温和双季晚稻抽穗扬花期的寒露风。该研究利用南方双季稻区167个农业气象观测站点从1981年到2011年的水稻发育期资料，计算各个站点双季稻主要发育期出现的多年平均日期，分析南方双季稻区水稻主要发育期出现的多年平均日期与经度、纬度和海拔高度的相关性，建立主要发育期多年平均出现日期的空间分布模型，并以此得到各主要发育期回归拟合分布图；计算空间分布模型模拟值与实测值之间的残差，采用地统计方法获取残差的空间分布图；将回归拟合分布图和残差分布图相叠加，获取双季稻各主要发育期结果；再基于GIS绘制南方双季稻区水稻各主要发育期空间分布图，经验证，估计值和实测值之间无显著差异；最后，利用前后两幅发育期静态图，通过EVNI＋IDL编程制作了动态发育期图。

（3）南方双季稻区低温冷害风险评估。在南方双季稻区的冷害风险评估中，重点研究了5月低温和寒露风。利用研究区气象台站1951—2011年逐日平均气温资料，结合双季稻冷害辨识指标（双季早稻5月低温辨识指标为连续5天日平均温度≥20℃，双季晚稻寒露风辨识指标为连续3天日平均温度≥20℃）计算了各站点冷害发生的年平均强度和冷害年频率，将两者的乘积作为年冷害风险指标。以冷害年频率为标准，结合冷害年频率与冷害年平均强度的关系方程，分别确立了双季早稻和晚稻的年冷害风险指标各等级的临界阈值。将各站点年冷害风险指标和其地理因子相关联，分别构建了双季早稻5月低温和晚稻寒露风的年冷害风险指标空间分析模型。通过模型获取了年冷害风险指标图，利用所得的年冷害风险指标临界阈值进行等级评定，结合提取的双季稻种植区图，最终完成南方双季稻区冷害风险评估。结果经验证估计值和实测值之间无显著差异，所得风险评估结果具有相当的准确性。

（4）南方双季稻区低温冷害动态监测。在南方双季稻区冷害动态监测中，重点监测双季早稻播种至育秧期冷害，分蘖至幼穗分化期冷害，及双季晚稻抽穗开花期冷害。监测结果和已报道的2010年南方冷害在时间和空间上高度符合。该方法比传统的冷害监测有更强的实时性，便于农业生产部门对冷害做出快速的反应，减少冷害造成的损失。

（5）南方双季稻区低温冷害损失评估。在南方双季稻区冷害损失评估中，利于DS SAT作物模型，在水稻参数区域化矫正的基础上，对平均光温条件和冷害条件下的水稻潜在产量进行了计算。通过比较两者结果的差异，确定了冷害单一灾害损失量。所得结论比传统冷害损失评估方法更科学和准确。

24. 基于GIS和遥感的东北地区水稻冷害风险区划与监测研究（2013，张丽文；导师：黄敬峰）

当生长季内热量条件不足或在关键生育期内遭遇持续低温时，会发生低温冷害从而造成作物减产。我们选择东北三省为研究区，运用GIS空间分析方法和卫星遥感技术，以冷害综合风险评估与区划、基于全天候气温遥感估算的冷害遥感监测和水稻冷害产量损失量遥感预测为主要研究内容，对2013年东北地区水稻冷害开展了监测与评估研究，系统建立起基于GIS和遥感的水稻冷害监测与评估技术框架，为今后建立完整的农业气象灾害服务系统奠定理论基础。主要研究工作成果如下。

（1）依据自然灾害风险评估理论，以日平均温、水稻生长发育期及水稻产量和面积作为基础资料，借助GIS平台，对冷害致灾因子危险性、承灾体脆弱性和承灾体损失度三大风险要素的多个单项评价指标进行了年际统计与空间分析。采用加权综合分析法和基于熵值法与层次分析法的综合赋权法，构建冷害各风险要素评估模型及东北地区水稻低温冷害综合风险评估模型。验证结果说明研究的模型具有一定的合理性和应用价值，能客观反映各地区水稻低温冷害风险等级差异。

（2）在总结国内外气温遥感估算方法研究进展的基础上，提出了基于多平台MODIS地表温度数据的全天候平均气温遥感估算方法。检验结果显示，基于时间融合–空间插补的全天候平均气温遥感估算方法同样适用于全天候最低、最高气温数据的遥感估算。

（3）参考现有气象行业标准中的冷害温度指标。经分析，遥感估算的两种冷害温度指标均与台站估算值之间具有高度一致的年际变化趋势，能有效反应水稻生长季内研究区热量条件空间分布的实际年际差异。再以地面台站气温数据辨识的冷害发生地点对2000—2012年遥感监测结果进行验证，表明在发生大范围延迟型冷害的年份，遥感监测结果与实际灾情的空间一致性较高，可用于计算冷害受灾面积。在生育阶段统计相对AGDD距平指标，可对县级尺度的水稻冷害区域进行遥感动态监测。

（4）东北水稻冷害灾损遥感预测方法研究。研究结果显示，基于水稻产量水平分区的遥感估产精度好于不分区估产精度；县级及地市级单产遥感估产精度R^2均大于0.7，且地市级估产精度好于县级结果。在前面章节关于水稻面积和水稻关键生育期遥感识别、水稻生长季热量指标遥感估算及水稻冷害受灾区遥感监测等研究成果的基础上，利用水稻冷害灾损模型对冷害年份的水稻产量灾损量进行计算，预测2009年和2011年水稻冷害灾损量分别至少达到26.61万t和2.17万t。

25. 稻飞虱生境因子遥感监测及应用（2013，石晶晶；导师：黄敬峰）

该研究以长江三角洲地区为研究区，采用MODIS、Landsat、GDEM、TRMM等遥感数据对稻飞虱的主要生境因子，以寄主作物-水稻的空间分布、植被指数、气温、降水等进行反演，并与稻飞虱测报点调查数据相结合探讨生境因子对稻飞虱发生的影响，该研究首次构建了稻飞虱发生遥感预报模型，对典型年份的危害程度进行评估，取得的主要研究结果如下。

（1）基于MODIS的水稻种植区时空分布监测。研究结果表明：除2007年和2010年外，年水稻种植面积提取结果精度均高于85%，县级早稻的提取面积与统计面积决定系数R^2年变化范围为0.388～0.678，晚稻的R^2年变化范围为0.545～0.742，与统计数据吻合性较高；在像元水平上，MODIS分类结果的用户精度和生产者精度分别为73.70%和77.33%，在3×3滑动窗口水平，MODIS分类精度明显提高，用户精度和生产者精度分别为96.77%和99.96%。水稻地块破碎度、地形复杂度和云污染是影响水稻提取面积偏低的主要原因。

（2）长三角地区全天候气温遥感反演。采用MODIS/Terra和MODIS/Aqua的LST与EVI、cos（SZA）、经度、纬度、高程为变量，分别构建了日尺度的最高气温（T_{max}）、平均气温（T_{avg}）和最低气温（T_{min}）的估算模型，其中综合利用Terra和Aqua的白天和夜间共四个时相的LST构建的日气温估算模型精度最高，T_{avg}的RMSE最低（1.424），其次是T_{max}（1.605），T_{min}的RMSE最高（1.992），且所有模型的RMSE均在3℃以内。将日气温合成旬尺度数据，并采用反距离加权平均方法（IDS）对旬平均气温中因云覆盖而缺失的数据进行空间插补，得到研究区内空间分辨率为1km的全天候的旬合成气温分布图。经检验，旬平均气温的RMSE＜2℃，MAE＜1.4℃，旬平均最高气温的RMSE＜2.5℃，MAE＜0.18℃，旬平均最低气温RMSE＜2.54℃，MAE＜2.0℃，且位于农田区的气象站点的估算气温的RMSE均控制在2℃以内。

（3）TRMM降水数据精度检验。采用1998—2010年TRMM 3B4的23h降水数据分别合成日、月尺度的降水量数据，对长三角地区TRMM降水数据进行了精度检验，结果发现，TRMM日降水量在雨季的精度高于全年和干季；在气候区尺度，TRMM日降水量的精度高于单独站点，日均降水量MAE低于3 mm/d。TRMM月降水量与台站观测值之间具有极强的相关性，Pearson相关系数高于0.8。通过对不同降水等级的识别能力比较发现，TRMM日降水数据用于对站点的不同等级降水的预报欠佳，但是用于预报降水是否发生时精度较高，尤其是在雨季准确率可以达到60％以上。在气候区尺度，全年和雨季的降水发生预报精度达到85％以上。

（4）稻飞虱生境综合监测及预警。首先，提出了0.40～0.60为稻飞虱发生的适宜EVI，0.45～0.55是稻飞虱暴发的最适宜EVI，EVI＝0.4时需要加强对稻飞虱的田间调查以及防治工作。其次，采用多元统计法首次建立了7月上旬至9月下旬的逐旬虫量遥感预报模型，各模型均通过了0.001水平显著性检验，并以2010年的田间调查数据进行了检验，发现本模型可提前10天进行预报。最后，通过研究NDVI对稻飞虱发生虫量的响应特征，基于时间序列NDVI的变化特征分别绘制了2005年至2007年8月下旬及9月下旬的长三角地区水稻田受稻飞虱危害等级动态分布图。

26. 基于机器视觉技术的水稻氮磷钾营养识别和诊断（2014，陈利苏；导师：王珂）

根据通过机器视觉技术提取水稻叶片和叶鞘获得的特征与水稻氮磷钾营养状况间的关系，筛选出符合植物营养机理且具有特异性的特征组合来建立识别规则与诊断模型。主要研究内容以及结论如下。

（1）数字图像获取方法的选择以及水稻叶片、叶鞘形态和光谱特征数据库的建立。通过两年的连续采集，积累了大量的水稻叶片、叶鞘数字影像数据，为识别机理研究、识别规则建立和识别应用及验证提供了丰富的样本数据，建立了水稻叶片、叶鞘和光谱特征数据库。

（2）基于叶片、叶鞘扫描图像的氮磷钾营养胁迫的识别。该研究利用Fisher判别分别对氮、磷、钾营养胁迫和正常营养水平的水稻样本进行识别，以2013年试验数据为训练样本建立识别规则，发现四个生育期的最佳识别叶位均为第三叶，其训练精度分别为86.15%，87.69%，90.00%和89.23%。以2012年的实验数据来进行验证，在四个生育期的验证精度分别为83.08%，83.08%，89.23%和90.77%。

（3）氮磷钾营养胁迫程度的识别。首先对不同程度氮营养胁迫进行识别，研究结果表明四个生育期利用水稻第三叶的特征参数识别不同氮营养水平的水稻样本有较好的识别效果，识别精度分别为94.00%，98.00%，96.00%和100.00%。其次研究水稻受磷胁迫时的识别，选用了光泽度、叶面积、叶长比叶鞘、面积比周长、叶鞘颜色的红色分量、叶鞘长、第二和第三叶的间距为特征参数集，在四个生育期里，利用第三叶的上述特征对不同磷营养水平的整体识别精度较高，分别为94.00%，92.00%，98.00%和94.00%。最后研究水稻受到钾胁迫，选择叶片g、叶尖g、叶缘黄化面积、叶片斑点数作为特征集对钾营养胁迫程度进行识别，四个生育期的最佳识别叶位均为第三叶，识别精度分别为90.00%，94.00%，94.00%和96.00%。

该研究根据水稻氮磷钾营养水平影响叶片和叶鞘特征的机理及其表达，针对性地提取特征区域、特征点位的光谱信息和形态特征信息，利用图像处理技术对数字图像进行量化，提取不同氮磷钾营养状态下的水稻叶片和叶鞘的颜色、纹理、形态特征及空间分布特性和规律，深入探求特征参数与缺素种类和缺素程度的关系，构建水稻氮磷钾营养特异性诊断指标，建立集光谱特性、形态特征于一体的数字化诊断指标和模型，既能实现田间诊断信息自动化、快速采集，又能实现建立可操作的、可靠的田间诊断规则和指标体系，既是对现有基于光谱特性诊断机理及理论的深化与完善，又具有实际应用价值。

27. 基于多源遥感数据融合与数据同化的水稻信息提取研究（2016，王晶；导师：黄敬峰）

该研究的主要内容和结论如下。

（1）研究证明，水稻移栽期和快速生长的营养生长时期具有区别于其他地物类别的独特的光谱特征，实现了分步耦合最佳生育期阈值法估算研究区单季稻种植面积，相对分类精度为91.20%。与地块调查结果的空间精度验证显示，水稻的总精度达到91.68%，Kappa系数为0.79。基于五个地块调查样地的空间分布信息，定量分析了由地块景观格局、混合像元纯度及边界效应给水稻分类带来的影响。结果表明，选择合适的多时相遥感影像，结合水稻关键生育期及有代表性的光谱特征，可以提高水稻分类精度；引入景观指数分析地块紧凑程度，结果表明遥感影像像元混合程度越严重，则分类精度越低，错分、漏分的水稻像元集中在水稻田块的边缘。

（2）通过最小二乘法融合HJ-ICCD和Landsat-8 OLI植被指数数据，较单一数据源能够更准确地估计研究区单季稻的关键物候参数（移栽期、抽穗期、成熟期）。通过选择合适的滤波窗口可以减小传感器间的非系统差异，使用大于5×5滤波窗口以后，传感器间的非系统差异趋于稳定，选择合适的模型如最小二乘法建立植被指数的回归函数减小传感器间系统差异，从而减少数据融合过程中不确定性的产生。

（3）利用多时相遥感影像，以2012—2013年地面实验数据为建模和验证数据，制作出可应用于地区尺度的单季稻全生育期内近实时动态长势监测图。该图验证了机器学习模型（神经网络和支持向量机）在作物长势监测参数提取中具有优势。将生育期划分为营养生长和生殖生长后，可以明显提高叶面积指数的反演精度，抽穗前LAI最佳估测模型为EVI 2-BPNN，抽穗后LAI最佳估测模型为NDVI-SVM，结果同时表明，EVI 2通常在水稻快速生长阶段（营养生长）效果更好，而NDVI在生长速率减缓后（生殖生长）的反演效果更佳。累积植被指数可以适用于水稻地上干生物量的估算，全生育期内模型决定系数达到0.93。

（4）结合地面观测数据与FSEOPT对研究区水稻主栽品种进行WOFOST作物模型参数本地化，参数本地化结果表明在单点尺度上作物模型可以较好地表征水稻生长变化趋势，估测水稻产量。通过集合卡尔曼滤波法同化时间序列LAI与WOFOST作物模型，同化状态量间隔越短，同化效果越好，最终在平衡同化效率与精度的考量下，选用10天LAI资料进行区域水稻估产。以研究区水稻面积分布图、水稻生育期提取结果为输入参数，10天的遥感反演LAI为同化状态参量，估测研究区水稻产量分布信息。模型模拟结果与实测结果有较好的一致性，与实测样点的观测值相比，R^2为0.66。研究结果表明，在提高水稻信息提取过程中各步骤精度的前提下，WOFOST模型可以用于区域尺度水稻产量估测，为完善栽培管理、规划农业生产功能区提供有价值的信息。

28. 杭嘉湖平原水稻田演变特征、变化机制及保护对策研究（2016，宋洁；导师：王珂）

该研究基于遥感和GIS空间分析手段结合景观生态学、城市生态学、环境统计学等多学科理论，对1980—2010年间杭嘉湖平原地区建设用地侵占水稻田的不同模式、动力机制、时空演变过程，以及不同社会经济发展阶段人类需求变化下稻田生态服务价值的演变特征展开研究，并提出了维持区域可持续发展的对策建议。主要研究结论如下。

（1）首先对1980—2010年间杭嘉湖平原地区经济社会发展总趋势，以及建设用地侵占水稻田的时空演变总体特征进行分析。研究结果表明，到2010年，杭嘉湖平原建设用地的过快增长导致该区土地开发强度高达23％，已超过了国土开发强度的生态宜居线20％，正在逼近警戒线30％。高强度的土地开发已经严重激化了该区的人地矛盾，对区内优质的水稻田造成了严重的威胁。此外，建设用地侵占水稻田表现出很强的空间自相关性，且空间聚集度逐年升高，30年来建设用地侵占水稻田呈现出由东北到西南的空间演变特征，并主要在城市核心区外围、交通干线沿线以及乡村地区分别呈现出面状、带状和分散状的侵占特征。

（2）通过分析1980—2010年间杭嘉湖平原地区城市建成区经济社会发展进程，以及城市空间增长特征，探究城市空间增长过程中水稻田的演变特征。结果表明，杭嘉湖平原地区城市建成区面积显著增加，而人口城市化水平却滞后于土地城市化水平。根据城市空间增长特征，杭嘉湖平原地区城市被分为主动扩张型和被动扩张型，主动扩张型城市结构完整，发育成熟，形状规则，相反，被动扩张型城市空间增长无序，城市边缘区形状复杂。主动扩张型城市空间增长主要占用城市中心的水稻田，而不规则扩张的被动扩张型城市侵占了分布在城市边缘的大面积连片的水稻田，且使得水稻田复杂性增强，斑块稳定性差，被侵占风险大。因此，建议各地政府应根据不同地域发展特点合理有效地控制区内城市的开发边界，并划定永久基本农田保护区，严禁建设占用高质量水稻田，建立监测水稻田空间布局的管理体系，充分保护城市周边高质量的水稻田。

（3）通过分析杭嘉湖平原地区干线公路的发展状况，掌握其对区域景观格局的直接影响和间接影响，探究其对建设用地的吸引效应和对水稻田的排斥效应。结果表明，1990—2010年，杭嘉湖平原地区干线公路路网密度显著增加，在2000年后高速公路开始快速发展。干线公路的建设直接割裂了区域景观，而其对建设用地的强烈吸引效应导致其沿线水稻田大量减少。受干线公路的影响，城市干线公路影响区内的建设用地主要呈现填充式和边缘式增长，而在建成区外主要呈现跳跃式增长，这种增长方式使得水稻田的破碎度和不稳定性显著增强。随着互联网经济和物流业的快速发展，杭嘉湖平原地区高等级公路的数量必然会进一步增加，从而引发区域土地利用/覆盖的剧烈变化，因此实施国民经济和社会发展规划、城市总体规划、土地利用规划、综合交通体系规划、环境保护规划等分类空间规划的"多规融合"势在必行。

（4）通过分析1980—2010年杭嘉湖平原乡村聚落扩张的时空演变过程，探究不同乡村聚落扩张对水稻田的影响特征。结果表明，杭嘉湖平原地区乡村聚落呈现小规模密集分布的模式，而小规模的跳跃式扩张模式是造成这种特征的主要原因。因此，当地政府应严格执行城乡建设用地"增减挂钩"制度，将废弃和闲置的小规模乡村聚落斑块进行整理，有条件的复垦成水稻田，注重提升水稻田数量和质量，并制定统筹城乡的"生产—生活—生态"三生一体的总体规划。

（5）最后，基于人类需求的动态变化探究了水稻田生态系统服务价值的演变特征，结果表明，人类对水稻田生态系统的需求主要体现在物质需求、生态安全需求和精神需求，说明乡村地区的水稻田对于满足人们的生态安全需求和精神文化追求具有更高的价值。因此，当地政府应加强农村地区水稻田的保护和合理开发利用，改进农业经营模式，充分开发水稻田的教育、文化价值，在增加农业收入的同时，也促进经营者对水稻田的保护，提高水稻田品质。

总而言之，地处东南沿海地区的杭嘉湖平原，区位优势显著，在快速城市化进程中，江南水乡传统风貌和稻作文化的传承受到现代经济社会发展的强烈冲击，该研究认为当地政府应进一步完善以市场为导向的水稻田保护制度，严守耕地红线，提升稻田生态系统服务价值以满足不同时期人类的需求。协调建设用地与水稻田之间的用地平衡，统筹城乡发展。建立打破行政界线和部门界限的"多规融合"的规划体系，布局杭嘉湖平原的可持续发展战略。

二、硕士生学位论文摘要

1. 水稻氮素营养水平与光谱特征研究（1990，史彦鹏；导师：王人潮）

该研究利用II-1800分光光度计和WDS-II波段式光谱仪对早稻、晚稻进行叶片和冠层光谱反射率测量。同时又进行植株全氮含量、叶片叶绿素含量和叶面积指数分析。该研究对所测的光谱参数和诸农学参数进行多种统计分析，对利用光谱监测叶片叶绿素含量、氮素及叶面积指数的可行性进行探讨，旨在为利用光谱在农学参数的监测、氮素营养的简易诊断和水稻估产参数研究方面奠定理论基础并提供新的指标和方法。

根据叶片光谱和冠层光谱做t检验分析。结果表明，对不同氮素处理的敏感波段冠层光谱为520～550 nm（G），660～690 nm（R），760～850 nm（IR），叶片光谱为530～560 nm（IR），730～830 nm（IR），并提出监测氮素可根据叶片光谱和冠层光谱两个方面进行。通过对光谱参数和农学参数的相关分析。结果表明，叶片光谱近红外和绿光的比值（IR/G）与叶绿素含量高度相关，冠层光谱IR/R，（IR－R）/（IR＋R）与植株氮素显著相关。冠层光谱IR/R，（IR－R）/（IR＋R）在整个生育期的变化趋势和叶面积指数的变化趋势相关，用IR/R，（IR－R）/（IR＋R）可实现某一时期的叶面积指数估算。通过对农学参数和光谱参数的典型相关分析，表明氮素的光谱敏感时期为分蘖盛期和孕穗期，叶面积指数在冠层光谱中始终起着重要作用，氮素通过影响叶绿素含量、叶片结构和叶面积指数来影响可见光反射，近红外反射及可见光与近红外反射、总量的变化与彩虹影像及其变换可实现氮素水平和生育期的定性解译。

2. 不同钾营养水平水稻的叶片及冠层光谱特性研究（1996，阿布伊斯曼尔·奥赛马；导师：王人潮）

该项研究利用水培试验培养出不同钾营养水平（0 mg/L，5 mg/L，10 mg/L，20 mg/L，40 mg/L）的水稻，在主要生育期测定了水稻不同叶位叶片及冠层的反射光谱，同时测定了水稻叶绿素含量、叶面积、植株鲜重、含水量、钾含量等农学参数，并做了统计及相关分析。

研究结果表明，不同钾营养水平水稻的叶片及冠层反射光谱存在着显著差异。随着钾营养水平的提高，叶片及冠层可见光光谱反射率降低，而叶片和冠层的近红外光谱反射率却提高。光谱变量与所测的主要农学参数之间存在着显著的相关性。不同光谱变量区分水稻钾营养水平的能力不一，两个波段组合的植被指数好于单一波段。不同植被指数间也存在差异。不同生育期的光谱变量区分钾营养水平的能力也不同。在现有实验条件下，光谱变量能区分3～4级钾营养水平。因此，利用遥感技术大面积监测水稻钾营养状况是有可能的，但光谱分析作为一种田间自动化诊断水稻钾营养的新技术，其专一性尚有待提高。

3. 基于数字图像处理技术的水稻氮素营养诊断研究（2008，孙棋；导师：王珂）

该研究选择田间水稻为研究对象，利用旋翼无人机获取不同氮素水平下的水稻冠层图像，同时在室内获取水稻样品叶片扫描图像，通过数字图像处理技术建立水稻氮素水平诊断指标，得到水稻氮素营养诊断的初步研究结果如下。

（1）该研究采用日本新一代旋翼式无人航空摄影平台Herakles II，自带高稳定性减震拍摄系统。选取日本Canon公司的EOS30D型数码单反（单镜头反光）相机作为传感器。从摄影系统采集的数据看，本次实验的影像质量较高，田块边界比较清晰，每组影像的亮度、景深等都有所差异。这样在后期的影像信息提取工作中有更多样化的数据可供选择。

（2）选用扫描仪作为传感器获取水稻叶片的数字图像，通过水稻氮素、叶绿素含量和SPAD值之间的相关性分析，得到有效的颜色特征变量B，b，$b/(r+g)$，b/r，b/g。同时比较不同叶位、不同位点的变异系数，选择较为稳定的第三完全展开叶（L2）作为指示叶或参照叶；最后建立不同氮素水平的识别模型，得到四个氮素水平的正确识别率为，N0：74.9%；N1：52.0%；N2：84.7%；N3：75.0%。

（3）通过对旋翼无人机获取的水稻图像进行色彩分析，结果表明，无人机拍摄冠层图像的颜色特征变量G值与水稻叶片的SPAD、叶绿素和氮含量均有很好的相关关系。通过高光谱遥感数据的相关分析，从机理上说明基于数字图像处理技术的水稻氮素营养诊断是可行的。引入深绿色指数DGCI，研究认为颜色特征变量G值和DGCI可以用来表征水稻拔节期氮素营养状况。同时建立不同氮素水平的水稻冠层数字图像识别模型，得到四个氮素水平的正确识别率为，N0：91.6%；N1：70.8%；N2：86.7%；N3：95.0%。

4. 水稻遥感信息提取系统设计与实现（2012，郭瑞芳；导师：黄敬峰）

该研究深入分析了水稻遥感信息提取过程中的关键问题，结合遥感影像数据的特点，提出一种适合该研究遥感数据的数据模型，并用其组织、分析和处理遥感影像数据。对水稻遥感信息提取数据的流程、结构和模块进行了设计。

该研究着重研究了水稻遥感信息提取系统的开发和实现。主要运用IDL关键技术，包括IDL图像用户界面GUI，Xmanager事件响应、直接图形系统、对象图形系统、图像漫游和图像缩放、IDL虚拟机程序发布等技术；设计了数据预处理、水稻面积提取、水稻生育期识别、水稻长势监测、水稻产量预测和数据输出模块。实现了水稻信息自动提取和精度评价，提高了水稻遥感信息提取的效率。

第二章 土壤遥感与信息技术应用研究

浙江大学农业遥感与信息技术应用研究所的土壤遥感与信息技术应用研究，是从农业部首批下达的"MSS卫片影像目视土壤解译与制图技术研究"项目开始的。项目针对我国传统土壤调查制图的精度低、重复性差，土壤图应用性差等问题开展研究。经过4年的特殊设计试验，该研究取得了很好的结果。研究成果在浙江省第二次土壤普查中得到推广应用，取得很好效果，获浙江省科技进步奖二等奖。此后，随着航片、SPOT和TM等图像的应用研究，土壤调查制图研究得到进一步拓展，相继完成了大、中、小比例尺的系列土壤调查制图技术研究，研制出国内外第一个由省级（1∶50万）、市级（1∶25万）和县级（1∶5万）三种比例尺集成的无缝嵌入且面向生产单位、具有良好服务功能的浙江省红壤资源信息系统。继此之后，我们又研制出能够清晰地表达浙江省海涂围垦历史和利用动态监测的浙江省海涂土壤资源信息系统，并撰写了《浙江省红壤资源信息系统的研制与应用》（26万字）和《浙江海涂土壤资源利用动态监测系统的研制与应用》（32万字）两部科技专著，它们分别于1999年和2008年由中国农业出版社出版。这两个信息系统在浙江省围垦部门得到广泛的推广应用，为浙江省有计划地围垦海涂、红壤缓坡地改造提供了科学依据。另外，我们在土壤分类研究取得成果的基础上，运用分类树技术进行土壤自动制图研究，取得了显著成效。在土壤污染和环境监测方面也做了不少工作，也取得了良好结果。特别是在土壤地面高光谱遥感技术方面也取得了系列成果，撰写了《土壤地面高光谱遥感原理与方法》科技专著（36.9万字），于2014年由科学出版社出版。我们还翻译了苏联的《土壤研究的遥感方法》（17.4万字），由成都科技大学出版社出版；撰写了《地统计学在土壤学中应用》，由中国农业出版社出版。我们已经完成"浙江省土壤数据库"和"全国主要土壤光谱数据库"的建设，它们为土壤管理、开发利用、土壤调查及其更新，以及科学研究等提供基础条件。

一、博士生学位论文摘要

1. 中比例尺红壤资源信息系统（MRSGIS）的研制——以浙江省衢州市为例（1∶25万）（1995，杨联安；导师：王人潮）

该研究是建立浙江省、市、县各种比例尺的红壤资源信息系统之一：中比例尺红壤资源信息系统。创造性的成果有以下几个方面。

（1）在我国首次试用ARC/INFO工作站版本6.1软件和SUN工作站平台，选择浙江省衢州市，建立了中比例尺红壤资源信息系统（MRSGIS）（1∶25万）。

（2）提出研制MRSGIS的思路和方法，研究建立的MRSGIS因受原始数据和时间的限制，还只能是实验型的，但可为同类资源与环境信息系统研究的开展提供借鉴。

（3）提出了一些新颖观点，例如红壤资源类型体系、红壤资源类型图绘制、红壤资源适宜性评价、红壤资源开发利用分区系统等，为红壤资源这些方面的研究做出了有益的探索，为进一步的研究提供基础和借鉴。另外，利用现有资料，针对红壤资源水土流失比较严重的现实，进行了红壤资源侵蚀危险性评价。这些研究所采用的方法，在红壤资源研究中做出了有益的探索，取得了一些效果。

（4）在熟悉ARC/INFO软件基础上，对于"边缘现象"图斑依据专业知识进行信息填充。对叠置后的图幅图斑立即进行同质融合（DISSOLVE），这样减少了信息占用空间，使运算速度提高，方便以后操作。

（5）对ARC/INFO软件图形管理（ARC）和属性管理（INFO）硬性分离的双重结构进行了评论，研究提出ARC/INFO软件具有将图形管理（ARC）和属性管理（INFO）两者硬性分离的双重结构的GIS，它所基于的关系模型缺乏表达图形实体及其相互关系的能力。经研究，在关系模型基础上进行扩展也是一条实用有效的途径。具有整体系统结构的面向对象的GIS代表着GIS的一种发展方向。

（6）首次应用专家权重模型进行了红壤资源侵蚀危险性评价，研究方法可靠，结论具有实际应用价值。

总之，MRSGIS是我国首次研发的土壤资源信息系统，也是我国农业领域的第一个资源信息系统。研究的主要成果及意义是通过探索RS和GIS技术在土壤资源信息系统上的应用，积累更多的经验，也为开展不同比例尺的土壤调查，以及研究全国土壤资源利用、评价和土地退化，乃至全球环境变化都是一次尝试，对后期的研究也具有良好的参考价值。

2. 基于GIS的浙江省红壤资源分类、评价与农业开发分区研究（1997，胡月明；导师：王人潮）

建立省级范围的小比例尺红壤资源信息系统（SRSRIS），科学地进行红壤资源的清查统计、质量评价以及农业开发分区，可以为红壤资源的合理开发利用与保护、为农业的可持续发展提供可靠资料与决策依据。该研究主要取得了以下几个方面的进展。

（1）在SUN工作站及联网微机、ARC/INFO和Fox prow等硬、软件的支持下，以浙江省为例，建立了省级范围的小比例尺（1：50万）红壤资源信息系统。该系统是作者所在重点实验室提出的建立大中小不同比例尺红壤资源信息系统的组成部分，是对目前我们重点实验室业已完成的中比例尺（1：25万）和大比例尺（1：5万）红壤资源信息系统的进一步深化，将三者结合起来，为全面建立浙江省红壤资源信息系统（1：50万），进而为实验型的红壤资源信息系统进一步完善成运行系统，打下了坚实的基础。

（2）在研究所建立的浙江省红壤资源数据库中，贮存了浙江省红壤资源原始图件和分析绘制典型图件各11幅，并输入了相应的属性数据资料，包含的信息量比较丰富，初步实现了浙江省红壤资源的信息资源共享。这些工作为浙江省红壤资源的调查与评价、农业开发分区及利用规划与管理，为研究红壤资源的环境特征以及农业可持续发展战略提供了大量的基础数据和科学依据，也可供浙江省范围的其他类型小比例尺资源、环境与管理等研究引用。

（3）资源分类、评价、利用分区及规划研究是地学研究领域的重点内容。该研究在GIS技术支持下，根据红壤资源类型划分—质量评价—农业开发分区逐层深入的思路，对浙江省红壤资源进行了较系统的研究，深入研究了小比例尺范围的红壤资源一级类型划分、质量评价与农业开发分区，取得了较为系统的研究成果。并对红壤资源质量评价的几种定量方法进行了对比研究，探明了这些方法的优劣。

（4）该研究首次提出了以资源类型作为评价单元，将各评价因素的单要素图层分别与资源类型图进行叠置分析，通过对属性数据库的操作来获取各评价单元的多边形属性数据的方法。与传统的将所有评价因素的单要素图层全部叠加到一起确定评价单元和获取评价数据的方法相比，该方法不仅大大提高了评价指标的准确度，而且避免了数据失真和叠置分析运算量过大等弊端，同时，极大地减少了叠置前进行图形预处理的工作量。

3. 低丘红壤地区农田水分平衡模拟和水资源优化利用研究（1997，吕军；导师：王人潮）

我国南方地区，特别是低丘红壤地区的季节性干旱缺水，主要是降雨时间分布不均匀和该地区高度集约化的生产所造成的，同时也反映了该地区水资源利用与管理技术和当地生产、经济发展的不协调。该研究取得了如下研究进展。

（1）建立了土壤水分运动与作物生长动态的耦合模型，这是SPAC水分运转研究和作物生长模型研究的重要进展。耦合模型经试验验证表明，土壤水分运动和作物产量模拟结果与实测值的拟合程度令人满意。模型对土壤水分条件与作物生长的耦合参数、土壤水分特征参数和气象条件均比较敏感，而在作物生长前期，叶面积生长速率的变化以及由种植密度不同而造成叶面积系数的变化，都对土壤水分平衡的模拟结果有显著影响。

（2）根据当地近十年气象资料，对冬小麦田水量动态平衡的模拟分析表明，冬小麦水分管理的主要问题是排水除渍；红壤地区普遍土壤黏重和排水设施较少，加强小麦地表排水能力具有重要的意义；模拟结果表明，10天以内的土壤渍害对小麦产量影响较小，但30～50天的连续渍害危害较大；各生育期中以将实灌浆期的渍害对产量影响最大。

（3）在低丘红壤地区黄筋泥田土壤条件下，对近十年早稻和晚稻的田间水量动态平衡的模拟分析表明，尽管水稻常规栽培耗水总量很大，但其生理生态必需耗水量平均分别仅为328.7 mm和355.4 mm；在耗水各项中，渗漏比例最大，因此采用间歇灌溉方法能大大降低渗漏水量和其他耗水，使早稻减少用水60%，晚稻减少80%以上。

（4）模拟分析表明，春玉米的水分管理，重点在于早播避旱，如能将收获期从常规栽培的7月下旬提前到7月上旬，可大大提高春玉米高产、稳产的可能性。而秋玉米的产量与灌溉水量成二次曲线关系，最高产量出现在200～300 mm灌水量范围内。在灌溉过程中以土壤凋萎含水量的1.2倍为灌溉临界土壤含水量，每次灌水定额为60～70 mm为好。

（5）模拟分析表明，在雨养条件下，春大豆产量高于夏、秋大豆，但有灌溉条件时，夏秋大豆产量更高。由于大豆对土壤湿度变化较为敏感，渍害明显影响产量，大豆灌溉的临界土壤含水应为凋萎系数，每次灌溉以40 mm为佳。同时该研究还模拟了花生和小米生长期间的田间水量平衡，并发现即使在雨养条件下，秋季小米仍可达到较高的产量。

（6）应用作物生长和农田水分动态综合模型，模拟当地土壤和作物条件下的农田水分平衡，从而较确切地取得了不同作物、不同土壤和环境条件下农田灌溉最佳需水量的参数，为优化区域水资源规划和科学管理提供了至关重要的资料。

（7）以浙江省龙游县芝溪低丘红壤开发区为例，建立了红壤小流域农田生产多目标优化规划模型，应用作物生长和农田水分动态综合模型模拟获得的各种不同作物、不同土壤和环境条件下农田灌溉参数，经优化模型求解，芝溪小流域的农田灌溉用水，可以比当地水利部门的规划节约30%以上。

（8）采用多方案比较的方法分析了芝溪小流域在不同水资源条件下农田生产的优化布局、生产能力及其主要限制因素等问题；优化模型求解结果表明，在浙江省红壤地区，当水资源受到限制时，合理调整作物种植计划仍可能达到较高的农田生产能力。

4. 遥感数据更新、系统集成以及农业种植决策支持系统研制——基于红壤资源信息系统（1998，史舟；导师：王人潮）

该研究是在已建立的大、中、小三个不同比例尺红壤资源信息系统的基础上集中进行了三个比例尺系统集成研制。同时，利用遥感技术进行数据更新，建立基于红壤资源信息系统的农业种植决策支持系统。经过近两年的研究，在以下方面取得了新的进展。

（1）将原来三个不同比例尺的红壤资源信息系统集成为一个统一的系统，规范不同比例尺数据集，组织集成后的数据库结构，提供了不同比例尺专题图件的分级索引和管理，为进一步实现中国南方红壤资源的计算机分级管理提供了研究基础和借鉴。

（2）在Windows 95平台上成功地开发建立了界面友好、数据统一、紧密结合、无缝嵌入的红壤资源信息系统软件，该系统不仅实现了对三个不同比例尺数据的统一管理，提供了GIS的空间图层显示、查询、统计、输出等功能，而且将农业种植利用自动分区和柑橘种植合理选址两大模型无缝地嵌入到系统中。

（3）利用遥感技术对红壤资源信息系统的基础数据进行更新，提供了维护GIS数据现势性的方法。研究中建立的容差矢量法支持下的逐步分类技术，较好地应用在龙游县土地利用现状遥感调查中，它比常用的监督和非监督方法在分类精度上有一定的提高。

（4）在红壤资源信息系统基础上引入新的空间分析方法。针对常用数字模型在空间分析上的限制，选用图论最小生成树的方法与GIS技术相结合，建立农业种植利用自动分区模型，使自动分区结果能符合空间连接和空间分异规律。

（5）以柑橘为例，通过对柑橘生产的自然和经济条件的综合分析，建立柑橘种植合理选址的评估体系，再利用C＋＋语言建立专家系统，实现该评估体系的计算机化。建立柑橘种植合理选址咨询系统，使红壤资源信息系统的应用得到深层次的应用和开发，符合当前地理信息系统智能化发展趋势。

总之，现代的地理信息系统技术受到信息技术、系统工程、计算机科学等多学科的交叉影响和支持，是一项复杂的高新技术。它的开发和应用离不开大量研究人员的协同工作和研究经费的投入。

5. 基于GIS的土壤及其生态环境与印度野牛生存关系的研究——以西双版纳纳板河流域生物圈保护区为例（1999，张洪亮；导师：王人潮）

"西双版纳纳板河流域生物圈保护区综合考察研究"和"西双版纳纳板河自然保护区生物资源有效管理与开发的研究"两个项目积累的研究成果，为该研究提供了丰富的资料和信息，该研究取得了以下研究成果。

（1）研发出西双版纳纳板河自然保护区地理信息系统，这是建立在当地资源保护与经济发展二者兼顾、协调发展的基础上的。它将成为纳板河自然保护区资源科学管理、合理开发和有效决策的有力工具；同时，本系统将在规范化、标准化、模型化和实用化四个方面都有特色，可作为其他自然保护区和其他国家（特别是东南亚国家）开发信息系统的参考。

（2）空间尺度和异质性是景观生态研究的重要概念。空间尺度的选择取决于研究目的。该研究的目的是定量分析生境类型与受保护对象（印度野牛）生存的关系，以支持管理者做有效管理决策，在这一空间尺度上的研究已基本达到这一目的。同时，生境格局的研究还为人类开拓、适应和利用自然环境和资源提供了重要基础。

（3）有效的辅助决策是GIS发展的重要方向。该研究在GIS的基础上应用贝叶斯统计推理技术建立了印度野牛生境的贝叶斯综合模型，并与环境模型相比，结果是令人满意的，为野生动物生境的定量研究提供了一种新的研究方法。

（4）景观多样性是生物多样性研究的主要内容之一。人类活动在各个水平和层次上给生物多样性造成巨大的影响，景观破碎化和生境破坏是全球物种灭绝速率加快的主要因素。近几十年来，随着人类活动范围的不断扩大，野生动物赖以生存的环境大面积消失，生境日趋破碎化，最适生境总面积逐渐减少，残留生境斑块面积还在进一步缩小且各生境斑块之间的距离逐渐增大。生境消失和破碎化严重影响动物的生存和繁衍，它不仅改变了生境的质量、食物基地的类型和动物赖以生存的小气候，而且增加了动物之间的竞争和近亲繁殖率。该研究应用Bayes决策和模糊数学中的隶属度的概念，成功地定量化描述了景观的破坏对印度野牛生存空间造成的影响。

（5）土壤是分布于地球表面的一种生境要素，直接或间接地对印度野牛生境产生影响。因此，本文作者认为保护印度野牛应从保护土壤生境着手，只有加强土壤资源保护，防止土壤退化，提高土壤肥力，改善土壤环境，维护生态平衡，才能从根本上保护印度野牛的生存环境，保护热带森林的生物多样性。

6. 土壤养分肥力综合评价和作物施肥咨询系统研制与应用（2000，吕晓男；导师：王人潮）

该研究以浙江省红壤地区的多点玉米肥料田间试验资料为基础，在单项肥力评价的基础上研发出具有N、P和K全定量特性和施肥效应预测功能的玉米施肥咨询（推荐）系统。该研究还结合农业现代化园区建设，选择财政部资助的东阳市农业科技示范园区为对象，建立水稻施肥咨询系统，使其可直接服务到田块，主要研究成果如下。

（1）建立土壤肥料综合评价和施肥咨询系统基础数据库，包括属性数据、数据管理系统等若干部分。①属性数据库内容，具体是：多点玉米肥料试验基本情况、玉米的籽粒和秸秆产量、玉米籽粒和秸秆氮磷钾养分含量、土壤养分测定值等信息；我国主要土壤氮磷钾肥力丰缺指标、"以土定产"公式、各种作物的养分吸收量等信息；东阳市农业科技示范园区土壤基本现状等。②空间数据模型，包括玉米田间试验样点图；东阳市农业科技示范园区行政图、土壤图、土地利用图、园区建设规划图和园区地形图。③建立数据库的管理系统，具有添加、删除、刷新和更新等功能，以及对土壤肥力量化评价能力。评价是选取pH、有机质、全氮、速效氮、全磷、速效磷、缓效钾、速效钾、CEC、黏粒含量、粉砂/黏粒共11项指标，建立三个层次的土壤肥力综合评价指标体系。通过S型隶属度函数把有机质、全氮、速效氮、全磷、速效磷、缓效钾、速效钾、CEC转化为隶属度（评分值）。再用隶属度值来表征土壤指标的状态值，比传统的等级划分更严谨、更可靠。我们同时尝试用多元统计分析中的因子分析方法和相关系数法确定各肥力指标的权重系数，用模糊数学原理，分别求得土壤肥力综合指标（IFI）和土壤养分肥力综合指标（NFI）。IFI和NFI与38个玉米田间试验无肥处理产量之间达到显著相关水平（$p=0.05$），说明评价结果的合理性，以及空间数据等。

（2）研制与应用浙江低丘红壤玉米施肥咨询系统（CFRS 1.0）。浙江低丘红壤玉米施肥咨询系统的基本原理是采取"以土定产"和"以产定氮"进行建模。系统包含了以下五个方面的功能：①钾肥"养分平衡"施肥模型建立用"以土定产"公式确定玉米目标产量，分析玉米籽粒和秸秆养分含量确定玉米养分吸收量，建立土壤速效养分测定量以及肥料利用率之间的关系，求得土壤磷和土壤钾供应量、磷肥和钾肥的利用率。磷肥和钾肥推荐达到确定量水平。②玉米增产量、施磷肥纯增利润和产投比之间的数学模型：速效钾与玉米增产量、玉米增产百分率、单位K_2O玉米增产量、施钾肥纯增利润之间的数学模型。可以通过土壤速效磷和速效钾产前预测正常气候条件使用磷肥和钾肥的化学效应和经济效应。③玉米施肥咨询系统的开发与应用系统工程的方法和原理建立CFRS，CFRS可以在各种计算机上应用，界面友好、应用方便，只需输入少数必要的参数，就可得到玉米氮磷钾肥的推荐用量，施肥的农学和经济学效应供决策。④从CFRS中可以查阅我国主要土壤的氮磷钾肥力等级指标、作物的"以土定产"公式以及各种作物养分吸收量等有关施肥资料。⑤建立CFRS所需的参数均通过严格的统计学检验，具有很高的肥料推荐精度，理论上完全可靠。其技术路线和方法适用于其他类型土壤和作物，具有普遍的指导意义。

（3）研制与应用农业科技园区水稻施肥咨询系统（RFRS 1.0）。整个研究内容及成果包括以下四个方面：①财政部资助的东阳市农业科技示范园区土壤图、土地利用现状图、规划图、行政图和园区地形图的数字化和建库。②园区土壤养分的分析测定，肥力状况的分析和等级指标的划分。园区土壤表现为磷肥力高、钾肥力低的特点。③水稻"以产定氮"公式的建立。④水稻施肥咨询系统的开发与应用玉米施肥咨询系统建立的技术。建立东阳市农业科技示范园区施肥咨询系统，只需输入水稻目标产量就可获得氮肥的推荐用量；输入土壤速效磷和速效钾，确定土壤质地就可获得磷肥和钾肥的推荐用量。

（4）开发了施肥软件。提供能服务到农户和田块水平的玉米施肥咨询系统和水稻施肥咨询系统软件，可供教学、科研和直接指导施肥等方面应用。

7. 基于GIS的土壤遥感制图及应用研究（2000，沙晋明；导师：王人潮）

该研究取得了以下几项成果。

（1）实现了在GIS支持下对土壤遥感制图（土壤地理、景观、环境）的计算机化，建立了一套从矢量图形输入、地理环境遥感分析、叠加图综合修改、土壤类型提取二叉树法、图像层提取分类的技术路线，提高了土壤遥感制图的速度和精度。该技术路线改进了以前计算机化程度较低的目视解译技术，使得土壤遥感制图计算机化和高效化。

（2）在土壤地理环境的分析中首先提出了非线性规律，成功地应用改进后的分维对龙游县地形地貌、岩石母质、森林植被等进行了深入分析，得出龙游县自然地理环境的分形特点，发现土壤界线的分维变化规律。

（3）在图像处理软件的支持下开展了自然地理、农业地貌的遥感影像分析，提出了针对岩石、植被等的一些新的图像处理合成技术，建立了区域图像光谱（包括热辐射、归一化植被指数、差值植被指数等）的空间分异模型。

（4）创造性地提出了土壤类型提取二叉树模型，将土壤自然地理环境属性数值化为0—和1，根据其明显特征，构造土壤类型提取的哈夫曼树，从而实现土壤类型提取的计算机化，为以土壤地理为基础的土地资源类型的研究提供了一条数值化表示、矩阵化分析的道路。这项技术的核心之一是成功地对地理环境信息进行遥感分析和计算机存储。在土壤地理环境的分析中充分考虑了地理环境的非线性规律，成功地应用了改进后的分维算法对龙游县地形地貌、岩石母质、森林植被等进行了深入分析，得出龙游县自然地理环境的分形特点，发现土壤界线的分维变化规律。结合土壤的发生学特性，确立了在图像处理软件的支持下自然地理、农业地貌遥感影像分析的技术方法，针对龙游县具体情况，开展了关于岩石、植被等的图像处理合成技术，用监测到的正确信息修改综合叠加图的属性库，为土壤类型的正确提取提供了基础。在修改属性库的过程中需要进行大量认真细致的屏幕修改工作，这是此项技术的最大工作量。

（5）采用图像层分类技术，并根据土壤分布与景观关系密切、不密切、复杂等特点分别采用不同的分类技术路线，实现了一定土属精度下的遥感分类。为拓展土壤制图的应用面，尝试了在多种矢量图支持下的植被景观图的制作，不仅解决了GIS和RS的有机结合问题，而且还降低了制图难度，丰富了图斑信息。充分利用遥感信息在区域土地资源研究中的作用，就土地资源开发类型空间分布的研究方法，从系统论的角度出发提出了遥感信息支持下的模糊相似递阶结构模型，应用此模型较好地解决了土地资源开发过程中空间分布的问题。开展了在多种矢量图支持下植被景观图的制作，利用遥感信息可以较好地解决区域土地资源开发过程中空间分布问题，通过对可达矩阵的合理划分，此模型就可以较好地解决土地资源开发过程中空间分布问题，从而避免了人为打分所带来的片面的、非本质的影响。

总而言之，基于GIS的土壤遥感制图研究是一项很有意义的科研活动，该研究主要围绕当前资源、环境问题，开展了与之相关的地理环境、土壤地理分布、植被景观变化等的监测，希望能在这些研究的基础上探索出一条解决资源环境遥感监测的技术途径，通过研究取得了一些重要的基础性技术，为进一步开展土地资源遥感监测奠定了坚实的基础。

该研究在地形地貌、土壤遥感制图等方面进行了详细的研究，为土地资源的遥感研究奠定了一个好的技术基础。但是，还应在其他技术的辅助下就土地利用现状遥感监测问题进行深入研究，这样就可形成一个完整的土地资源遥感调查技术系统。

土壤类型提取二叉树和矩阵模型是一个逻辑严密、易于实现的数学模型，适合于各种信息检索，尤其适合土地资源等地学研究；而矩阵模型适合于地学多维数字化描述，两者构成了地学类型提取的便利工具。但是，在使用该模型前需要对所研究的对象有一个十分清楚的认识，并能对其属性归类。该研究由于时间紧迫而没有开展土地资源类型提取的尝试是很无奈的，今后，应就这一方面做更进一步的研究。在图像处理方面应加强ENVI的应用模块的完善，用高效的IDL开发工具开发各种针对性强的应用模块，以完善ENVI功能。

8. 低丘红壤水分特性和农田作物水分模拟信息系统研究（2002，柳云龙；导师：王人潮）

该研究的主要内容包括两个方面：土壤母质、母质发育程度、土地利用方式、地形高程变化和侵蚀红壤复垦对红壤的持水性质和供水性质的影响展开比较系统的研究以及在对红壤水分性质进行分析的基础上，选择浙江省兰溪市马达镇石宕金大洋畈地区为研究区域，以图件、实测数据和调查数据为信息源，建立农田土壤、作物和气象信息数据库，通过面向对象技术和数据库接口技术的开发实现GIS、土壤水分、作物生长模拟的集成，建立土壤水分生产模拟信息系统，为土壤水分动态和作物生长动态模拟决策提供技术支持和决策依据。经过两年的研究工作，取得了如下进展。

（1）红黏土和棕泥土是同一种母质（玄武岩）上发育程度不同的土壤，相对棕泥土而言，红黏土由于风化程度高，成土时间长，土壤质地黏重，酸度强，微结构大量发育，土壤的持水能力强，但供水能力则更接近于沙土，其土壤抗旱能力和黄筋泥、红沙土相似，均比较弱。从供试土壤持水能力的差异来看，红黏土和红沙土的持水能力差异要明显大于红黏土和棕泥土的差异，要大于同一个土壤如棕泥土或红黏土由于利用方式和耕作制度不同所引起的土壤持水能力的差异。

（2）地形变化对土壤的理化性质和水分特性均有明显的影响。对受人为扰动较小的林地和茶园而言，随地形位置的降低，土壤黏粒含量降低，有机质含量、土壤水稳性团聚体数量和土壤通气性均明显增加，而对受人为耕作影响较大的旱地和橘园而言，其养分含量、土壤结构性质变化没有明显规律。从坡地红壤的持水性质和供水特征来看，一般而言，坡顶的持水量比坡中和坡底要大，坡底土壤含水量较大，所对应的土壤吸力较低，土壤的抗旱能力稍弱，但这种劣势由于坡底临近水田，灌溉条件较好，距地下水位相对较近而得到弥补。因此坡底由于养分含量高，通气性好，水稳性团聚体多，作物生长能够获得较好的生境。

（3）坡地侵蚀红壤复垦利用后，土壤基本物理性质、土壤养分含量均得到了不同程度的恢复与提高，具体表现为红壤水稳性团聚体数量增加，土壤养分含量提高，土壤总库容和通透库容增加，土壤通气性改善，地表径流和水土流失的趋势得到有效减缓，年径流量、径流系数、侵蚀模数及泥沙干重比裸地有了大幅度的降低。但侵蚀红壤有效库容较低，即使复垦后土壤有效水数量和土壤供水性能并没有得到明显改善。

（4）旱地红壤由于土壤质地黏重、酸度高、土壤有机质含量低及大量土壤微团聚体的存在，土壤持水供水能力弱、土壤有效水含量低，抗旱能力弱，作物容易受旱。红壤性水稻土经过耕作培肥后土壤有机质含量高，土壤持水供水能力强，土壤有效水含量高，抗旱能力强，而且在水稻土各样品之间持水供水和释水能力的差异与有机质的变化非常一致，因此在红壤地区，增施有机肥有利于提高土壤抗旱能力。

（5）在红壤地区，对不同母质、不同成图年龄、不同利用方式、地形变化下的土壤，其水分特征曲线均能用幂函数模型来进行较好的拟和，拟和方程形式为$\theta=ASB$，母质类型、土地利用方式和地形变化对土壤持水能力的影响是通过拟和方程中参数A，B值的变化来反应的。

（6）建立农田作物水分生产模拟系统基础信息数据库，包括图形空间数据库和属性数据库，图形空间数据库包括研究区域内土壤图、土地利用图、地形图。属性数据库包括土壤、作物和气象属性文件库，土壤属性文件库提供基本的土壤类型属性文件，如沙土、黏土和壤土，还根据我们自己测定的数据生成相应的数据文件，如黄筋泥等，作物数据收集了水稻、花生、大豆、小麦、棉花、马铃薯等数据文件，气象数据文件包括研究区域内3年的气象数据。

（7）进行了专业模型开发。以土水平衡方程为基础，对土水平衡的各个收支项用VB6.0进行了模型开发，包括土壤蒸发、作物蒸腾，土壤水分运动等，作物生长模型以光合作用为基础，以光合产物在各器官中的分配为中心，对作物光合作用、呼吸作用，叶面积发展变化等均进行了程序的编写，并经过程序的运行和调试。

（8）系统的集成和调试。用VB语言进行程序开发，用MO空间进行图层的控制和显示，在图层空间数据和属性数据之间通过数据接口开发进行数据衔接，使专业模型和GIS以MS-Access数据库为支撑结合在一起，能够在同一界面下运行，能够实现资料的相互查询显示，并将模拟结果以图形和电子表格的形式呈现出来。

该研究研发的农田作物水分生产模拟决策系统是以Windows为操作平台的，有一定创新性。系统用VB语言进行程序开发，以MS-Access数据库为支撑，使用Map Info、ArcView、ArcView 3D Analyst、Map Objects等GIS软件，以MO控件控制和调用图形数据库，通过数据接口开发和专业模型开发实现了专业模型与GIS的结合，设计开发了用户友好界面，能进行地图操作、信息查询及资源统计，主要用于土壤水分动态的模拟和作物生长的响应，为农业水分生产的经营提供决策依据。研制出作物水分生产模拟系统趋于"图形化""可视化"和"傻瓜化"的用户界面，有新意。传统的水分运动模型和作物生长模型的应用需要对土壤水分运动规律和作物生长规律有比较深刻的认识，模型应用仅局限于"专家型"和"研究型"阶段。该研究通过VB语言，以MS-Access数据库为支撑，通过按钮控件、对话框、下拉式菜单、工具条为土壤水分与作物生产系统提供图形化的用户界面，使其操作趋于"傻瓜化"，便于管理，为普通用户的操作应用提供友好的人机界面，相信对农田水分管理技术的现代化起到一定的推动作用，为"精确灌溉"农业的研究和实施提供参考。

9. 滨海盐土三维土体电导率空间变异及可视化研究（2008，李宏义；导师：吴嘉平、史舟）

该研究具体研究成果概述如下。

（1）基于EM 38的土壤剖面电导率预测研究。经校验发现，地表空气温度、剖面土壤温度、剖面土壤水分含量等因子对EM38测量土壤表征电导率（EC_a）的影响非常小。利用EM 38在地表不同高度测量EC_a，再采用线性、非线性响应模型结合Tikhonov正则化反演土壤剖面电导率，这种基于电磁物理学原理的方法能较好地解决上述问题，更具推广性。研究结果表明，线性模型和非线性模型的平均预测误差分别为38.44%和24.26%，非线性模型的精度相对更高。

（2）滨海盐土三维土体电导率空间变异及可视化研究。利用EM 38在地表不同高度获取的表征电导率，采用预测精度更高的EM 38电导率线性响应模型结合Tikhonov正则化方法反演土体1 m深度范围10个土层深度的电导率作为三维空间变异研究的数据源。研究表明，在该研究中水平方向和垂直方向上电导率空间相关性结构的半方差函数模型都不存在各向异性，因此建立一个各向同性六参数特例模型来描述研究区土壤电导率三维空间变异结构。三维克里格法相比二维克里格法的预测精度有较大提高。利用VRML语言构建三维土体电导率虚拟现实模型，实现三维土体电导率的可视化表达，有利于更好地分析土壤电导率的空间分布特征和变化趋势。最后，将研究结果进行网络发布。

（3）三维土体电导率空间分布的不确定性分析及作物种植风险评价。为了对研究区土壤管理决策予以指导和适种作物类型给予建议，以非线性模型预测的剖面电导率作为数据源。①采用序贯高斯模拟方法模拟不同深度土层土壤电导率的空间分布，结果表明，比克里格方法预测精度有所提高。②将EC_a为400 mS/m作为重度盐化和极度盐化的分界点，对10个土层各层评价点超过该阈值的概率分别进行1000次模拟，通过分析相对误差，认为1000次序贯指示模拟的概率分布结果是可靠的。③根据水稻和棉花的耐盐性电导率阈值，采用析取克里格法给出10个土层盐分大于这些作物的耐盐值的概率，叠加生成三维概率分布图，对其进行作物种植风险性评价。深层电导率数据及其超过阈值的概率可以为制定更准确的种植规划提供重要参考。

（4）农业资源地理信息系统功能模块扩展。首先对软件的开发目标、原则和功能等进行了分析，确立了以GIS基础平台为核心，相互独立的土壤采样、地统计、随机模拟、管理分区等可扩展模块共同组成的农业资源地理信息系统。该研究重新整合农业资源地理信息系统的采样设计模块与土壤采样模块。采用面向对象的设计方法，选用开发效率高的Visual C++作为开发语言，进一步扩展基于EM 38和GPS的土壤电导率采样子模块和随机模拟模块。再运用该系统的土壤采样模块对滨海盐土土壤电导率进行采集，并进行空间变异的随机模拟和超过一定阈值的不确定性分析的初步应用研究。结果表明，新增加模块后，ArcGIS功能更加强大，可为精确农业田间管理提供服务，同时也为相关程序的开发提供了参考。

该项研究在以下三方面取得了新进展：①该研究开展的土壤电导率三维空间分布预测、模拟和网络发布不但极大地推进了当前土壤空间变异方法论的研究，而且为土壤研究成果的推广应用提供了新的途径。②研究三维空间随机模拟的不确定性和作物种植风险评价，是对当前以表土为研究对象的二维不确定性分析、作物种植风险评价工作的一个重要补充和发展，可以更加准确地辅助指导实际的土壤管理和决策方案的制订。③在Windows平台下，利用面向对象的C++开发语言和系统集成技术，新增加基于EM 38和GPS层的土壤电导率采样模块和随机模拟模块后，使得软件功能更加强大，可为精确农业田间管理的科学性、合理性以及智能化提供服务。

10. 土壤高光谱遥感信息提取与二向反射模型研究（2008，程衔亮；导师：吴嘉平、史舟）

随着遥感技术的发展，高光谱遥感在越来越多的领域得到了广泛应用。现代农业的发展也迫切要求遥感技术能够提供快速、准确的地表信息。高光谱遥感具有光谱分辨率高、波段连续性强等特点，能够在特定光谱范围获取较为连续的地物光谱曲线，使地物信息在光谱维上展开，从而使高光谱数据能够以足够高的光谱分辨率区分出那些具有诊断性光谱特征的地物，实现更准确的监测或反演。对于土壤来说，其水分含量、有机质含量、表面粗糙度、质地等特性是现代农业生产中重要的信息。大量研究表明：土壤的光谱特性与土壤的理化性质有着明显的关系，土壤的光谱特性是由土壤本身的性质决定的。高光谱遥感正是由于其极高的光谱分辨率在土壤特性的研究中表现出巨大的研究潜力。

二向性反射是自然界中最基本的宏观现象之一，物体表面的反射随着太阳入射角和观测角的变化有明显差异，从观察到的阴影变化也可以推断出物体的某些结构特征。目标物的二向性反射特性，无论是在遥感模型还是在遥感反演研究中都扮演着重要的角色。土壤二向反射特性的研究对定量遥感及土壤遥感技术的发展有着重要意义，是进行地表温度、地表反照率等方面反演必须解决的问题，同时也是全球地面覆盖遥感研究所要考虑的背景因素。此外，土壤反射率的方向分布潜在地携带土壤的一些属性如土壤湿度、有机质含量、矿物组成、粒径分布以及表面粗糙度等信息。因此，开展土壤的BRDF数学模型及模型验证研究、多角度模型反演是当前土壤定量遥感研究的热点和难点。

该研究以土壤高光谱信息的分析、提取方法为中心，以高光谱遥感为技术支持，着重研究运用不同的数据处理和建模方法，建立了多组土壤特性预测模型，成功地实现了部分土壤特征性质的预测；利用不同类型的土壤BRDF（Bidirectional Reflectance Distribution Function）模型对室内及室外土壤二向反射率进行了模拟并反演了模型的参数，探讨了土壤表面状况对模型参数的影响。主要研究内容和结果概述如下。

（1）不同滤波方法平滑去噪效果及其对预测模型精度影响评价研究采用移动平均（MA）、中值（MV）、Savitzky Golay（SG）滤波、低通（LP）滤波、Gaussian（GS）滤波、小波去噪（WD）等方法对土壤光谱曲线分别进行滤波，并构建平滑指数（SI）、横向特征保持指数（HFRI）和纵向特征保持指数（VFRI），对平滑效果进行评价。结果表明：总体上平滑能力越强必然导致特征位置横向和纵向保持能力越差，而横向特征保持能力越好，其纵向保持能力也越好；GS去噪方法最差，其平滑效果和特征保持都不理想，WD和MV是平滑效果最好，曲线的特征保持相对较好，能够较好地平衡平滑能力和特征保持能力这一矛盾体；MA和LP平滑效果不佳，但其特征保持能力强，并不能很好地平衡两者之间的矛盾。利用六种滤波去噪方法对土壤光谱数据进行处理后，采用偏最小二乘法构建滨海盐土砂粒含量预测模型。结果表明，WD构建的预测模型用到的主分量个数少，砂粒含量预测精度最高；而主分量最多的MA、GS和SG对砂粒含量预测精度较低；在平滑与特征保持平衡上较好的WD和MV滤波方法，对砂粒含量预测精度也较高，平滑能力最差的MA对砂粒含量的预测精度最低。这说明在光谱平滑和特征保持方面，滤波器平滑效果的好坏是影响预测砂粒含量精度主要的因素，而特征保持能力虽不是主要影响因素，但也是不可忽略的因素。

（2）不同数据处理及建模方法对滨海盐土砂粒含量的预测研究对使用小波去噪和10 nm间隔重采样后的光谱数据分别采用归一化（NOR）、一阶微分（FD）、基线纠正（BL）、标准化（SNV）和多次散射纠正（MSC）等5种处理方法，加上原始无处理（NO）数据共6种不同处理方法，采用偏最小二乘法（PLSR）和主成分回归法（PCR）两种线性模型以及人工神经网络（ANN）和支持向量机（SVM）两种非线性模型分别建立砂粒含量的预测模型。从数据预处理角度看，对原始光谱数据进行不同的预处理对砂粒含量的预测精度影响较大，其中FD处理效果最差，而SNV和MSC处理效果最佳，而经过NOR、FD、BL三种处理后，砂粒含量预测精度并没有提高反而有所下降；从模型角度看，在线性模型下，除了BL外，其他方法处理后的砂粒含量预测精度相差不大，两种线性模型均较为稳定，而非线性模型非常不稳定，受数据预处理影响较大。

（3）不同数据处理及建模方法对水稻土有机质含量的预测研究以水稻土为对象，研究利用土壤光谱反射率及其各种变换形式建立土壤有机质含量的预测模型。单相关分析结果表明，反射率及其变换形式数据与有机质含量相关系数最大的波段都落在可见光波段内，反射率经过倒数的一阶微分变换后，与有机质之间的相关性有明显的提高，但并未提高有机质含量预测的精度；预测能力最强的变化形式是对数的倒数1/

（lg$R$）；在进行光谱变化的基础上，利用PCR建立的有机质含量预测模型所需用到的成分数较多，对于建模样本和验证样本而言，不同的光谱数据变化形式有不同的预测效果；而PLSR预测模型利用的成分数相对较少，收敛的效果更好。

（4）不同数据处理及建模方法对土壤水分含量的预测研究利用不同类型土壤在注水后变干过程中测得的土壤光谱反射率数据及其水分含量数据，建立土壤水分含量预测模型。结果表明，水分含量对土壤光谱反射率影响与前人研究结果基本一致；土壤水分相关系数高的波段也都集中在经典的水吸收波段1450 nm和1950 nm附近；对数变换较为显著地提高了其与土壤含水量的相关性，而一阶微分变换并不能提高其与土壤水分含量的相关性，反而有所降低，根据数据变换建立的都是一元二次回归预测方程；1450 nm附近的水吸收峰预测能力比1950 nm附近的水吸收峰更为有效；无论是利用PCR还是PLSR进行建模，采用lg$R$变换预测土壤水分含量的效果都是最佳的。

（5）土壤二向反射率随观测角度的变化及其影响因素研究在不同的观测方位角，土壤二向反射率随着观测天顶角的增加而增加；不同的观测方位角，土壤的二向反射率在垂直主平面方向上基本是对称的；垂直主平面上后向散射方向的反射率最高，而前向散射方向的反射率最低；随着太阳天顶角越来越小，二向反射率逐渐增大，这些变化都跟观测角度变化时引起的探测器视场内的阴影变化有关。通过对不同表面粗糙度及水分含量土壤样品的二向反射特性研究发现：随着粗糙度的增加，二向反射率降低，土壤越呈非朗伯特性；而土壤水分含量对二向反射率的影响与其对垂直观测反射率的影响规律是一致的。

（6）基于辐射传输模型的土壤二向反射率模拟及模型参数反演研究，通过模型灵敏度的检验得知，基于辐射传输理论的SOIL SPEC土壤BRDF模型参数的拟合对任意初值都不敏感，并能够很好地模拟给定的二向反射率；土壤湿度对单次散射反照率具有明显的影响，随着土壤逐渐变干，其单次散射反照率在整个波段都呈增加的趋势，并且参数不受测量时条件的影响；土壤颗粒越大，其表面越粗糙，反演得到的粗糙度参数h也越大，且其随波长的变化也很小；土壤表面的散射类型与其表面状况有关。该模型对室内不同表面状况下的土壤二向反射率均有较好的模拟效果，而对室外原始土柱二向反射率的模拟效果则不如室内，特别是在太阳天顶角较大时模拟的效果不理想。

（7）基于几何光学模型的土壤二向反射率模拟及模型参数反演研究，通过Irons几何光学模型预测发现，二向反射因子在相位角为0°时达到最大，此时土壤具有很强的后向散射；二向反射率随着球面积指数的变大而逐渐减小；在主平面方向上随着散射百分比的增加，模型预测的对观测天顶角变化的敏感性降低，而且最大值出现的位置对其变化不敏感；各向同性反射因子值的平均值随着土壤含水量的增大而不断减小，但当其含水量达到一定程度时，各向同性反射因子值反而会比较为干燥的土壤要高，球面积指数也是随着水分含量的增加而减小的；随着土壤颗粒大小的增大，参数也随着颗粒的增加而逐渐减小。该模型也可以较好地模拟土壤二向反射率，但当观测天顶角逐渐变大时，模拟值明显低于实测值，与辐射传输模型相比，其模拟的效果相对较差。

该研究基本完成研究内容，达到了预期的研究目标，在以下四方面取得了新进展。

（1）综合运用多种不同的光谱数据滤波去噪、数据预处理方法及模型构建方法，研究建立了不同类型土壤特性的预测模型，并对土壤特性预测精度的影响进行比较，以确定最佳的预测方法，可以为光谱数据处理方法及土壤信息的提取提供一些新的借鉴。

（2）在对室内不同表面状况的土壤及室外原始土柱样品二向反射率测定的基础上，研究了土壤二向反射率随观测天顶角、方位角及太阳天顶角变化的规律，为建立土壤二向反射新模型以及土壤特性的反演研究提供了基础。

（3）利用室内不同表面粗糙度及水分含量土壤样品二向反射率数据，反演了不同类型的土壤BRDF模型参数，研究了土壤表面状况对这些参数及土壤二向反射特性的影响，并在此基础上成功模拟了其二向反射率，可以为野外自然状态下土壤的二向反射特性研究及其表面特性的反演提供新的研究思路，并为提高土壤定量遥感的反演精度提供研究基础。

（4）利用土壤辐射传输BRDF模型对原始土柱样品室外测量的二向反射率进行模拟，可以拓展新一代多角度传感器探测自然或耕作条件下土壤特性的应用潜力，为提高土壤遥感的精度、定量反演土壤特性参数的研究提供新的研究基础，同时为多角度遥感图像的模拟及新型传感器的研制提供了一定的依据。

11. 复合污染土壤环境安全预测预警研究——以浙江省富阳市某污染场地为例（2008，吴春发；导师：吴嘉平）

该研究的主要研究结果归纳如下。

（1）污染物浓度数据分析结果表明研究区各种土壤污染物浓度都具有较强的空间变异性，特别是少数污染"热点"区域具有极强的局部变异性；几乎所有重金属污染物浓度数据都具有高偏倚性且有少数高峰值，利用对数克里格和三角网格联合插值法可以很好地满足研究区各种污染物浓度数据空间预测需求。

（2）研究区土壤中各种污染物污染范围界定结果表明，当前的网格采样方案还不能满足污染界定的需求，还需对不能确定是否被污染的区域补充采样；2003年研究区内大部分区域都被重金属污染物污染，多种污染物复合污染比较普遍。污染物源解析结果表明，土壤中的铜、锌、铅和镉可能主要来源于当地冶炼业的小高炉所排放的废气、废水和废渣，砷、镍和汞主要来自于成土母质，局部高浓度区可能主要来源于附近的炼铜小高炉。

（3）土壤重金属污染情景预测结果表明，在乐观情景下到2020年研究区各种土壤重金属污染物含量有所下降，但大多数污染物的含量下降不明显；而在无突变情景下到2020年研究区土壤重金属污染物含量将显著升高。

（4）土壤环境质量综合评价结果表明，2003年研究区土壤环境质量比较差，有

40%的区域土壤环境质量都属于中污染到重污染级别；在乐观情景下到2020年区内土壤环境质量略有好转，但仍有50%的区域土壤环境质量都属于轻、中污染到重污染；而无突变情景下到2020年90%以上的区域土壤环境质量都属于轻污染到重污染级别。

（5）生态风险评估结果表明，2003年研究区大部分区域生态风险比较大，有68%的区域生态风险都处于中等到严重危害；在乐观情景下到2020年区内生态风险有所下降，仍有近54%的区域处于中等到严重危害，而无突变情景下到2020年区内生态风险进一步增大，有84%的区域处于中等到严重危害。

（6）人体健康风险评估结果表明，2003年研究区人体健康风险等级为极严重危害，在乐观情景下到2020年其降至严重危害，在无突变情景下到2020年仍为极严重危害；人体健康风险评估不确定性分析结果表明，研究区污染物浓度的高度空间变异性直接造成人体健康风险评估结果具有较大的不确定性，从而直接影响健康风险管理决策。

（7）土壤环境安全的综合预警结果表明，2003年研究区有近14.5%的区域警度为巨警，余下区域警度为重警；在乐观情景下到2020年区内主要警度降为中警和重警，其面积分别占总面积的53.5%和43.1%；而在无突变情景下到2020年区内警度为重警和巨警的区域分别占总面积的77.6%和22.4%。

（8）土壤环境信息系统的测试与应用结果表明，新开发的土壤环境信息系统基本可以满足污染场地土壤环境安全预测预警的需求，但仍需改进和完善。

12. 数据挖掘技术支持下的土壤重金属污染评价系统的研究（2009，成伟；导师：王珂）

该研究主要研究成果如下。

（1）在应用决策树方法（CART）对整个富阳市进行土壤锌污染评价后，结果显示其评价精度提高到了89.39%和87.18%（训练集和测试集）。Kappa系数则由原先的0.2584提高到了0.82和0.8018（训练集和测试集），结果还是比较令人满意的。当然，决策树方法并不能取代地统计插值法，二者在这里是一种互补的关系。

（2）相对一个行政区域而言，它有工业活动剧烈的乡镇，但同时也存在着相当数量的乡镇，因为自然条件、交通运输及自身发展的其他主客观因素影响，从而使得其工业活动处于一个较低的水平，这类地区重金属的空间分布主要受母质及土壤类型等自然因素影响，那么它还是符合克里格方法的基本条件。在这种情况下，类似决策树的评价方法就有其欠缺与不足。所以在此提出了应用模糊数学的方法，先将各个乡镇的重金属空间分布的空间变异强烈程度进行比较，然后再针对该乡镇或者该地区所属乡镇的特点选择相应的模拟方法。该研究利用了数据挖掘中的模糊综合评判方法，即利用各个乡镇在工业用地、建设用地、工业类型、境内交通及其距离交通主干线等因子方面的不同，分别计算出了隶属度并将污染程度按隶属度总共分5级。1为最轻污染，5则为污染最严重的乡镇。然后对这些地区或乡镇分别采取地统计或者决策树方法。从评价精度的结果来看，大部分地区（包括工业活动相当强烈的地区）的评价精度能提高到95％以上，特别是那些受到轻微污染的乡镇如湖源乡和常绿镇（它们的隶属度都为1），其评价精度能达到98％以上。

（3）GIS与数学建模的紧密耦合提供了强大的技术支持。在解决环境、社会和经济问题的解决中，空间表达很重要。而现有的GIS软件缺乏复杂问题的预测能力和其他相关的分析能力，大多数数学模型描述的复杂的非空间过程不是一般GIS系统所能完成的；应用模型软件则缺少足够灵活的类似GIS的空间分析环境，因而难以被缺少专业知识的用户接受；GIS与应用模型结合能使二者相辅相成，相得益彰。二者的紧密耦合是解决土壤重金属污染空间变异模拟评价的有效途径。

13. 浙江省土壤数据库的建立与应用（2013，荆长伟；导师：吴嘉平）

该研究以浙江省第二次土壤普查成果及相关资料为基础，建立覆盖浙江全省的大、中、小系列比例尺土壤数据库。获得的主要研究如下。

（1）浙江省土壤数据库包括空间数据库和属性数据库两大部分。空间数据库包含1：100万、1：50万、1：25万和1：5万四种比例尺。属性数据库中包含全省2677个剖面数据及表耕层数据。浙江省第二次土壤普查资料的数据化、信息化，在一定程度上为浙江省"数字土壤"奠定了基础。

（2）传统土壤图的数字修复与更新，针对浙江省第二次土壤普查图件中存在的问题，应用遥感与地理信息技术，进行修复和更新传统土壤图的研究。①解决了传统土壤普查的坐标缺失的问题；解决了要素模糊、图件破损、要素编绘不合理等问题；符号注记修复时解决图例符号陈旧和不规范问题。②土壤图将图件地理参考从北京54坐标更新到西安80或国家大地2000坐标系，以匹配测绘、国土等行业空间数据；行政区划将土壤普查图件按现有行政区划进行调整，以满足区域土壤资源管理和使用的需要；借助高分辨率遥感影像或土地利用图对土壤普查图件中基础地理信息要素，进行更新，从而保持土壤图斑的现势性。

（3）浙江省土壤发生分类与土壤系统分类，参比利用浙江省1：5万土壤详查数据库，对土壤发生分类土种与中国土壤系统分类亚种进行参比，编制土壤系统分类分布图。对土壤系统分类研究具有一定的参考价值，也为省范围的系统分类制图与应用提供了范例。

（4）浙江省土壤多样性研究，以全省1：5万土壤数据库为基础，利用多样性分析理论与方法，对浙江省不同地区范围的土壤多样性、土壤类型景观分布格局特征、普查土种的稀有程度进行了分析与评价。相关结果可作为土壤资源保护与利用的依据。

（5）浙江省土壤的可蚀性，利用EPIC模型估算了浙江省277个土种的土壤可蚀性K值，编制了全省30 m格网分辨率的土壤可蚀性K值分布图。

（6）城市扩张对土壤资源的影响，基于长时间序列历史遥感影像和1：5万土壤数据库，对浙北平原区1969—2009年20个城市的主城区扩张占用土壤资源状况进行了分析与评价。

该研究表明，浙江省土壤数据库在农业、国土、水利等部门具有极为重要的应用价值。然而，限于时间等因素，在土壤数据库的更新，特别是土壤图斑属性的更新，保持数据的现时性等方面还有很长的路要走。作为十分重要的基础数据，土壤数据库的应用也是极为广泛的。该研究仅尝试了在土壤多样性、土壤可蚀性和土壤资源动态等三个方面的应用，还有其他众多领域，学科和部门亟须进行相关的应用研究。

14. 农田多源信息获取与空间变异表征研究（2013，郭燕；导师：史舟）

该项目以浙江省杭州湾滨海围垦试验田为样区，针对土壤盐分、水分等关键影响因子，利用近地传感器和主被动遥感等多种手段开展农田信息快速获取和解译、土壤采样方法、农田管理分区与数字土壤制图的研究，为研究区进行土壤科学改良和农田精确管理提供技术支撑与辅助决策指导。主要研究结果包括以下四个方面。

（1）基于近地传感器数据的土壤盐分时空变异研究。该研究利用2009—2011年实地测量的土壤表观电导率（EC_a）数据，结合传统统计和地统计方法进行土壤盐分的时空变异研究，揭示土壤盐分的空间变异情况，以期为作物种植和农田土壤管理提供依据。空间分析表明，土壤盐分含量高的区域位于研究田块的中部，土壤盐分含量低的区域位于田块的周围。时序上的变异性分析表明，随着围垦利用年限的增加，土壤含盐量逐步减少，年季减少的幅度在降低，年季之间多重比较分析差异显著。时序的稳定性分析表明，在中部土壤盐分含量高的区域，具有时序变异方向上的稳定性，而在土壤盐分含量较低的周围区域，时序稳定性相对较差。这对于农业生产者了解围垦区土壤盐分的时空变化规律，科学指导土壤改良和农业生产具有重要意义。

（2）基于星地数据的RSM土壤采样设计研究。从土壤采样设计两个基本原则——样点个数最小化和差异最大化出发，针对当前存在的问题——样点个数和样点位置如何确定，利用EC_a数据和后向散射系的变异，RMSE和RPD的值分别为0.56和3.15。最后利用土壤光谱数据和实测土壤属性数据（SOM、TN、CEC、AP和AK）分别进行克里格插值制图，两组土壤属性空间分布特征基本相同，说明野外光谱测量手段在农田土壤属性快速获取与数字制图方面具有很大的应用潜力。该研究基本完成了研究内容，达到了预期的研究目标，取得了以下新进展。①利用遥感和近地传感器技术各自优势获取的多种农田信息，将其综合运用在土壤空间变异研究、土壤采样研究和农田管理分区中，有新意。在土壤肥力采样方法的研究中，以围垦区土壤限制因子——水分和盐分数据为基础，提出了将VQT和RSM方法相结合，从土壤空间变异特性出发来解决土壤采样问题的方法。一方面解决了采样点位置的问题，另一方面也考虑了数据的空间位置，同时打破了VQT方法中采样形状是矩形的限制。与传统的网格采样方法进行比较，RSM采样方法速度快，效率高。②针对土壤制图中的田间尺度制图问题，利用多源数据进行土壤空间变异制图分析。如针对田间管理分区及制图问题，综合利用围垦区土壤限制因子盐分、水分信息结合作物长势信息，采用模糊k-均值聚类进行管理分区划分并制图，为精准农业管理提供最为直观的依据。针对原位信息采集制图问题，利用vis-NIR原位测量的土壤高光谱信息，进行土壤属性预测特征波段的筛选、预测和制图，预测结果良好，为利用野外光谱测量手段实时快速获取土壤属性空间分布信息提供理论支撑，同时也为农户的田间管理提供最为直观的图形数据，对国内进行土壤光谱的原位测量与建模研究具有重要的意义。

15. 人类活动影响下流域土壤及植被的时空格局变化（2014，肖锐；导师：吴嘉平）

该研究以浙江省苕溪流域为例，借助遥感、地理信息系统技术和景观生态学的相关方法，对1978—2008年间流域尺度上人类活动时空变化及其对土壤和植被的影响进行研究。研究主要成果如下。

（1）1978—2008年，苕溪流域总人口呈线性增长，非农人口比例和区域国内生产总值（GDP）呈指数增长。其中，建筑用地总面积增长了约700%，破碎度增加，不规则性增加，连通度和聚集度增加。

（2）1985—2008年，苕溪流域植被景观表现出耕地面积减少、园地面积增加、林地面积减少的趋势。

（3）利用归一化植被指数（NDVI）来表征2000年到2008年苕溪流域植被质量的变化，结果表明苕溪流域年际NDVI的均值略有上升，年内NDVI呈现出先增大后减小的趋势，最大值出现在夏季。植被质量在中北部地区及东部地区偏小，中南部地区偏大。植被质量较高的地区主要位于海拔200～1000 m、坡度45°左右、坡向朝北的区域；NDVI变化较大的地区集中在高程1400 m、坡度48°左右、坡向朝北的区域。小流域尺度上人类活动强度指数与耕地、园地以及林地的NDVI都表现出显著负相关性，说明人类活动强度的增加会造成NDVI的减少，即植被质量的下降。此外，距道路和乡镇中心的距离与耕地和林地的NDVI存在显著相关性，而对园地的NDVI无显著影响。

该研究的主要创新点有：①定量分析了人类活动对土壤侵占和土壤景观格局的影响；②定量分析了小流域尺度上人类活动对土壤侵蚀的影响；③定量分析了小流域尺度上人类活动对植被结构和质量的影响。该研究仍然存在一些不足，在今后的研究中，需要对多空间尺度的人类活动影响、不同模型的对比研究、流域生态系统的划分、植被质量的指标选择、NDVI的时间跨度等方面做进一步的探索。

16. 浙江省土壤有机碳估算及其尺度效应研究（2014，支俊俊；导师：吴嘉平）

该研究以浙江省为研究区，基于浙江省系列比例尺基础土壤数据库（含 1∶1000万、1∶400万、1∶100万和1∶50万四个小比例尺，1∶25万中比例尺以及1∶5万大比例尺，共计六个比例尺），利用经典的统计学（土壤剖面统计法，SPS法）和基于GIS技术的三种方法即均值法、中值法和基于土壤学专业知识的方法（PKB法）计算浙江省0～100 cm深度土层中的有机碳密度和储量，分析有机碳在不同土壤类型、不同土壤深度范围、不同地形条件、不同地貌区和不同土地利用方式下的空间分布特征，以及时序上的变化规律，量化土壤剖面数据的汇总尺度、剖面数量的扩充以及不同估算方法对土壤有机碳估算结果的影响，揭示土壤图制图比例尺影响土壤有机碳密度及储量估算的具体过程。主要结果和结论如下。

（1）浙江省土壤有机碳的密度及储量。该研究采用的2154个剖面中土壤有机碳密度最大值为279.52 kg/m^2，最小值为0.10 kg/m^2，呈正偏态分布（偏度为14.17），属强变异性（变异系数为103.9%）。基于1：5万数字化土壤图，浙江省土壤（不含水体和城镇覆盖区域）总面积为100740.0 km^2，土壤有机碳总储量为831.49×10^6 t，土壤有机碳平均密度为8.25 kg/m^2。

（2）浙江省土壤有机碳的空间分布特征及其时序上的变化规律。土壤有机碳密度和储量随土层深度的增加均表现为逐渐减小的趋势。不同土地利用方式的土壤有机碳积累差异显著。具有明显有机质积累过程的山地草甸土，其土壤有机碳密度最高。未利用地由于植被覆盖度较低甚至无植被覆盖，其土壤有机碳密度最低。水田土壤有机碳密度比旱地和园地高。

（3）不同估算方法对土壤有机碳储量估算的影响：采用同一方法以不同土壤制图单元级别（土种、土属、亚类和土类）为基础所估算的有机碳总储量之间的变异较小（≤2.1%）。在不同土壤制图单元级别为基础的土壤有机碳储量估算中，以土种的有机碳储量之间的变异系数最小，这是由于黄壤和山地草甸土的剖面有机碳密度值具有极高的变异性。

（4）土壤有机碳估算的尺度效应：土壤剖面数据的汇总尺度及剖面数量的扩充对土壤有机碳估算的结果具有较大影响。利用1：5万与1：50万、1：100万、1：400万和1：1000万之间的差异显著（与1：25万之间的差异不显著），随土壤图比例尺从1：5万向1：1000万降低，表现出以下特征：①土壤有机碳密度和储量均表现为增大的趋势，其中以1：50万向1：100万比例尺的转变最为明显；②土壤图上增加的土壤面积主要来源于在图件缩编过程中大比例尺土壤图上的水体和城镇图斑归并为更小比例尺土壤图上的土壤图斑，1：1000万土壤图中有机碳总储量的增大主要来源于土壤图缩编过程中把有机碳密度较低的粗骨土归并为有机碳密度较高的其他土类；③水体和城镇面积被归并为土壤面积、土壤类型之间的相互归并以及由土壤图概化过程所引起的土壤剖面数量的变化均对土壤有机碳密度及储量的估算产生直接影响；④更小比例尺土壤图有机碳密度之间的差异程度趋于减小，PKB法比均值法和中值法更能呈现不同比例尺土壤图有机碳密度在空间分布上的差异。

17. 基于野外vis-NIR高光谱的土壤属性预测及田间水分影响去除研究（2014，纪文君；导师：史舟）

该研究以浙江省分属不同市县的9块排水疏干后的水稻田为研究区域，选择104个采样点在田间静态采集其野外原位vis-NIR光谱，针对土壤有机碳（OC）、有机质（OM）、总氮（TN）、速效氮（AN）、速效磷（AP）、速效钾（AK）和pH这七种重要土壤属性，研究基于野外原位vis-NIR光谱对其进行预测的可行性，并通过各种化学计量学方法提高其预测精度，以期为精准农业快速获取土壤信息提供技术支撑与辅助决策指导。该研究的主要研究内容和结果可以概括为以下几个方面。

（1）野外原位vis-NIR光谱的主要环境影响因素分析。该研究首先在土壤采样点进行野外原位vis-NIR光谱测量，然后采集土壤样本带回实验室风干研磨并过2 mm筛后测量其相应的室内光谱。在野外原位光谱测量中，高密度接触式反射探头的使用能够在野外环境中创造人工暗室环境，有效避免环境杂散光的影响；而直径仅为2 cm的探头窗口有利于选择较为平整的土壤表面并避开土壤大孔隙、作物根系、石块等对野外原位光谱测量的影响。从光谱特征上研究在野外原位光谱测量过程中的主要环境影响因素及其对野外原位光谱的影响机理，采用连续统去除算法放大光谱特征，采用光谱配对波长进行t检验，分析野外原位光谱与相应室内光谱的差别。对原始的和经连续统去除的野外原位光谱和室内光谱进行比较后发现，二者的主要区别在于代表水分吸收的1450 nm和1940 nm波段附近，水稻土的野外光谱曲线吸收谷在宽度和深度上都远远大于其室内光谱曲线，而这主要是水稻土长期浸水导致的。

（2）基于野外原位vis-NIR光谱的土壤重要属性预测研究。土壤不同组分分子在vis-NIR光谱波段的倍频振动与合频振动，构成了利用vis-NIR光谱进行土壤属性预测的理论基础。在野外原位进行土壤光谱测量，由于土壤水分、表面属性及其他诸多环境因素的存在，可能会遮盖或部分遮盖某些土壤属性的光谱特征，增加了从野外测量的土壤光谱中提取土壤属性有效信息的难度。而对于长期处于水淹状态的水稻土受到的环境影响因素，尤其是水分影响，更为明显。该研究分别采用偏最小二乘回归（PLSR）算法和最小二乘支持向量机（LS-SVM）算法，对利用野外原位vis-NIR光谱预测七种重要土壤属性（OC，OM，TN，AN，AP，AK和pH）进行可行性分析，并与室内光谱预测结果进行比较。研究结果发现，利用野外原位vis-NIR光谱可以对土壤TN，AN，OC，OM和pH进行定量预测，对AP和AK无法预测。对TN，AN，OC和OM的成功预测主要归功于这些成分在vis-NIR光谱波段存在直接的光谱响应特征，对AP和AK无法预测则是因为它们在土壤vis-NIR光谱波段没有直接的光谱响应特征；而对pH的成功预测可能是由于它与土壤中存在直接响应波段的矿物成分相关。与室内光谱预测结果进行比较后发现，无论采用PLSR还是LS-SVM算法，基于野外原位光谱的土壤属性预测精度普遍低于室内光谱。

（3）线性与非线性多元建模。该方法原理是对野外原位vis-NIR光谱预测土壤属性精度的影响土壤组分分子在vis-NIR波段的倍频峰和合频峰通常较为宽泛、相对微弱并且相互重叠，其光谱特征很难被肉眼区别开来。而且即使对于土壤组分的同一分子基团，当所结合的元素种类发生变化时，其吸收峰位置也会出现轻微的移动。常规方法往往难以对土壤的vis-NIR光谱进行解析。随着化学计量学的发展，越来越多的多元数据分析技术被用于土壤属性光谱特征波段的提取和土壤组分的光谱预测建模。该研究利用线性的PLSR算法以及非线性的LS-SVM算法分别对野外原位测量的光谱进行7种重要土壤属性的预测研究。与线性的PLSR算法相比，LS-SVM算法对OC，OM，TN和pH的预测精度有了很大程度的提高，对AN的预测精度没有显著变化，对AP和AK两种算法都不能进行定量预测。研究结果表明，对于vis-NIR波段光谱可以预测的土壤属性，非线性的LS-SVM算法可以提高利用野外原位光谱预测土壤属性的精度。

（4）野外原位vis-NIR光谱土壤水分影响去除研究。该研究使用额外参数正交化（External Parameter Orthognolization，EPO）、光谱直接转换法（Direct Standardization，DS）、光谱分段直接转换法（Piecewise Direct Standardization，PDS）三种方法对野外原位光谱中的环境影响因素进行去除。EPO是将所测的光谱投影到与将要去除的环境影响因素相正交的空间上，从而达到去除这一影响因素的目的。DS算法通过对野外原位光谱与室内光谱的差值光谱进行分析，建立野外原位光谱与室内光谱的转换关系，对野外原位光谱进行转换，实现环境影响因素的去除。研究结果表明，EPO，DS和PDS三种土壤水分影响去除算法都能有效提高基于野外原位光谱预测土壤有机碳的精度。在该研究中，成功使用PDS算法去除野外光谱中土壤水分及其他环境影响因素的前提是对光谱进行一阶导预处理；而对于EPO和DS算法则无须进行这一光谱预处理过程。最后，对经过三种去除水分算法处理后的野外原位光谱有机碳预测精度进行比较，结果发现DS算法的精度最高。

（5）基于中国土壤光谱库的野外原位vis-NIR光谱预测土壤有机碳研究。中国土壤vis-NIR光谱库包含多种类型的土壤样本，基于中国土壤光谱库建立的土壤有机碳预测模型普适性高，可以实现对局部区域或田块土壤有机碳的快速测量。然而，这一模型对野外原位采集的光谱并不适用，因为中国光谱库中的光谱都是基于室内测量的。该研究使用EPO，DS和PDS三种算法去除104个野外原位光谱中的水分影响因素后，利用中国土壤光谱库模型进行野外原位vis-NIR光谱土壤有机碳的预测。研究结果表明，经三种算法对野外原位光谱处理后，利用已有的中国土壤光谱库模型对土壤有机碳的预测精度都有了大幅度的提高，从完全无法预测（RPD＝0.23）提高到可以粗略估计（对于EPO和PDS算法：RPD＞1.40），甚至可以定量预测（对于DS算法：RPD＝2.06）。使用DS算法处理后的野外原位光谱的预测精度接近于直接使用室内光谱的预测精度（RPD＝2.11）。因此，研究中结合DS算法给出了基于中国土壤光谱库的野外原位vis-NIR光谱土壤有机碳快速预测的实际应用方案。应用该方案，只需要采集一小部分土壤样本，无须进行任何理化分析实验，即可实现土壤有机碳的定量预测。此外，研究还利用spiking算法将一部分野外原位光谱并入中国土壤光谱库，重新建立模型，成功对剩余样本实现野外原位光谱的土壤有机碳预测。该研究基本完成研究内容，达到了预期的研究目标，在以下几个方面取得了新进展：①已有较多研究使用和比较了各种线性和非线性数据挖掘算法对室内光谱土壤属性预测的模型精度影响。然而，利用非线性算法进行野外原位光谱土壤属性预测建模的研究非常少。该研究使用LS-SVM算法进行基于野外原位光谱的土壤属性预测，利用非线性数据挖掘算法提高对野外原位光谱中有效信息的提取能力，增加模型的预测精度。该研究为基于野外原位光谱的土壤属性定量预测模型的建立提供了算法支持。②如何去除野外原位光谱中的环境影响因素以提高土壤属性的预测精度一直是土壤野外光谱研究的热点和难点，相关研究非常少见。该研究使用已有研究的EPO算法，并提出将DS和PDS算法用于去除水稻土野外原位光谱中土壤水分的影响。经三种算法处理后的野外原位光谱均能成功进行土壤属性预测，并取得了很好的精度。该研究为基于野外原位光谱的土壤属性定量研究提供了算法支持。③利用中国土壤光谱库有机碳预测模型，结合野外原位光谱土壤水分影响去除算法，实现田间土壤有机碳含量快速获取。该研究还提出了如何利用中国土壤光谱库进行野外原位vis-NIR光谱土壤属性快速预测在实际应用中的实施方案，为精准农业快速获取土壤属性信息提供了一种途径。

二、硕士生学位论文摘要

1. 低丘红红壤稻田土壤质量的分级评定研究（1985，周侠；导师：俞震豫、王人潮）

该研究包括两部分，第一部分简要介绍了试验区土地的基本性质。第二部分则以土壤肥力因素为基础，以土壤的基础产量为主要依据，探讨了因子分析、聚类分析和回归分析三种统计方法在低丘红壤区稻田土壤质量的分级评定中的应用效果。

因子分析从16项土壤肥力因素中，提取出了五个影响试验小区土壤肥力的主要肥力因子。它们是碳、氮因子、黏团因子、砟素因子、酸度因子和盐基因子。

回归分析的结果指出，五个肥力因子均和土壤基础产量有关。从回归方程得到的土壤估算基础产量比较合理地说明了，土壤质量的高低可以作为土壤质量等级划分的主要依据。结合考虑聚类分析的结果，全部试验小区被划分为三等四级。

在缺少土壤基础产量的情况下，从土壤肥力因素出发，将因子分析和聚类分析结合应用，也得到了比较好的分级效果。

2. 中国南方主要土壤类型的光谱特性及其遥感意义的研究（1987，吴豪翔；老师：余震豫、王人潮）

该研究利用日立340型分光光度计在室内对我国南方的砖红壤、红壤、黄壤、水稻土和紫色土等类土壤样品测定了0.36～2.60 μm范围的光谱反射率，进行了土壤光谱特征和理化性质的相关性分析，并结合遥感特点，从遥感图像和TM，SPOT的工作波段上做了土壤光谱变化特征和遥感意义的探讨，旨在为土壤遥感信息的提取奠定理论基础，为土壤分类研究提供新的指标和方法。

研究结果表明，根据土壤光谱反射率，可将我国南方土壤光谱分为玄武岩发育的土壤、紫砂土和部分形成于玄武岩土壤及其水稻土，其较低反射率光谱类型和其他母质发育的土壤及其水稻土的高反射率光谱类型；经多类逐步判别分析，从心土层选择土壤光谱的10个特征能有效地区分各类土壤，它可作为土壤发生分类研究的特征指标；影响土壤光谱反射率的主要因子是土壤氧化铁的含量和形态的变化，土壤氧化铁含量与整个测定范围的光谱反射率相关，而紫砂土则可能受母质的某种特殊性质影响；在对应TM或SPOT，各工作波段的土壤光谱反射率，TM 5波段、TM 3波段和TM 2波段的比值（或SPOT 2／SPOT 1）与土壤的母质特性和成土条件具有较好的相关性，它对土壤光谱的遥感解译具有一定意义。

3. 土壤中砷的空间分布以及土壤-茶树系统砷的交换特点研究（1990，王援高；导师：王人潮、陈景冈）

砷是剧毒的污染元素，商业背景地区的茶叶砷污染在我国浙江、福建、江西、湖南等地已有发现，并影响到出口创汇。查明茶叶砷污染的程度、范围以及茶树-土壤砷交换特点，这不仅在理论上，而且在实践上都有重大意义。该研究在导师的指导，中国科学院南京土壤研究所开放实验室的资助下，从我国东南部的海南、广东、福建、江西、浙江、江苏等地采到了411个岩石、土壤、茶树样品，经过一系列的实验室分析，借助现代统计分析的计算机技术，初步得到以下结论：

（1）土壤砷元素服从对数正态分布规律；

（2）土壤砷元素在水平方向上的分异不明显，而在垂直方向上有分异；

（3）浅海相震系地层、寒武系地层，泥盆系地层发育的土壤含砷量较高；

（4）土壤脱硅富铝化过程可能也是一个富砷过程，值得进一步研究；

（5）砷元素可能是茶树生长的非必需元素；

（6）借用改进的张守敬和Jackson土壤磷分级体系作为土壤砷的分级，方法上还不够成熟；

（7）茶树-土壤砷交换用岭回归模型能较好地拟合；

茶树砷＝0.0066＋0.0319土壤砷＋0.0068×pH－0.5297×P_2O_5％；

（8）土壤砷的污染标准采用多变的指标模式来替代某一固定的数值更有理论价值和实践意义。茶园土壤砷污染标准建议采用：

土壤砷标准＝－0.21＋31.34茶树砷标准＋16.61×P_2O_5％－0.21×pH。

4. 中国浙沪沿海地区土壤宜棉性评价（1994，Chilima Jonea；导师：王人潮、吴次芳）

该研究以中国浙沪沿海土壤为研究对象，评价其对棉花生产的适宜性。应用五个多元统计分析模型，分析土壤理化性状与棉花生产的关系，进行土壤宜棉性评价。建立土壤宜棉性评价的五种数学模型，它们各有其特殊的解决问题能力。逐步线性回归分析有助于辨别土壤属性对棉花的影响程度；主成分分析可区分影响棉花产量的土壤因素的综合作用；因子分析则较进一步区分因子的综合交互影响；聚类分析可将土样自然分类；多组判别分析按照土壤属性建立预测方程，并以此来划分任何一个新样品的归属。主要研究成果如下。

（1）根据土壤理化性状的分析结果，可以进行土壤宜棉性评价；

（2）评价土壤宜棉性建议采用逐步线性回归分析，因子分析和多组判别分析模型；

（3）逐步线性回归分析表明浙沪沿海地区土壤对棉花生产影响最大的属性是总盐分和全氮；

（4）多组判别分析尽管内容和范围复杂，但只要有性能良好的计算机及其软件，可以依据属性数值提供一个好的分类标准；

（5）基于所有模型具有相同的分类级别，暂且认为原始数据可作为目前研究的土壤宜棉性的基础数据。

5. 大比例尺红壤资源数据库的研制与初步应用（1996，穆罕默德·阿贝德；导师：王人潮）

该研究以具有中国南方典型红壤资源分布的浙江省龙游县范围为例，在SUN工作站和ARC/INFO系统软件的支持下，利用龙游县第二次土壤普查、土地详查等资料以及红壤资源的研究成果和各种相关的社会、经济方面资料，建立了1∶5万比例尺的红壤资源基础数据库，同时进行了有关空间分析和资源类型划分。

（1）该研究具体内容包括以下几方面：①数据库设计包括数据库总体设计、软硬件配置、数据分类编码及界面与演示系统设计。②数据库建立对龙游县红壤资源各种空间数据和属性数据进行分类、编码、转绘、数字化输入、编辑、投影转换、图幅拼接，建立空间数据库。在此基础上，可进行数据管理、查询、检索等。③建库技术探讨对建库所采用的各项技术进行分析探讨，对数据分类编码、图幅坐标转换、图幅拼接等技术难点进行细心设计、调试，设法提高数据库图幅输入和拼接的精度。④数据库基础应用利用等高线图层，建立数字地面模型，进行立体三维显示，同时对地形因子（坡度、坡向等）自动提取。应用叠置分析技术，结合专业知识进行1∶5万比例尺红壤资源类型划分。⑤界面与演示系统设计，利用ARC/INFO宏语言设计编制二级下拉式菜单，并采用模拟幻灯演示方式设计演示系统，集合环境由批命令文件和AML语言处理。

该数据库贮存了龙游县红壤有关原始图幅12幅，绘制典型图件14幅，建立了龙游县红壤资源数据库，所占信息达36 MB，初步实现了数据资源的共享及数据的检索、更新、图文并显等功能。

（2）该项研究的特点主要体现在以下几个方面：①应用SUN工作站平台和ARC/INFO软件，建立龙游县红壤资源数据库，起点高，技术难度大，工作量繁重，这对GIS的技术研究和应用，土壤数据库的研究及红壤资源的农业开发，均具有较大的理论意义和实践价值。②对建库技术的整个流程进行了系统的论述，对诸如数据分类编码、坐标转换、图幅拼接等技术关键和难点进行了理论分析、技术思路设计、上机、调试等工作，以探求高效、实用、高精度的思路和方法。③在红壤资源数据库基础上，进行了初步的应用和二次开发，建立了数字地面模型，提取相关地形因子图件，采用多元素图幅叠置技术，进行了大比例尺红壤资源类型划分，并对资源类型结果进行统计分析。④在SUN工作站平台上利用AML宏语言初步建立了下拉式菜单和演示系统，摸索了相应的设计思路和实现的方法，为系统的进一步完善和推广提供了基础和借鉴。另外，为了提高数据的利用效率和增强开发模型的空间分析能力，要加强建库和二次开发应用两大环节的联系，以拓展数据库和信息系统的应用能力。

该研究所提供的土壤数据是15年前的土壤普查资料，土地利用数据及分布是8年前的土地详查资料等，资料的现势性比较差，所建的数据库的应用受到限制。为此，如何提供快速准确的数据更新技术，保持数据库资料的现势性，是充分发挥数据库作用的关键。作者认为充分利用遥感技术，加强RS和GIS的集成技术研究，对及时更新数据库的资料将会起到重要作用。

6. 建立浙江省红壤资源数据库的研究（1997，周剑飞；导师：王人潮）

该研究是在SUN工作站和联网的奔腾586微机上完成。工作站配置了工作站版（Ver 6.1）和微机版（Ver 3.4D）的ARC/INFO软件。ARC/INFO是建立数据库的主要软件平台。浙江省红壤资源基础数据库逻辑结构设计的过程就是把该数据库的概念模型转换为ARC/INFO系统中的数据模型。该研究取得的成果如下。

（1）该研究以常用的实体-联系（E-R）方法进行了数据库概念设计，采用E-R模型进行数据库设计的方法称为E-R方法。E-R模型是一种重要的数据模型，它的结构简单，语义表现力丰富，描述力强，同时又能方便地转换为经常使用的网状、层次或关系模型。

（2）在ARC/INFO工作站版与微机版和SUN工作站、奔腾586微机联网平台支持下，建立了浙江省红壤资源数据库，工作比例尺为（1：50万），贮存了12个浙江省范围的单要素图层，为浙江省红壤资源信息贮存管理提供了新的方法与手段。

（3）为浙江省红壤资源信息系统的建立及其分析功能的实现提供了数据支持。

信息系统首先以此为基础进行红壤资源一级类型划分，划分结果作为一个主要的专题输入数据库。

（4）该研究认为，省级的红壤资源数据库，由于数据量庞大，给基于微机的分析、计算操作带来了一定的困难，在工作站上的运算速度也已难以容忍，因此，在保持一定的完整性的基础上，对空间数据库做适当的分区是必要的。

（5）微机版ARC/INFO在数据编辑过程中，查找和选择编辑要素时要不断地进行图幅缩放，由于数据量很大，显示速度很慢，成为本次研究工作的一个瓶颈。工作站版ARC/INFO虽然具有一种"放大镜"式的功能，效果也不很理想。目前市场上出现的商业软件，实现了一种称为"漫游"的示意性地图图形显示操作功能。这种功能在地理信息系统中的实现还未见实例与报道。类似于此有利于加快编辑速度的功能还有待开发。

7. 龙游县低丘红壤肥力时空变异特征及开发潜力评价研究（2010，张玲；导师：许红卫）

该研究的主要内容和结果如下。

（1）通过对1983年、2005年龙游县低丘红壤区土壤样点的土壤各肥力因子的养分特征的比较分析，经过20年的低丘红壤资源的开发与利用，龙游县低丘红壤区土壤有机质含量略有上升，速效磷、速效钾含量显著下降，土壤酸度增大。通过叠置分析不同时期的土地利用现状图层可知，水田和林地土壤有机质含量增加，园地变化不显著，旱地土壤有机质含量下降；在农用地中，土壤速效磷、速效钾含量均显著下降；在不同的土地利用方式下，低丘红壤区土壤酸度均增大，园地和林地对土壤酸度总量的影响要比旱地和水田大，其中林地最大。

（2）对2005年土壤采样点数据采用地统计分析得到龙游县低丘红壤区土壤单因子肥力的空间变异特征，并对各单因子肥力进行普通克里格插值得到其空间分布图，为低丘红壤区土壤综合肥力评价提供基础数据。

（3）利用2005年现有数据中的有机质、有效氮、速效磷、速效钾和pH等5个土壤肥力因子，通过土壤质量评价中的隶属度函数、相关系数法及指数和综合评价模型，得到龙游县低丘红壤区土壤综合肥力指数。结果显示：龙游县低丘红壤区土壤整体质量不高，缺磷钾严重，土壤酸瘦，其中Ⅰ类土壤（极差）占7%，Ⅱ类土壤（差）占32.8%，Ⅲ类土壤（中等）占36.66%，Ⅳ类土壤（良好）占23.53%。结合土地利用现状图可知，园地土壤综合肥力＜旱地＜灌溉水田＜林地。

（4）利用层次分析法及指数和综合评价模型的土地评价方法，对龙游县低丘红壤区的土地开发利用潜力进行了分级评价。结果显示龙游县低丘红壤区适宜重新开发利用的土地占总低丘红壤面积的16%，允许开发的土地占14%，主要分布在小南海镇、湖镇镇、龙游镇、塔石镇、詹家镇等靠近中部平原区的低丘红壤地带。在适宜开发和允许开发的土地中，主要土地利用类型为园地和林地，土壤综合肥力主要是Ⅱ类土壤和Ⅲ类土壤。今后的土地利用开发工作应集中在挖掘当前生产力不高的园地和林地，对其土壤进行合适的改良培育措施，增施有机肥、种植绿肥、提高耕作管理水平。

8. 滨海土壤养分特性与棉花产量的空间回归及管理分区研究（2010，唐惠丽；导师：史舟）

浙江省海涂资源十分丰富，自中华人民共和国成立以来已新围垦海涂240万余亩，成为重要的粮、棉、水产品和瓜果等商品生产基地，对于缓解该省人多地少的矛盾具有重要意义。由于海涂区土壤主要由近代河海沉积物堆积而成，围垦的海涂区土壤普遍存在着盐碱重、基础肥力差、有效养分含量不高等问题，另外加上海涂区淡水资源紧张，又处于台风多发区，造成围垦区农作物产量不高，土壤产出率低，农民经济效益不理想。为了促进海涂区由传统农业向现代农业转变，提高土壤养分资源的利用效率，减少化肥施用量，降低农业生产成本，以及增产增收，有必要掌握土壤养分资源的数量和转化规律，弄清土壤养分特性对棉花产量的影响，对海涂区土壤进行科学的管理分区。该研究针对传统统计分析在空间地理数据或现象分析中存在的明显局限性，采用考虑了土壤养分特性空间变异性和相依性的空间分析法，通过Moran's I和LM检验法比较空间延迟模型和空间误差回归模型的稳健性，并选取空间延迟模型对海涂区实验田块的土壤养分特性和棉花产量进行回归分析。采用7个和4个土壤属性变量进行传统回归的模型拟合度分别为44.24％和40.54％，相应的空间回归模型的拟合度分别为55.33％和51.99％。结果显示，空间回归模型具有更高的拟合度。对回归模型残差进行逆距离权重插值，发现空间回归和传统回归的残差分布具有较高的一致性，并且符合土壤养分分布情况。

选取对作物产量影响较大的速效钾、有机质、阳离子交换量、全氮，并引入EM38大地电导仪，得到526个采样点的土壤表征电导率EC_a。综合运用采样点数据的克里格插值图进行主成分分析，提取累积贡献率为99.99％的前两个主成分，运用模糊c-均值聚类法来划分管理分区，提供了模糊性能指数（FPI）和归一化分类熵（NCE）作为最佳分区数目的评价指标。另外，运用了模糊k-均值分类法进行管理分区。两种分类方法的分区结果具有高度的一致性，研究区的最佳分类数为2。最后通过均值比较对分区结果进行验证。结果表明，分区不但具有很好的空间连续性，而且不同分区内土壤的理化特性及棉花产量数据之间也存在着显著差异。研究得到的农业管理分区可以指导精确施肥和农业生产管理，提高海涂围垦区的作物生产量。

9. 高分辨率SAR影像裸土信息提取及土壤含水量反演初探（2011，金希；导师：史舟）

该研究首先对ALOS三种影像数据进行研究区内土地利用分类特别是季节性裸地

的提取潜力做了分析，这是为下一步反演所做的基础工作。对单一光学数据AVNIR-2、光学AVNIR-2与同时相全色数据PRISM融合后的影像以及纹理分析、主成分分析处理后的雷达PALSAR HH/HV双极化影像，均进行了土地利用分类，结果显示：光学影像能够比较准确地区分研究区内的10个二级地类，分类潜力突出；而雷达影像对于5个大地类尚具可分性，进行再细致的分类则无法得到较高的精度。结果表明，ALOS的光学影像能够作为较准确的土地利用分类数据源；当遭遇云雾雨雪天气无法得到光学数据时，雷达数据可以充当替代数据源进行土地利用的粗分类。在此分类基础上，对2010年5月21日PALSAR数据提取研究区内的裸地斑块信息，为下一步反演做准备。

其次，利用2010年11月21日地面同步实验测量所得研究区北部田块的土壤含水量数据与同期的雷达数据后向散射系数进行拟合，建立研究区裸地土壤含水量反演的经验模型。在模型的第一步精度检验中，选择了同期实验的研究区南部田块，将实测数据与反演所得结果进行比较，发现模型在同一天试验区南部田块上的反演结果准确度较高；在第二步精度检验中，选择了2010年5月21日的PALSAR HH/HV双极化数据及同步地面试验实测数据，但由于地面数据与雷达数据的时相差、地面裸土可能被薄膜覆盖等因素的影响，模型的第二步精度检验并未得到一个明确的结果，仍需要一次地面同步实验数据来评价模型在其他土壤上反演的适用性精度。

10. 基于决策树方法的县级土壤数字制图研究（2011，周银；导师：史舟）

该研究选用多个环境因子，采用C4.5算法获得土壤环境因子和土壤有机质分布的决策树规则，以有限的样点个数预测研究区域的土壤类型和土壤有机质空间分布。具体内容及主要结论如下。

（1）土壤类型或土壤有机质分布与各种环境因子有着密切的关系。该研究采用C4.5算法，计算土壤类型-环境因子和土壤有机质-环境因子之间的关系，分别得到它们的决策树模型。

（2）以土壤发生理论为基础，选用了土地利用分类、地质类型、高程、坡度、坡向、平面曲率、坡面曲率以及由TM影像中提取的归一化植被指数（NDVI）、归一化湿度指数（NDWI）和土壤颜色指数（SCI）共10种环境因子对研究区土壤土类类型进行预测制图，并对预测结果精度进行评价和误差分析。精度评价结果表明土壤类型预测总体精度为70.5%，其中对红壤和水稻土的评价精度高于其他三种土壤类型。

（3）以富阳市耕地地力评价普查采样点为训练样本，选用了土地利用分类、地质类型、土壤类型、地形因子、遥感因子为景观参数，分析单个环境因子对土壤有机质分布的影响。并采用决策树方法，根据获得的土壤有机质—环境因子规则进行土壤有机质数字制图。精度评价结果表明土壤有机质总体精度为67.0%，符合一般数字制图的需求。

（4）采用普通克里格、逆距离插值和以高程为辅助参量的协同克里格三种空间插值方法对研究区土壤有机质等级空间分布进行预测，结果精度分别为49.5%、50.5%和52.4%。高程对土壤有机质的预测精度有一定的促进作用。与决策树模型下生成的土壤有机质等级分布图进行结果比较后发现，空间插值方法能更直观地显示研究区的土壤有机质总体分布趋势，但缺少有机质分布的细节和变化趋势的展示。

11. 滨海土壤微波介电特性研究（2012，宋书艺；导师：史舟）

本项目分别从理论和实验两方面对土壤的介电特性开展了研究，首先系统总结了微波遥感的常规方法和手段，给出了遥感获取地物特性参数的总体框架。在此基础之上，围绕土壤微波介电特性这一核心开展了系列研究。

研究结果表明，该研究区土壤对微波的响应与事实相符合，土壤类型显示出一些细微的差异；Topp模型作为一个较简单的经验模型，从实测值与预测值的拟合结果可以看出它对本实验的土壤类型具有较好的适用性；Dobson经验模型在实部的预测值与实测值具有较好的一致性，但是在虚部部分则有一定的差异；Hallikainen模型在不同频率下，其实部的实测值与预测值都有较好的一致性，而虚部则是在高频段有较好的线性关系，在低频段线性关系较差。这说明滨海土壤的特殊性质对介电常数实部模型的影响较小，但是对介电常数虚部影响较大，所以，这些模型在进行精度要求不高的大面积土壤水分宏观动态监测时可以加以利用，在利用介电常数虚部进行土壤盐分研究时则需要将模型进行进一步的改进。Dobson半经验模型的改进模型利用实验数据进行可变参数的修正后，对于含盐量高的土壤介电常数虚部的计算值与实测值符合程度很高，在进行滨海土壤的参数反演中可以应用。

12. 基于高光谱遥感的土壤有机质预测建模研究（2013，李曦；导师：史舟）

该研究对来自全国14个省份16种土类共1581个土壤样品进行光谱测量和理化分析，分别作出在350~2500 nm的光谱反射率、一阶微分曲线和连续统曲线，并对土壤有机质含量和光谱反射率及其一阶微分曲线进行相关性分析。研究发现，在不同有机质等级下，随着有机质含量的降低，土壤反射率的一阶微分曲线图和连续统曲线的波峰波谷更为明显，表现为在特殊波段的特征更突出。当有机质含量较低时，土壤的反射光谱受到如氧化铁等其他因素的影响更为明显。全谱范围内不同类型的土壤在土壤反射率一阶微分曲线图和连续统曲线图中显示出较大的差异，其中，黑土、红壤、紫色土和潮土这几类由于有机质含量的较大差异而表现出的特征最为明显。600~800 nm波段可以作为研究区域内不同类型土壤共同的有机质光谱响应波段。可见/近红外高光谱技术与建模方法是当前土壤近地传感器研究领域的重要方向，可用于土壤养分信息的快速获取和农田作物的精确施肥管理等方面。该研究以浙江省水稻土为研究对象，利用以非线性模型为核心的数据挖掘技术，包括支持向量机（SVM）、随机森林（RF）和人工神经网络（ANN）方法分别建立了不同建模集和验证集的原始光谱与有机质含量的估测模型。结果表明：研究所选用的三种样本模式划分，即1：1，3：1和全部样本建模并全部验证对建模的结果有一定的影响。此外，相较于目前被普遍运用的偏最小二乘回归（PLSR）建模方法而言，非线性模型RF、SVM也能取得较好的建模精度，三种模式下其RDP值均大于1.4。特别是采用SVM建模方法所得的模型具有很好的预测能力，在模式二下，其R^2高达0.927，RDP值也达到2.16。同时对单一PLSR引入ANN方法改进建立的PLSR-ANN方法能显著提高PLSR的模型预测能力，其RDF值达到2.36，预测效果甚至好于非线性的SVM方法。再通过分析湖南、浙江、福建三省不同氧化铁和有机质含量共253个土样的高光谱数据，研究了氧化铁对有机质高光谱特征及定量反演的影响。结果表明，氧化铁的高光谱特征波段为600～1400 nm；并且，当氧化铁含量大于30 g/kg时，氧化铁会掩盖有机质的高光谱信息，当含量在20～30 g/kg时，对有机质可见光波段的高光谱信息有影响，而对近红外波段的影响不大，当含量小于20 g/kg时对有机质的高光谱信息没有影响；同时，当氧化铁与有机质的含量比值大于2.21时，氧化铁会完全掩盖有机质的高光谱信息，当比值为1.05～2时，对有机质400～1300 nm波段的高光谱信息有影响，对1300～2400 nm波段的影响不大，而当比值小于0.726时对有机质的高光谱信息没有影响；此外，氧化铁对有机质的高光谱定量反演也有影响，随氧化铁含量的增加或氧化铁与有机质含量比值的增大，模型的稳定性与预测能力有所下降，但氧化铁含量小于20 g/kg、氧化铁与有机质含量的比值小于2.0时，氧化铁对有机质高光谱定量反演的影响不大。

13. 基于MODIS的土壤水分反演及在流域产流模型中的应用（2013，田延峰；导师：史舟）

该研究选择中分辨率MODIS标准数据产品MOD11A2和MOD13A2以及30 m分辨率DEM作为数据源。首先使用温度和植被指数构造特征空间的方法反演浙江省土壤含水量，接着利用土壤含水量、DEM水文因子和实时水雨情信息等作为输入参数，结合流域水文模型来模拟计算流域断面产流量，最后利用集成开发技术将上述研究在一套软件系统中实现。主要研究内容包括以下几个方面：

（1）基于MODIS的土壤水分遥感反演。该研究将反映土壤干湿趋势的温度植被干旱指数（TVDI）转化为土壤相对含水量，然后对研究区进行干旱分级。并使用同时相野外实测土壤含水量进行数据验证，发现反演结果与20 cm深度土层含水量显著相关，能够较好地反映该深度土壤含水量。

（2）基于三水源新安江模型的流域断面产流量计算。该研究首先使用高分辨率DEM数据提取流域，然后将土壤相对含水量反演结果作为新安江模型的初始参数计算流域断面产流量，最后通过与实测值的相关性分析发现新安江模型计算结果和实测值有较好的相关性。

（3）水情信息监测与流域产流计算集成系统的实现。该研究使用微软公司提供的VS 2008开发环境结合组件式GIS开发技术，将遥感数据处理、土壤水分反演、干旱分级和产流计算等功能模块化，便于软件系统的调试和功能重用，最后完成"水情信息监测与流域产流计算集成系统"的开发。该软件系统具有兼容性好、功能完善和数据处理效率高的优点。

14. 浙江省低丘红壤生态脆弱区生态环境遥感评价及变化分析（2014，张淑娟；导师：邓劲松）

浙江省是东南沿海发达地区的多山省份，境内发育了大面积的红壤，低丘红壤资源丰富。低丘红壤资源集中分布的区域是浙江省生态环境脆弱的重点区域，同时，浙江省山多地少，土地资源相对匮乏，综合开发利用低丘缓坡是保障经济社会发展对土地需求的有效手段，其脆弱的生态环境现状和保护工作将面临巨大的潜在威胁和挑战。生态环境是人类生存和经济社会可持续发展的基础，定期开展生态调查与评估，是做好生态环境保护工作的一项重要举措。随着科学技术的发展，遥感技术在生态环境调查与评价中得到广泛应用。该研究以遥感和地面调查数据为基础，在GIS空间分析技术支撑下，利用浙江省生态环境遥感调查与评价数据库中的数据，调查评价浙江省低丘红壤生态脆弱区2000—2010年生态环境现状及演变趋势，明确低丘红壤生态脆弱区的生态系统格局及演变趋势、生态系统质量、生态系统服务功能等的空间分布特征和十年变化，分析生态环境变化的原因，并提出生态环境保护的对策与建议。研究结果表明：

（1）10年来浙江省低丘红壤生态脆弱区生态环境状况整体上还较好，呈现轻微下降的趋势，但局部地区，特别是城市扩展区域的生态环境近十年来变化相对较大。

（2）从生态系统构成与格局来看，十年间，森林生态系统和湿地生态系统面积是增加的，这说明十年来林地保护、湿地保护政策得到落实并初见成效。灌丛、草地、农田、裸地面积则减少，特别是草地和裸地，面积减少一半甚至更少。十年间，由其他生态系统类型转变为城镇的面积最多，达到26507.65 hm²，主要来源为农田、草地和森林，仅仅来自农田的面积就达到77.57%，说明农田土地被建设占用严重，还需加强保护。

（3）从生态系统质量来看，十年间，研究区生物量整体呈现持续稳定上升的趋势，植被覆盖度则呈现波动下降的趋势，但变化程度不大。研究区整体植被覆盖度的降低主要是由于一些区域植被覆盖度降低显著，这些区域是经济发展的高速地带，与城市的扩张有较大关系。

（4）从生态系统服务功能来看，十年间，生物生境质量、碳固定功能保持稳定，有轻微下降。土壤保持量基本没有明显变化，说明研究区生态系统服务功能稳定。

15. 色季拉山土壤表层有机碳空间分布特征及数字制图研究（2016，陈颂超；导师：周炼清）

该研究的主要内容和成果如下。

（1）基于高分数据的土地覆盖类型分布图。研究区域高分一号影像数据预处理后，以高分一号影像数据波段1、波段2、波段3、波段4的NDVI、ISO DATA结果和DEM为基础数据，对比最小距离法和决策树算法对土地覆盖类型分类的精度。结果表明决策树算法优于最小距离分类法，总精度为79.76%，Kappa系数为0.71。由于最佳高分一号影像数据获取时间为11月，积雪覆盖较多，因此通过7月的Landsat 8数据修正积雪区域后得到最终土地覆盖类型图。研究区域内林地覆盖面积最大，达57.75%，草灌次之（25.31%），农田的面积最小（6.50%），有14.43%的区域常年被积雪覆盖。

（2）基于中低分辨率影像的地形、年均降雨和年均地表温度分布图。从90 m分辨率的DEM数据提取地形相关的高程、坡度、坡向、坡长、曲率、谷深、地形粗糙指数、地形湿度指数和多分辨率谷底平坦指数，同时通过地理加权回归法将0.25°分辨率的TRMM年均降雨数据和0.05°分辨率的MODIS年均地表温度数据尺度降到90 m分辨率。结果表明地理加权回归对年均降雨和年均地表温度的降尺度效果较好，以经纬度和高程数据为回归变量的林芝地区年均降雨和年均地表温度的建模精度R^2分别为0.91和0.99，色季拉山年均降雨的局部R^2为0.63~0.72，年均地表温度的局部R^2为0.84~0.98。

（3）基于实地采样的土壤表层可见-近红外光谱主成分空间分布图。实验室化学分析测得实地样本的土壤表层有机碳含量，通过主成分分析得到土壤光谱前三个主成分，这三个主成分能解释98.63%的总体方差，因此能够代表土壤综合信息。土壤光谱前两个主成分能够区分农田和自然土地覆盖（林地与草灌），而林地和草灌之间可分性较差。最后以高程数据为协变量采用协同克里格插值得到研究区土壤表层光谱前三个主成分空间分布图。

（4）基于Scorpan预测函数的最优土壤表层有机碳预测模型及有机碳储量预测。比较Cubist算法和随机森林算法对土壤有机碳预测精度后发现，随机森林模型的预测能力强于Cubist，最佳的随机森林模型RMSE为7.62 g/kg。随机森林模型能够揭示土壤表层有机碳预测模型中环境协变量的重要程度，其中土壤光谱前三个主成分最为关键，能解释土壤表层有机碳近70%的差异性。色季拉山估测的土壤表层平均有机碳为49.51 g/kg，平均有机碳密度为11.43 kg/m²，远高于西藏地区土壤表层的平均有机碳密度4.27 kg/m²。三个土地覆盖类型中，林地平均有机碳含量和密度最高，分别为51.71 g/kg和12.10 kg/m²，草灌平均有机碳和密度居中，分别为51.25 g/kg和10.45 kg/m²，农田的平均有机碳和密度最低，分别为36.18 g/kg和9.70 kg/m²。通过Scorpan预测函数估测色季拉山土壤表层有机碳储量为$2.79×10^9$ g，远高于土壤类型GIS连接法估测所得的$1.89×10^9$ g。由于高度的空间变异性，前期研究中藏东南地区的有机碳储量被严重低估。

第三章 土地遥感与信息技术应用研究

　　土地遥感与信息技术应用是浙江大学农业遥感与信息技术应用研究所研究项目最多、成果推广和辐射面最广的研究方向。研究成果基本是通过建立"公司"，或者是与土地管理部门联合，逐步、全面向社会推广应用的，为国土资源部门提供技术服务。首先是运用卫星遥感数据进行土地利用现状调查，调查成果用于土地利用现状及数据变更，建成土地利用动态监测系统。这已成为土地利用现状监测及其变更调查的常规技术。其次是研究土地利用规划，我们在国内最早研发出土地利用总体规划信息系统（杭州市）。该系统只具有土地数量配置的管理功能。我们进一步研究增加了土地空间优化配置功能、系统更新和管理决策功能，现已成为土地利用总体规划及其变更规划的常规技术。"土地利用总体规划的技术开发与应用"获浙江省科技进步奖三等奖。再次是研究了城镇与农村土地定级估价及其信息系统的研制与应用、土地利用变更驱动机制与预测模型研究等。其中研制土地利用变更的预测模型对城市扩张用地、林业用地、农业用地和水面等的变化，在10年内的预测精度都在95％以上，对城市扩张、耕地变化预测预报有实用价值。还有土地资源"多规融合"研究，探索将农业、城镇、水利、交通、旅游、生态等相关的多种用地规划的融合衔接，实现各类用地的重要空间参数一致性，绘制成"一张图"。科学地解决不同规划之间用地矛盾，便于组织实施，其结果能做到因地制宜，取得最佳的社会经济效益，促进国民经济可持续发展。浙江大学农业遥感与信息技术应用研究所已撰写了专著《"多规融合"探索——临安实践》（30万字）。这是一本具有时代特色的政策导向性著作，由科学出版社出版。

一、博士生学位论文摘要

1. 土地利用总体规划信息系统的研究与应用——以杭州市土地利用总体规划为例（1995，赵小敏；导师：王人潮）

　　该研究的内容和结果如下。

　　（1）土地利用总体规划系统内部结构及其影响。土地利用总体规划系统是由许多相互联系、相互制约的因素组成的有机整体，这些因素对农业用地与非农业用地之间，及其两者与未利用地之间的相互转化具有制约作用，从而影响土地系统的结构与功能。①影响土地利用状况的自然因素有地形地貌、后备土地资源和土壤理化性状等，它们既影响土地利用的结构、功能和布局，也影响农业用地的产品收获。②人口是影响土地利用系统的一个主要社会因素，表现在以下两个方面：一是随着人口的增加，各种非农建设用地必然相应扩大；二是在一定的农业生产水平下，由于人口增加，对农产品的需求增多，因而对农业用地的需求也将扩大。对杭州城市而言，主要是蔬菜基地及副食品基地的扩大而占用其他耕地，从而对农业用地的内部结构产生影响。③国民生产总值和国民收入的影响程度，国民生产总值的提高，反映了农业、工业、建筑业、运输业、商业等五大产业的发展，不可避免地占用农业用地，从而影响土地利用结构。同样，国民收入的提高，也会导致农业人口向非农业人口的转化，特别是会引起暂住人口与流动人口的增加，从而引起土地利用结构的变化。④固定资产投资包括农业和非农业的全民、集体与个人的固定资产投资，固定资产投资量的增加，一方面会对土地利用方向和土地利用结构产生极大的影响；另一方面会导致劳动力需求增加，使暂住人口与流动人口增加而使土地利用结构发生变化。

（2）土地利用总体规划系统的因果分析与关系。在土地利用规划的系统动力学模型中，主要是描述人口变化、经济发展、土地利用结构改变及各业用地需求量的内在联系，模拟未来各业用地的发展趋势及相互间的动态变化。因此，在进行杭州城市土地利用规划动态仿真时，将土地-社会-经济系统分为4个子系统。即：①人口-耕地子系统；②人口、经济-非农用地子系统；③耕地-各业用地子系统；④未利用地-各业用地子系统。

（3）土地利用总体规划系统动态仿真流图。系统流图是系统因果关系图的扩展，是土地系统利用结构的再现，它反映了土地系统内不同因素相互间和系统外部环境因素与系统内诸因素间的关系。根据因果关系图，得出了杭州城市土地-社会-经济系统的流图，它是杭州城市土地利用规划动态仿真模型的真实表现，是编制模型中计算机程序的依据。

（4）模型仿真结果。根据杭州城市土地-社会-经济系统的流图得出的土地利用规划动态仿真模型中，有23个状态变量，26个速率变量和37个辅助变量。在动态仿真中，应选择既对土地利用结构有重要影响又会不断发生变化的因素作为政策调控参数。因此，在杭州城市土地利用规划的动态仿真模型中，选择人口数量、人均建设用地量、国民生产总值、人均国民收入和固定资产投资总量5个变量作为调控参考，对模型进行动态仿真，对调控参数分别取不同的值以代表不同的社会经济条件和政策水平。对杭州城市设置了5种不同土地利用规划方案，以供决策者根据不同条件选择。

2. 县级土地优化配置的技术开发与应用研究——以浙江省温岭市为例（1996，吴次芳；导师：王人潮）

我们在温岭市土地配置研究中应用人工神经网络模型预测了该市在规划期2000年和2010年耕地、居民点及工矿用地、交通用地的需求。具体操作是选取该市自1980年至1990年的5个输入参数，即总人口、非农业人口、地区生产总值、国民收入、固定资产投资总额；输出参数即耕地、居民点及工矿用地、交通用地的实际调查统计数作为学习样本，对人工神经网络进行一定次数（10^4量级）的训练，从而建立预测模型。然后采用训练时未用过的1991年至1994年的数据，检验神经网络预测模型学习情况的好坏，结果表明预测值与实际值之间的最大相对误差控制在1.5%以内。我们对相同的样本数据用多变量回归模型和灰色预测模型进行预测，发现它们的最大相对误差分别为8%和5%。再由GM（1，1）模型、人口离散模型和指数平滑模型对规划期2000年和2010年的四个输入参数进行测算。其中由人口离散模型测算户籍人口时采用该市1990年全国人口普查统计资料作为原始数据。将测算得到的输入参数值输入已建立的神经网络预测模型，即可得到规划期2000年和2010年该市各类用地的需求量。研究获得结果如下。

（1）从自然、经济、政治、生态等多种角度进一步认识土地的内涵，并提出了对土地本质属性的新认识，以及土地优化配置的原则与机制。

（2）以包含因果关系信息的样本数据经过上万次的学习后确立的神经网络模型，能够准确地预测未来土地的需求。该研究较成功地探索了土地需求预测的人工神经网络方法的实现。通过实际算例的测试，表明了神经网络模型的有效性。

（3）针对土地优化配置研究中社会效益与生态效益难以建立数学模型的现实，该研究开发了土地数量配置的综合集成技术。这一技术包含了以下四方面的内容：划定土地配置研究的系统边界，确定土地配置项目的优先顺序，交互式人机对话数量平衡，土地配置方案决策。与此同时，还探索了TOPSIS技术、SD模型、可能满意度模型、变系数线性规划等在土地优化配置中的应用。

（4）建立了开发区用地、交通用地配置的计量模型，为这类建设用地的宏观调控提供了科学依据。

（5）运用突变理论解决土地优化配置中的多目标突变决策问题。在推导并建立了多目标突变决策模型的基础上，详细讨论了该模型在土地配置研究中的具体应用，并对照层次分析法，对多目标突变决策方法进行了优缺点的评价。

（6）针对目前土地利用分类体系中存在的问题，按照土地配置的目的和需要，在遵从科学性、适用性、地域性和系统性分类原则的基础上，研制了新的应用于土地配置的土地利用分类系统。

（7）建立了为服务于土地空间定位的各业用地适宜性评价的指标体系，并在GIS的支持下，对各业用地，尤其是建设用地的适宜性评价，从单元划分到等级确定进行了新的探索。

（8）以系统分析的观点，应用综合数量地理学的方法，构筑了土地利用地域分区的技术路线，建立了地域分区的指标体系，并将主成分分析和聚类分析有机复合进行土地利用地域分区。

（9）在探讨土地利用功能分区基本原则的基础上，提出了新的土地利用功能分区类型和技术指标，开发了应用图形叠置与分区技术指标相结合的技术方法进行土地功能分区的空间定位。

（10）借助分维几何学的有关思想，建立了判断土地配置规模是否合理的定量模型；根据协同的原理，建立了土地优化配置稳定性的判断模型；按照耗散结构理论，建立了土地优化配置的持续性模型。

（11）以PCARC/INFO软件为主体，结合关系数据库管理软件Foxpro及其他有关模型软件，对县级土地优化配置与管理的信息系统进行了试验研究，并使系统初步具有一定的土地需求量预测、结构优化、适宜性评价、数量平衡、分区定位和动态监测的功能。

3. 区域土地利用监测系统（RLUMS）的研制与应用——以山东省垦利县为例（1997，赵庚星；导师：王人潮）

该研究取得的结果如下。

（1）研制建立了区域土地利用监测系统（RLUMS），RLUMS研制出10个子系统，以及设计建立了39个应用模型，可满足土地利用动态监测、规划、模拟、优化配置、预测、农用土地评价、图形图像分析管理、数据统计分析等各方面工作的需要，具有推广使用价值。根据资料检索，本成果在国内尚属首例。

（2）实现了对土地利用时间、空间上的长期监测，设计建立了包括对土地利用数量变化、空间分布变化以及土地质量变化的监测模型，并通过影响土地利用变化的因素分析及地类变化机制分析进行了垦利县主要地类变化趋势预测，结合实地监测点监测，实现了数据、图形、实地景观、图像多方位的土地利用监测。

（3）系统地比较分析了目视解译、机助分类等不同的土地利用信息提取方法。根据分析结果，目视解译方法是土地利用信息提取的首选方法，遥感信息处理以分段线性拉伸效果最佳。

（4）采用系统动力学和叠加分析—马尔柯夫链模型进行了土地利用动态规划模拟的研究，叠加分析—马尔柯夫链模型则根据地类空间的相互转变模拟土地利用空间格局的变化，其模拟结果可用作辅助土地利用决策。

（5）研究建立了农用土地评价单元划分及评价数据提取模型、参评因素选取及权重确定模型，评价模型经过垦利县农用土地自然质量评价、潜力评价应用，取得良好效果。为各类土地评价工作的定量化、自动化提供了新的技术方法。

（6）建立了土地利用时空优化配置模型，用这些模型不但可以完成土地利用的面积、比例的优化、决策，而且可以进行土地利用的空间分析，进行土地利用的空间优化配置。

4. 县级土地利用管理决策支持系统（CLUMDSS）开发与应用研究——以浙江省瑞安市为例（1999，王建弟；导师：王人潮）

该研究以浙江省瑞安市为研究区域，旨在用现代化的手段对土地资源信息加以科学管理，同时为今后的土地利用提供宏观规划和决策的信息和意见。研究内容包括：①研究土地利用系统中要素之间相互关系和客观规律，开发土地利用分析模型体系；②对土地资源信息的分类体系与编码、数据建库方法进行分析研究，并完成试验区土地资源数据的数字化建库开发；③解决决策支持系统软件开发中的一些技术问题，完成系统软件开发；④试验区实例应用研究。将所开发完成的系统在试验区进行应用研究，结合管理部门的任务，完成该区域的土地利用总体规划工作。

本项目的创新性研究主要体现在以下几个方面。

（1）建立了适合我国县级土地利用管理需求的，基于GIS的土地利用管理自动化应用技术框架，实现了信息技术为土地管理与决策服务的目标。该研究的成果对于促进我国土地资源管理的科学化，提高土地资源管理利用效率有重要的现实意义。

（2）研制开发了一套县级土地利用管理决策支持系统软件，较好地解决了空间数据与非空间数据的集成处理、GIS与土地利用分析模型的无缝连接、制图符号的自动填充等一些技术问题。试验应用已证明，所开发完成的软件，具有功能强大、界面友好、价格低廉、易于使用等优点，因而有较好的使用价值和推广应用前景。

（3）研究建立了较为完整的土地利用分析、预测、评价和优化布局模型体系，为土地利用规划编制和实施等工作提供了依据和参考，从而可大大节省土地利用管理决策人员建模方面的精力。

（4）提出了县级土地利用管理数据分类体系，实现了多种比例尺的协调、不同采集方式的信息集成方法，完成了试验区约1400 km^2 县、乡两种不同比例尺的数据数字化建库工作。

5. 澜沧江流域云南段山区土地覆盖及其遥感监测技术研究（2000，甘淑；导师：王人潮）

本项研究主要对澜沧江流域云南段山区土地资源与土地覆盖的状况进行总体分析研究，针对流域山区土地覆盖状况中的应用方法进行探索研究。主要研究结果如下。

（1）澜沧江流域云南段处于各种生态环境背景较为复杂的山地生态系统区域，具有山地生态系统特有的脆弱性。在流域综合开发中，容易出现水土流失，动植物生物多样性遭受破坏，区域环境气候发生变化等山地生态系统退化的特有现象。在流域综合开发研究中，应充分兼顾考虑与土地资源关系甚为密切的流域地貌、气候、水文、土壤等因素，充分认识流域山地生态系统的环境与社会价值作用，通过对流域山地土地资源进行集成规划管理研究，保护并合理利用山区坝子（盆地）优质土地资源，促进山区林业可持续发展，这对于保护流域特定的上游区域山地生态系统的环境、社会、经济共同发展是非常重要的。

（2）土地覆盖作为反映流域山地生态系统变化最为敏感的要素，通过对流域云南段土地覆盖调查资料的收集整理与一般状况分析，结果表明，①流域研究区土地覆盖状况随流域沿线空间延伸而变化，不同覆盖类型变化态势各具特点，但多与当地自然、社会、经济整体发展水平密切联系；②基于土地覆盖中优势覆盖类别数量，将流域沿线各县（市）的土地覆盖状况划分为5种模式，即林地覆盖型模式、林地耕地覆盖型模式、林地草地覆盖型模式、林地耕地草地覆盖型模式、林地耕地水域覆盖型模式；③应用GIS技术，集成流域土地覆盖模式及其在线状空间分布的态势；结合流域典型由北向南走势流向的特点，以及流域特殊的地势、地貌状况，进一步将流域云南段土地覆盖分为上游高山林地型模式、中游中山林地耕地型模式、中游中山林地耕地草地型模式、中游中山林地耕地水域型模式、下游中山林地耕地型模式、下游低山林地型6个类型模式。

（3）以澜沧江流域下游的普洱县为试验样区，利用样区现有遥感数据，运用专业遥感图像处理软件，通过一系列的遥感专业技术处理过程，利用多级分类技术进行土地覆盖遥感监测技术研究，结果表明：①通过分析研究样区多光谱数据与特征选取，运用AHP中的递阶层次结构将土地覆盖类别分成若干层次，采用多种分类算法组合的多级分类遥感监测技术方法，将其用于澜沧江流域山区土地覆盖遥感监测是可行的；②对样区监测精度评价结果说明，该技术方法可满足以澜沧江流域综合开发为目的的快速获取反映山地生态主要覆盖类别的遥感监测要求；③流域山区土地覆盖宏观、快速监测提供可操作的技术支持。

总之，通过对本项研究工作的开展，总体上可得出，作为澜沧江—湄公河流域上游的澜沧江流域云南段，土地覆盖仍然是以与山区自然生态环境相适应的、以林地覆盖为主的覆盖模式，辅之以山区居民生活、生产所必需的农用耕地、城镇建设用地、水体水面等各种覆盖类别，这在总体上是符合澜沧江—湄公河流域整体综合开发中有关社会、经济、环境协调发展需要的。通过对澜沧江流域云南段局部地段的有关土地覆盖空间分布状况的深入研究也可得知：就流域不同区域地段而言，澜沧江流域云南段，处于北部的上游段和南部的下游段，与山区自然生态环境相适应的林地覆盖较为完好，生态环境状况保持良好；而中部地段林地覆盖率不高，生态环境破坏相对严重，急待进行修复处理。因此，在澜沧江流域云南段，针对局部地段的具体不同状况，仍然需要做进一步综合研究以处理好有关社会、经济、环境的协调发展，更好地促进流域整体的可持续发展。通过该研究，可为流域综合开发过程中有关资源与生态环境的监测及其管理体系的建立、流域地理信息系统的构建等，提供有效的技术支持。这对于指导流域综合开发中，有关山区水土保持、生态环境建设等工作的具体规划实施，促进云南建成绿色经济强省的战略目标具有非常重要的社会价值和深远的社会实践意义。

6. 土地利用遥感监测的关键技术及其应用研究——以江西鄱阳湖地区为例（2002，沈润平；导师：王人潮）

该研究完成的内容及取得结果如下。

（1）遥感监测数据库管理系统的建立研究。对土地利用遥感监测数据的分类与编码、数据库建库方法与技术进行分析研究，完成鄱阳湖典型地区的数字化建库工作；针对遥感监测数据涉及内容广、类型多、数据量大的特点，研究并建立遥感监测数据库管理系统。

（2）遥感影像特征分析。对各主要成分与原波段进行了相关分析，结果表明，前三个主要成分的累积贡献率均在98％以上，前四个主成分的贡献率在99％以上；第一主成分主要是综合了波段4，5，6，7的影像信息，较好地反映了土壤及植被的反射特性，而第二主成分主要综合了可见波段的信息，能反映水体及湿地的反射光谱特征。

（3）最佳特征影像组合选择的研究。综合指数法是通过主成分分析生成三个相互独立的主成分，然后以因子贡献率作为权重构建综合选择指数模型。这样的综合指数模型较好地实现了信息量大、类间光谱差异大原则的结合，既充分利用整个影像信息，又考虑到影像提取的地物类型。经试验初步认为，综合指数模型是最佳特征影像组合选择的有效模型。综合选择指数模型是由最佳指数因子法、雪氏熵值及一个类间可分性指标构成的。基于类间可分性的方法较多，在确定其方法时，应选择与分类器相适应的方法。

（4）土地利用遥感分区的研究。基于GIS空间分析，以高程和坡度为主，结合影像目视解译，对土地利用进行了遥感分区研究。

（5）从遥感资料与非遥感资料，开展了基于知识与规则的方法研究，试验首先针对该方法的关键问题之一，对知识与规则的提取与表达进行了探讨。依不同数据及其处理特点，采取多种方法来表达从不同数据源资料获得土地利用知识与规则。遥感影像以概率数据模型的方式来表达；土壤类型和地形与土地利用的关系则以频率的方式来表达；对于不同土地利用之间的空间关系则以产生式规则的形式来反映。

（6）对综合不同来源知识与规则进行的分类推理机制进行了研究。推理机制是基于知识与规则的方法进行遥感影像分类。Dempster-Shafer不确定证据理论能表示无知及不确定性；满足可交换性，在保证多个不确定证据的融合时，不受合并次序的影响；且具有很强的容错能力，与化解矛盾（在归一化过程中）产生一致。因此，用于遥感和非遥感信息的融合有其独特的优势。试验对遥感影像分类辨识框的构建、来自于不同资料基本信息分配函数的求取、Dempster合成法则的应用等进行了研究，并对证据融合过程中对如何考虑GIS数据及遥感影像概率数据提取模型的误差进行了探讨。最后对分类结果进行了精度分析。

（7）土地利用空间分布规律定量分析。研究表明邻接概率和邻接指数结合能较好地定量分析土地利用类型的空间关系。斑块伸长指数、边缘密度、斑块粒度及斑匀度等，能从斑块水平上，定量表达斑块属性，可用于不同烈性的空间分布特性分析。土地利用程度指数、聚集度、优势度指数、破碎度等，可在斑块嵌合层次上定量分析区域土地利用的差别及空间分布规律。改进类斑散度能更好地综合反映不同土地利用类型及不同区域斑块离散性。

7. 浙江省海涂土壤资源利用动态监测及其系统的设计与建立（2005，丁丽霞；导师：王人潮）

该研究取得的成果如下。

（1）提高土地利用遥感动态监测精度的研究与应用。①用五种相对辐射校正法进行比较研究，结果从暗集-亮集法在该研究区最利于提高动态监测精度。②提出运用遥感光谱信息特征结台系统聚类的景观区划方法，得到的分区结果不仅综合反映了地貌、气候等自然因子及其与人为活动相互作用造成的区域性差异与特征，更加充分地应用了遥感信息，时效性也得到极大提高。③比较了多种分类方法，发现并不存在最优分类方法。因而引入多分类器分类方法，获得了高精度的遥感动态监测结果。

（2）浙江大陆淤涨型海岸线的变迁遥感调查。有效地确定不同历史时期的海岸线位置，比较完整地反映了浙江省1600年来的海涂围垦历史面貌。一千多年里，从围垦历史分析，明确海涂围垦是有限度的，垦区应该严格执行土地用途管制，实施节约用地、合理用地和控制人口等基本国策。

（3）浙江省围垦区海涂土壤的时空演变及景观格局变化。浙江省海涂围垦区的土壤主要有淡涂泥田、淡涂泥、咸泥、滩涂泥等类型，其演变发展模式为：滩涂泥—咸泥—淡涂泥—淡涂泥田。围垦区海涂土壤资源利用的模式主要有以下四种：①滩涂泥的利用模式。海涂围垦初期的主要利用模式为养殖塘、蓄淡水库和旱地，其中养殖塘面积比例较大。②咸泥的利用模式。其主要利用模式为旱地和养殖塘。③淡涂泥的利用模式。其主要利用模式为旱地，其次是建设用地。④淡涂泥田的利用模式。其主要利用模式为水田，其次是建设用地。从1993—2001年景观格局变化来看，围垦区耕地景观格局破碎化有加剧的趋势，区域生态系统发生显著的退化演替，在经济发达的温州、杭州表现更加明显。耕地景观的破碎化，不利于土地规模化、集约化经营，不利于农业现代化技术运用，将严重制约当前围垦区发展高效农业。

（4）浙江省海涂土壤资源利用遥感动态监测系统的设计与建立。在满足海涂土壤资源利用动态监测的数据需求的基础上，结合空间数据库的特点与要求，以SQL Server 2000为数据库管理系统平台，以ArcSDE for SQL Server作为空间数据引擎，设计并建立了浙江省海涂土壤资源利用遥感动态监测系统数据库。在此基础上，综合运用WebGIS技术、网络数据统计报表技术、Flash动态网站设计技术，以ArcIMS 4.0作为WebGIS平台，以Microsoft Reporting Services为网络数据统计报表平台，建立了浙江省海涂土壤资源利用遥感动态监测系统，实现了省级尺度海涂土壤资源利用动态监测与管理，为今后浙江省海涂土壤资源的清查统计、质量评价、利用规划和经营管理等提供可靠的科学数据和有效的技术手段。

8. IKONOS信息提取的尺度效应研究（2006，徐俊锋；导师：黄敬峰）

该研究以IKONOS数据为对象，研究了遥感尺度的几个核心问题：尺度转换、尺度效应和最优尺度，并在此基础上提出了基于多尺度叠加的分类方法对IKONOS进行的分类。具体内容和结论如下。

（1）DEM的尺度效应研究。使用多尺度的DEM数据对IKONOS进行正射校正，研究DEM的尺度效应。通过对正射校正精度的分析，发现正射校正精度在很大程度上依赖于所使用DEM的尺度大小，选用合适的DEM数据能够提高正射校正的精度并减少数据的冗余，不注意DEM的尺度变化带来的影响，那么有可能得到与预期不相符的结果。

（2）基于光谱稳定地物的经验线性大气校正研究。该研究在分析经验线性方法应用条件的基础上提出了基于光谱稳定地物的经验线性方法。尝试使用光谱稳定的地物（大坝表面、水泥地面、屋顶以及花岗岩等）的光谱来替代卫星过境时的地面数据。结果表明，即使在卫星过境时没有相应的地面反射率数据，使用光谱稳定目标的经验线性法也能够得到合理大气的校正结果。

（3）IKONOS信息提取的尺度效应研究。研究结果表明，在同质表面上，不论线性算法还是非线性算法都是尺度不变的；在异质地表上使用非线性算法提取遥感信息时必须考虑其尺度效应问题。如果需要某一尺度的信息时，必须先进行信息提取，再进行尺度转换。

（4）IKONOS最优尺度研究。结果表明，不同土地覆盖类型的最优分辨率不相同；相同土地类型的分布和布局不同，其最优分辨率不相同；同一土地类型在不同的波段范围内最优分辨率也不相同；对于一个复杂的景观，没有一个唯一的最优分辨率适合于区分所有土地覆盖类型。

（5）基于多尺度叠加的IKONOS分类。提出了多尺度数据叠加的分类方法。首先根据景观模型生成模拟数据，将其尺度扩展为系列尺度的影像。采用可分性指数J-M距离对叠加的多尺度进行可分性分析，结果表明多尺度叠加影像能提高类间的可分性，使用多尺度数据能提高类间被正确分类的概率。相对于单一尺度的数据，叠加两个尺度或更多尺度都能提高类间的可分性。通过对叠加的多尺度IKONOS数据进行最大似然分类，结果发现，基于多尺度叠加的分类方法能够提高遥感影像分类的总体精度。

9. 基于SPOTS影像的1∶1万土地利用更新调查关键技术研究（2006，冯秀丽；导师：王珂）

主要研究结果概述如下。

（1）明确了SPOTS影像像元重采样对几何纠正精度及图斑面积更新精度的影响。通过对不同重采样方法的研究得出，将SPOTS全色影像重采样成1 m，多光谱影像重采样成2 m，在其融合后的影像上，线性地物边缘更突出，图斑形状更明显，地类界限更清晰，有利于目视解译与地物边界的定位。

（2）提出了基于地类光谱特性的影像增强技术，提出了基于地类光谱特性分析的分段线性拉伸方法，效果明显，尤其是对于地类光谱接近易混淆的地类，不仅可以增强地类界限清晰度，而且地类面积提取精度也可提高4%左右。

（3）明确了SPOTS影像几何纠正的组合方案，几何纠正模型和控制点（GCP）数量对SPOTS影像的几何纠正精度有较为明显的影响。对于平原区域的SPOTS影像：利用二次或三次多项式模型和30个左右GCP进行纠正可获得很好的几何纠正精度——X方向中误差±2.0 m，Y方向中误差±1.8 m，点位平面中误差±2.8 m；至少需要6个GCP，采用一次多项式模型进行纠正，点位平面中误差为3.5 m左右。对于丘陵山区的SPOTS影像：利用模块化的多项式模型，加入影像获取时刻的星历数据，同时配合高精度DEM以及20个左右GCP进行正射纠正，可获得很好的正射纠正精度——X方向中误差0.6 m，Y方向中误差±1.0 m，点位平面中误差0.9 m；至少需要10个GCP且在山脚、山顶等处均匀分布，利用多项式模型、DEM以及星历数据进行纠正，点位平面中误差为3 m左右。

（4）确定了地类、图斑面积大小与更新面积精度间的关系。研究结果表明，一般状况下，除去小块旱地、苗圃等土地利用类型，基于SPOTS影像的1∶1万土地利用各地类相对面积精度在90%左右，土地利用变化最常见的土地利用类型，如农村居民点和独立工矿等建设用地的平均相对面积精度可达到95%左右，最大相对面积精度则高达99%左右；图斑面积越大，更新面积精度则越高。

（5）探索性研究了土地利用类型组合与图斑面积精度间的关系。研究结果表明，绝大多数与建设用地相关的相邻地类组合，其图斑界限都有较高的量化值，这也就说明，当其他地类与建设用地相邻时，两种地类界限清晰，基于SPOTS数据的1∶1万更新调查的精度可靠，方法可行；水田与旱地、水田与园地等地类间的界限也较为清晰；而旱地与园地等地类组合的界限清晰度差，准确提取界限信息存在困难，图斑面积精度也较差，因此，基于SPOTS数据的农业结构调整等农用地地类更新调查或变更很难实现。

10. 土地利用/覆盖变化及其对生态安全的影响研究（2007，朱蕾；导师：黄敬峰）

该研究主要成果如下。

（1）土地利用/覆盖变化监测和植被覆盖度遥感估算，对研究区的土地利用/覆盖类型和变化进行遥感监测，进行3S模型大气校正，针对山地丘陵区地形破碎，园地、林地和旱地混分现象严重的特点，选取GIS辅助信息、遥感信息复合（指数）以及多时相遥感数据辅助分类，结果发现不同数据参与分类都有各自精度最好的土地利用/覆盖类型，因此对各分类结果进行综合，可以使每种类型来自各分类精度较高的分类结果，最终获得了满意的精度。对于植被覆盖度估算，则利用油菜、玉米、水稻地面光谱数据结合FM光谱响应函数模拟TM归一化植被指数（NDVI）和地面拍照获取的植被覆盖度进行统计分析，得出TM图像利用NDVI进行作物植被覆盖度估算的公式。园地、林地光谱和植被覆盖度的地面实测资料获取比较困难，因此对园地和林地的植被覆盖度则通过配准后同时相的数字正射影像求得的植被覆盖度和TM影像NDVI的相关关系方程来进行求算。最终通过TM的NDVI图得到研究区的植被覆盖度图，结果通过数字正射影像来验证。

（2）土地利用/覆盖情况对地质灾害的影响（以滑坡为重点），对水土流失状况、突发性地质灾害的空间分布情况和土地利用类型等影响因子进行灾害点的一些距离分析、单位面积发生频率分析和水土流失面积统计分析，明确土地利用对地质灾害的影响。重点以滑坡为例，在GIS的支持下，通过对历史滑坡和可能影响滑坡发生的诸多因子之间进行两次Logistic回归分析，第一次Logistic回归分析在整个研究区内进行，第二次Logistic回归分析在第一次分析的高概率区域内进行，得到影响滑坡发生的地形、地质以及人文因子的重要性排序，了解人类活动引起的土地利用和覆盖情况对滑坡发生的作用，并由此得到滑坡发生概率的空间预测分布图，方程和预测概率分布图通过了统计检验和预留潜在滑坡点的检验，表明方法的可靠性。

（3）土地利用/覆盖变化对生态系统结构和功能的影响评价，①从景观分析评价土地利用/覆盖变化对生态系统结构和功能的影响，1991—2003年间土地利用发生变化，整个研究区景观多样性增加，景观破碎度增加。其中，林地和河流的破碎度有所增加，园地、建设用地、水田和旱地则是斑块密度增加，破碎度减少。②从生态服务价值分析表明，由于土地利用/覆盖的变化，研究区总的生态服务价值从1991年的51.9091亿元提高到2003年的52.2265亿元，同时引起水体调节、水供应、废物处理和娱乐等功能尤其是水源涵养功能的增加，而食物供应、生物控制和传粉功能尤其是食物供应功能的下降。从生态承载力分析表明，总的生态承载能力从1991年的生态盈余0.1790 hm^{2}到2003年的生态赤字0.1053 hm^2，生态受到一定威胁，1991年建设用地人均生态盈余0.0266 hm^2，2003年建设用地人均生态赤字0.0398 hm^2。

（4）土地生态安全综合评价，参照DPSIR框架提出研究区土地生态安全指标体系，从遥感影像、统计数据和专题研究成果等资料中获取指标数值，利用层次分析—变权—物元复合模型，实现以栅格为分析单元的土地生态安全评价，通过对土地生态安全区和警戒区的分析，明确人类活动以及由此引起的土地利用/覆盖变化对土地生态安全的影响。

11. 基于SPOT影像的杭州市区土地利用覆盖变化动力学研究（2007，邓劲松；导师：王珂）

该研究获得的成果如下。

（1）基本构建了杭州市城市化过程中土地利用／覆盖变化动力学研究方法的框架。通过总结和分析目前国内外相关研究进展，确立了杭州市城市化过程中土地利用/覆盖变化动力学研究方法的基本框架，以遥感和GIS为手段，开展了以变化检测—过程及格局—驱动机制—变化预测研究为中心的研究实践。（2）建立了较为完整的城市土地利用/覆盖变化检测的方法体系，提出了基于多时相、多传感器、多种模式SPOT遥感影像的城市土地利用/覆盖变化检测方法和分层随机以及人工自定义相结合的精度评价采样方案，并系统地分析和阐述了各部分的复杂性、重要性以及为了确保变化信息的准确、可靠应采取的关键技术方法。

（3）系统分析了杭州市1996年至2006年土地利用/覆盖时空变化过程以及景观格局，揭示了杭州快速城市化过程中土地利用/覆盖变化的基本特征和演化规律。利用3个时期的变化检测结果，从时间和空间上系统分析杭州市1996年至2006年土地利用/覆盖变化的数量、位置和景观格局，并取得了很好的结果。

（4）分析并明确了杭州城市化过程及时空演化特征，提出了区域城市化强度指数来描述不同区域城市化过程的强烈程度，提出了运用土壤资源质量指数来评价和分析城市化过程中土壤资源质量损失状况。

（5）利用遥感和GIS手段，在时间和空间上，系统分析和阐述了杭州市城市化过程中土地利用/覆盖变化驱动机制。明确城市历史发展及自然条件是城市发展的约束力；政府在城市化进程中始终居于领导和支配地位；城市定位决定了城市的性质和发展目标，是城市发展的内部推动力；区位优势和比较优势是城市发展的催化力，杭州具有明显的区位优势和比较优势；长三角城市群和上海大经济圈的资金流、技术流、信息流和商品流对杭州城市发展产生了极大的牵引力；交通通达是城市发展的诱导力。另外，由土地价格产生的土地收益已经成为维护城市建设发展，保证规划实施的重要保障，土地价格可以优化城市内部空间结构，可以加快工业化的进程，促进农村居民向城市或城镇的转移，从而推进城市化建设步伐。

（6）引入政府行为和土地级别等政治、经济因素，发展了基于马尔柯夫过程和元胞自动机的城市化过程土地利用/覆盖变化预测模型。

12. 不同尺度土壤质量空间变异机理、评价及其应用研究（2009，林芬芳；导师：王珂）

该研究获得如下成果。

（1）基本构建了工业化和城市化快速过程中县（市）级尺度区域的土壤质量评

价方法的框架。利用地统计学的空间结构分析功能、插值技术及互信息理论，分析了研究区土壤肥力因子和土壤重金属元素空间变异规律、空间分布格局、土壤污染状况及来源。

（2）提出了互信息理论结合决策树See 5.0算法来定量研究自然条件和人为活动对土壤质量的影响。土壤质量受到各种因素的影响，采用决策树方法分析了各种影响因子是如何影响土壤质量过程的。结果表明，利用基于互信息理论选取的因子的决策树结果明显优于利用全部因子的决策树结果，且无论是决策树还是决策规则，分类精度均达到80％以上。

（3）以土壤质量评价成果和空间稳定性因子为基础，提出将耕地质量评价成果应用到基本农田保护、标准农田建设及耕地占补平衡。①研究区标准农田受到Cd污染的面积占标准农田总面积的3.69％；一等土壤资源占19.82％，二等土壤资源占29.95％，三等土壤资源占27.14％，四等土壤资源占19.26％，但也存在一定比例的较差的标准农田。②分析了1996—2004年被占用耕地的土壤质量，发现被占用耕地中一等土壤资源占48.05％；而补充耕地中，一等土壤资源仅占补充耕地总面积的23.89％，二等土壤资源占32.44％，三等和四等土壤资源分别占24.16％和16.52％。

（4）分析了丘陵山地的特色经济作物——茶叶的产地，及影响茶园土壤肥力质量的敏感环境因子，比较了土壤肥力的空间预测方法，再以插值后的土壤肥力质量为变量，对茶园进行了精确农业管理分区，从而为准确预测山区土壤肥力质量和精准管理提供了依据。以不同地形因子、归一化植被指数和经纬度为自变量，分析比较了不同变量选择方法（相关系数法、主成分分析法、逐步回归法和互信息理论）和不同空间预测方法（逐步回归、普通克里格、协克里格、回归克里格、广义神经网络和BP神经网络），结果显示基于BP神经网络结合互信息方法的预测精度高于其他方法的预测精度，同时也表明了影响茶园土壤肥力质量的主要因子包括经纬度、相对高程和切线曲率。

13. 富阳市土地生产力时空变化研究（2012，邱乐丰；导师：王珂）

该研究的主要内容与结论如下。

（1）土壤肥力水平是土地生产力的基础。该研究首先结合传统统计和地统计方法分析富阳主要土壤肥力因子在土地利用变化过程中的时空变异状况。结果显示，1979—2006年富阳市主要土壤肥力因子的有机质、全氮、有效磷和速效钾都有显著提高，但空间差异性较大。不同土地利用类型对土壤主要养分含量影响显著，高低顺序基本为菜地＞水田＞旱地＞林地＞园地＞未利用地。

（2）工业和经济发展导致的土壤重金属污染是土地生产力的重要负面因素。①以乡镇为单位，评价结果显示：富阳市绝大部分乡镇的土壤综合污染指数小于1，污染风险接近于无，仅有环山乡等少数乡镇存在不同程度的重金属污染风险。②针对污染风险分区使用CART决策树方法生成一系列基于环境因素的决策规则集，认为污染风险分区内工业排放、交通运输、农业生产和居民生活是造成土壤铜、锌、铅和镉元素积累的最主要原因。土壤酸碱度和有机质含量对土壤中铜、锌、铅和镉元素的空间分布有重要的影响。③对比其他土壤的重金属污染研究方法，结果显示CART方法比传统统计方法和普通克里格法有明显优势。

（3）土壤有机碳是土地生产力评价的重要指标，分析评价了1979—2006年富阳市土地利用变化尤其是建设用地快速扩张导致的土壤碳变化情况。结果表明：建设用地扩大，耕地和林地面积减小是造成全市土壤碳储量下降的主要驱动因子。

14. 流域生态系统对城市化的时空响应——以浙江省钱塘江流域为例（2013，苏世亮；导师：吴嘉平）

本项目主要研究成果如下。

（1）1979—2009年，钱塘江流域总人口、非农人口比例、地区生产总值均显著增加，建筑用地扩张剧烈。农地景观格局的变化趋势为：面积和聚集度减少，破碎度、不稳定性、形状不规则度增加。农地景观格局变化与城市化的定量关系存在显著的空间不平稳性。总体来说：①在流域尺度上，非农人口比例、GDP、总人口，以及建筑物面积等城市化因子，均可以较好预测农地景观格局的变化。②在行政尺度上，城市化强度指数（UII）和GDP可以有效解释农地景观格局的变化。非农人口比例可以有效预测农地景观破碎度和不稳定性的变化。③在生态区尺度上，UII和GDP可以较好地解释农地景观格局变化。此外，人口可以较好地预测农地景观格局变化。

（2）1979—2009年，钱塘江流域土壤景观变得破碎、不稳定、形状不规则。此外，其连通度、多样性、聚集度也降低。总体来说：①在流域尺度上，UII、GDP、总人口，以及建筑物面积等城市化因子，均可以有效预测土壤景观格局变化。②在行政区尺度上，UII可以有效预测土壤景观格局变化。GDP和人口可以有效预测土壤景观破碎度和不稳定性变化。③在生态区尺度上，UII和GDP可以有效预测土壤景观格局的变化，人口增长会引起土壤破碎度和不稳定性的变化。此外，钱塘江流域的石油和磷污染逐渐变为一个全局性的问题，而重金属污染逐渐成为一个局部问题。

（3）2003年，流域生态系统复合指标数值在各尺度上均表现出较大的空间异质性，并与城市化的关系存在显著的空间不平稳性。总体来说：①在行政区尺度上，经济发展较快或非农人口比例较高的县（市），其生态质量往往较低；②在生态区尺度上，经济发展较快或人口密度较高的生态区，其生态质量往往较低。

15. 快速城市化背景下城市热岛对土地覆盖及其变化的响应关系研究（2013，盛莉；导师：黄敬峰）

该研究取得的主要成果如下。

（1）首先，利用HJ-1B遥感影像反演大气气溶胶浓度（AOD）和大气校正、提取土地覆盖信息以及反演地表温度。精度分析结果表明：该方法较为稳定和可靠，能够满足实际应用的需求；其次，针对HJ-1B多光谱热红外波段数据 30 m空间分辨率导致城市区域存在严重的混合像元问题，提出了一种提取城市土地覆盖信息的方法：精度分析结果表明：该方法提取城市土地覆盖信息的结果在合理的误差范围之内，可用于进一步的应用研究。再次，针对HJ-1B热红外波段反演地表温度所需地表比辐射率估算方法的研究空白，利用ASTER光谱库数据和HJ-1B热红外波段光谱响应函数进行计算，给出了HJ-1B热红外通道的典型地物的地表比辐射率，并针对HJ-1B热红外波段数据300 m空间分辨率导致的混合像元的问题，利用与其同台搭载的30 m空间分辨率的CCD数据计算混合像元地表比辐射率，采用普适性算法反演地表温度，反演结果与地表实际情况较为吻合。

（2）不透水面与植被对LST和夜间的Tair高度变化十分敏感，不透水面覆盖比例和植被覆盖比例可作为表征LST和夜间的Tair的有效指标。LST（10：30 am）与不同时刻的Tair呈显著性相关，尤其是与上午10：00和晚上0：00的Tair高度相关，时间相近是导致LST与上午10：00的Tair高度相关的主要原因，土地覆盖是导致LST与夜间Tair高度相关的重要因子并且不透水面覆盖比例是表达这一相关性的有效指标。建设密度越大、建筑物越高的区域越容易发生城市地表温度热岛效应，白天没有明显的城市气温热岛现象，夜间城市气温热岛易发生在建设密度较大的区域。

（3）定量化城市气温热岛的空间分布，辅助人们的居住选址，结果表明杭州最优的居住区域为在"冷岛"区域附近或者具有较大的温度变化速度区域，主要为杭州市区南方向（S）至东北方向（NE）（顺时针）。定量化城市气温热岛包括三个步骤：①根据气象站点的空间分布简化城市气温热岛的空间格局；②利用城市中心与其他站点的温差定量化城市气温热岛强度；③利用温度变化速度指标定量化城市气温热岛空间分布。该研究首次提出了温度变化速度这一指标，用于衡量在城市生活中人们牺牲生活便利度换取相对优质的生活环境的效率。

（4）利用Landsat系列数据监测从20世纪90年代以来杭州市区土地覆盖的时空变化特征，结果表明：城市扩张、人们生活水平的提高、政府相关保护政策以及农业结构调整导致不透水面、城市绿地和水产池塘面积增加，占用了大量农田（水田和旱地）和少量林地，西溪湿地在后期由于得到了政府的大力保护而未被继续占用；从空间分布上来看，城东、城西、下沙和之江区块的不透水面逐步向行政边界方向扩张，主城和滨江区块的不透水面逐步向钱塘江方向扩张，城市湿地由城市内部逐步向城市郊区方向萎缩。

（5）城市化导致城市热岛效应加强，并且热岛区域的空间分布更为连续和集中，在扩张过程中建设用地占用湿地资源对城市热岛效应的促进作用大于占用植被资源。杭州市区的城市热岛效应夏季最强，春、秋次之，冬季没有明显的热岛效应，在不同的季节，不同的土地覆盖类型缓解城市热岛效应的作用有所不同，不受季节和气候变化影响的城市不透水面覆盖比例可作为表征城市热岛强度季节性变化的良好指标。

16. 城乡统筹视角下的城市化时空格局与过程（2014，张中浩；导师：吴嘉平）

本项目以杭州市为研究区，以城区和县（市）为不同单元，在1985—1994年、1994—2003年和2003—2009年3个不同时间跨度上，借助遥感和GIS的手段和方法，将城市化的内涵分解为人口、经济社会发展、土地利用变化及整体景观时空格局、建筑用地扩张及其景观时空格局、耕地侵占及其景观时空格局以及生态服务价值的时空格局等方面分别进行了研究。结合景观生态学手段和空间自回归模型，探究了杭州城乡人口、经济发展以及地域景观格局协同演进状况，从驱动因子的视角深入分析城市化的响应机制，从而可以更全面和完整地理解城市化进程，为促进杭州城市化的健康发展提供决策支持。主要结果和结论如下：杭州从1985年至2009年经济社会发展较为迅速。县（市）和城区在经济社会发展方面的差距在缩小；但城市化率的差距依然很大，城乡发展依然很不平衡。相比城区，县（市）的生活设施资源在空间上的分布更加不均衡。乡村地区在文化、教育、社会保障等方面不如城区和县（市）中心镇。从1985年到2009年间，杭州整体景观格局发生了很大变化。城市扩张导致整体景观连通性下降，稳定性降低，斑块更加破碎和不规则。在乡镇尺度上，建筑用地面积的扩张对整体景观斑块密度有显著影响。道路对整体景观的破碎度、连通度和聚集度等的影响较大。行政中心对城区整体景观的影响大于县（市）。1994—2003年，整体景观受城市化因子的综合影响大于其他两个时期。城区整体景观比县（市）受城市化的影响更大。本项研究结果和主要创新点如下：

（1）从自然和社会的角度将城市化的格局和过程分解为人口和经济社会发展、整体景观格局、建筑用地扩张及其景观格局、耕地侵占及其景观格局以及生态服务价值变化等方面，对比研究杭州城乡不同单元在快速城市化下不同的时空特征。

（2）对杭州城乡1985—2009年的经济社会发展情况进行了综合的对比评价，并结合GIS对城乡生活质量进行了评价。

（3）在乡镇尺度上，采用空间回归模型研究了建筑用地景观格局及其驱动力，在地理网格尺度上对城乡耕地景观受城市化的影响机制进行了分析。

（4）在乡镇尺度上，对杭州城乡生态服务价值的时空特征和影响因素进行了研究。该研究依然在一些方面有待进一步深入，比如对于杭州的城乡对比研究还不够全面，选用的尺度也较为单一；同时在时空尺度效应上的对比较少等。

17. 浙江省城市化空间格局演变及耕地保护研究（2014，李佳丹；导师：王珂）

主要研究内容和结论如下。

（1）首先对浙江省在1990—2010年建设用地扩张强度、空间格局变化以及驱动机制进行分析。浙江省建设用地面积占全省陆域面积的比例从1990年的4.4％增加到2000年的6.6％和2010年的10.6％，扩张的建设用地主要分布于海拔50 m以下、坡度5°以内区域。距离交通道路、市中心和已有建设用地等区位因素，人口、GDP、固定资产投资等社会经济因素以及政府政策方针对建设用地扩张具有显著的导向和驱动作用。建设用地扩张存在空间自相关性，高速扩张的县（市）聚集在浙江东北平原地区，而低速扩张的县（市）聚集在浙江西南地区。全省建设用地景观格局表现为破碎化、不规则化趋势，不同地形分区城市间差异较大。

（2）通过分析浙江省城市建成区在1990—2010年的时空格局变化、人地协同状况，讨论不同城市结构体系和地形区位因素对城市空间形态和用地效益的影响。结果显示，浙江省城市建成区面积呈现无序扩张趋势，经济发展和城市化水平区域差异不断扩大，尤其是2000年以后，都市圈发展模式已初显雏形。城市规模、地形区位对城市扩张模式、空间格局、用地效益具有显著影响。大城市人口容纳度最高，城市空间形态也最复杂，在未来应注重城市空间格局的优化。中小城市建成区扩张速率远高于城市人口增长速率，土地利用效益低下。

（3）对1990—2010年不同城市结构和区域发展模式对土壤资源的侵占和土壤景观变化的影响进行分析。研究发现快速城市化和工业化的推进以侵占大量优质土壤为代价，尤其是平原地区的水稻土资源。大量优质土壤资源持续被侵占的态势并未得到缓解。土壤景观总体呈现破碎度增加、聚集度和优势度降低的趋势，建设用地扩张对土壤景观变化存在显著影响。

（4）结合土地利用调查数据、遥感影像对杭州地区在2004—2010年非农建设占用的耕地和通过开发、整理、复垦新增的耕地质量进行综合评价。评价单元涵盖耕地数量、土壤质量、空间格局、区域用地布局以及后期耕种管理情况，结果显示非农建设占用的多为地势平坦、土壤质量优良、连片性较高的耕地；而补充的耕地则大多土壤质量低劣，连片性较低，很大部分位于低丘缓坡地带或者与城镇建设用地邻接的区域，空间不稳定性较高。

（5）协调城市化建设与耕地保护的矛盾任重而道远，最后以浙江省临安市（现为临安区）为典型案例，从土地规划编制源头探索快速城市化背景下山区城市如何破解地形要素，协调经济发展与耕地保护的关系进行实证研究分析。发现临安市通过积极开发利用低丘缓坡资源进行城镇建设以保护平原优质耕地取得明显成效。通过对2013—2020年新增建设用地空间布局进行调整，充分提高低丘缓坡的开发建设力度，尽量避免占用耕地，有效将建设占用耕地系数从原规划的73.5％降低至40.2％。

18. 工业园区土地覆盖及建筑密度航空遥感研究（2014，马利刚；导师：王珂）

本项目主要研究的内容和结论如下。

（1）LiDAR点云是传感器对地面物体的三维采样，以其为基础计算出的空间自相关特征可以反映地物在高程上的自相关性和高值/低值集聚特点。在仅有LiDAR数据支撑的情况下，尝试充分挖掘点云的空间几何、自相关、高程异质性特征，结合随机森林变量选择、重要性度量和面向对象的分割、分类、基于规则集的分类后处理方法进行建筑物的识别与分类。精度评价结果表明，住宅/工业建筑物可以成功提取，两个区块的总体精度均达到90%以上，总体Kappa系数超过0.88，充分证明这一技术流程的可靠性和稳定性。

（2）工业和住宅是工业园区中的两类主体建筑，它们在空间中的分布具有明显差异：①住宅建筑单个图斑面积较小，绿化较多，在同样大小地块范围内，住宅建筑通常包含更多的空隙成分。②住宅建筑通常以小区为单位整体开发，在空间中的排列更加规则整齐，而工业建筑则杂乱无章。Kappa分析结果表明，在建筑物类型的区分中，空隙度特征在95%水平上显著优于nDSM，证实了空间信息在建筑物类型识别中的重要价值。

（3）在建筑密度估算中，楼层高度的确定是影响其准确性的关键因素之一。传统的方法往往通过设置统一的层高值计算楼层数，少部分研究按照地域设置差异化的层高值。然而前者无可避免地会增大建筑密度估算误差，后者则不利于自动化的实现。考虑到影响层高的主要因素是建筑物类型，该研究按照分类后的建筑类型设置相应的层高值，从而实现更加准确和自动化的建筑密度估算。

（4）针对不同楼层建筑面积不一致的复杂建筑物，提出了小尺度分割并以产生的分割单元为基本单位进行建筑密度的计算，有效降低了将整个建筑图斑作为整体计算时带来的高估误差。总体均方根误差，相关分析和残差分析的建筑密度精度评价结果表明，总体均方根误差小于0.2，回归系数大于0.8，残差小于15%，结果可靠具有重复性。

19. 海岛城市化时空格局演变及其陆海岛联动的响应研究（2014，潘艺；导师：王珂）

研究主要内容和结论如下。

（1）基于长时间序列的遥感数据（1980—2013年），对不同区位、不同功能类型的海岛土地利用变化进行分析，突出量化海岛围垦用地功能演变规律。研究初期，土地利用变化主要集中在本岛陆域范围。随着建设用地需求急剧增加，林地优势度持续降低，近年来随着临海工业的迅速发展，土地利用变化程度远高于其他类型海岛，随着人类加大海岛开发力度，区位条件等自然因素的影响逐渐弱化，政府决策和产业布局对海岛土地利用方式及发展方向起到主导作用。

（2）从经济结构、人口城市化与空间城市化角度剖析，1980—2013年浙江省海岛城市化时空格局，以及量化区位条件、社会经济和地形因素的影响机制。结果表明，1980—2013年浙江省海岛经济高速发展，产业结构由以传统农渔业为主转向以综合开发利用为主。随着城市化进程全面推进，海岛建设用地向高海拔、高坡度地区蔓延，远岸海岛也加入到开发建设中。通过多元逐步回归分析，第二产业和第三产业的迅速发展是其首要驱动因素。新增建设用地由城市中心向海岛四周沿岸快速蔓延，主要用于港口、物流基地、临海产业集聚区和滨海旅游设施等建设。

（3）首次以陆岛联动为切入点，以浙江省宁波—舟山陆岛一体化为典型案例，探索陆岛城市发展的联动格局和内在差异。从经济水平、建设强度以及城市空间重心转移的角度揭示陆岛两地城市化水平。宁波市经济水平、产业结构和建设强度远高于舟山市。2000年后，舟山市加快发展速度，不断向其靠拢。两个城市建设用地均表现出早期向市中心集中后向四周扩张的趋势。利用梯度分析结合景观指数探究了陆岛一体化的联动格局演变规律。该研究揭示了以突破行政区划界限、互联互通工程为支撑、多种联动方式互补共存的陆岛一体化格局，为进一步深化陆岛联动研究和国家沿海区域经济发展提供重要借鉴。

（4）海岛快速城市化对其景观格局产生深远而复杂的影响，该研究从岸线景观和整体景观两个方面分析浙江省海岛景观格局的时空演变特征。利用分形维数定量描述人为活动对海岛岸线形态的影响程度，利用空间回归模型，定量分析城市化因子对景观格局的影响机制。研究结果要强调时空尺度的选择。认清二者交互影响的规律，为引导海岛城市合理扩张和可持续发展提供支撑。从生态保护和城市扩张出发，利用最小累积模型划分海岛生态适应性分区，取得良好效果。研究方法可为其他海岛地区的城市发展、土地利用规划提供借鉴，对海岛开发与保护、区域社会经济发展、环境变化研究具有一定参考价值。

（5）在我国海洋发展战略的推动下，浙江省海岛城市化进程将会持续对海岛开发利用进行动态监测，优化管理机制，打破行政界线和部门界线，协调促进我国海岛可持续发展，助力海洋强国梦。

20. 杭州湾城市群绿色空间时空演变及空间匹配性研究（2014，干牧野；导师：王珂）

本课题研究的主要内容和结论如下。

（1）采用以多端元光谱混合分析为基础的区域绿色空间信息提取方法，在亚像元水平上提取了杭州湾城市群主要城市1990年、2002年和2013年城市绿色空间信息。首先采用阈值法对影像进行纯植被掩膜处理，有效地减小了模型运算量以及纯植被覆盖区域植被光谱细微变化所带来的干扰。此外，在确定不同复杂水平模型的端元光谱时，通过对二端元模型运行结果的检视来选择合适的端元光谱来运行三端元和四端元模型，可以在保证精度的同时提高运算效率。

（2）利用1990年、2002年和2013年亚像元尺度绿色空间信息，构建了RGB植被比例模型。基于RGB加色原理，通过丰富的色彩组合对城市内部绿色空间的细微变化

以及区域绿色空间的变化热点进行了可视化表达，城市中心区域和沿海地区则表现出
了绿色空间恢复的趋势。通过对亚像元植被比例进行分级，该研究应用景观指数从数
量、破碎程度、优势度、聚集度和多样性等方面对城市绿色空间的景观格局在市域范
围、老城区和城乡梯度样带三个尺度上进行了研究，绿色空间景观多样性增强，对改
善城市内部环境起到了积极的效果。梯度分析进一步揭示了绿色空间景观格局随建成
区扩张的时空变化特征。

（3）基于人口普查数据，采用基尼系数和泰尔指数对2000年和2010年绿色空间和
公共公园与人口在街镇尺度上的空间匹配性进行了研究。在绿色空间和公共公园的获取
上，老龄人口内部存在更大的差异，而外来人口内部则差异较小，这种差异主要是外来
人口和老龄人口的空间集聚特征所致。通过分别计算城市组和乡镇组不同人口组别的人
均绿色空间面积和公共公园面积，清晰地反映出城市居民，尤其是老龄人口，在绿色空
间和公共公园获取上存在巨大的城乡差异。而外来人口虽然内部差异较小，但其整体相
对于普通居民在公共公园的获取上处于劣势。未来城市绿色空间规划应坚持以人为本的
原则，充分考虑不同群体的需求特点，实现环境资源的有效配置及公正分配，为Landsat
等中等分辨率遥感影像在城市景观生态研究中的应用提供了一个新的思路。

二、硕士生学位论文摘要

**1. 陆地卫星CCT数据的计算机处理及对土地利用类型的机构分类试验（1986，
吴嘉平；导师：余震豫、王人潮）**

该研究利用陆地卫星CCT数据在数字通用机上进行了几种不同方法的信息提取
与分类试验并对分类结果进行了Ⅱ级土地利用类型的解译，得到了相应的土地利用
现状图。对CCT原始数据进行处理、分类的方法如下。

（1）非监督分类采用等混合距离法，用不同的阈值进行分类试验，对比较理想
的结果进行了土地利用类别的目视解译试验，其解译结果较为理想，基本上能满足
Ⅱ级分类要求。

（2）监督分类是在混合距离法分类的基础上进行的Bayes非线性判别法，另外还
应用主成分分析技术对原始数据进行了主成分变换，利用交换后的数据进行了主成
分谱空间集群的分类试验。结果表明，利用主成分变换对MSS原始数据进行处理是一
种十分有效的信息提取与变量压缩的方法。从农业研究出发，一般采用MSS的四维
数据可压缩成为二维，试验中有关程序均采用FORTRAN语言编制。整个试验结果表
明，利用遥感手段进行土地资源方面的勘测管理是可行的，它与传统的方法相比，
具有很大的优越性，这对加快我国农业与国民经济其他各部门的发展步伐都具有较
大的意义。

2. 人机结合解译MSS资料的地类调查与制图研究（1987，梁建设；导师：俞震豫、王人潮）

遥感影像内容丰富，地表识别能力高，如何实现丰富的遥感信息资源利用最大化是当今遥感技术研究、探索的前沿，也成为从事地球科学、国土规划、资源环境、测绘勘察、农林水利等学科科学研究的基本方法，在资源调查与规划、环境质量评价与监测、农业生产管理、测绘制图和区域开发等方面得到广泛的应用。该研究运用计算机自动识别与目视解译相结合的技术，对美国陆地卫星MSS资料进行土地利用类型调查与制图研究，并尝试对美国Landsat卫星的MSS资料在土地利用类型调查中的应用效果及制度精度做出初步评价。

由于卫星传感器的结构、特性和工作方式，如透镜的辐射和切线方向畸变、透镜的焦距误差、透镜的投影面不正交、图像的投影面不平、探测元件排列不整齐、采样速率不均匀、采样时刻有偏差、扫描镜的扫描速度变化导致MSS图像几何畸变。在开始人机结合解译试验以前，必须进行几何校正。该研究利用FORTRAN-Plus语言进行编程，摸索出适应通用计算机打印输出的数字图像几何纠正及比例尺变换方法，建立了以打印字符大小为坐标格网单元的试验区数字影像（子图）几何纠正模型；设计出一种简便有效的直方图监督分类法。试验采用等混合距离法（非监督分类），Bayes最大似然判别法（监督分类）和直方图监督分类，对MSS数字图像进行II级土地利用类型的自动分类（所成图件简称为自动分类图），再以自动分类图为底图作目视解译处理后，编制成人机结合解译的土地利用类型图（简称人机结合解译图），最后用解译成果图件编制的土地利用类型图对各种自动分类图及其人机结合图进行精度检验，检验结果为：等混合距离法、Bayes最大似然判别法及直方图监督分类的总精度分别为60.25％，76.3％和74.4％。经过目视解译纠正处理后的总分类精度相应为81.4％，85.8％和84.7％。精度检验结果表明，计算机自动识别分类以Bayes最大似然判别法最好。经过目视解译纠正以后，各种方法的分类精度有所提高，而且都提高到80.0％以上，其中仍以Bayes最大似然判别法最高。各地类的精度统计结果表明，运用MSS资料进行1∶20万的II级地类调查与制图，无法辨识所有类别，制图精度也不能满足要求，但是，对水域、城镇、水田等地类的解译与制图精度可达95.0％以上。

3. 县级各业用地适宜性评价及指标体系研究——以浙江省温岭市为例（1996，鲁成树；导师：王人潮）

本课题以具有典型的人多地少，耕地资源缺乏，工业化、城镇化发展较快的浙江省温岭市为例。利用温岭市第二次全国土壤普查、土地详查、地理、地质、水利等资料以及各种土地资源研究成果和相关的社会经济方面资料，在SUN型工作站和ARC/INFO系统软件（汉化6.1版本）的支持下，进行了各业用地的适宜性评价。取得的研究成果如下。

（1）土地利用分类研究。土地利用分类是一种应用性质的分类，在对国内外大量土地利用，尤其在对美国地质调查所的土地利用分类和我国的土地利用现状分类进行详细分析的基础上，针对我国目前土地利用分类中存在的问题，吸收国内外土地利用分类的成功经验，在一定原则下，提出一种实用性土地利用分类系统。

（2）土地适宜性评价指标体系的建立。针对大农业用地与非农建设各业用地的不同特点，分别对其进行了评价因素的分析、选择、指标体系的建立。大农业各业用地指标体系是在前人研究成果的基础上，采用实地调查和专家咨询的方法建立的；非农建设各业用地指标体系是在室外调查、分析，专家咨询的基础上，对自然因素运用了层次分析法（AHP）、对社会经济因素运用了逐步回归分析而最终确定的。指标体系采用了多级分级指标体系。

（3）各业用地适宜性评价。主要运用了ARC/INFO软件，在多要素图叠置的基础上，通过指标体系的输入，进行自动评价。大农业进行了农地和林地的评价，划分了四级。非农建设用地进行了居民点用地、工矿用地、交通用地的评价，采用二步法先对其自然工程地质条件进行评价，在此基础上进行社会经济分析评价，最后给出各业用地评价结果图。

（4）在ARC/INFO软件的支持下，提出了一些新的空间定位原则和方法，为土地利用总体规划从定量走向定位提供了新的思路。

4. 城镇宗地地价动态监测、评估及其微机系统建立研究（1994，费建华；导师：王人潮、王深法）

研究取得如下研究成果。

（1）采用该研究的方法体系，能较好地实现城镇宗地价格的动态监测与评估，并具有以下特点：①动态监测效率较高。建立城镇标准地价控制点网络后，只要对仅有的标准地价网点进行控制，就能以点带面地控制整个城镇（或区域）的土地市场价格。它不同于定级估价的研究方法，必须对其进行重新定级和基准地价测算，才能进行宗地价格的评估，因此，效率较高。②评估的宗地价格较符合土地的市场价格。研究表明，采用本方法、体系评估的宗地价格，与样点地价比较，商业用地平均仅相差−2.23％，最高相差小于−5.00％，居住用地平均相差−2.23％，最高相差小于−6.45％。而且评估的价格与实际招标出让地价也是较为接近的，仅差7.20％。而基准地价因素修正法评估的宗地价格与样点地价比较，商业平均相差＋12.89％，最高相差达到＋21.90％，居住平均相差为＋10.50％，最高相差达＋18.14％。③采用标准宗地模糊贴近法评估宗地价格，能实现计算机自动选择比较案例和宗地地价的测算，减少了人为因素造成的影响，与基准地价因素修正法相比，系统的可操作性增强，结果的重现性增大。

（2）基准地价因素修正法评估宗地价格，是我国土地使用制度改革初期，针对我国土地市场现状提出的一种估价方法，具有一定的缺陷；基准地价是在土地定级的基础上，根据样点地价与其所在的定级单元的综合分值应用数学模型 $y = Ae^{Bx}$ 拟合后测算的。存在一定的不足之处：①用一个简单的数学模型来反映地价这一复杂的土地经济问题，具有不足之处；②用投入高低来决定土地收益的高低具有片面性。现有的基准地价因素修正体系存在着严重重复修正、修正系数确定人为性较大、系数偏高等不足之处。因此，在宗地价格评估时不甚理想。

（3）该研究提出的城镇地价监测评估方法、依据市场比较法的一般原理评估宗地价格，符合估价惯例，评估的价格较为接近市场价格，易为国内外投资者接受。

5. 杭州市土地覆盖的遥感动态监测（2001，朱君艳；导师：王珂）

研究的主要结果归纳如下。

（1）通过对动态监测误差矩阵和未变化／变化误差矩阵总体精度的比较表明：对组合图像做主成分分析后，选择包含99％信息量的1.6个主成分作为非监督分类的信息源是切实可行的，它能有效地探测出研究区在二时相间发生的变化。

（2）通过比较动态监测误差距阵和经典的Kappa分析值，可以看出：用户精度能和Kappa分析完全的吻合，即高的用户精度值对应高的Kappa分析值，这说明在该研究中对动态监测技术进行精度评价的方法是可靠的。

（3）采用的人机交互式分类方法，既利用了计算机自动分类的功能，又结合了操作者的专家知识，使分类的总体精度达到了83.38％，取得了较为满意的结果，是一种值得推广应用的方法。

（4）本次遥感动态监测的结果表明，研究区在1991—1999年经历了些诸如城镇扩展、耕地减少、湿地锐减等明显的土地覆盖变化，其中8年间建设用地净增加了5743.1 hm^2、耕地和蒋村的湿地分别减少了4895.3 hm^2 和240 hm^2，并且这些变化主要集中在西部的蒋村、北部新建的大关小区、东部的下沙经济开发区，南部的滨江区等地。

6. 耕地分等定级研究与基本农田保护区管理信息系统的建立——以浙江省仙居县城关镇为例（2002，唐蜀川；导师：黄敬峰）

研究取得以下进展。

（1）基础数据库的建立。将耕地分等定级所需的仙居县城关镇各种空间数据和属性数据进行分类、编码、输入、编辑，建立空间数据库和属性数据库。

（2）评价因子的分级和编码。根据评价因子对耕地质量的影响程度，将评价因子的值进行分级。客观上这种等级指数存在着一定的差异，并且这种等级指数同耕地质量之间的差异有很大相关性，这是对耕地进行分等定级的前提。

（3）评价因子的量化。在对评价因子进行分级的基础上，将参评因子进行量化处理，分别赋予各个等级具体的分值。

（4）评价因子权重的确定。采用层次分析法确定各评价因子的权重，并根据对耕地质量的影响程度大小层层确定权重，并用CR检验权重是否合理，这减少了人为确定权重的主观性。

（5）评价单元的确定。采用10 m×10 m的栅格作为评价单元，每种矢量数据都经过重采样生成统一规格的栅格文件，可准确进行栅格图层叠加，克服了矢量数据叠加之后图斑极为破碎的缺点。

（6）评价方法的选取。在评价单元确定为10 m×10 m的栅格之后，将获得的各评价因子栅格图在ArcInfo 8.1软件的ArcInfo Work Station的Arcgrid模块下用outgrid＝combine（ingrid1，ingrid2，…）命令对八幅同样像元大小的评价因子图进行叠加，对生成的属性表用"加权指数求和法"对其进行分析得到了每个像元的值，再确定耕地的等级。

（7）评价因子值的获取。从基础数据库中的数字高程模型提取耕地的坡度、坡向和海拔高度评价因子数据；从土壤图上提取耕地的土壤类型数据；从土壤成土母质和土体构型类型图上提取土壤的成土母质和土体构型评价因子数据；从土地利用现状图中提取出河流和交通主干道，在ArcView 3.1软件下运用其缓冲区功能，提取出耕地的交通条件和灌溉条件评价因子数据。

（8）耕地分等定级结果的获取。根据一定的分等原则，将坡度小于25°的耕地评为宜耕地，分为四个等级，其中一等耕地725.41 hm²，二等耕地1283.77 hm²，二等耕地164.04 hm²，四等耕地34.17 hm²；将坡度大于25°的耕地评为"不宜耕地"，将其实行退耕还林或退耕还草，其面积为157.94 hm²。

最后，建立基本农田保护区管理信息系统，可对划区定界成果和耕地分等定级结果进行查询、浏览、显示、输出、统计，可为基本农田的调整和耕地的质量实现跟踪化管理。

7. 千岛湖水体水质参数遥感及估测模型研究（2003，刘英；导师：王珂、黄敬峰）

本项目根据实测的千岛湖水质参数数据、水体反射光谱数据以及不同时相的卫星遥感数据，研究了不同富营养化程度水体的高光谱反射特性以及千岛湖库区水体藻类叶绿素a浓度与其光谱反射特征之间的关系；还进行了室内悬浮泥沙光谱反射特征研究，并构建了多光谱和高光谱变量，建立了估测模型，对水体叶绿素和悬浮物含量进行了模拟；利用TM和IKONOS数据对千岛湖库区的水质状况做了定性和定量的评价研究。主要研究成果如下。

（1）不同富营养化水体反射光谱的基本特征表现为：随着叶绿素含量的增大，水体的反射光谱曲线的峰、谷愈明显。

（2）悬浮泥沙的光谱特征：在340～2500 nm处的光谱曲线分别在815 nm和1070 nm左右形成两个反射峰，在560～720 nm处呈肩状形态，高反射出现在可见光波段，在波长1160 nm以后，光谱反射率逐渐下降，趋近于零。

（3）构建了一系列光谱变量，研究了这些光谱变量和水质参数之间的相关关系，并建立相应的估测模型。

（4）在悬浮物浓度的预测模型中，多光谱波段的以蓝绿波段、红光、近红外波段为变量的线性模型和二项式模型得到了较好的结果；在高光谱波段中，以红边范围内最小反射率为变量的线性和二项式模型可以很好地预测悬浮物浓度。

（5）通过对1991和1999年的TM数据遥感值的研究，对千岛湖的水质变化做了定点定性评价。

8. 基于GIS的县级土地详查信息管理系统的研制——以浙江省舟山市普陀区为例（2003，张玲；导师：黄敬峰）

该项目是基于土地管理部门的需求，以舟山市普陀区为研究区域，以现有的土地详查资料为数据源，以建立区域土地专题地理信息系统为目标，主要进行了GIS系统集成技术在此系统中的应用研究，并结合土地管理部门的实际需要开发了部分相关功能模块。该项研究采用Visual Basic和MapInfo集成开发技术开发了客户/服务器（C/S）开发模式的集成的地图应用程序。基于GIS的县级土地详查信息管理系统的研制，实现了土地详查数据的图文一体化管理，解决目前土地详查管理工作中效率不高、管理不便等问题，满足土地管理部门土地详查业务需求。

主要研究内容包括：

（1）系统的总体设计，包括系统结构设计、系统功能设计、开发方式、开发平台的分析选择、系统软硬件环境设计、用户界面设计；

（2）数据库设计，完成属性数据库与空间数据库的结构设计；

（3）建立土地详查信息数据库，包括数据的收集、数据的录入、地图数字化、分层等数据处理过程；

（4）数学分析模型的建立；

（5）数据管理、图形管理、应用分析、系统管理模块的开发；

（6）完成系统的集成。

主要研究成果如下：

（1）建立土地详查信息数据库和土地详查信息管理系统；

（2）实现MapInfo交换格式.Mif文件的转入，地图放大、缩小、漫游、删除、复制等操作，并能绘制点、线、面等基本图元，对图元的样式进行改变编辑，可以制作和显示其中类型专题地图，即范围专题地图、直方图专题地图、饼图专题地图、等级符号专题地图、点密度专题地图、独立值专题地图、网格专题地图；

（3）实现地图打印输出；

（4）实现土地详查及相关数据的输入、浏览、查询、统计汇总及报表生成打印，并能进行土地和属性的双向查询；

（5）提供土地需求预测模型和人口预测模型，通过计算分析，对土地面积变化趋势、人口发展趋势进行辅助预测，并可根据计算的结果绘图显示；

（6）提供系统维护管理功能，包括用户管理、数据字典管理。

9. 森林遥感分类技术研究——以浙西北山区为例（2003，施拥军；导师：王珂）

该项目以浙西北山区（淳安和临安两个研究点）为研究对象，利用IKONOS和TM遥感数据针对森林遥感分类中的影像处理、波段组合选择、多源影像融合、影像分类方法和森林遥感分类效益等问题开展研究，对推进浙江地区森林遥感应用具有重要意义。主要研究内容和结论如下。

（1）分别对研究区TM和IKONOS影像进行了各波段信息量、标准差、相关性等统计特征及森林类型光谱特征分析。通过定性分析和最佳指数因子OIF值计算，表明TM 541，IKONOS 421是一种最佳的三波段组合方式，具有最大的信息量和最少的信息冗余度。研究还对两种影像做了主成分分析，提取出主成分特征影像。

（2）研究进行了HIS、Brovey、主成分变换等多种影像融合试验，通过融合前后影像的目视比较和相关系数定量分析得出，主成分变换法是一种优良的影像融合方法。融合后的IKONOS影像，既具有丰富的色彩，又具有清晰的纹理结构，有利于森林类型分类。

（3）在GIS数据支持下，进行了多种森林遥感分类试验，精度分析表明，对于TM影像来说，基于原始六波段影像（热波段除外）的监督分类效果最佳，但若分至四级森林类型，其分类总体精度只能达70.67％，面积相对精度仅为60.13％，与实用要求相去甚远；如果分至二级，则面积精度可以达到88.63％。在监督分类中，研制了一种专题矢量图件与种子像元扩展紧密结合的训练样本优选法，可使训练样本得以优化和纯化。对于IKONOS高分辨率融合影像，人机交互目视解译是一个最佳方法，森林四级类型的目视解译面积精度可达97.60％。

（4）研究表明IKONOS适用于森林面积资源本底清查，完全满足制作1∶5000山林现状图的精度要求，并具有良好的经济效益，每平方千米林业用地可节省经费约70元，整个浙江省完成一次森林资源调查，可节省经费约458万元（不考虑遥感数据的其他综合利用价值）。

10. BP神经网络在城镇基准地价评估中的应用及其成果网络发布研究（2005，曹浩；导师：王珂）

基准地价作为政府宏观调控土地需求的主要手段之一，它的评定对于规范城镇房地产市场，维护国家的正当收益，制定城镇发展政策具有重大现实意义。随着经济的快速发展，城市化进程的推进，土地的交易日益频繁，土地价格也在不断地上升，要保证基准地价的现势性，就必须不断地对基准地价进行更新评估。通常采用的基准地价评估方法由于计算过程复杂、数据量大，无形中就造成工作效率不高。由于人工神经网络具有高水平的非线性映射能力，容错能力强，预报结果准确性高，预报速度快等优点，因此，将人工神经网络方法引入到基准地价评估中来，目的在于借助人工智能技术探讨一种计算方法相对简单、实用性较强、精确度较高的基准地价评估方法。通过对永康市中心城区商业基准地价评估方法的个案研究，表明此方法经济、便捷，适应能力强。

为了使基准地价成果得到更广泛的应用，该研究利用WebGIS技术，建立基准地价信息库、图形库，实现上述数据在Internet上的共享，搭建了一个公共交流的平台，实现基准地价管理部门与公众的双向交流，一方面公众可以通过该平台获取地价信息，另一方面管理部门获取公众对基准地价应用的反馈信息，为基准地价的调整提供参考依据。

11. 基于WebGIS浙江省海岸带耕地等级评价（2005，王新；导师：周斌）

该研究使用指数和评价模型，选取了土壤、水利、地形、土地利用、灾害、区位等六项评价因子，对浙江省海岸带耕地等级进行了评价。在评价中使用了层次分析法和专家打分的方式将评价因子数量化。此法解决了运用计算机进行耕地等级评价方法中的因子量化处理问题，而且较好地反映了耕地资源评价中的模糊性与渐变性的特点，提高了评价结果的科学性与合理性。同时在评价工作的基础上，开发了基于WebGIS的浙江省海岸带耕地分等定级评价系统。研究取得的主要成果如下。

（1）基于WebGIS的浙江省海岸带耕地等级评价系统使用ArcIMS 4.0作为WebGIS平台，对其进行定制和一次开发，同时结合ASP和网络数据统计报表，将整个浙江省海岸带耕地分等定级评价系统完全设计在基于WebGIS平台基础上。该系统使用SQL Server 2000作为数据库管理系统，ArcSDE作为空间数据引擎，建设耕地评价系统空间数据库。系统使用Microsoft Reporting Services作为网络数据统计报表平台，在Microsoft Visual Studio .NET环境下开发浙江省海岸带耕地分等定级评价系统数据统计模块。系统实现了把所有的服务平台都建立在Web基础目标。

（2）基于Web的浙江省海岸带统计数据报表系统设计。系统以浙江省海岸带地区为研究对象，使用Microsoft SQL Server Reporting Services网络数据报表等技术设计了浙江省海岸带统计数据报表信息系统。该系统综合了浙江省海岸带地区的社会经济等统计数据，通过Web浏览器和数据订阅等多种方式为用户提供了浙江省海岸带地区的统计信息。该系统首次实现了在Web平台下建设浙江省海岸带统计数据报表系统。

（3）基于WebGIS的空间数据共享与交互式应用。本系统采用空间数据库、网络数据报表等技术，结合WebGIS平台，通过ASP网络编程，从空间数据的特性、系统解决方案、系统关键技术等多个层面出发，探索在WebGIS环境下空间数据的共享、交互式应用、数据动态反馈。同时以浙江省海岸带地区耕地为研究对象，开发了基于WebGIS的浙江省海岸带耕地分等定级评价系统，该系统使用ArcIMS作为WebGIS平台，以ArcSDE和SQL Server 2000作为空间数据库平台，同时结合使用了Microsoft Reporting Services网络数据报表软件，为Web用户提供了方便、有效的工具，使便捷的访问分布式空间数据库成立，实现空间数据的交互式应用。

12. 杭州市区湿地资源遥感调查与监测研究（2005，黄娟琴；导师：王珂）

该研究应用SPOT-5多光谱数据及TM/ETM遥感数据，采用遥感、GIS及GPS相结合的技术手段，对整个杭州市区的湿地资源动态变化进行分析研究，且对杭州市区的湿地资源进行了现状初步调查，并对SPOT-5影像应用于湿地遥感分类的方法及精度等问题开展研究。研究的主要结论归纳如下。

（1）1991—2003年，杭州市区湿地总面积呈现大量减少趋势，12年间共减少了8135.64 hm²，减少率为25.01％。其中芦苇沼泽、水田湿地减少的幅度非常大。

12年间芦苇沼泽减少了625.77 hm²，减少率为45.35％，减少区域为蒋村的西溪湿地，减少最快的阶段是1994—1999年，其原因是大部分芦苇沼泽被开发成城市建设用地，1999年后，由于重视湿地保护，芦苇沼泽湿地占用减少。

12年间水田湿地减少了8761.41 hm²，减少率为44.83％，主要减少区域位于三墩镇、转塘镇及袁浦镇一带，减少最快的阶段是1991—1994年，水田湿地面积大幅度减少的原因有两个：一是城市建设占用大量水田；二是由于农业结构调整，大量水田被开挖成了水产养殖池塘，水田面积大幅度下降。

但是湿地类型中的湖库水体与池塘面积却有大量增加，12年间共增加了1347.21 hm²，增长率为27.68％，主要增加的区域为下沙经济开发区、转塘镇及袁浦镇一带，增加最快的阶段是1999—2003年，主要原因是受农业结构调整影响，许多水田、旱地及菜地被开挖成水产养殖池塘，水产养殖池塘面积大量增加。

（2）由于SPOT-5影像空间分辨率较高，多光谱影像分辨率为10 m，全色影像分辨率为2.5 m，且价格适中，因此，对于较小或中等范围的研究区的湿地资源调查，SPOT-5数据是比较合适的卫星影像资料，其目视解译信息量大，精度较高。但研究表明，SPOT-5多光谱影像湿地计算机自动分类，无论是采用监督分类还是非监督分类，效果都不理想，其分类精度甚至低于TM影像，因为其光谱信息并不是很丰富。而且目视解译虽然精度较高，但比较费时费力，如果是大面积的湿地调查，工作量会比较大。因此，将计算机自动分类与目视解译相结合是比较好的湿地信息提取方法。该研究就应用SPOT-5数据，采用计算机自动分类与目视解译相结合的湿地信息提取方法，对杭州市区的湿地资源进行了现状调查，取得了较好的效果。

13. 基于遥感的水体悬浮物含量变化研究——以钱塘江流域浙江段为例（2006，姚伟；导师：吴嘉平）

遥感技术具有大面积同步观测、时效性、经济性、数据的综合性和可比性等特点，十分有助于研究流域土地利用变化和水质变化。该研究通过对1991年和2004年两期遥感影像的解译，分别获取了钱塘江流域内1991年和2004年土地利用现状图，结合1985年土地利用统计资料，分析了钱塘江流域内1985—2004年土地利用动态变化状况及驱动力；利用实测数据和遥感影像数据，研究了钱塘江流域水体悬浮物浓度与其光谱特征之间的关系，建立了适合钱塘江流域悬浮物浓度空间预测的遥感定量模型，并利用其对钱塘江流域水体悬浮物浓度进行了空间预测，分析了钱塘江流域水体悬浮物浓度的时空变化趋势；最后分析了钱塘江流域土地利用变化对该流域水体悬浮物浓度变化的影响。主要研究结果和认识如下。

（1）1985—2004年流域内各类土地利用类型面积的总量变化趋势明显，其中1991—2004年均面积总量变化幅度明显高于1985—1991年。以园地为例，1991—2004年均面积增长率为6.60%，而1985—1991年均面积增长率只有2.89%；而且1991—2004年不同土地利用类型相互间的转化也比较明显，约52.1%的园地面积转变为耕地、林地、居民点及工矿用地。

（2）人类参加的经济社会活动是流域内土地利用变化的根本原因。其中人口数量、种植业产值、林业产值和基本建设投资额对土地利用结构影响相对较大。1991—2004年，基本建设投资额从15.52亿元增长到573.54亿元，促使居民点和工矿用地面积从1991年的107385.39 hm^{2}增加到2004年的239598.58 hm^2。

（3）建立的钱塘江流域水体悬浮物TM 3/TM 1波段的遥感模型指标相关性较好，相关系数达0.7677。选择$y=1.7007x-1.7402$为钱塘江流域水体悬浮物遥感定量分析模型，预测全流域1978年、1991年和2004年水体悬浮物浓度。其预测的钱塘江流域内水体悬浮物浓度值与实际监测浓度拟合性较好。从各时期流域内水体悬浮物的浓度来看，钱塘江流域悬浮物浓度呈增加趋势。同级别的悬浮物浓度所占全流域比例变化比较明显，如悬浮浓度大于2137.5 mol/L的水域面积在1978年、1991年和2004年占全流域的比例分别为0.3%、0.5%和0.8%，变化较大。

（4）钱塘江流域水体悬浮物浓度的变化是与流域内土地不断变化的影响分不开的。其中林地、水域和居民点及工矿用地等土地利用类型的变化对流域水体悬浮物浓度影响比较大。

14. 利用Landsat TM数据进行地表比辐射率和地表温度的反演（2006，涂梨平；导师：周斌）

该研究对Landsat TM遥感数据进行地表比辐射率估计和地表温度反演的几种方法进行了实例比较。Landsat TM相对较高的空间分辨率，使其适合用来进行地表温度、微气候研究以及热空间分布的精确分析。但由于只有一个热红外通道（TM 6），无法同时反演地表温度和地表比辐射率，由此导致地表温度的反演精度不高。该研究以杭州市为试验区，先采用植被指数方法估计地表比辐射率，再将其带入不同的温度反演公式进行试验区陆面温度的反演；采用MODIS LST/LSE产品作为参考，对各种方法获得的地表比辐射率和陆面温度进行了定量评价。最后建立了一套TMLST与MODIS LST的校正方程，用以提高TMLST的反演精度。主要的研究结果如下。

（1）基于TM 3、TM 4的地表比辐射率估计。使用NDVI方法进行Landsat TM 6波段的地表比辐射率估计，事先采用了COST模型对TM 3、TM 4波段进行大气校正。通过与MODIS LSE产品进行比较，结果发现，利用NDVI方法所获得的地表比辐射率，其总体误差小于0.01，表明该方法适用于该研究。

（2）基于Landsat TM 6波段的陆面温度反演。选用了三种算法，即普适的单通道算法、单窗算法和绝对陆面温度算法来进行试验区的地表温度反演，并使用MODIS LST产品来定量比较三种算法的反演误差。研究中分别选取了三个均质区（包括林地、耕地和城市）进行验证。结果表明，Jimenez-Muñoz等人提出的单通道算法反演结果优于其他两种算法。

（3）利用MODISLST产品提高该研究的温度反演结果。由于MODIS LST的反演精度对于均质区可以达到0.5 K，因此该研究尝试通过MODIS LST产品来提高Jimenez-Muñoz等人的单通道算法的反演精度。再在建立各检验区TM LST与MODIS LST之间线性方程的基础上，推出一个总的线性校正方程。利用该方程对单通道算法反演结果进行订正。结果表明，订正后的林地区TM LST与MODIS LST之间的差异仅为0.6 K。

15. 杭州市城市化过程中的土地利用/覆盖变化监测及模型模拟研究（2006，张新刚；导师：周斌）

该研究的主要研究结论如下。

（1）土地利用/覆盖变化测量的方法研究。研究表明，由于不同区域的自然环境和土地利用/覆盖变化特点并不完全一样，因此没有哪一种方法最优并适合所有情况。在动态监测之前，对可能采用的方法都应该进行定量评估和比较，从而找出适合研究区特点的，经济适用的动态监测方法，以获取准确的土地利用/覆盖变化信息。该研究对分类后比较法、不同时相合成图像的主成分分析法和变化向量分析法进行了比较研究，发现相对于分类后比较法，主成分分析法和变化向量分析法对探测精度都有一定程度的提高。

（2）杭州市土地利用/覆盖变化的动态监测与研究。研究采用多时相Landsat TM数据对浙江省杭州市八城区从1994—2004年的土地利用/覆盖变化状况进行了遥感监测。监测结果表明：随着杭州市经济的快速发展和城市化水平的不断提高，杭州市在1994—2004年，土地利用/覆盖发生了很大的变化。杭州市的耕地变化情况存在区域和时间上的差异，但总体质量呈下降趋势；杭州市的城乡建设用地处于加速增长阶段，城乡建设用地的转入类型大部分来源于耕地；杭州市水域（包括滩涂）的变化时空差异较大。

（3）杭州市城市扩展过程分析与驱动机制研究。杭州市城市化过程以原杭州六区为中心大区，余杭和萧山为外围次级中心，有点状、线状和面状3种扩展形式；并且从地形、交通等内在适应性因素和人口、经济、社会等外在驱动因素出发研究了杭州市城市化过程的驱动机理，表明城市用地的扩展和城市格局的形成事实上是各种因素共同作用的结果。

（4）杭州市城市发展变化模拟的空间模型研究。我们主要考虑了7个对杭州市发展演变过程起作用的外部约束因素，包括5个内在适宜性限制因子（对铁路、高速公路、一级公路（省道和国道）、城市中心的耗费距离和坡度）和2个强制性约束因子（西湖和钱塘江），并从宏观的外部约束性因素和局部城市单元自身扩展能力变化共同作用影响城市发展演变的角度，建立了一个基于元胞自动机（cellular Automata，CA）的模拟城市发展过程的空间模型，对杭州市1994年至2004年的城市发展过程进行了模拟。模拟结果表明，基于CA的空间模型能在一定程度上反映城市发展变化的基本特征和规律。

（5）杭州市城市热岛效应的动态监测与研究。TM热红外图像是用卫星遥感方法研究城市热岛现象最常用的资料，可为城市热环境质量评价和热源调查提供准确、丰富的信息，具有较好的应用价值。该研究采用1994年6月29日、1999年10月1日和2004年7月26日的TM 6卫星资料并结合以往研究成果，对杭州市的城市热岛效应及三个时相杭州市热环境格局的变化进行了监测分析，结果表明杭州市城市下垫面的热岛空间分布与延展基本上与城镇用地的轮廓一致。

16. 面向对象的杭州西溪湿地遥感方法研究（2007，章仲楚；导师：王珂）

本项目以杭州西溪湿地为研究区，采用Quick Bird遥感影像，对湿地遥感信息的识别与提取分类方法进行了研究。研究的主要结论归纳如下。

（1）通过实地调查和影像目视判读，对西溪湿地各个地物类型在Quick Bird影像上的表征进行了定性分析。在光谱特性上，地物信息表现出一致性，建设用地与水体、植被的区分度比较大，尤其在近红外波段。各地物类型在光谱响应特征有区别，但是在不同的波段有不同的显著性。

（2）采用两级分割的方法，先将影像分成植被、水体、建设用地，然后对比较容易分割的植被用掩膜单独提取出来，用不同的分割尺度对植被进行分割。利用区域合并算法获取了西溪湿地地物类型斑块的分布，即生成对象。多尺度分割避免了不同地物类型之间的误分，对提高分类精度有很大的帮助。

（3）在分割形成对象后，对分类难度较大的植被对象，提取其均值、标准差、NDVI等特征，重新构建新的特征空间，然后在决策树里对特征空间进行优化，减小了运算量，提高了分类效率。

（4）把面向对象方法与基于知识规则的决策树分类方法相结合，可以提高湿地分类精度，较好地解决湿地信息的自动提取问题。多特征集从各个不同的角度表现了湿地特征，利用CART决策算法进行知识挖掘，提取分类的最佳特征子集并生成相应的知识规则，然后利用正向推理机制进行植被类型的划分。与传统的分类方法相比，分类精度明显提高。

17. 不同尺度田块信息遥感获取研究（2007，徐豪；导师：王珂）

该研究根据精准农业实施过程中对田间图形管理的需要，以及针对浙江等东南沿海经济发达区由于新农村建设和土地整理推进造成田块信息变化频繁的特点提出应用遥感技术快速调查和变更不同尺度田块信息的方法。在精度要求上，提出了村镇级以及田块级两大概念。对于村镇级田块信息的调查与变更，采用SPOTS遥感影像；而对于精细的田块级信息的调查与变更，则采用无人机遥感技术。主要研究结果如下。

（1）提出了以突出田块边缘界线为目的的SPOTS遥感影像处理方法，经高通滤波的全色波段SPOTS影像与以乘积法融合影像相结合进行目视解译。其点位空间匹配精度如下：65.68%的X方向点位误差、85.69%的Y方向点位误差，以及48.52%点位距离误差在8 m以下，点位X, Y方向上的中误差以及点位平面中误差分别为7.91 m, 6.08 m以及9.93 m；85%的样线方位角误差在2°以下，60的样线方位角误差在1°以下；40%的样线中心点距离误差在6 m以下；65%的样线长度误差在5 m以下，30%的样线长度误差在3 m以下，15%的样线长度误差在1 m以下；76.67%的样本面积吻合度达到85%以上；93.33%的样本相对面积精度达到85%以上。基本能满足村镇级的田块几何信息获取精度要求。

（2）研究了针对无人机遥感影像进行几何纠正的方法。在未对无人机遥感影像进行纠正之前，影像存在明显畸变，并且这一畸变随着与成像中心点的距离越远，呈现增大的趋势。经过三次多项式纠正后，点、线、面平均精度分别达到92.45%，94.13%和96.41%，能较好地满足乡镇级田块信息获取的精度要求。

18. 浙江钱塘江流域土地利用/覆盖自动分类研究及时空变化分析（2008，刘璞；导师：吴嘉平）

该项目获得的主要研究成果如下。

（1）基于光谱角制图（SAM）和多源信息的土地利用覆盖自动分类方法研究。研究将SAM与多源信息自动分类相结合，探求多源信息在TM图像自动分类中的作用，对引入的七个信息：海拔高程、坡度、坡向、归一化植被指数（NDVI）、归一化水体指数（NDWI），归一化建筑指数（NDBI）和归一化裸土指数（NDBaI）的作用，进行了分析。结果表明，坡度信息的辅助作用最为突出。复合坡度信息后的TM图像SAM分类比单独TM图像SAM分类总精度提高10％左右。以坡度作为辅助信息与TM图像进行融合，再利用SAM方法进行分类，简便高效，对研究地区的土地利用解译工作具有实际的应用价值。

（2）浙江钱塘江流域1991年、1997年、2004年土地利用/覆盖动态监测。结合分层分区分景的方法，根据研究区的地物特征和地形地貌，将研究区划为3层16区87个地貌分景区，运用SAM自动分类方法对浙江钱塘江流域1991年、1997年、2004年三期共87个地貌分景区进行土地利用/覆盖自动分类，并对分类结果进行了随机点精度评价和实测点精度评价。两次评价结果和三期影像的分类总精度均在80％左右，总Kappa系数均在0.70以上，分类质量较好。浙江钱塘江流域1991年、1997年、2004年土地利用/覆盖动态监测结果：林地基本保持不变；水田呈逐年下降趋势；建筑用地呈逐年上升趋势；旱园地在1991年和1997年面积保持不变，在2004年有明显下降；水域在1991年和1997年面积变化不大，在2004年明显上升。

（3）浙江钱塘江流域自1991—2004年土地利用覆盖时空变化分析。1991—2004年，浙江钱塘江流域的建筑用地变化速度最快，是浙江钱塘江流域土地利用/覆盖变化的"热点"地类；旱园地和水田变化频繁，是浙江钱塘江流域土地利用/覆盖变化的"敏感"地类。1991—2004年土地利用/覆盖程度不断加深，其中，1991—1997年是浙江钱塘江流域快速发展的时期。1991—2004年浙江钱塘江流域土地利用/覆盖结构均衡度在不断增加，优势度在不断下降，目前流域土地利用/覆盖结构正向着逐步均衡的方向发展。

19. 基于MODISNDVI时间序列数据的耕地信息提取研究（2008，王红说；导师：黄敬峰）

该研究利用BP神经网络和RBF神经网络对耕地面积进行提取，探讨了BP神经网络训练函数的选取和RBF神经网络Spread值的确定对神经网络性能的影响，对最终的提取结果进行了网格分析。研究表明二值输出的RBF神经网络的耕地提取效果要优于BP神经网络；而多值输出的BP神经网络的耕地提取效果要优于RBF神经网络。用MODIS提取耕地面积与用TM提取耕地面积的最高回归系数为0.920。

对NDVI时间序列数据进行离散傅立叶变换，在此基础上根据时间序列上最大值点来提取作物的季相一致性信息。研究表明耕地区的水稻季相存在良好的一致性，而小麦和油菜所对应的时间序列上最大值点的季相一致性没有水稻好。这主要是由于油菜花期的存在和研究区小麦和油菜生长周期不一致。

在离散傅立叶变换的基础上进行了耕地区的植被覆盖变化强度分析，表明人类活动和人为的种植季相变化等对耕地区的植被覆盖变化强度造成明显的影响。

20. 辅助纹理特征的ALOS影像土地利用覆盖分类（2010，陈霞；导师：吴嘉平）

该研究以覆盖浙江省安吉县的遥感影像ALOS（Advanced Land Observing Satellite）/AVNIR-2（Advanced Visible and Near Infrared Radiometer type 2）为数据源，使用灰度共生矩阵对影像的第一主成分提取纹理特征，利用C 5.0决策树算法，对复合了各纹理测度信息和光谱特征信息的多光谱遥感影像AVNIR-2进行分类，并把获得的结果与传统的最大似然法分类结果进行比较，分析各特征信息对分类精度的影响。研究的主要内容和结论归纳如下。

（1）根据研究区的地形和地物分布特征，使用DEM和坡度图，将研究区分为山地丘陵区和河谷平原区。在分区的基础上，对典型地类的光谱特征进行分析，并根据山区未利用地在第2、3波段独特的光谱特征，构建了新的指数B 23。再通过引入归一化差异水体指数（NDWI），结合改进的土壤调节植被指数（Modified Soil Adjusted Vegetation Index，MSAVI）和B23（NDWI复合到河谷平原区，B 23复合到山地丘陵区），并将它们复合到原始数据中进行分类，结果表明，与原始数据相比，利用最大似然法和决策树分类方法对复合数据的分类精度均有所提高。从引入的三个指数来讲，MSAVI的作用主要体现在对林地和水体区分上，指数B 23由于增大了未利用地与建筑用地的光谱区分度，提高了未利用地和建筑用地的分类精度，NDWI可以有效地提取水体类别。

（2）使用灰度共生矩阵提取了以下5个纹理特征：熵、方差、均值、对比度和相异性，并根据各典型地物纹理特征，构造了新的参数均值/对比度，用于提升地物的纹理区分度。将5个纹理特征值分别复合到AVNIR-2影像上进行分类，结果证明，除方差外的4个纹理特征均对分类精度有不同程度的提升，其中熵和相异性的提升作用比较明显。在进行最大似然法分类时，熵和相异性分别使总体精度提高了6.0%和8.2%；利用决策树分类时，熵和相异性分别使总体精度提高了7.7%和4.5%。均值/对比度对分类精度的提升作用略优于均值，说明对纹理特征值进行合理的组合是有一定的意义的。

（3）对于多光谱影像ALOS-AVNIR-2的整体分类精度，决策树分类技术要优于最大似然法分类。将熵复合到ALOS影像上后，决策树分类的总体精度为84.5%，而最大似然法分类的总体精度为77.3%；复合了MSAVI（NDWI、B 23）后决策树分类的总体精度比最大似然法分类分别提升了5.0%和6.4%。相对于最大似然法分类，决策树分类将多源辅助信息作为知识进行决策，有助于辅助信息更好地发挥作用。

21. 浙江省金衢盆地湿地动态变化分析和生态健康评价（2011，虞湘；导师：吴嘉平）

该项目主要研究成果如下。

（1）金衢盆地湿地面积动态变化规律。1997—2000年水田面积减速较快，而库塘与河流面积都有所增加。2000—2004年水田和库塘面积都有所增加。高程为0～50 m之间的水田面积从1997年至2000年增加，至2004年又略有减少；高程为50～100 m之间的水田面积逐年减少；其他高程范围内的水田面积都符合先减少后增加的规律。坡度等级为1的水田面积在逐年上升，其他坡度等级的水田面积符合1997年＞2004年＞2000年的规律。比较不同地力水平的水田面积变化规律可知，2等田面积变化规律为2000年＜1997年＜2004年，三等田面积变化规律为2000年＜2004年＜1997年，4等田面积变化规律为2004年＜1997年＜2000年，5等田面积变化规律为1997年＜2000年＜2004年，各不相同。比较不同土壤类型的水田面积变化规律可知，石灰（岩）土的年间变化规律是2000年＞2004年＞1997年，潮土的年间变化规律是2004年＞2000年＞1997年，水稻土、红壤、黄壤、粗骨土的年间变化都是1997年＞2004年＞2000年，紫色土的年间变化规律是2004年＞1997年＞2000年。

（2）湿地生态健康评价。构建了基于突变理论的PSR模型，结果表明，突变理论模型可以较为准确、客观、科学地反映出湿地的生态状况。评价结果显示，所有县（市）及全金衢盆地的总体评价结果在1997年的得分都明显高于2004年的得分。各个县（市）的排名在盆地内几乎稳定，如建德、磐安始终居于第一，而金华和龙游始终具有最好的湿地环境状态，而只有少数县（市）例外，其排名有较大变动，如衢州、永康、兰溪、义乌。从金衢盆地湿地得分年平均变化值图中可以看出，市的湿地环境状态下降速度普遍比县要高，东部的县（市）普遍比西部的县（市）要高，盆地中央三角洲地区到盆地两端山区的湿地质量下降速度呈现从慢变快又重新变慢的特征。工业基础较雄厚的除金华以外，普遍都较高。

（3）湿地动态变化的驱动力分析。首先，自然因素是土地利用变化的潜在动力源，地势和坡度为主要自然因素，决定了土地利用变化速率和强度的自然潜力。人口变化是区域土地利用变化的直接原因之一。其次，工业总量和农业总量与湿地变化的相关性较大。最后，政策也是湿地变化的重要驱动力。总体上来说，对于工业基础较强、特别是高污染企业较多的县（市），每年的工业总产值增加较快，尽管各有不同程度的环境保护项目和环保工作指标，湿地生态质量下降速度依然比较大；对于自然环境比较优越，但经济发展相对落后的县，在提出工业振兴和农业产业化政策之后，湿地生态质量也都有较大的降幅；对于经济发展较发达的地区，在其不再对经济有较多量的需求而更加关注对竞争力等质的提高，同时更加注重政府形象和居民生活时，其环境质量下降才会减缓。

22. 土地利用总体规划修编中基本农田空间布局调整优化的研究（2011，路雪；导师：沈掌泉）

该研究以浙江省富阳市为研究区，提出了调整优化基本农田空间布局的思路和方法，具体包括耕地入选基本农田综合评价和调整优化基本农田空间布局两个方面。

（1）耕地入选基本农田综合评价：首先对富阳市2005年现状耕地进行农用地分等定级，查清富阳市耕地的数量、质量及分布情况，并把农用地分等定级成果中的农用地利用等指数作为衡量耕地质量的重要依据；然后综合考虑基本农田不同于一般农田的内在肥力差异、区位条件优势和集中连片特点，选择农用地利用等指数、耕地坡度、耕地连片程度、水利基础设施水平（包含灌溉保证率和排水设施健全度两个因子）、耕地到交通主干线的距离、耕地到城镇的距离和耕地到农村居民点的距离七个指标，建立耕地入选基本农田综合评价指标体系；然后基于GIS的数据分析模块获取各个指标的具体数值，采用层次分析法和熵权系数法计算各评价指标的权重，将计算得到的两个权重的综合权重作为评价指标的最终权重；最后采用逼近于理想点法对耕地入选基本农田进行综合评价，得到耕地入选基本农田的优先程度。

（2）调整优化基本农田空间布局：以富阳市上一轮规划的基本农田保护区（1997—2010年）的布局为基础，从调出基本农田和调入基本农田两个方面对基本农田的空间布局进行调整优化。首先综合考虑生态环境安全控制区、坡度、重点建设项目、新增建设用地、城乡建设用地扩展范围、农用地利用等别和耕地入选基本农田优先度七个方面，确定上一轮基本农田中需要调出的基本农田；然后根据基本农田调入调出数量、质量双重平衡或农业综合生产能力不降低的要求，从分布在上一轮基本农田布局之外的富阳市2005年现状耕地中，选择农用地利用等别高、入选基本农田优先度大的耕地划定为基本农田，从而确定需要调入的基本农田；最后根据调出基本农田和调入基本农田的数量、质量和位置，确定出调整优化后的基本农田布局。

该研究对富阳市基本农田空间布局进行了调整优化，将调整优化后的基本农田布局与上一轮规划、新一轮规划确定的基本农田（2006—2020年）布局进行对比分析，得出调整优化后基本农田布局较上一轮规划、新一轮规划中确定的基本农田布局更加科学合理，说明该研究的方法可行，为土地利用总体规划中科学调整基本农田空间布局提供了可行的方法和技术。

23. 基于World View-2影响的分类及建筑物提取研究（2011，付志鹏；导师：沈掌泉）

该研究在对国内外遥感影像建筑物提取方法研究的进展进行分析总结的前提下，在对World View-2影像的光谱特征深入分析比较的基础上，应用非监督分类、最大似然分类法、决策树分类法对富阳市渔山乡的World View-2遥感影像进行了分类及建筑物提取的研究。

该研究分五点进行总结。（1）主要阐述该研究的背景，相关领域国内外研究的现状，同时介绍论文的结构及组织情况，并提出研究的基本思路和技术路线；（2）概括性地对研究区域的自然环境和社会经济进行介绍，同时对影像数据进行预处理：主要包括辐射校正、几何精校正、影像融合；（3）在对World View-2影像的波段组合进行研究的基础上，提出最佳的波段组合方式；随后分别对影像的原始光谱特征、不同波段间的比值处理及主成分分析后，分析比较不同类型地物的分类特征；（4）在对World View-2影像的分类特征分析研究的基础上，分别应用非监督分类、监督分类（最大似然法）及决策树分类技术对影像进行分类提取建筑物，最后对三种分类结果进行精度评价；（5）主要总结了该研究的主要研究内容、研究成果及获得的主要结论，针对研究过程中存在的一些问题，深入讨论并对进一步研究提出一些思路。

24. 村镇土地空间优化配置——以浙江省富阳市高桥镇为例（2011，吴静；导师：许红卫）

该项目研究村镇土地利用空间优化配置及其应用，选取浙江省富阳市高桥镇为研究区域，利用国家"十一五"科技支撑项目（2006BAJ05A02）课题组开发的村镇土地分析、评价、预警、调控和空间优化决策系统进一步优化完善新一轮高桥镇土地利用总体规划（2006—2020年），为县、乡镇国土部门进行村镇土地持续利用管理提供技术手段，为编制村镇土地利用规划提供技术支持。研究的主要内容和结果如下。

（1）耕地质量综合评价。从耕作适宜性的角度对研究区整体的耕地质量进行综合评价，利用土壤质量指数、土壤综合污染指数、高桥镇样点数据的插值结果等数据，结合基于"压力-状态-响应"模型，确定研究区的耕地风险评价指标，对研究区的耕地质量风险指数进行分析与评价。结果表明，耕地风险指数较高，耕地被转化为建设用地的概率较高。因此，在土地利用上，应鼓励研究区内其他用地转为农业生产以及直接为农业生产服务的用地，尽量控制农田转变用途。

（2）基本农田的空间布局优化。以高桥镇耕地质量和质量风险为基础，为基本农田的合理布局提供定量化的依据，同时将研究区现有基本农田与耕地质量评价结果进行叠置分析，评价其分布的合理程度，并进行优化布局方案研究。

（3）农村居民点现状与布局优化。根据高桥镇历年土地利用现状数据，应用分维模型，对农村居民点用地进行优化整合和撤并，包括复垦区和建新区，为当地农村土地综合整治规划的制订提供依据。

（4）利用研究区数据和高桥镇新一轮土地利用总体规划结果，将其运用于村镇土地分析、评价、预警、调控和空间优化决策子系统中，完善新一轮规划结果，达到空间配置的最优化。

25. 村庄用地综合适宜度评价及其应用——以龙翔街道为例（2011，杨超；导师：许红卫）

该研究以桐乡市龙翔街道金牛村、正福村、杨元村、单桥村和龙泾村为例，基于遥感和GIS技术，以2008年桐乡市第二次全国土地调查数据等资料为基础，结合人口和社会经济资料，采用指标法对研究区域村庄用地的综合适宜度进行评价。经过调查，选取人均占地、户均占地、自然村规模、居民点破碎度、与镇区距离、交通通达性、水源状况、村民人均收入、房屋成新率和公众可接受程度这十个能反映村庄用地综合适宜度的指标来表征评价对象的状态和趋势。通过德尔菲法和排列成比较技术法相互校正的手段，赋予各指标相应的分值和权重系数。其中，由于指标法易受评价者（专家）的主观影响，导致不同评价者对同一对象的评价结果不尽一致，针对这个问题，研究采用次分析法对评价因子进行分析和综合评价，并对其权重分配进行一致性检验，采用该定量方法，使得计算较为客观地接近分析要求。

通过单因子的评价和多因素的综合叠加得到村用地综合适宜度的评价分值，依据多因子综合评价得到的分值采用聚类法划分为五个不同的利用等级，配合单因子评价，为现状自然村的整治规划提供参考。根据评价结果，拟出桐乡市龙翔街道两种可行的村庄整治规划方案。方案A：将研究区域内评价结果为"很适宜"的自然村作为中心村，在原基础上进行扩建。将评价结果为"较适宜""一般适宜"的自然村作为基层村，适当吸引周边零星分散居民点进行归并，形成配套完善的农民新村。将评价结果为"较不适宜"和"很不适宜"的自然村作为撤并村，逐步搬迁；方案B：将每个行政村中评价得分最高的一个或若干个自然村作为中心村，其余作为撤并村。作者对桐乡市龙翔街道五个行政村进行村庄用地综合适宜度评价，期望通过该研究建立具有可操作性和有针对性的村庄用地综合适宜度评价方法，作为农村土地综合整治决策和实践的前提。

26. 基于WorldView-2影像的面向对象信息提取技术研究（2012，陆超；导师：沈掌泉）

该研究以富阳市渔山乡为研究区，采用WorldView-2遥感影像对其中的地物信息进行识别和提取。WorldView-2是DigitalGlobe公司于2009年10月发射成功的新一代高分辨率8波段商用卫星。该卫星能够提供0.5 m全色图像和1.8 m分辨率的多光谱图像。而且，它除了拥有较高的分辨率和丰富的空间信息外，其丰富的光谱波段与光谱信息将更加有利于信息的提取和遥感制图能力。在文中，对WorldView-2影像的融合进行了一些研究。从主观定性和客观定量两个方面对四种融合方法的结果进行了质量评价，发现Gram-Schmidt变换法能够更好地保持影像的光谱信息特征并增强影像的纹理和细节信息。该研究对影像融合做出的分析评价，为WorldView-2影像的融合提供了参考。通过影像的多尺度分割试验，取得了适合研究区各地物的分割参数：当分割尺度为175时，提取水体较为理想；当分割尺度为130时，提取林地、耕地、植被阴影、道路、厂房、裸地等最好；当分割尺度为55时，提取农居点和建筑物阴影比较理想。这样，通过多分辨率分割，各类地物能够在不同尺度上进行提取，进而建立起合适的分类等级体系。通过对影像光谱、形状和纹理信息以及对象间关系的统计分析，选取各地物最佳的特征组合，以此构建合理的分类规则，运用最近邻法和成员函数法相结合的方法对研究区地物信息进行提取，并获得最终的分类结果。研究结果表明，面向对象信息提取方法的总体精度达到88.29%，比最大似然法提高12.58%，Kappa系数由0.7167提高到0.8633。特别是林地、裸地和建筑物的分类精度均有较大幅度的提高。因此，与传统的基于像元方法的分类方法相比较，面向对象的分类方法更适合于高分辨率遥感影像的信息提取。

27. 基于GIS的低丘缓坡资源综合开发利用评价研究——以浙江省瑞安市为例（2013，赵展翔；导师：许红卫）

该研究以浙江省瑞安市为例，提出瑞安低丘缓坡综合开发利用方案，为瑞安市科学利用低丘缓坡资源提供依据。本项目主要研究结果如下。

（1）评价研究成果。瑞安市低丘缓坡土地总面积为22566.29 hm^2，其中可开发低丘缓坡资源为8545.30 hm^2。根据低丘缓坡资源农用地适宜性评价结果，宜耕地为804.49 hm^2，宜耕宜园地为1277.32 hm^2，宜园宜林地为4196.01 hm^2，宜林地为2267.48 hm^2。根据低丘缓坡资源建设用地适宜性结果，适宜建设用地开发的面积为1579.66 hm^2，其中最适宜的为543.62 hm^2，比较适宜的为1036.04 hm^2；不适宜建设用地开发的面积为6965.64 hm^2。到2020年，建议开发耕地面积2081.81 hm^2，其中近期开发的为804.49 hm^2，中远期开发的为1277.32 hm^2。建议开发建设用地面积为1579.66 hm^2，其中近期开发的为543.62 hm^2，远期开发的为1036.04 hm^2。耕地垦造开发重点区块共46个，总面积为688.09 hm^2，建设用地开发重点区块共7个，总面积为481.68 hm^2。该研究方案可有效指导瑞安市未来几年的低丘缓坡综合开发利用。

（2）评价研究方法。该研究利用GIS技术和各项资料提取低丘缓坡资源的范围，分析各地块的坡度、高程、土地利用现状、土壤类型、区位、植被覆盖度等属性，并建立数据库，选取低丘缓坡适宜性相关的各项因子建立评价模型，根据评价结果提出开发利用方案。该研究实现了在县域范围内的低丘缓坡评价研究，具有宏观、快速的特点，经实地踏勘验证后，研究结果基本可行，具有可操作性，因此该研究方法可为市域或者省域的低丘缓坡资源调查评价提供借鉴。

28. 基于1∶1万地形图的数字流域划分研究——以浙江省安吉县为例（2013，王俊啟；导师：吴嘉平）

河网水系及流域边界是进行流域相关研究的重要基础数据，通常是在已有的地形图件上手工勾绘确定，工作量大，也带有一定的人为主观性。随着地理信息系统技术的发展，由数字高程模型（Digital Elevation Model，DEM）自动提取水系及流域特征成为方便而迅速的一种方法。该研究以浙江省安吉县为例，利用1∶1万地形图数据生成DEM，并以ArcHydro软件为平台，对自动提取流域水系及小流域边界技术进行了研究，主要内容及结果如下。

（1）基于地形图的数字高程模型的建立。利用1∶1万地形图中高程点和等高线，采用逐点内插构建不规则三角网（Triangulated Irregular Network，TIN），根据研究需要，分别生成了10 m、20 m、30 m、40 m、60 m和90 m格网的DEM，并对各DEM的相关地形特征进行统计分析。通过对不同格网DEM坡度面积分析发现，随着DEM分辨率的降低，地形特征概括作用趋于明显，陡缓坡度地区的分辨能力不断地减小，中等坡度地区面积增加，影响水系和流域边界的提取。

（2）基于DEM的数字水系提取。在提取水系过程中，提取的水系能否与流域实际水系情况相吻合，取决于DEM能否反映流域地形的实际情况及集水面积阈值的大小。以10 m分辨率DEM为基础，分析了不同集水面积阈值对水系提取的影响，并对不同分辨率DEM所提取的水系进行了比较和验证。结果发现，集水面积为0.332 km² 时，所提取的河网与实际河网最为匹配。

（3）基于DEM的数字流域边界提取。在水系提取的基础上，对各DEM所提取的流域边界精度进行了验证和分析，发现流域边界提取精度与DEM分辨率密切相关，其中10 m和20 m格网DEM误差较小，平均误差小于3%，符合小流域划分成果质量检查要求；30 m以上分辨率的DEM误差超过3%；山区流域边界与实际流域界线基本吻合，平坦地区和流域出口的流域边界需要人工修正。考虑到计算机运行速度以及安吉县境内流域实际情况，提取流域边界时，阈值设为3 km² 较为合理。

29. Google Earth影像的自动配准研究（2013，朱洁刚；导师：沈掌泉）

近年来，随着遥感、计算机和传感器等技术的不断发展，遥感影像资源越来越丰富，如何快速有效地进行高精度影像配准，以便更好地完成影像融合、信息提取与定位、变化检测、图件更新以及高分辨率影像的重建等后续工作，已经成为当前遥感应用迫切需要解决的问题。传统的影像配准方法是通过人工的方式，根据明显的地物点，来确定地面控制点（GCP），速度慢、效率低、劳动强度大，加之人眼的视觉分辨率是有限的，对于不可能达到的子像元级别的匹配点更是难于选择的，特别是对于大数据量的影像配准，要达到影像配准的精度要求往往需要花费较多的人力物力。因此，遥感图像自动配准技术应运而生，近年来发展非常迅速，逐渐成为一种成熟、适用性强、应用面广的影像预处理技术。由于Google Earth遥感影像具有精度高、时效性强、真实性高、免费获取的特点，它为日常的应用提供了可能。该研究以Google Earth遥感影像为基础，利用DOM影像（数字正射影像）作为参考，根据不同的地形地貌特征，分别选择了四个实验区：平原区、丘陵区a、丘陵区b和山地区；在Erdas中分别对上述四个试验区的Google Earth影像数据进行配准实验。同时，对于丘陵和山地的实验区，还应用不同DEM数据源进行正射纠正实验。通过检验点定位精度分析，发现平原区和丘陵区的RMSE皆小于2.5 m，而山地区的精度要差一些。对于山地区和丘陵区进行正射纠正的精度，从检验点的RMSE来看，正射纠正的精度都好于仅进行多项式纠正的精度，而且应用1∶5万DEM进行正射纠正的精度最好，应用SRTM DEM的精度最差，Aster DEM的精度在两者之间。因此，应用Erdas自动配准技术对Google Earth影像进行纠正，无论在平原、丘陵还是山地区，基本可以达到1∶1万DOM的生产要求。在山地区和丘陵区，应该采用正射纠正，在能获得1∶5万DEM数据时，应该采用1∶5万DEM数据进行正射纠正，在缺少1∶5万DEM数据时，也可以应用Aster DEM数据来代替，但纠正精度会有降低。

30. 基于GIS的临安市低丘缓坡资源调查与评价研究（2014，杨宁；导师：王珂）

我国近十几年一直处于工业化、城镇化快速发展阶段，建设用地需求不断增加，土地供需矛盾日益突出。政府为优化配置土地资源、缓解用地供需矛盾、实现耕地占补平衡，决定开展低丘缓坡荒滩等未利用地开发利用，并以云南、贵州和浙江为试点省份。由于前期缺乏低丘缓坡开发利用的理论研究和实践经验，一些项目在开发过程中较大规模改变了所在地的地形地貌，导致水土流失、生态环境被破坏，得不偿失。因此，我们必须放弃"以牺牲生态环境换短暂经济效益"的做法，亟须探索出一条经济社会与生态环境长期和谐发展的低丘缓坡开发利用的新道路。该研究利用GIS技术完成了临安市低丘缓坡资源的基础调查工作，并从中提取了可供开发利用的部分。同时，围绕"生态、产业、居住"三方面，对可供开发利用的低丘缓坡资源进行了建设用地开发适宜性评价，并根据临安市生态城市建设发展战略、市域总体规划等，将临安市划分为东部、中部、西部三个功能区，确定了8个建设用地重点区块，提出了一套具有临安特色的集"养生度假休闲、科技创新、生态居住"复合功能于一体的低丘缓坡开发利用方案，为其他区（市）的建设发展和低丘缓坡资源开发利用提供参考和借鉴。

31. 基于多指标体系的临安市土地资源承载力综合评价研究（2014，卢必慧；导师：许红卫）

土地资源是人类赖以生存的自然资源和物质基础，同时也是区域社会经济建设和发展最基本的需求保障。但是，土地资源的承载能力在一定的空间和时间范围内是有限的。近年来，随着临安市城市化和工业化进程的加速，人口日益增多，建设用地需求量剧增，有限的土地供给和无限的建设用地需求之间的矛盾十分突出。再加上城市扩张过程中交通、能源、水利、环保等基础设施用地需求量加大，建设需求呈现快速增长趋势，造成区域范围内人地矛盾日益加剧。因此，从土地资源的可持续利用角度出发，评价目前临安市土地资源承载力状况十分必要。该研究在总结国内外相关理论和方法的基础上，结合临安市自身的区域特点，构建临安市土地资源承载力评价的指标体系。该体系结构是从生态环境承载、社会承载、经济承载三个支撑子系统出发，选取了22个评价指标，运用极差变换法、均方差决策法和变异系数法以及综合计算法对临安市2005—2012年土地资源承载力的动态变化情况进行了评价研究。研究结果如下。

（1）从综合承载力上来看，临安市土地资源承载力在2005—2012年有很大提高，总体趋势上虽然呈曲折上升，但增长速度较快，综合承载力不断提高。生态环境、社会和经济三个子系统的承载能力也有较大程度的提高，其中生态环境承载力的不断提升对于提高临安市土地综合承载力的贡献最大。

（2）从系统内部来看，各支撑子系统间协调程度不一。其中生态环境承载能力增长较快，增长幅度最大，超过社会承载和经济承载，与生态环境承载相适应的社会和经济的承载水平有待进一步提高。

（3）土地综合承载力的高低主要取决于两大因素：一是各承载子系统的自身状况；二是各子系统之间的协调程度。最后根据以上结论，该研究从加强生态环境保护、加快经济发展和政策引导等方面提出了提高临安市土地综合承载力的建议。

32. 城市增长边界划定研究——以杭州市富阳区为例（2015，庞玉娇；导师：许红卫）

随着城市化进程的推进，城市空间的急剧扩张，建设用地日益扩张给中国耕地和生态环境保护带来了巨大压力，同时建设用地无序扩张还造成了松散的城市结构，城市土地利用效率低下。在这样的形势下，2013年12月中央城镇化工作会议和新出台的《国家新型城镇化规划》提出了"城市规划要由扩张性规划逐步转向限定城市边界"。城市规划和土地规划虽然在节约用地、保护耕地的本质内涵是一致的，但是划定的城市管制边界不统一，影响城市边界的管理和落实，亟须划定统一的城市增长边界，以实现"两规衔接"。因此，在这样的形势政策背景下，研究如何划定城市增长边界（Urban Growth Boundary，UGB）显得十分必要。近年来，杭州市富阳区城市扩展迅速，人地关系矛盾突出，而且目前正进行土地利用规划调整完善工作，因此，该研究选择了杭州市富阳区作为研究对象对城市增长边界划定进行了研究。

该研究在归纳总结了国内外城市增长边界研究进展基础上，提出采用定量定性结合的方法划定城市刚性增长边界和弹性增长边界。其中，刚性增长边界为城市生态安全底线，弹性边界为一定时期内城市建设用地与非建设用地的界限。首先，利用遥感影像数据分析了富阳区城市增长演变过程及其驱动因子，为预测城市建设用地拓展方向、合理评价建设用地适宜性、划定城市增长边界提供依据。其次，采用"反规划"

的思路划定刚性UGB。从限制因素出发，利用GIS的空间叠加功能明确不适宜建设区，其边界结合高分辨率影像经过调整后就划定了富阳刚性增长边界。再次，利用层次分析法、德尔菲法、GIS的空间叠加分析功能综合评价建设用地适宜性，运用多元线性回归模型、灰色系统预测等数学方法预测了2020年建设用地规模，合理确定城镇建设用地规模，又采用了定性分析方法，分析政策因素对城市建设影响，预测城市建设用地拓展方向。最后，综合定量定性分析结果划定了2020年弹性增长边界。该研究从边界划定和边界实施管理等方面提出了建议，分析了不足之处并对边界划定进行了展望。

33. 建设用地节约集约利用评价及集约利用潜力分析研究——以温州市为例（2015，孙辉；导师：许红卫）

土地是人类生存和经济发展的自然资源和物质基础，但是土地资源的有限供应与社会经济发展需求之间的矛盾日益突出。建设用地作为三大用地之一，是社会经济发展的主要载体。因此，在耕地保有量逼近耕地红线、新增建设用地严重不足的背景下，提升建设用地节约集约利用水平无疑成为缓解我国土地供需矛盾，保持经济持续发展的最迫切最直接的选择。

该研究在总结国内外理论和实践研究的基础上，设计了建设用地节约集约利用综合评价的指标框架。在此基础上，结合温州市自身的区域特性和建设用地概况，构建符合温州市的综合评价指标体系，对其进行定性分析，然后进行定量评价。定性分析主要是从人口和经济发展与城乡建设用地和建设用地变化的匹配程度两个方面进行分析，结果表明温州节约集约水平居于全省较高水平，而温州市内各县（市、区）节约集约水平则呈现由城区及其周边、沿海区域向内陆山区逐渐降低的趋势。定量评价运用主成分分析法对选取的指标进行综合评价，表明温州市节约集约用地水平逐年增高，但其中增长耕地指数呈现下降趋势，尤其是经济增长消耗新增建设用地量比较大，经济发展仍依赖于土地规模的过度开发利用，土地利用效率不高。因此，降低经济发展对土地消耗的依赖程度，提高用地效率，是现阶段提升建设用地节约集约利用水平的当务之急。

在综合评价结果的基础上，结合温州现行的土地利用相关政策和措施，从低效用地、未建设存量用地和地下空间开发三个角度，对集约利用潜力进行了综合分析，得到其综合潜力为32309.68 hm²。最后，以潜力来源为切入点，提出城镇低效用地再开发、农村居民点的建设与集聚、产业用地的改造升级和地下空间开发利用四个方面的提升途径。

34. 温州市中心城区扩展边界研究（2015，羊槐；导师：王珂）

随着经济的快速发展及城市化进程的不断加快，温州城市规模不断扩大，土地利用的矛盾与问题日益突出，严重制约了城市的可持续发展。同时，温州市海洋经济的发展对城市布局提出了新要求。因此，该研究从保护耕地，节约集约利用土地，控制城市规模，优化城市布局的角度出发，对温州市中心城区扩展边界进行研究，主要得出了以下结论。

（1）基于遥感影像数据和统计数据对温州市中心城区城市扩展规律进行分析，得出温州市城市扩展较快，城市增长速快于人口增加，近年来城市扩展趋势有所减缓。城市扩展方式以沿水系的带状扩张为主，内部填充为辅。在地形、经济、规划等诸多因素的影响下城市形态由以鹿城区为中心逐渐演变成沿瓯江、沿海域分布的带状结构。

（2）利用边际土地利用模型和扩展边界对未来城市扩展情况进行预测。最终，确定温州市中心城区未来城市规模为336 km^2。该规模小于现有规划确定的城市规模，对城市规模进行更严格的控制，能有效地防止城市无序蔓延。

（3）根据扩展边界划定成果，结合建成区形态与城市规划，得出未来城市扩展建新区主要集中在龙湾区的沿海区域和瓯海区的平原区域，这能够合理引导温州市城市发展。

35. 桐乡市城市扩展边界划定研究（2015，叶领宾；导师：沈掌泉）

该研究以桐乡市为研究对象，从区域研究背景出发，阐述了划定城市扩展边界的目的和意义，并结合水网平原城市特色，分析了桐乡市土地利用现状和特点；以遥感与GIS技术为基础，分析了桐乡市城市空间演变过程和主要驱动因素；选用定性与定量互相结合的方法，进行土地适宜性评价。将新城市主义和精明增长作为发展目标，根据评价成果和生态优先保护的理念，以不适宜建设区为依据划定刚性扩展边界；同时结合"多规融合"的结果，结合城市未来发展用地需求，划定弹性扩展边界。

研究结果表明：

（1）城市扩展边界的划定应综合考虑生态、经济、政策等多种要素，可以采用定性与定量相结合的方法。

（2）水网平原区限制建设的因素少，规划因素占主导地位，划定扩展边界时需重视与市域总体规划等规划的衔接和融合，使其更有可操作性。

（3）城市扩展边界能有效地管理城市空间扩展，解决边缘化发展问题，为建立健康的景观安全格局和生态环境保护提供有力的支持。

36. 生态保护红线划定及土地利用分区（布局）研究——以浙江省临安市为例（2015，谢杨波；导师：沈掌泉）

该研究以我国经济发达的长三角地区一个典型的山区城市——浙江省临安市为例，尝试以县域尺度为研究对象，以遥感和地理信息技术为主要研究手段，结合生态环境功能区划的相关方法，通过对研究区生态敏感性和生态系统服务功能重要性进行综合评价，提出对县域尺度生态保护红线划定的可行办法，并在临安市划定生态保护红线的基础上对区域土地利用分区（布局）进行研究。主要内容和结论如下。

（1）在对临安市土地利用和生态环境现状评价的基础上，运用多因子综合评价法从生态环境敏感性和生态系统服务功能重要性两方面对生态环境进行评价，以此为基础划定生态保护红线。生态保护红线范围总面积71731.99 hm²，占全市总面积的23%。

（2）基于生态保护红线划定结果，结合土地利用分区的相关理论和方法，探讨了基于生态保护红线的土地利用分区划分方法和原则，结合土地利用总体规划调整完善进行土地利用分区，包括土地用途分区和土地利用管制分区。土地利用管制分区中将生态保护红线范围内区域全部纳入禁止建设区，禁止建设区面积占全市总面积的25.11%。

37. 宁波市土地利用覆被时空变化分析和预测研究（2015，蒋狄微；导师：吴嘉平）

该研究以宁波市下辖的6个区（海曙区、江东区、江北区、北仑区、镇海区和鄞州区）为研究区。获得的主要结论如下。

（1）1991—2013年，宁波市的土地利用发生了巨大的变化，主要表现为建设用地和耕地的变化：建设用地增加了5.4倍，耕地减少了35.17%，林地和水域分别减少了3.76%和21.82%。

（2）通过Kappa系数精度评价说明了模拟结果具有较高的可靠性，可以比较真实地反映宁波市未来的土地利用变化趋势。

（3）预测结果显示，建设用地的面积变化剧烈，增速继续加快，年增长率高达10.03%，总面积增加27918.42 hm²；耕地大量被建设用地占用，面积继续减少，共减少10926.90 hm²，减少的面积占2013年耕地面积的17.62%；处于主导地位的林地首次出现了较大幅度的减少，且其减少的面积大于耕地减少的面积，达到15902.36 hm²；水域减少的面积占2013年水域面积的比例较高，达到15.98%，需要引起重视。

（4）对比各时期的年变化幅度，从预测结果看2013—2018年的年变化幅度将高于以往1991—2013年的任何时期，说明了宁波市的城市扩张仍在加速，并带来土地利用的巨大变化。

（5）2013—2018年，宁波市各区的建设用地扩张情况差异明显。鄞州区和北仑区由于近年的快速经济发展致使建设用地的变化幅度巨大，位列前两位，分别增加12668.95 hm²和9088.09 hm²；镇海区和江北区的建设用地变化幅度较大，每年的增幅都超过了500 hm²；此外，江东区和海曙区属于宁波市的老城区，区域内的建设用地变化相对较小，期间仅分别增加了303.55 hm²和255.19 hm²。

对宁波市土地利用变化的预测有利于对该区域的土地利用状况有更深入的了解，同时可以为宁波市未来的土地利用开发提供参考，提高土地利用率。

38. 海岛型城市土地利用结构和生态系统服务功能演化遥感监测和评价——以舟山为例（2015，林溢；导师：邓劲松）

研究主要结论如下。

（1）由于围海造地带来的陆地扩张，舟山市研究区域监测面积（岛内陆域和外岛围垦区域）从2000年的1271.82 km^2增至1376.23 km^2。47.58%的围垦区域用于城镇建设，23.67%变成水体用于水产养殖。

（2）研究区域内土地利用类型主要以森林为主，其次为农田和城镇。十年间，森林和农田面积减少，城镇面积大幅增加，农田和森林向城镇转移的面积分别占各自转出面积的80.27%和50.58%。

（3）舟山市产品供给功能最为突出，其次是土壤保持功能、碳固定功能和生物多样性维持功能，水文调节功能最弱。十年间产品供给功能提升显著；土壤保持功能和碳固定功能都有所增强；水文调节功能基本保持稳定；生物多样性维持功能略有下降。

（4）碳固定功能、水文调节功能和土壤保持功能呈显著正相关，协同作用明显。生态系统多样性维持功能与以上三个服务功能呈现负相关，主要与岛屿的自身属性以及与土地利用类型以"森林—农田—城镇"做辐射分布有关。

（5）农田和森林面积对生态系统服务功能面积影响较大，特别是森林面积。碳固定功能、水文调节功能和土壤保持功能均与森林和农田面积呈现显著正相关。

39. 甘蔗种植区域空间识别提取与面积遥感估算研究（2016，周振；导师：梁建设，黄敬峰）

该研究选择我国南方广西、云南、海南和广东湛江市为研究区，得出以下结果。

（1）收集、整理了一套用于中国南方甘蔗种植空间信息识别的完整数据集：HJ-1 CCD数据、Landsat 8 OLI数据以及SRTM DEM遥感数据；甘蔗种植区样本数据（GPS数据）以及甘蔗生育期等相关辅助数据。

（2）通过基于面向对象和Ada Boost数据挖掘算法相结合的方法对典型研究区内的甘蔗种植区域进行空间识别和种植面积遥感估算，并利用混淆矩阵对分类结果进行了精度验证，总体分类精度达到93.60%，Kappa系数为0.85；通过对遥感估算面积结果与当年统计部门数据进行比较发现，遥感估算精度达97.68%，证明该方法适用于甘蔗遥感识别。

（3）通过基于植被指数阈值决策树的分类方法对广西、云南、海南、广东湛江地区的甘蔗种植区域进行了空间种植信息识别和种植面积遥感估算，结合农业部门统计数据对遥感估算结果进行了精度评价，总体精度达到90.09%。

40. 基于适宜性评价的土地承载力研究——以宁波市为例（2016，蔡东燕；导师：沈掌泉）

土地是人类赖以生存和发展的基础，土地资源是人类最宝贵的资源。长期以来，人类虽然在社会经济发展方面取得了较大的成就，但随之也带来了很多负面的影响，使得土地资源面临严峻的形势与挑战。近年来，宁波市城市化和工业化发展迅速，尤其是海洋经济的发展，建设用地的需求快速增长，有限的土地供给和无限的建设用地需求之间的矛盾日益突出。因此，从土地资源可持续发展的角度出发，对宁波市土地资源承载力的研究十分必要。

该研究以宁波市为研究区，以土地资源的承载力为研究对象进行分析。第一，对国内外的研究进展进行综述，提出相关的理论基础，同时从区域研究背景出发，阐述了对宁波市土地资源承载力研究的目的和意义。第二，结合宁波市的资源特点，分析了宁波市的土地利用现状的变化情况和特点；采用定性和定量相结合的方法，对土地开发的适宜性进行评价，并从生态保护的角度出发运用限制性因素对评价结果进行修正。第三，以适宜性评价结果为基础，将宁波市划分为四个基本功能区，并对宁波市近期和远期的开发强度和承载力进行预测、分析，并提出宁波市未来土地合理利用的建议。

研究结果表明，（1）宁波市2013年的土地开发强度为18.7%，以规划目标和预测数据为依据预计近期（2020年）的开发强度为21.4%、远期（2030年）为23.6%，而宁波市适宜的开发强度不超过28.6%，表明宁波市土地资源承载力处于可持续的状态；（2）各区域之间承载力差异明显，并有各自的特色与优势，同时各区域未来的开发潜力也不相同，其开发重点和土地利用方向也不相同；（3）上级下达给宁波市的土地利用总体规划指标无法满足宁波市社会经济发展的需求，需进一步挖掘土地节约集约利用的模式和潜力，并优化宁波市发展的土地利用结构。

41. 杭州湾滩涂围垦及利用动态遥感监测研究（2016，花一明；导师：王珂）

该研究选择浙江省杭州湾海涂围垦区，研究结果归纳为以下几点。

（1）通过对杭州湾围垦扩展动态变化进行分析，结果表明，从20世纪70年代到2014年，杭州湾地区的围垦总规模为851.03 km²，速度总体呈现先减小后上升的趋势。从空间总体分布上看，海岸线变化主要发生在杭州湾的南岸，越往南围垦造地的幅度越大。

（2）通过对海涂资源利用变化进行分析发现，从20世纪70年代到80年代，杭州湾地区的围垦时间较短，土壤仍残余过多的盐分，不适宜耕作，存在大量的滩涂、坑塘水面等未利用地和难利用地。随着年份的增长，脱盐，开发强度上升，耕地和坑塘水面逐步成为杭州湾围垦区的优势土地利用类型。1980—2000年，杭州湾各地类的转化方向主要为单向转化。2000—2014年，各地类呈现均衡转化的态势，直到2010—2014年，增长速度趋于稳定，坑塘水面再次成为地类变化速度最快的地类；20世纪80年代到90年代，围垦规模迅速下降。而到2000年以后，随着政策的支持、社会经济的发展，加上对土地需求量的不断增加，筑堤围垦速度与幅度发生了显著的提升；研究区内未利用地转化为其他地类的面积最多，主要转化为耕地和坑塘水面。

（3）结合2013年高分辨率（GF-1）影像的解译成果，通过对慈溪市围垦区2013年的利用结构进行分析，结果表明典型区内水体和农用地属于优势地类，其中农用地中比重最大的是牧草地。建设用地中道路、工矿仓储用地、硬地的比重较大。

（4）通过对海涂资源利用区域差异进行分析，结果表明围垦区的用地类型以水体、农用地为主，其中水体和未利用地主要分布在围垦年份较短的临海区域，而建设用地一般集中在围垦年份较长的靠近内陆区域。

42. 城镇规模拓展及结构演化分析与预测（2016，黄涛；导师：王珂）

该项目以浙江省桐乡市、富阳区、象山县和泰顺县为研究区，研究得出以下结论：

（1）研究期内城镇建成区规模扩展显著，且在中后期扩展更为明显，其中富阳区和桐乡市在扩展规模和扩展速度上明显高于其他区域，泰顺县则明显慢于其他区域，且扩展特征与其他区域有所不同。在研究后期，各研究区的建成区扩展规模、速度和强度均有明显下降，建成区规模扩展明显减缓。此外，2000—2005年，建成区扩展速度最快，1987—1995年，除泰顺县外，其余各县扩展强度均较大。

（2）研究期内土地利用结构整体以建设用地增加、农用地减少为变化趋势，土地利用类型间转移广泛，但到后期则明显减少，空间结构趋于稳定，土地利用程度均有较大上升，均已处于较高开发程度，同时扩展区域城镇用地和村庄用地变化普遍大于全区域；研究区供地结构和供地量变化明显，除泰顺县始终以居住用地占较大比例外，其他地区均以工业用地占较大比例，且工业用地占比呈现明显下降趋势，富阳区和桐乡市供地量最大，泰顺县供地量最少，且除泰顺县外，其他地区供地总量均在后期有所下降，建成区的供地量普遍大于扩展区域，且后一时期均表现出供地结构变化，工业用地供给占比减少较为广泛，用地结构有所调整。

（3）研究区城镇扩展受到多方面因素影响。经济社会因素影响显著，经济发展状况的根本动力和人口状况的"原始动力"效应表现较为明显，且前者为主要驱动因素；自然因素对城镇扩展的"门槛"效应在富阳区、泰顺县和象山县有明显体现，且为泰顺县的主要限制因素；规划与政策因素对城镇扩展和发展方向有较重要影响，具有综合性效应。

（4）预测显示，至2020年，城镇建成区规模将进一步扩展，但会逐步减缓；土地利用结构进一步调整，建设用地占比继续增加；农用地转用累计需求量继续增加，各开发用途土地供地占比发生变化，商业用地占比有所增加，呈明显的结构调整；富阳区、桐乡市和象山县城镇建成区规模、建设用地总量和农用地转用需求量趋于接近饱和，增幅不断下降，泰顺县尚未出现明显饱和现象，仍将有明显增长。

43. 县域生态保护红线划定方法研究——以桐庐县为例（2016，叶近天；导师：王珂）

该研究在总结国内外研究现状的基础上，根据桐庐县的现实状况与未来的发展导向，构建生态环境综合评价指标体系，从多角度客观分析研究区的环境状况，将具有重要生态价值且集中连片的区域划入生态保护红线。划定结果显示，桐庐县的生态保护红线范围达332.49 km^2，占全域面积的18.18％。其中，森林资源生态保护红线面积有203.56 km^2，占红线范围的68.78％；水资源生态保护红线面积有45.25 km^2，占红线范围的15.29％；耕地资源保护红线面积有38.26 km^2，占红线范围的11.51％；风景名胜保护红线面积有28.03 km^2，占红线范围的8.43％；景观美学保护红线面积有43.33 km^2，占红线范围的14.96％；具有多种生态功能的区域面积有22.01 km^2，占红线范围的6.62％。与《环境功能区划》的自然生态红线区相比，该研究的生态保护红线面积多了108.83 km^2，两者的重叠面积为119.43 km^2，这与两者的红线划定标准不同有关。其中，纳入《环境功能区划》的自然生态红线区范围而未纳入该研究的生态保护红线范围的区域有104.23 km^2，主要位于桐庐县东部。究其原因在于两者的参考规划有所不同，收集到的重要水功能区、森林公园、自然保护小区、国家级生态公益林的范围有所不同，以及人为划定时的偏差。而纳入该研究生态保护红线范围而未纳入《环境功能区划》的自然生态红线区范围的区域有213.06 km^2，主要位于桐庐县东部中心城区外围区域，新合乡部分区域，瑶琳镇部分区域，以及合村乡部分区域。该研究将上述区域纳入红线的原因在于该区域的森林生物量值都较高，且集中连片，或者该区域是永久基本农田示范区，或者该区域具有包括景观美学价值在内的多种价值。

44. 土地资源综合承载力评价研究——以宁波市象山县为例（2016，陶虹向；导师：许红卫）

该研究在总结国内外相关理论和成果的基础上，结合宁波市象山县其自身的土地利用现状和区域特色，构建适宜象山县的土地资源综合承载力评价指标体系，该体系以土地资源综合承载力为目标层，由水土资源、生态环境、经济和社会四个承载子系统组成准则层，共选取22个评价指标因子组成指标层。指标体系构建完成后，运用极差变换法对象山县2005—2015年原始数据进行标准化和无量纲化处理，并运用两种客观赋权法（均方差决策法和变异系数法）赋以权重系数，计算得到最终的综合承载力评价值，并分别通过状态评价法、层次分级法和相对比较法评价象山县土地资源综合承载力的动态变化情况。研究结果表明如下。

（1）象山县土地资源综合承载力在2005—2015年有较大程度的提高，且在2010

年之后增长速度较快，各承载子系统都有不同程度的增长。

（2）四个承载子系统间互相影响，协调程度不一，发展不均衡。2012年之前，生态环境系统承载力的增长幅度最大，其评价值始终高于社会和经济承载系统的评价值。2012年以后，经济承载取代了生态环境承载成为评价值最高的承载子系统。另外，与生态环境和经济承载力相适应的水土资源和社会承载水平有待进一步提高，四个承载子系统间的协调程度尚有一定提升的空间。

（3）通过与邻近四个参照区（奉化市、慈溪市、余姚市和宁海县）进行对比发现，象山县未来发展可适当参考余姚市的发展结构，适当提高社会和经济承载力水平。在此基础上，该研究根据土地利用规划与县域总体规划相关的规划目标，预测了2020年象山县土地资源综合承载力评价值，并为进一步提高象山县土地资源综合承载力，从加强生态环境环保力度、合理控制人口结构和适度提高资源利用率等方面提出相关建议。

45. 奉化市耕地数量质量时空变化及耕地占补平衡研究（2016，陶建军；导师：许红卫）

该研究以奉化市为研究区，研究了耕地数量、质量时空变化和耕地占补平衡等内容，研究论文分为五部分。第一部分从研究背景出发，阐述了该研究的研究目的和意义，对国内外研究现状进行论述，提出论文的研究内容、研究方法和技术路线。第二部分介绍奉化市自然地理状况、社会经济发展状况，分析土地资源利用现状及特点，研究数据的来源及获取。第三部分是通过研究1986—2014年耕地数量、质量的时空变化，分析引起其变化的原因。第四部分是通过研究2006—2014年耕地占补平衡情况，分析其存在的问题，并对后备耕地资源潜力进行预测。第五部分是根据上述分析，得出结论。

46. 建设用地节约集约利用评价研究——以杭州市富阳区为例（2016，陈东海；导师：沈掌泉）

该研究立足于城镇快速发展与土地供需矛盾日益紧张的环境下，以建设用地为研究对象，结合富阳区自身的区域特征和建设用地利用状况，分别从土地利用强度指数、投入强度指数、利用效益指数、用地弹性指数、贡献比较指数五个方面选取地均GDP等13个指标作为评价因子，构建了富阳区建设用地节约集约利用评价指标体系，并进行定性分析和定量评价。

定性分析主要从经济发展与建设用地变化匹配程度方面进行，结果表明富阳区建设用地节约集约利用水平与杭州市各县（市、区）相比处于低效扩张型，节约集约程度需进一步提升。

定量评价运用多因素综合评价法对2005—2014年富阳区建设用地节约集约利用

水平的动态变化进行评价，结果表明富阳区建设用地节约集约水平逐年提高。通过对富阳区建设用地节约集约利用的定性分析和定量评价，得出结论：近年来，富阳区建设用地利用状况呈较好的趋势，但与杭州市各县（市、区）相比仍处于低效扩展型，节约集约水平有待进一步提高，建设用地再开发潜力也较大。同时，对制约富阳区建设用地节约集约利用的原因进行了分析，并根据富阳区现行相关的土地利用政策、措施以及再开发潜力，分别从盘活存量建设用地、农村居民点的建设与集聚、经济发展方式的转变以及产业用地的改造升级四个方面提出一些促进富阳区建设用地节约集约利用的方法和建议。

47. 基于国产GF-1的高寒山区土地利用/覆盖分类研究（2016，刘丽雅；导师：史舟）

主要研究内容和结论如下。

（1）该研究选用了国产高分一号影像数据，以WFV 2数据为基础，结合2 m全色数据，分别采用传统基于像元的最大似然监督分类法与分区ISO DATA非监督分类法及面向对象的分类对西藏林芝八一镇地区典型高寒山区土地利用/覆盖类型进行了初步探究，并绘制了基于以上三种方法的该地区的土地利用/覆盖分类图，为使用国产高分一号数据进行高寒山区土地利用/覆盖提供了一定参考性。

（2）参考中国土地利用分类及美国土地利用/覆被分类系统，结合研究区实际地物调查并综合研究区所处高寒山区地形复杂多变的特点，将研究区的土地利用/覆盖类型划分为水体、植被、城镇与道路、农田、裸地及未利用地六大类。

（3）为解决ISO DATA非监督分类法中，由于地形因素导致的研究区部分山体阴影处的植被与水体错分的现象，经多次试验后，提出以研究区3050 m等高线为界，将研究区划分为海拔小于3050 m区域及海拔大于3050 m区域，进行分区ISO DATA分类，较好地解决了研究区山体阴影处植被与水体错分的情况。

（4）在采用eCognition面向对象分类方法中，进行了图像最优分割尺度的研究。利用ESP（Estimation of Scale Parameter）方法初步得到研究区三个备选最优分割尺度分别为50、70及90个像元，并在这三个最优分割尺度下采用最邻近分类法对研究区土地利用/覆盖分类结果精度进行比较，得到研究区最优综合分割尺度为50个像元。

（5）对研究区土地利用/覆盖分类采用的最大似然分类法、分区ISO DATA分类法及面向对象分类法做出了精度评价。得出在面向对象分类法中，50、70及90三种最优分割尺度下土地利用/覆盖分类结果精度均优于传统的最大似然监督分类与ISO DATA非监督分类。其中，当最优分割尺度为50时的面向对象分类法的总体精度为84.87%，分别比传统的最大似然分类法的总体精度（63.18%）和ISO DATA非监督分类法的总体精度（50.15%）提高了21.69%和34.72%。

第四章　环境综合遥感与信息技术研究

环境综合遥感与信息技术应用研究是指两种学科或多种学科交叉的综合性研究，主要包括环境综合评价、草原遥感、海洋遥感、气象灾害预警、旱地作物遥感、生态信息技术、人文社会信息技术等领域的研究。37年来，浙江大学农业遥感与信息技术应用研究所先后承担了国家自然科学基金、国家973项目以及国际合作等10多个课题的研究，取得了一些突破性的进展，这些项目的研究内容是相对独立的，都对相关领域的研究具有良好的指导性的参考价值。

一、博士生学位论文摘要

1. 地表演变对城市热环境影响的定量研究（2004，王伟武；导师：王人潮、朱利中）

该研究在多源遥感和非遥感空间数据支持下，以杭州市为例，综合运用RS和GIS空间分析技术，定量研究了地表演变对城市热环境变化的影响。主要研究内容如下。

（1）评述了国内外城市热环境和土地利用/覆盖变化定量研究现状以及城市热环境定量研究中常规技术与热红外遥感技术的特点、优势与不足，明确了目前城市热环境影响空间定量研究的主要难点和存在问题。

（2）在归纳热红外遥感和大气对城市热红外遥感影响的物理机理基础上，修正并建立了一种基于Landsat TM/ETM＋遥感数据地表温度反演简化模型，并且应用实测气象数据对模型进行了实例验证。

（3）利用不同方法建立了定量研究的基础数据，包括城市地表类型、城市气温和城市地表温度三种空间数据，即利用地理空间矢量化方法和遥感数据分类解译方法建立了城市地表类型矢量数据和栅格数据，利用实测气温数据和气温栅格化模型建立了城市气温栅格数据，利用地表温度遥感简化反演模型建立城市地表温度栅格数据。

（4）通过利用GIS技术对城市气温栅格化模型获取的1 km²栅格化空间数据和土地利用/覆盖类型矢量数据的空间运算，定量研究了土地利用/覆盖类型变动对城市气温的影响。

（5）运用RS和GIS综合技术定量研究了土地利用/覆盖类型变动以及对城市地表温度的影响，揭示了通过NDVI的变动来实现这种影响的机理。

该研究取得一些创新性成果：

（1）针对Landsat热波段遥感数据的波段特征，修正并建立一种利用热红外波段DN值、大气透射率、大气平均作用温度、地表比辐射率，直接快速反演城市地表温度的简化模型。实例验证结果表明，各观测点的反演误差均小于0.9℃，平均误差小于0.7℃。

（2）实现土地利用/覆盖变化对城市气温影响的定量研究。1991—1999年，最小气温所在旬日平均积温呈上升趋势，自然水体演变为城市住宅区域上升15.31℃，农用地演变为农居点、工业用地、城市综合用地区域分别上升15.90℃，15.95℃，16.10℃。

（3）实现土地利用/覆盖变化对城市地表温度的影响的定量研究。1991—2001年，各区建设用地的地表温度峰值比例明显增大，城市扩展区域地表平均温度上升7.82℃。

2. 区域性冬小麦籽粒蛋白含量遥感监测技术研究（2005，李存军；导师：王人潮、王纪华）

遥感小麦籽粒品质的农学基础是什么？区域性小麦籽粒品质遥感监测的方法是什么？这些问题需要进一步研究。研究结果如下。

（1）分析了多时相的地面高光谱、地面多光谱和航天多光谱反演小麦的生理生化农学参数。高光谱不但有潜力监测不同生育期的群体农学指标，还有潜力监测不同生育期的个体农学指标，说明高光谱数据监测小麦的优势。而地面多光谱和航天多光谱遥感有潜力监测小麦不同生育期的群体农学指标。

（2）分析了地面多光谱和航天多光谱监测农学群体指标的差异的原因。

（3）小麦籽粒蛋白质形成的农学分析。回答了不同生育期的个体农学参数（叶绿素含量、含水量，含氮量）与籽粒蛋白含量的关系，为利用高光谱遥感监测籽粒蛋白含量，为利用仪器监测小麦籽粒蛋白含量提供了农学基础；分析了不同生育期的群体农学指标（生物量、叶绿素密度、等价水厚度、氮素密度）与籽粒蛋白含量的关系，为利用多光谱遥感监测籽粒蛋白含量提供了农学基础。

（4）分析比较两年不同生育期的农学参数与籽粒蛋白含量的关系，发现年际间同一生育期的相同农学指标与籽粒蛋白含量的相关关系不完全一致，说明蛋白含量指标与农学参数的关系受年际影响大，特别是小麦生育中后期的降雨和气温因素。

（5）利用偏最小二乘法（PLSR）和广义回归神经网络法（GRNN）通过不同生育期的小麦个体农学指标和小麦群体农学指标分别模拟籽粒蛋白含量，无论是个体指标，还是群体指标，模拟效果都较好。表明通过监测小麦不同生育期的个体指标或是监测小麦不同生育期的群体指标，都有潜力预测收获时籽粒的蛋白含量。

（6）分析了小麦不同生育期的地面高光谱数据，地面多光谱数据及航天多光谱数据与小麦收获时籽粒蛋白含量的关系，结果表明某些生育期的光谱数据与籽粒蛋白含量的相关关系显著。并通过偏最小二乘法和广义回归神经网络法分别建立了多时相的地面高光谱、模拟了地面多光谱和航天多光谱的籽粒蛋白含量预测模型，这表明通过多时相的遥感监测小麦长势和生长状态可以监测和预测收获时的籽粒蛋白含量。研究发现，当遥感数据的时相较少时，广义回归神经网络的模拟和预测能力比偏最小二乘法强。

（7）通过分析不同生育期的MODIS白天和夜晚的温度，发现了在小麦生育中后期的一些时期MODIS监测的小麦白天和夜晚温度数据与籽粒蛋白含量显著相关。

该研究以区域性冬小麦为研究对象，实现了区域性冬小麦籽粒蛋白含量遥感监测和预报。该研究对于小麦品质的其他指标（面筋含量、稳定时间等）的遥感监测具有借鉴作用。

该研究的创新点有以下三个方面：①系统地分析了区域性冬小麦籽粒品质及蛋白含量的形成及影响因素，结合遥感地物光谱响应机理，提出了以多时相的可见光近红外及热红外的遥感数据为数据源进行冬小麦籽粒品质监测和预报的方法。分析了不同生育期小麦农学参数与籽粒蛋白含量之间的关系，为冬小麦籽粒蛋白含量的遥感监测提供了农学理论基础。②推动了Landsat薄云的自动检测与去除的新进展，提出了利用修改的HOT变换可方便地实现Landsat薄云的自动检测，通过利用近红外和短波红外波段对云区和非云区的地物进行自动聚类，并根据云的等级和地物类型将云区可见光影像和对应地物的无云区影像进行匹配，实现薄云的去除。③对于自相关性较大的多个自变量且因变量个数可能大于样本个数的情况，通常的最小二乘法回归或主成分回归无能为力或建模效果不好，因此引入了偏最小二乘法和广义回归神经网络法两种新的建模方法，为遥感监测冬小麦籽粒品质提供了农学基础，表明遥感有潜力监测冬小麦籽粒蛋白含量。

3. 基于GIS的气候要素空间分布研究和中国植被净第一性生产力的计算（2006，李军；导师：黄敬峰）

如何根据气象站点的空间分布以及不同气候要素的空间变化规律等情况得到空间化的气候要素数据是近年来生态学、资源科学和环境科学等研究的重要任务之一，也是现代生态学和全球变化科学迫切需要解决的问题之一。

该研究在县（仙居县）、省（浙江省）和全国三个不同空间尺度大小的研究区内，利用GIS技术研究了不同研究区内气候要素的空间分布。并且，在基于GIS技术的中国气候要素空间分布研究的基础上，计算了中国2000年4—12月的NPP。概述如下。

（1）基于GIS技术的仙居县气候要素空间分布研究。在辐射要素方面，建立了仙居县太阳辐射要素（太阳直接辐射、散射辐射和可照时间）的理论推算模型，并通过仙居县20 m×20 m的地理和地形参数，实现了仙居县太阳辐射要素的空间分布。在气温和降水量方面，为了保证数据在时间序列上的统一性，首先，对仙居县气温和降水量的短序列订正方法进行了研究。在气温的短序列订正方面，采用了一元回归订正法和差值订正法对仙居县内8个气象哨的月平均气温进行了时间序列订正，并对它们的订正误差进行了比较分析，结果表明，采用一元回归订正法或差值订正法的订正误差无显著性差异，两个方法均可以用于仙居县月平均气温的短序列订正。在降水量的短序列订正方面，利用月降水量与年降水量之间相对系数的稳定性特征对各水文站的月降水量进行了时间序列订正，并对订正结果的误差进行了分析。结果表明，基本站与订正站月降水量之间的相关系数越大，则订正站月降水量的订正误差越小。此外，当基本站与订正站月降水量之间的相关系数相差不大时，则订正站月降水量的订正误差与月降水量的时间分布类型有关，月降水量属于同一类型的订正误差比不属于同一分布类型的订正误差小。其次，利用订正后的月平均气温和月降水量数据以及仙居县20 m×20 m的地理和地形要素数据，分别通过气温的地形调节统计模型和降水量的三元二次统计回归模型，实现了仙居县多年月平均气温和月降水量的空间分布。

（2）基于GIS技术的浙江省气候要素的空间分布研究。在考虑了浙江省的地理位置、地形特征以及气候特点等情况下，从浙江省的DEM数据中提取与浙江省气温和降水量的空间分布相关的地理和地形要素（主要包括经度、纬度、海拔高度、坡度、坡向、离海的远近和方向以及一定范围内的海陆面积之比等）。在浙江省近30年各季节月平均气温、月降水量与各地理和地形要素之间建立了统计回归模型，并得到了各季节月平均气温和月降水量的空间数据。通过实测资料的检验，结果表明，各季节平均气温的模拟值与实际值之间具有较好的一致性，相关系数在0.870至0.967之间，冬季的模拟效果明显好于其他季节。各季节降水量的模拟值与实际值之间也具有较好的一致性，相关系数在0.739至0.946之间，春季的模拟精度最高，冬季最低。

（3）基于GIS技术的我国气候要素空间分布研究。为了与我国植被NPP的计算相结合，仅使用了我国2000年逐月的气候要素数据（包括月平均气温、月平均最高和最低气温、月降水量、月平均相对湿度、月总辐射、月日照时数和月平均风速等）。在我国2000年月气候要素数据的基础上，结合我国1 km×1 km的地理和地形要素数据，利用不同的气候要素空间分布模型对我国2000年各月气候要素的空间分布进行了研究。

（4）中国2000年4—12月NPP的计算及其结果分析。在我国气候要素空间分布研究的基础上，改进了孙睿的NPP模型，并利用2000年4—12月MODIS的1 km×1 km NDVI，FPAR和Land cover数据，采用改进后的NPP模型计算了我国2000年4—12月1 km×1 km的植被NPP，并从不同自然地理区、气候带以及"三向地带性"（纬向、经向和垂直分布）等方面定量分析了结果的空间分布及其季节变化。

4. 不同水平油菜氮素含量遥感信息提取方法研究（2008，王渊；导师：黄敬峰）
该研究的内容和结果如下。

（1）油菜叶片和冠层光谱基本特征为：在550 nm处，即形成一个小的反射峰；在700 nm左右形成高反射平台不同供氮水平下的油菜叶片和冠层光谱，其在近红外波段差异明显，反射率随供氮水平提高而降低，透射率随供氮水平提高而上升。油菜冠层光谱反射率随着生长发育的推进，出现先上升后下降的变化。油菜叶片红边位置随着氮素水平的提高，出现"红移"现象；冠层光谱的红边位置区域具有"双峰"和"红边平台"现象，红边幅值$D\lambda_{red}$和红边面积S_{red}随发育期推进，出现"红移"和"蓝移"现象，这与水稻、玉米等其他农作物不同。

（2）油菜叶片水平氮素含量估算方法研究表明，以光谱反射率倒数对数的一阶微分形式建立的估算模型验证结果最佳。三种人工智能方法中以RBF方法得到的估算模型验证结果最佳。

（3）油菜冠层水平氮素含量估算方法研究表明以光谱反射率倒数对数的一阶微分形式建立的估算模型验证结果最佳。三种人工智能方法中以BP方法得到的估算模型验证结果最佳。

（4）基于卫星遥感影像的油菜氮素含量遥感反演方法研究表明，五种硬分类法对混合像元的分类能力从SVM、ARTMAP、KNN、BPN、MXL依次降低；高纯度像元比重越大的类别其分类的总精度越高；采用投票法的多分类器结合的分类法可以显著提高分类的总精度；用全模糊分类法能提高分类精度；采用卫星影像的光谱反射率建立油菜氮素含量的估算模型，能保证模型用于大范围油菜氮素含量填图的有效性。

5. 多时空尺度的生态补偿量化研究（2009，金艳；导师：黄敬峰）

该研究取得以下成果。

（1）生态资产时空格局分析。研究结果表现在：①时间变化方面，中国生态资产总值的年际变化呈现先递增后递减的趋势，2001年生态资产总值为13.39万亿元，此后逐步递增，在2004年生态资产总值达到最大值，为14.46万亿元。从2004年到2007年，生态资产总值变化呈下降趋势，到2007年生态资产总值为13.64万亿元。浙江省2001—2004年的生态资产总值从1.86千亿元增加到2.47千亿元，年均增长率为9.92%，与全国的生态资产变化相吻合。仙居县1996年和2004年的生态资产总值分别为35.40亿元和38.80亿元，年均增长率为1.2%。②在空间变化方面，虽然不同尺度的研究区逐年的单位面积生态资产值有增有减，但空间分布状况却基本保持一致，均与土地覆被类型空间分布相一致。总体上看，中国单位面积的生态资产空间分布由西北部向东南部递增，由东北部向西南部递增，浙江省均由东北向西南呈扇形递增，而仙居县的单位面积生态资产值空间分布呈现中间低、四周高的趋势。③在各类生态服务功能价值变化方面，六类生态服务功能单位面积的价值中，维持大气平衡价值、生产有机物质价值和营养物质循环价值是以NPP为基础进一步估算得到的，而水土保持价值、涵养水源价值和废弃物处理价值则是独立计算得到的。在生态资产功能价值中，维持大气平衡功能价值最高，其次是废弃物处理功能价值，然后是水土保持功能价值、生产有机物质价值和涵养水源功能价值，最低的是营养物质循环功能价值。如2001年中国的生态资产构成中大气平衡价值占生态资产总值的32.1%左右，浙江省的大气平衡价值占生态资产总值的23.7%左右。④在不同自然地理区下的生态资产变化方面，以2001年为例，生态资产在我国七大自然地理区内呈现明显的空间分布特点。单位面积生态资产值的地理区分布表现为：华南热带湿润地区＞华中、华南湿润亚热带地区＞东北湿润、半湿润温带地区＞华北湿润、半湿润暖温带地区＞内蒙古温带草原地区＞青藏高原地区＞西北温带及暖温带荒漠地区。⑤不同行政单元的生态资产变化方面，中国以省为研究单元，单位面积生态资产价值是南方省份普遍高于北方省份，总体空间分布由东南向西北递减，但由于各省面积差异显著，全国各省份生态资产总值的空间分布差异悬殊。如2001年西藏的单位面积生态资产仅为0.83元每平方米，但由于行政面积较大，其生态资产总值加0.99万亿元。海南省的单位面积生态资产为3.37元每平方米，但其生态资产总值仅为0.11万亿元，只有西藏生态资产总值的11.5%。浙江省和仙居县分别以县和乡镇为研究单元，均存在着同样的分布特征。

（2）生态补偿分析。研究结果表明，全国、浙江省和仙居县三级空间尺度均存在以下情况，即一方面支付生态补偿的研究单元经济大都较为发达，年均GDP值也较高，因此尽管生态补偿数额较大，但相对于自身GDP来说，生态补偿占GDP的比率并不高；另一方面，可以获取生态补偿的研究单元总体经济相对薄弱，生态补偿占GDP的百分率往往要高于前者，甚至高于自身GDP总值。如在全国尺度中，需要支付最多生态补偿（2577.99亿元）的省（直辖市、自治区）是广东省，年均生态补偿仅占其GDP的12.14%，而可以获得最多生态补偿（2119.72亿元）的省（直辖市、自治区）是新疆维吾尔自治区，年均生态补偿占其年均GDP的85.63%；在浙江省级尺度中，需要支付最多生态补偿（183.64亿元）的县（市）是杭州市区，年均生态补偿仅占其年均GDP的16.57%，而可以获得最多生态补偿（41.97亿元）的县（市）是淳安县，年均生态补偿占其年均GDP的86.30%；在仙居县县级尺度中，需要支付最多生态补偿（1109.77万元）的乡镇是城关镇，年均生态补偿仅占其工农业总产值的2.54%，而可以获得最多生态补偿（1096.04万元）的乡镇是溪港乡，年均生态补偿占其工农业总产值的54.88%。因此，生态服务受惠区完全有能力进行行政区间补偿，使生态受益者和提供者在成本和收益的分担与享受上趋于合理，促进生态和经济的和谐发展。

（3）完善生态补偿体系的建议。该研究主要从促进生态补偿从理论研究到实际应用的顺利实施的角度出发，提出一些完善生态补偿体系的建议，主要包括：生态补偿立法，出台相关的法律法规和政策，为生态补偿提供法律保障；确定生态补偿方式和标准，为实际操作提供技术支持；建立政府的多尺度生态补偿产业化集成系统，并建立相应的公众服务体系，定期向全社会发布生态补偿结果，接受公众监督；建立生态补偿管理体制，明确补偿工作中的奖惩、监督、协调等事务。

6. 基于信息技术的枫桥香榧生境特征分析与适宜性评价（2010，王小明；导师：王珂）

该研究的主要内容和结果概述如下。

（1）基于面向对象方法的IKONOS影像枫桥香榧分布信息提取。结果显示，应用面向对象方法进行信息提取的总体精度达到81.67%，其中枫桥香榧分类精度达到74.32%，Kappa系数达到0.75，分别比监督分类精确度提高6%，15.65%和10.39%。研究表明，借助高分辨率的遥感影像和面向对象的分类方法进行枫桥香榧空间分布信息提取的精度能够满足研究区对于枫桥香榧资源调查和生境结构分析的要求。

（2）枫桥香榧分布区地质、土壤与小气候要素特征分析。研究揭示了枫桥香榧生境分布的环境特征。①该区母岩多数为流纹质晶屑、玻屑熔结凝灰岩，占总面积的88.9%。②该区70%以上分布着黄泥土和山地黄泥土，75.2%的土壤有机质含量大于2.0%，61.6%的土层厚度大于70cm。③枫桥香榧核心区具有明显的水分资源优势，表现为常年空气湿度大，夏季温凉多雨，2—3月降水偏多，4—6月降水偏少的降水分配模式。尤其是夏季高温干旱季节的降水量比对照区高55.6 mm，同期大于35℃的高温天数比对照区少了32天，这种类型的降水和温度特征与枫桥香榧生长发育关键时期的气候需求相互匹配。

（3）基于数字地形分析的枫桥香榧生境结构空间特征研究。结果表明，与集水线距离的远近是影响枫桥香榧分布的重要因子之一，47.76%的枫桥香榧集中分布在距离集水线50 m的空间范围以内，累计96.16%的枫桥香榧分布在距离集水线150 m的空间范围内。枫桥香榧分布对海拔、坡度、坡向和坡位等地形因子选择性较高。76.15%的枫桥香榧分布在400～600 m高度带，97.52%的枫桥香榧分布坡度在30°以下，74.43%属于阳坡和半阳坡，95.55%的枫桥香榧分布在中坡和下坡位。综合分析可知，研究区400～600 m高度带上距离集水线150 m空间范围内坡度在30°以下的向阳坡地是枫桥香榧最适宜的空间分布区域。

（4）枫桥香榧适生环境因子分析与生态适宜性评价，采用SPSS统计软件对与集水线距离、海拔、坡度、土壤湿润度、太阳直接辐射量、坡向、土壤质地和土壤有机质8个指标进行主成分分析。结果表明，枫桥香榧生境选择的主要影响因素依次为水分、热量与土壤养分因子。枫桥香榧根系生理特性及其在开花结实过程对环境因子的独特需求表明，水分可能是影响枫桥香榧生境形成的最重要的生态因子之一。

（5）枫桥香榧的产量和品质与生境因子的相关分析。回归分析表明，枫桥香榧产量与年太阳辐射量、海拔、坡向、土壤有机质和钾含量关系密切。土壤养分因子，特别是有机质含量和钾含量高低对于枫桥香榧产量影响较大。不同生境条件下枫桥香榧种子营养成分分析表明，原产地枫桥香榧种子的不饱和脂肪酸含量、氨基酸含量和蛋白质含量、钾含量和硒含量均高于引种地枫桥香榧种子相应营养元素的含量，而原产地枫桥香榧种子的钙、铜、锌、铁、锰、镁等矿质元素含量则低于引种地。和引种地相比，原产地枫桥香榧种子营养成分丰富，营养元素含量高。因此，原产地枫桥香榧的综合品质显著高于引种地。

7. 多源遥感数据和GIS支持下的台风影响研究（2010，邓睿；导师：黄敬峰）

该研究的主要内容和结果如下。

（1）登陆中国热带气旋的时空分布特征。利用1971—2008年登陆中国热带气旋的最佳路径资料，从频数、强度和登陆地点等方面分析登陆中国热带气旋的时空分布特征。结果表明20世纪70年代初是热带气旋登陆中国的高发期，20世纪90年代末是热带气旋登陆中国的低发期。热带气旋登陆主要集中在7—9月，登陆热带气旋个数，总体上以8月为中心，呈对称减少分布。77%的登陆热带气旋强度都在风力10级以上。热带气旋登陆的地点主要在广东、台湾、海南、福建、浙江和广西等东南沿海省份。统计2004—2008年间每次热带气旋每6小时的七级和十级风圈半径。

（2）MODIS 1B影像预处理及地表温度反演。MODIS 1B是MODIS的1级产品，是将探测到的数据信号按一定比例缩放成16位整数值SI（Scaled Integer）保存的文件。利用MODIS 1B数据的SI值反演地表反射率，需要经过辐射校正（辐射定标和大气校正）、几何校正、去边缘重（bow-tie效应）等预处理，而且为了获取研究区全覆盖资料，通过检测去除云、多天影像去云后拼接得到研究区的反射率。地表温度通过分裂窗算法反演，该方法使用MODIS 1B影像的可见光、近红外和热红外波段，通过Planck方程由辐亮度计算亮度温度；通过大气水汽含量、温度校正函数和视角校正函数求算大气透过率；基于植被覆盖率来估算地表比辐射率。最后结合估算出来的亮度温度、大气透过率和地表比辐射率三个因素计算地表温度。

（3）台风缓解干旱和降低高温影响的遥感评估。首先使用地面实测降雨量资料计算台风"海棠"影响前研究区的降水距平来分析台风影响前研究区的干旱状况；其次，利用MODIS 1B数据计算的归一化差值植被指数（NDVI）和反演的地表温度（LST）来计算植被供水指数（VSWI），植被供水指数从植被生长和地面温度两个方面来监测干旱状况。结果表明，台风后研究区的平均植被供水指数由18.62增大到20.67，而平均土壤湿度由35.70%增大到52.37%。二者都增大，说明研究区的干旱状况得到了缓解，台风后研究区订正后的平均AMSR-E地表温度明显下降，由34.51℃降低为29.53℃。

（4）台风引起的灾害遥感评估。①利用台风"莫拉克"前后多时相的HJ-1影像，计算台风前台湾曾文水库的面积为10.72 km²，台风后第五天水库水体面积为14.81 km²。影像资料为合理地调度泄洪，保证水库下游的安全提供决策依据。②利用台风"莫拉克"前后多时相的HJ-1影像，提取台风前后山体发生滑坡泥石流灾害而引起各种地类的变化。台风后小林村后山植被区域变成裸地，呈现较清晰的滑坡边界和形态特征，并在河流处形成明显的泥石流洪积扇沉积区，滑坡泥石流（包括泥石流沉积区）总面积约2.92 km²。③由于HJ-1影像会受到云的影响，在台风"莫拉克"移动路径上选择一处多时相HJ-1影像都未被云污染的区域作为研究区，研究台风、大风对植被生长的影响。植被处于生长期，但台风吹落树叶，折断树枝，导致增强型植被指数明显下降。到台风后一个月，植被逐渐恢复，增强型植被指数有所回升。

8. 农田养分流失风险评价及养分平衡管理研究（2010，丁晓东；导师：王珂）

该研究主要结果如下。

（1）研究区水质分析。采用研究区内五个河流水质监测点的持续监测数据，以及电导率、pH、总悬浮颗粒物和不同形态氮磷元素等水质参数研究水土流失。

（2）研究区水土流失量的估算。采用水土流失通用方程估算研究区2005—2007年的水土流失量、月降雨量基本呈余弦函数分布，降雨量的变化也较大，选择日降雨量为基础数据，通过逐级计算获取降雨侵蚀力因子。选择粒径小于0.125 mm土粒和有机碳含量、土壤渗透率，计算土壤可蚀性因子的空间分布情况。研究区地势平坦，地形对水土流失的影响并不大，研究区2005—2007年三年间的水土流失量分别为3.04（t ha • yr）$^{-1}$、1.62（t ha • yr）$^{-1}$、1.19（t ha • yr）$^{-1}$，这在澳大利亚水土流失分类标准中属于中低级别。但水土流失程度分布不均，某些区域水土流失程度强烈，甚至有的达到31.54（t ha • yr）$^{-1}$。

（3）磷元素流失风险评价。以磷元素为研究对象，根据表层土中有效磷在不同浓度下与颗粒态磷及可溶性磷浓度的关系，结合研究区的水土流失量进行评价。结果表明，研究区有效磷的分布不均，呈区域化分布，有效磷的空间分布与各年间农场内作物种类的变化以及相应施肥和操作方式的改变有关。磷元素流失高风险区域主要在中部和西北部磷元素含量与流失风险有相似的变化趋势；流失风险与土壤质地和农场分布等也有一定的关系。

（4）小麦估产及养分平衡研究。选择含磷肥料作为农田中磷元素的输入源，小麦收获（包括籽粒和秸秆等）和水土流失为磷元素的主要输出方式，计算小麦种植区内磷元素的输入、输出和平衡情况。由结果可知虽然小麦收获和水土流失能造成一定的磷元素输出，但含磷肥料的施用和土壤中磷的积累等带来的磷元素输入量更大，研究区的磷元素普遍有剩余，研究区2003年磷元素的剩余量为2.59 t。在管理中既要采取措施预防土壤中磷元素进一步积累，也要加强水土保护以减少高流失风险年份磷元素的流失。

9. 高分辨率遥感影像变化检测的关键技术研究（2010，祝锦霞；导师：王珂）

该研究结果如下。

（1）提出了一种基于多变量变化检测（MAD）得到的差异影像，做面向对象后分类处理的OB-MAD方法，减小了高分辨率遥感影像变化检测中不可避免的几何配准误差和阴影等造成的"伪变化信息"。OB-MAD方法结合了多变量变化检测（MAD）

和基于对象的后分类方法。选用2006年和2007年5月的航拍影像（分辨率0.15 m）对美国加利福尼亚州中部的Gadwall North湿地生态系统进行变化检测研究，详细比较了基于差异影像的OB-MAD和其他几种方法（OB-traditional，Threshold-MAD和PB-MAD）在变化检测中的差异。研究结果表明，针对变化检测研究中几何配准等造成的"伪变化信息"，三种基于MAD差异影像的方法取得的精度较高。其中，OB-MAD方法得到的总体精度最高（93.54%），其次是Threshold-MAD（90.07%）和PB-MAD（86.09%），相应的地面未变化像元的用户精度也是OB-MAD最高（90.57%），其次为PB-MAD（82.2%）和Threshold-MAD（81.49%）。

（2）提出将广泛用于纹理特征提取、滤波除噪等方面的窗口用于相对辐射校正，用窗口区域范围内计算的相对平稳的值作为该区域的特征提高相对辐射校正的精度。研究结果表明窗口的应用较好地提高了相对辐射校正的精度，同时表明①不同空间异质性的遥感影像获得最佳辐射校正所需的窗口大小不一：异质性影像选择3×3像元，而均质性影像则选择5×5像元；②在Local size尺度上，稳健回归在不同异质性的遥感影像中差异显著：异质性影像中稳健回归优于传统的手动方法，在均质性影像中则表现得没有传统方法稳定，而MAD方法在两种空间特性的影像中均表现出比稳健回归更强的鲁棒性；③几何配准误差在具有较高空间分辨率的航拍影像的变化检测中更为明显，提高相对辐射校正所需窗口较大。

（3）提出一种面向对象的高分辨率差异图像的变化检测方法（OB-EM），即在对象尺度上，对基于MAD变换和最小噪声比率变换得到的差异影像做阈值分析，将像元-像元之间的差异影像推广到对象-对象。研究结果表明，①基于决策树的特征选择极大地提高了面向对象的变化检测精度；②提出的OB-EM方法使得来自不同传感器的遥感影像用于变化检测变得可能，减小了对原始数据的要求和多时相影像的相对辐射校正的要求，改善了"椒盐效应"，提高了高分辨率遥感影像的变化检测精度；③基于Kappa系数的显著性分析表明，OB-EM和OB-MAD两者之间差异显著，这说明基于对象的差异影像比基于像元的差异影像能更好地减小甚至避免多时相高分辨率遥感影像变化检测中不可避免的几何配准误差和阴影引起的"伪变化信息"，具有较强的鲁棒性。

10. 空间信息在面向对象分类方法中的应用（2011，韩凝；导师：王珂）

该研究提出了表征植被区域有关空隙度分布特征的纹理方法；将面向对象方法与GIS空间分析相结合，充分发挥面向对象多尺度分割和分类的技术优势与GIS的二次开发功能，实现了景观水平指数的尺度转换；并提出表征植被区域景观破碎度的景观特征算法，将景观特征信息成功应用于面向对象的遥感影像分类方法。该研究的主要研究内容和结论如下。

（1）该研究使用LISA方法生成纹理信息量化遥感影像像元间的空间自相关性，

将LISA纹理作为辅助空间信息应用于面向对象的分割与分类，提高分割的准确度以及香榧树的识别精度。通过Kappa分析进行的显著性检验结果可知，LISA纹理特征使分类的总体精度显著提高，LISA纹理能够提供高分辨率影像中重要的空间信息，将LISA纹理应用于面向对象方法能够有效地提高影像分割的准确度和分类的精度。

（2）NDVI能够有效地区分遥感影像中的植被与非植被类型。该研究提出基于NDVI的空隙度（Lacunarity）纹理方法表征植被区域有关空隙的空间分布特征，并将基于NDVI的Lacunarity纹理影像的相关特征作为待选择的特征源，应用于面向对象的分类中。通过Kappa分析进行的显著性检验结果证明，Lacunarity纹理使分类的总体精度显著提高。这说明高分辨率影像上植被间的空隙分布特征是植被区域重要的空间特征，基于NDVI的Lacunarity纹理方法能够表征植被区域的空隙度特征，且能够应用于面向对象的遥感影像分类方法提高植被的识别精度。

（3）高分辨率影像能够表现出地物清晰的景观格局信息，对景观因子中的景观水平指数具有重要的生态学意义。该研究探索如何将景观水平指数进行尺度转换，将其量化尺度拓展到遥感影像中广泛存在的空间单元中，从而实现对影像景观格局信息的获取，并将景观信息作为分类特征应用于面向对象的分类方法中。该研究发挥面向对象方法的优势与GIS二次开发功能实现景观水平指数的尺度转换，使用多尺度分割技术建立层次等级体系，在体系中不同的尺度上完成对空间单元和破碎几何体的定义并生成两者的矢量图层，使用VB语言与Arc Objects组件进行GIS二次开发，产生对空间单元进行景观特征量化的功能，实现将GIS空间分析功能与遥感影像处理方法的有效结合。

（4）为了使影像中空间单元的景观信息具有可比性，该研究对有效网孔面积算法进行优化，提出有效网孔面积比率算法。它能够量化任意空间单元中的景观破碎度信息，而且计算结果与现实中的景观特征有很高的契合程度，因此，算法合理具有重要的景观生态学意义。

11. 利用生态因子和遥感分区对小麦品质监测的研究（2011，王大成；导师：黄敬峰）

生态因子是影响小麦品质形成的重要因素，该研究通过综合利用生态因子和遥感分区进行小麦籽粒蛋白质含量遥感监测，以期提高监测精度。以北京地区冬小麦为研究对象，开展相关研究，取得的主要成果表现在以下几个方面。

（1）基于神经网络的冬小麦蛋白质含量关键生态因子初步分析。利用北京地区具有代表性的小麦种植点的气象数据和土壤养分数据，通过神经网络方法来评估温度、降雨、光照和土壤养分含量等因子对小麦籽粒蛋白质含量影响的相对重要程度。研究表明，针对关键因子利用神经网络模型制作了响应曲线以反映蛋白质含量随生态因子的变化趋势。

（2）基于遥感与地理信息系统的北京地区冬小麦品质分区的研究。在ArcGIS支持下，利用影响冬小麦蛋白质含量的各个关键生态因子进行空间插值，将点状关键因子数据空间化，建立多因子空间数据库，根据神经网络对每一因子计算出的RATIO设定一个权重值多层叠加，在ENVI环境下，用气象因子和土壤因子分层分析、整合各种因素，比较等权重和差异权重两种分区模型的分区结果，最终对北京地区冬小麦品质分区的各种区域进行分类；并对分类结果进行了分析。

（3）基于分区的小麦品质形成关键期蛋白质含量遥感监测。以北京地区的主推冬小麦品种——中优206籽粒蛋白质为研究对象，利用遥感数据提取北京地区冬小麦不同生育时期多种植被指数和中优206籽粒蛋白质，并对其进行相关性研究，结果表明：利用遥感和生态环境数据，分区建立模型进行冬小麦品质分区监测是可行的，且精度更高。

12. 多源遥感数据小麦病害信息提取方法研究（2012，张竞成；导师：王纪华）
具体研究内容和结果如下。

（1）在叶片尺度上，系统研究小麦白粉病的光谱响应特征和病情信息提取方法。基于叶片尺度的成像、非成像光谱数据以及叶片生理生化测试数据，研究小麦白粉病叶片光谱响应机制以及适合病害监测的光谱特征。构建小麦白粉病病情反演模型和判别模型。采用交叉验证评价模型精度，反演模型拟合决定系数R^2为0.86，标准化均方根误差低于0.20；判别模型总体分类精度达到91%。

（2）在冠层尺度上，一方面，研究小麦白粉病的冠层光谱响应特点以及适于病情监测的光谱特征；另一方面，提出为进行不同年份光谱数据间比较的标准化方法，并研究小麦条锈病和养分胁迫的区分方法。通过特殊试验考察5个时相下38个光谱特征对条锈病病情的响应情况，找出PRI、PhRI、NPCI和ARI能够在多个时相上对条锈病病情产生稳定的响应。进一步考察这些植被指数对养分胁迫的响应情况，发现仅PhRI对病害敏感而对养分胁迫不敏感，因此可利用该指数对小麦条锈病和养分胁迫进行区分和识别。

（3）在田块尺度上，将叶片、冠层尺度的光谱特征进行由点到面的扩展，研究利用多时相环境小卫星影像对小麦白粉病进行大面积监测的模型和方法，并提出结合混合调谐滤波算法和偏最小二乘算法的病害信息提取方法。通过特殊试验，提出一种结合MTMF和PLSR的病害监测方法。在小麦白粉病监测的空间分布格局方面，采用χ^2检验的空间样区分析和FRAGSTATS景观软件，得到小麦白粉病在区县尺度上呈相对聚集的分布模式，而在局部田块中呈相对分散的分布模式，为病害防治管理提供依据。

（4）在田块尺度的病害预测方面，基于环境卫星的光学数据HJ-CCD和红外数据

HJ-IRS，通过提取表征小麦的生长信息及生境信息，提出一种采用Logistic回归进行小麦白粉病发病概率预测的模型构建方法。试验测定结果，经地面实测验证样本数据检验，预测概率与小麦白粉病实际发生概率总体一致。

（5）在田块尺度上，针对在地面调查数据缺乏情况下的小麦病害监测问题，提出一种基于病害（小麦条锈病）光谱知识库SKB的、采用HJ-CCD数据进行病害监测的方法。经实测数据检验，该方法在病情指数估计方面精度较低，而在病情等级判断方面效果较为理想。

13. 遥感软件知识产权与数字遥感影像版权保护（2012，付剑晶；导师：王珂）

主要工作及成果如下。

（1）提出了交叉控制流代码迷惑技术及相应的编译器方案，能有效地阻止反编译，并增加静态分析的难度。经仿真和分析，提出的技术对代码具有很好的保护效果，编译后的目标指令略微增加，而运行效率几乎不受影响。

（2）提出了一种量化评价迷惑变换鲁棒性的方法，方便程序员在多种迷惑方案中进行选优。软件迷惑变换能加大软件的反向工程与恶意篡改的技术难度，有利于保护知识产权。面对大量的迷惑变换技术，评价一种变换技术的有效性以及比较不同变换方案的优劣很有现实意义。试验结果：量化评价迷惑变换鲁棒性的方法，方便程序员选择不同的迷惑方案。所建立的变换模糊度模型用于刻画变换导致理解的困难性，能适应复杂的变换复合应用需要；评价方法基于程序控制流图，通过平均局部节点度量值描述软件局部秘密代码的鲁棒性。

（3）基于第一主成分向量方向的稳定性，设计了一种适用于遥感图像和普通图像的零水印方案，方案在鲁棒性、经受攻击的广泛性、实用性三方面综合性能优越。提出了一种适应性很强的零水印方法，解决了水印的不可见性与鲁棒性的矛盾。对提出的方案进行了安全性与鲁棒性分析，经过对6幅图像的20种单项攻击以及50种组合攻击进行试验，都表明所提出的方案在鲁棒性、抗攻击的广泛性、实用性三方面综合性能优越。

（4）提出一种鲁棒的多波段遥感影像可视零水印方案，能适应遥感影像数据的大尺度、多波段、高保真特点，性能稳定、鲁棒。随着地球观测科学与互联网的快速发展，耗资较大的遥感影像信息的版权保护已成为一个重要问题。选取5幅不同场景的遥感影像与25种图像处理，对普通攻击、灰度攻击、组合攻击、波段攻击、方案的执行时间进行了全面仿真。结果表明所提出的方案时间性能好，抗攻击性能稳定、鲁棒，能抵制包含波段攻击在内的较大范围的图像攻击。

14. 东非舌蝇（*Glossina* spp.）分布的遥感研究（2012，林声盼；导师：吴嘉平）

该研究以3个气象站记录的湿度数据为基准，气象站监测的每日湿度饱和差，与MODIS监测的780 hPa大气层湿度饱和差（DMODIS）和NDVI均显著相关（$|r|$＝0.42～0.63，p＜＜0.001），但相关性一般。采用线性回归预测的每日湿度饱和差与气象站实测值分别相差4.64～4.98 hPa（MAE，DMODIS）和5.96～6.66 hPa（MAE，NDVI），DMODIS较NDVI显优势。就长期平均值（16天）而言，DMODIS和NDVI预测湿度饱和差效果相似，与实测值相差3.75～4.22 hPa（MAE，DMODIS）和3.26～4.22 hPa（MAE，NDVI），误差比有所下降。利用促进回归树（Boosted Regression Trees，BRT）模型模拟东非舌蝇（Morsitans spp.）分布，以及影响分布的关键环境因子及其相互作用，表明基于BRT模型，利用高程作为气温替代因子，NDVI作为湿度替代因子，结合土地利用/覆盖（LULC）数据，卫星数据能有效地估测东非舌蝇分布范围。BRT比传统回归算法（如logistic回归）更有效，是未来预测舌蝇分布的首选模型。高程是舌蝇分布的主要控制因子（相对重要性为48.8％），其相对重要性分别比NDVI（相对重要性为28.2％）和LULC（相对重要性为23.0％）高。舌蝇分布与NDVI和高程间的关系是非线性的，且起伏大。高程与NDVI具有较强的交互作用。在肯尼亚，高程低于1000 m并且NDVI＞0.35的湿热区域是舌蝇分布重点关注区域。

15. 水土流失时空过程及其生态安全效应研究——以浙江省安吉县为例（2013，江振蓝；导师：吴嘉平）

主要研究结果如下。

（1）水土流失的遥感定量化监测。基于修正通用水土流失方程，将方程中相关的因子划分为背景因子和动态因子，对研究区1985年、1994年、2003年、2008年的水土流失进行监测。结果表明，安吉县水土流失恶化与恢复过程并存。但是，由于水土流失的恶化速度大于恢复速度，且水土流失恶化区面积始终大于恢复区面积，总体上呈现恶化趋势。

（2）水土流失的时空分异规律。利用全局Moran's I和局部空间关联指数（Local Indicators of Spatial Association，LISA），从定量的统计学和可视化角度研究水土流失的时空变异规律。结果再次表明，水土流失呈现恶化趋势。水土流失的热点区域，包括严重的水土流失区域和水土流失恶化区域不断扩大，且呈现较为集中的态势，研究区受水土流失影响的范围和影响的程度越来越大，水土流失越来越成为制约该区生态环境的主导因素。

（3）生态安全的时空分异规律。基于压力-状态-响应的理论框架，构建适合景观尺度的生态安全评价指标体系，并利用突变级数法进行研究区生态安全评价。结果表明，1985—2008年，研究区生态安全以比较安全区域为主（占全区的55％以上），生态状况总体上较为良好。然而，随着不安全和很不安全区域比重的上升，生态安全性呈现持续下降的趋势。

（4）水土流失的生态安全效应。在500 m×500 m格网尺度下，利用地理权重回归模型进行1985年、1994年、2003年、2008年水土流失对生态安全的影响研究，以及2000—2012年水土流失变化对生态安全变化的影响研究。结果表明，研究区水土流失的变化决定着生态环境的变化。随着时间的推移，研究区水土流失的持续恶化使得生态状况变得越来越不安全，水土流失问题已越来越成为该区生态环境最主要的问题。

该研究主要创新点为①构建了适合区域长期监测的水土流失遥感定量化监测方法；②利用突变理论进行生态安全评价。

16. 农作物群体长势遥感监测及参量空间尺度问题研究（2013，董莹莹；导师：王纪华）

该研究取得的研究成果如下。

（1）针对农作物群体长势遥感监测的实际应用需求，构建了2个遥感可反演的新型农作物群体长势参量CGMI 1和CGMI 2（Crop Growth Monitoring Index，CGMI），能够从农作物的群体形态结构和群体生理活性两方面出发，综合定量描述农作物群体长势状况。

（2）针对基于多空间尺度遥感数据和产品开展农作物群体长势分级评估的应用需求，提出了一种具有空间尺度自适应能力的长势参量阈值划分策略，并在数值划分的基础上，开展了农作物群体长势的多空间尺度遥感监测和分级评估研究，构建了农作物群体长势分级评估体系。

（3）针对基于多空间尺度遥感数据和产品定量反演LAI和CCD存在的总体差异问题，设计了一种数据分析策略，它能够定量描述不同空间尺度遥感观测数据、不同农作物长势参量遥感反演模型、农作物长势参量尺度效应对多空间尺度遥感反演LAI和CCD总体差异的具体影响和贡献量。

（4）针对不同空间尺度遥感观测数据引起的多空间尺度遥感反演LAI和CCD的总体差异问题，提出了一种基于正态分布统计理论的多空间尺度遥感观测数据差异定量分析及校正方法。该方法可适用于具有不同地表下垫面结构的研究区。

（5）针对农作物长势参量尺度效应引起的多空间尺度遥感反演LAI和CCD的总体差异问题，提出了一种基于切比雪夫多项式逼近理论的长势参量空间尺度转换模型，能够有效地校正尺度效应带来的LAI和CCD多尺度反演差异。该模型在不同地表下垫面结构的研究区中更具普适性。

（6）针对多空间尺度遥感数据和产品定量监测农作物群体长势一致性分析评价的应用需求，开展多尺度遥感监测群体长势结果的空间一致性分析研究，为在具有不同地表下垫面结构的研究区中开展多尺度农作物群体长势遥感监测研究的合理性和可行性分析评价提供依据。

17. 基于多源数据冬小麦冻害遥感监测研究（2013，王慧芳；导师：王纪华）

该研究首先以人工控制条件下冬小麦越冬冻害与早春冻害为例，分别获取叶片、冠层尺度高光谱，研究冬小麦冻害光谱特征响应机制。继而以河北省示范区2009—2010年度典型冬小麦冻害实况为例，在地面样点调查基础上，综合多时相光学与热红外数据等多源遥感数据，利用GIS空间分析等技术手段，开展区域尺度上冬小麦冻害监测模型与方法研究，具体研究内容和结果如下。

（1）在大田种植耐冻、不耐冻小麦品种发生越冬冻害自然条件下，获取了叶片与冠层尺度高光谱数据。在叶片尺度上，首先提取了敏感波段，其次提取了叶片高光谱特征参量，建立了叶片尺度DAI与高光谱特征的拟合方程。在冠层尺度上，通过主成分分析法提取出4个与产量相关的考种指标都与冻害胁迫程度达到了极显著相关。

（2）在人工霜箱模拟北方麦区（北京地区）春季越冬后早春冻害胁迫处理，观察其对冬小麦生长及产量的影响，同步获取了对小麦早春冻害叶片及冠层高光谱信息提取数据研究表明，早春冻害对株高与LAI的影响达到了显著相关，说明不同程度的早春冻害对小麦长势以及最后收获产量影响较大。

（3）大尺度监测冬小麦冻害灾情，需要结合受冻后长势监测，以提高冻害监测精度。引入变化向量分析理论，分别对冬小麦冻害灾情及灾后长势恢复进行监测。利用多时相环境小卫星数据提取的多种植被指数，构建变化向量并分析其动态变化趋势，结合冬小麦冻害光谱特征敏感性分析，建立冻害灾情遥感监测模型。监测结果表明变化向量分析法能有效地反映冬小麦受冻和长势恢复程度及空间分布。

（4）为了系统地评价冬小麦冻害严重程度并筛选影响其冻害受灾程度的有效评价指标，将灰色理论系统的知识模型与RS，GIS技术相结合，在确立评价指标体系原则及要求的基础上，建立大尺度多源信息融合的冻害综合评价模型，并用于生成空间分布专题图。首先实测冻害严重度群体指标——茎蘖存活率与地表温度、土壤各养分含量、土壤热惯量和土壤含水量等空间数据信息进行灰色关联分析，并确定其权重；继而利用空间插值技术构建了研究区小麦冻害胁迫多因子空间矩阵，最后通过灰色聚类评估分析建立冬小麦冻害严重度评估模型，将研究区可划分为重灾、中灾、轻灾或未受灾3种受灾片区。结果表明：评价结果经Kappa模型验证后，总精度达78.82%，Kappa系数为0.6754。因此，灰色聚类分析数学模型与RS，GIS空间分析的有效整合，可以客观、准确地对冬小麦受冻害灾情进行定量评估研究，使得评价模型更具科学性和应用前景。同时此方法也为生态环境变化评价、作物长势及灾害监测提供了另外一种新途径。

18. 川渝地区农业气象干旱风险区划与损失评估研究（2013，张峰；导师：黄敬峰）

该项目取得的研究结果如下。

（1）该研究选取了致灾因子危险性（H）、承灾体脆弱性（V）及抗灾减灾能力（RE）等3个一级评价指标和11个二级评价指标，构建川渝地区农业（水稻）气象干旱风险综合评价指标（R），对其进行评估。在遥感监测方面，利用TRMM 3B43数据构建了月降水量距平和累积降水量距平，监测并分析了2000—2012年气象干旱空间分布，并选取了19个典型干旱时期，作为土壤湿度和植被干旱监测的研究基础。构建了温度植被干旱指数TVDI（TVDIN、TVDIE、TVDIM），分析其特征空间，并与降水趋势和98个农业气象观测点的10 cm和20 cm的土壤墒情资料进行相关性分析，进而选取TVDIM反演的土壤湿度与19个典型干旱时期进行空间对比分析。通过考虑"大气降水—土壤湿度—植被响应"之间的关系，利用距平植被指数（ANDVI）对大气降水和土壤湿度的"时滞"效应进行分析。在水稻灾损评估方面，利用拉格朗日插值法、直线滑动平均法和借助于遥感手段的平均减产分成法（水稻种植面积提取、估产、受灾面积信息）估算了2006年川渝地区水稻产量的损失量。

（2）建立和完善农业气象干旱风险评估，遥感监测和灾损评估是农业气象灾害的研究重点。该研究紧密围绕以上三个主题对川渝地区进行上述研究，得到的主要结论包括：①综合风险指数（R）高的地区集中在成都市、德阳市、重庆市、遂宁市地区。R高的地区往往并不是由单一因素所决定，而是多方面因素综合作用的结果，其中承灾体的高脆弱性是导致高风险的主要因素。R低的地区主要集中在川西和川北地区，如阿坝藏族羌族自治州、甘孜藏族自治州等，这些地区均表现出较低的致灾因子危险性。利用水稻产量损失模型对构建的农业气象干旱风险模型进行验证，两者显著相关（$R^2=0.45$，$p<0.05$）。②TRMM降水数据与实测降水数据显著相关（$p<0.001$）。基于TVDIE的土壤湿度空间分布特征与基于TRMM降水量距平空间分布特征具有一定的相似性，大部分时期的空间匹配度较高。在由ANDVI得到的旱情监测空间分布图的基础上，发现ANDVI与TRMM降水量的相关系数在第40天和第48天分别达到0.32和0.33（$p<0.05$），TVDIE土壤湿度的相关系数在第16天为0.35（$p<0.05$），说明三者之间具有一定的滞后性。③2006年，利用该方法得到四川省水稻产量损失达273万t，重庆市水稻产量损失达139万t，合计401万t。分析发现，利用拉格朗日法计算灾损量和灾损率，由于所选取的完全无灾害的理想状态极少，以此为基础所得到的期望单产往往比实际估产的结果偏大，在利用直线滑动平均进行水稻估产中，由于没有充分利用理想无灾害年份，得到的趋势产量与气象产量无法完全剥离，导致结果偏小。利用遥感手段提取的川渝地区水稻种植区为3.5×10^6 hm²，与统计数据相对误差为15%左右。在植被指数距平基础上，提取了水稻绝收面积、成灾面积和受灾面积分别为8.10×10^3 hm²，45.2×10^3 hm²和2.67×10^6 hm²。在此基础上，基于遥感手段的平均减产法

得到川渝地区水稻损失为302.31万t。

19. 全球火格局的时空变异及其机理分析（2013，雒瑞森；导师：王珂）

研究的主要工作和成果如下。

（1）结合火格局的两个重要特征：过火面积与火强，量化了全球火格局的空间变异，并结合自然人文因子分析其机理。计算了两个基于卫星遥感的火格局指数：过火面积与火辐射强度以量化全球的过火面积与火强，并结合二者将全球火的空间格局分为四类：①大过火面积高火强区；②大过火面积低火强区；③小过火面积高火强区；④小过火面积低火强区。在全球尺度上分析了火的影响范围与程度的差异性，显示了未来结合二者进行研究的必要性。初步揭示了过火面积与火强间的相互关系，及二者对不同环境因子的敏感性差异。

（2）量化了全球各个生态区系过火面积的时间序列，分析了其与极端气候事件的关系，并以加拿大为例，探讨了火与长期气候变化之间的关系。结果表明加拿大的过火面积、火的数目与温度之间存在着显著的正相关关系，而且在不同生态区系，火对温度响应的敏感性不同。其中，泰加林及北方苔原带对气候变化的响应最为剧烈，由于该区是全球重要的碳汇，这提醒决策者应格外关注气候变化对这里的火格局的影响。

（3）通过随机森林回归树方法探讨了全球尺度上火与其影响因子间的响应阈值，及不同区域火格局的主要影响条件的差异。理论研究和小尺度实验指出，火与自然人文因子的关系不是简单的连续关系。在全球尺度上量化火与其影响因子间的阈值响应研究较少，可用于其他研究的具体阈值更是鲜见。采用了基于阈值的随机森林回归树的方法，在随机森林中构建了500棵回归树，分析了火与影响因子间的阈值关系。该方法较好地解释了观测到的全球火密度格局（方差解释率为78.33%）。采用基于阈值的随机森林和回归树模型，明确地将火与植被间的非连续响应关系集成进去，更真实地探索了火—植被—气候间的关系。研究中所检测到的类别及阈值，或可为下一代火建模及全球生物地球化学建模提供参考。

20. 基于多源数据和神经网络模型的森林资源蓄积量动态监测（2013，吴达胜；导师：王珂）

主要研究内容和成果如下。

（1）以森林资源蓄积量为监测指标，通过大规模的样本集，建立了包含土层厚度、A层厚度、海拔、坡度、坡向、地表曲率、太阳辐射指数、地形湿度指数、树龄、郁闭度、归一化植被指数、B1、B2、B3、B4、B5、B7等17个指标在内的自变量因子集。

（2）通过多项式拟合结合经验数据求得了各自变量因子的隶属度，并在Matlab R2011b中按优势树种（分别为杉木、马尾松、硬阔类、黄山松）建立了基于

Levenberg-Marquardt优化算法改进的BP神经网络模型。分组训练和仿真结果表明：个体平均相对误差从27.00％到41.69％，平均值为33.73％；群体相对误差从4.94％到7.55％，平均值为6.14％，意味着仿真精度达到90.00％以上，超过森林资源二类调查的蓄积量总体抽样精度标准（即85.00％），可用于指导生产实践。

（3）用上述所建模型按优势树种反演了2004年固定样地所在小班的平均单位蓄积量，结果表明，由预测值与实测值组成的点对均匀地分布于对角线两侧，除了黄山松的散点图较为分散外，其他优势树种的点对基本上集中在以对角线为中心线的一个较窄的范围内。群体相对误差从0.91％到10.48％，平均值为3.67％，这意味着群体反演结果达到了相当高的精度（大于95.00％），超过森林资源二类调查的蓄积量总体抽样精度标准（即85.00％）；个体平均相对误差从17.28％到39.04％，平均值为27.31％。反演结果最为理想的是马尾松，最差的是黄山松。

(4) 通过该模型预测了2010年固定样地所在小班的平均单位蓄积量。从散点图和误差曲线可见，由预测值与实测值组成的点对基本上集中在以对角线为中心线的一个较窄的范围内。预测结果的群体相对误差为6.73％，群体预测精度达到93.27％，超过森林资源二类调查的蓄积量总体抽样精度标准（即85.00％），可用于指导生产实践；个体预测平均相对误差为24.14％，其中有61.84％的样本的个体相对误差小于20.00％。进一步表明了所建立的预测模型具有很强的泛化能力。

21. 作物长势参数的垂直分布反演及遥感监测研究（2014，廖钦洪；导师：王纪华）

研究内容和成果如下。

（1）在单叶尺度上，系统地分析了不同层次玉米叶片叶绿素、类胡萝卜素和氮素的垂直分布规律；通过对ASD光谱仪获取的单叶光谱的分析，考察了叶片的光谱响应机制及植被指数在反演作物长势参数垂直分布的潜力。在此基础上，对不同叶层玉米叶片的生化参数进行了反演，较植被指数反演的精度有较大的提高；对于氮素和类胡萝卜素，采用了离散小波变换、小波特征向量提取、遗传算法和神经网络对其垂直分布进行反演，其中，氮素不同叶层反演的比较植被指数有较大提高；另外建立了玉米不同叶层生化参数遥感定量反演的新模型。

（2）在冠层尺度上，采用自主研发的多角度高光谱观测系统对主平面内不同叶层小麦的长势参数垂直分布进行了高光谱反演。选取了17种基于植被"红边"设计的植被指数对LAI与叶绿素进行反演，重点考察了植被指数角度效应对反演结果的影响。通过对作物长势参数垂直分布的多角度反演，得出了天顶和后向观测的效果要优于其他的观测角度。

（3）在冠层尺度上，采用自主研发的多角度成像观测系统对不同播期玉米的LAI与叶绿素进行反演。对成像观测的数据进行了验证，其中，上层LAI反演的精度R^2可达到0.80。对于叶绿素的反演，主要利用了多角度观测中的热点和暗点效应，结合ACRM辐射传输模型，对其敏感性进行了分析，改进了植被指数TCARI，进而提出了一个新的叶绿素植被指数HD-TCARI，该指数可以降低反演过程中LAI对叶绿素的干扰，对玉米不同叶层反演的精度R^2分别为0.67、0.58和0.42。

（4）在区域尺度上，采用获取的CASI航空遥感影像对作物长势参数进行遥感监测。利用CASI航空影像的高空间分辨率，采用监督分类的方法提取出了研究区域作物的种植面积；通过从CASI航空影像中提取出的光谱反射率，计算了宽波段和窄波段植被指数，并与利用反射率建立的偏最小二乘回归模型进行了比较，宽波段植被指数表现出了较窄波段植被指数更好的反演效果。在此基础上，采用波段组合的方法对其进行了优化，筛选出了作物LAI、叶绿素a、叶绿素b、叶绿素a+b和氮素反演的最佳波段位置，并将建立的函数关系式应用到CASI影像中，实现了研究区域作物长势参数的遥感监测。

22. 浙江省饮用水水库水质演变及风险评价研究（2014，顾清；导师：王珂）

主要研究内容与结论如下。

（1）首先利用2001年至2013年的数据对浙江省30座大中型饮用水水库的水质和营养状态进行分析。采用2010年TM遥感数据对水库的水质进行定性分析，发现遥感信息的总体变化趋势与地面监测的水质等级变化情况相一致，随着水质等级的下降，第一波段和第四波段的DN值有上升的趋势。

（2）使用TM遥感数据和千岛湖实测水质数据，选用常规的统计回归模型和RBF人工神经网络模型两种方法对水体中的叶绿素a，透明度，总氮，总磷含量进行模拟和预测。选出的最佳参数为自变量，用RBF人工神经网络模型对水质指标进行模拟和预测，传统的统计回归模型具有更好的反演精度。

（3）对水库流域在1995年、2000年、2005年和2010四个年度内的土地利用变化情况进行分析，发现建设用地比例有升高的趋势，说明建设用地的增加将导致水库水质的下降。虽然流域建设用地扩张速度相对比较缓慢，但水库水质对流域内建设用地的增长十分敏感，因此需严格控制流域内建设用地的增加。

（4）研究选择包括土地利用、社会经济、水库特征和气候等方面的16个参数作为自变量，以2010年浙江省73座饮用水水源地水库的水质等级作为目标变量，用决策树方法进行建模，并对水库水质进行预测。模型的训练精度达到94.23%，预测精度达到80.95%。人为因素包括工业废水排放、工业产值、GDP、人口密度和土地利用方式，这是与浙江省饮用水水库水质联系最紧密的影响因子。对参数重要性分析的结果显示，工业废水的排放是造成水库水质变化的最重要因素。

（5）最后结合模糊层次分析法和集对分析理论，借助RS和GIS手段，在压力-状态-响应框架下对30座水库流域在1995年和2010年两个时期的生态环境安全性进行了评价和分析。评价结果显示，从1995年至2010年水库流域生态环境安全性整体上发生了下降，由安全向潜在危险和危险转变。从分指标的评价结果中可知，下降的主要为压力和状态指标，而响应指标略有上升。在空间分布上来看，西南部的安全性整体上要高于东北部地区，安全性发生显著下降的流域主要位于浙江省的中部和东北部地区。

23. 县域农田养分动态监测的方法优化和应用研究（2014，宋根鑫；导师：王珂）

该研究的主要工作和结论如下。

（1）农田养分空间变异性相关因素的分析。土壤养分的空间分布经常会与其他性质密切相关，并发现地形因素与土壤养分要素之间存在较为显著的相关关系：①该研究发现多数微量元素数据与土壤养分含量之间的相关关系较小或者年际差异较大，能够为土壤养分空间变异和预测提供更多的相关因子的选择空间。②研究发现土壤养分要素之间的相关性都较为明显，且年际变化小，关系相对稳定。还有因为土壤有机质、全氮、有效磷和速效钾是土壤养分监测中的常规监测项目，四个养分要素的采样过程具有同步性、采样点的位置具有一致性。利用土壤养分要素之间的相关关系来研究土壤养分要素的空间变异并进行空间预测，具有极大的便利性和实用性。最后，总结不同类型辅助因子数据特征，对日常农田土壤监测项目和不同项目的监测周期等工作，提出了相应的改进建议。

（2）农田养分最优因子协同克里格插值及精度检验。协同克里格插值能够在空间自相关的基础上，结合辅助因子的协相关关系对变量进行空间预测，能够很大程度上优于其他插值方法的预测精度。研究在探讨地形、土壤微量元素与土壤养分要素之间的相关性。用土壤养分的普通克里格插值和次优辅助因子协同克里格插值进行精度对比，交叉检验和检验点检验都表明最优辅助因子协同克里格插值结果与普通克里格方法和次优辅助因子协同克里格方法的结果相比，其预测精度均有较大幅度的提高，从而为面状土壤养分数据的应用提供了精度保证。

（3）农田养分时空演变规律分析及演变规律在土壤测土配方施肥中的应用。该研究在探索了最优辅助因子协同克里格土壤养分插值方法的基础上，将该方法应用到多个时间点（2004年、2006年、2008年、2010年和2011年）的土壤养分差值中，得到多个时间点的土壤养分预测结果，研究土壤养分时空变异特征，总结土壤时空演变规律。发现四个土壤养分要素的变化速度都存在着越来越快的变化特点，同时四个养分要素的演变也存在一定的差异，证实有机质和全氮的变幅相对较小、有效磷和速效钾的变幅相对较大。因此，建议在日常农田养分监测中，对土壤有机质和全氮含量进行监测，可以每隔两到三年监测一次，并且在每次监测时可以只监测其中之一的项目，另一个项目可以根据历史数据，按照有机质和全氮含量的稳定关系，计算得到，而在另一个年度对另外一个项目进行监测；而有效磷和速效钾含量的绝对变化量达到土壤分级阈值的比例一直都很高，因此，建议对土壤有效磷和速效钾的监测应按年度进行。

（4）测土配方信息管理系统的设计与实现。在以上工作的基础上，根据最优辅助因子协同克里格插值结果，结合当地土地利用现状数据，将插值结果赋值到土地利用现状图的耕地图斑上，结合当地基础地理数据，建立GIS空间数据库，采用ArcGIS Server建立并发布多种类GIS地图服务和地理处理服务，并结合当地测土配方施肥方案，采用Flex技术构建当地土配方施肥信息管理系统的网络应用，通过Microsoft IIS进行网站管理和发布，最终完成了从土壤养分监测样点到土壤养分区域内连续插值，再到网络查询应用的整个工作，整个测土配方施肥信息管理系统已经在当地农业部门进入日常应用阶段。

24. 耦合遥感信息与作物生长模型的区域低温影响监测、预警与估产（2015，潘灼坤；导师：黄敬峰）

研究取得的主要成果如下。

（1）利用时间序列遥感数据提取作物物候信息。作物物候期年际变化是气候年际差异的指示，为利用遥感数据精确地提取作物物候信息，研究中提出了将较高时间、空间分辨率的国产环境卫星HJ-1A/B数据用于构建植被指数时间序列。提出了针对该数据而开发的构建时间序列的流程方法、信号滤波和逐日的影像插补系统，从而能够利用HJ-1A/B时间序列NDVI进行分析和物候期提取。

（2）利用作物生长模型对低温气候影响分析。为了弥补田间试验研究的不足，利用作物生长模型探讨在关中平原双季作物种植制度下低温冷害风险预警、灾损评估和农事措施调整的可能性。研究通过模型模拟农事活动在时间上的安排措施以规避低温带来的影响，证明播种/收获期"不误农时"的重要性，旨在为农业生产的稳定提供建设性的建议。

（3）利用遥感监测物候信息驱动作物模型区域化运行。研究中利用HJ-1A/B遥感数据获取的物候信息驱动作物模型区域化运行，对在杨凌地区的2011—2013年冬小麦和夏玉米进行了区域产量估测，评估了低温情景下作物产量损失发生的范围和程度，并揭示与之关联的农事活动时空上的安排情况。研究结果帮助在空间上认识到播种/收获期对产量的影响，其空间分析结果也证实了在低温气候情景下，对冬小麦适时晚收，对夏玉米适时早播，有助于抵御低温气候而稳定产量。

（4）同化作物长势遥感监测信息与作物模型实现区域估产。作物生长模型表征了其所在气候、土壤与栽培管理措施的综合结果下对生长发育与产量模拟具有很强的机理性。时间序列遥感数据获取的作物参数LAI提供了作物生长过程信息，利用数据同化将观测和模拟的变量融合能提高模拟的真实性。构建了适用于DSSAT模型的数据同化框架，利用MODIS-NDVI时间序列在关中平原提取物候信息运行驱动模型；采用了GLASS-LAI定量遥感产品与模型模拟的LAI建立代价函数，逐像元优化模型参数，从而实现遥感观测资料与作物模型同化的区域产量估测。

25. 基于遥感数据的作物长势参反演及作物管理分区研究（2015，付元元；导师：王纪华）

取得如下研究成果。

（1）基于高光谱遥感影像的作物种植区提取。为了解决高光谱影像波段维数较高，在利用监督分类方法进行分类时出现维数灾难的问题，从波段选择和特征提取两个方面进行了高光谱影像维数约简的研究。研究提出的Scatter Matrix方法可以有效地降低波段维数，提高分类识别率。在特征提取方面，提出了一种混合的特征提取方法PCA_Scatter Matrix算法，与传统的PCA法比，识别率提高2.5%。在利用光谱信息的基础上，引入了地物自身的空间信息，提出了一种光谱特征和空间特征融合的高光谱影像分类方法Spe Spa VS_Scatter Matrix，该法与多种方法比较，说明只有将光谱信息和空间信息有效地结合才能提高总体识别率，如果结合方式不当，那么总体识别率并不会比仅采用单一信息的高。

（2）基于冠层高光谱的作物长势参数遥感反演。基于PROSAIL模型模拟的冠层高光谱，系统地分析了二十种常用于作物LAI反演的植被指数，得出以下结论：①当LAI小于3时，植被指数受土壤背景亮度变化影响较大，其中LAIDI、OSAVI和RDVI是进行LAI反演较好的选择；②当LAI大于3时，植被指数受叶片叶绿素含量变化影响较大，其中EVI 2、LAIDI、RDVI、SAVI、MTVI2和MCARI 2对叶片叶绿素含量变化相对较不敏感且具有较好的抗饱和性，是进行LAI反演较好的选择。针对利用高光谱指数反演作物地上生物量时的"饱和"问题，提出了基于最优NDVI-like和波段深度信息BDR结合的偏最小二乘回归（PLSR）生物量反演方法。实验结果表明：①与NDVI（670 nm，800 nm），SAVI（670 nm，800 nm）和红边位置相比，所选择的窄波段植被指数（最优NDVI-like和SAVI-like指数）的生物量反演模型的预测精度更高；②基于波段深度信息建立的PLSR生物量反演模型的预测精度比基于最优NDVI-like的反演模型的精度高；③提出的基于最优NDVI-like和波段深度信息BDR集合建立的PLSR生物量反演模型获得了最好的预测结果（$R^2=0.840$，RMSE$=0.177 \text{ kg/m}^2$），由此表明，提出的基于最优光谱指数和波段深度信息结合的PLSR反演模型能较好地缓和生物量反演时的"饱和"问题，提高生物量反演精度。

（3）基于CASI高光谱影像的作物长势参数反演和监测。为了将作物长势参数反演和监测上升到区域尺度上，该研究以甘肃黑河流域盈科灌区的玉米和蔬菜为研究对象，首先采用Scatter Matrix波段选择方法结合支持向量机分类方法，提取出了作物种植区域。采用查找表法进行基于PROSAIL辐射传输模型的LAI反演，反演结果表明，基于查找表多解的方法能够获得较好的LAI反演精度，其中取前100个解时，LAI反演精度最高，由此表明当地面采样点不足时，利用查找表法进行基于辐射传输模型的LAI反演，能够较好地避免经验模型法基于少量样本建立的模型缺乏稳定性的问题。最后对整个CASI航空影像实现查找表反演，最终实现了研究区域作物长势参数的遥感监测。

（4）作物管理分区研究。以冬小麦为研究对象，基于2006年获取的一景Quick Bird遥感影像以及田间采样的土壤养分和产量数据，在分析了土壤养分参数空间变异和作物长势空间变异的基础上，进行了作物管理分区研究。从分别基于土壤养分数据和遥感影像数据进行管理分区的结果可以看出，以这两种数据源进行管理区划分后，每个管理区的小麦产量变异系数均降低了，由此表明这两种数据源均可以用于作物管理分区，但从成本和时效性的角度来看，遥感影像在作物管理分区中更具优势。

26. 基于遥感数据和气象预报数据的DSSAT模型冬小麦产量和品质预报（2016，李振海；导师：王纪华）

研究取得以下主要成果。

（1）采用扩展傅立叶振幅敏感性检验方法重点对模型中的作物遗传参数（包括品种型参数和生态型参数）和部分土壤参数进行敏感性分析。结果表明，与LAI较为敏感的作物及土壤参数包括PHINT、P1、LSPHS、LAIS、SLAS、GN%S、SALB、VEFF和TDFAC；与AGB较为敏感的参数包括PHINT、SLPF、PARUE、PARU2和P1；与AGN较为敏感的参数包括PHINT、P1、PARUE、RDGS、P1D和SLPF；不同生长过程变量的敏感性参数有异同之处，并且在时间序列上表现出差异性。与产量敏感的参数（PARUE、SLPF、G 1、G 2、P 1和PARU 2）和与GPC敏感的参数（G1、GN%S、P5、PARUE、PARU 2、SLPF和G 2）之间也表现差异性。有些对生长过程敏感的参数（PHINT，LSPHS，LAIS，SALB，VEFF，TDFAC，P1D和RDGS），在产量或GPC的敏感性中没有体现出来。在应用调试的过程中，需要兼顾收获期产量，以及GPC的敏感性参数和生长过程变量的敏感性参数。

（2）采用极大似然不确定性估计方法，结合参数系统调试过程和敏感性分析结果进行DSSAT模型的参数自动逐步系统调试，并进行LAI、AGB、AGN、产量和GPC的模拟验证。研究表明利用DSSAT模型对研究区域进行作物长势和营养监测以及产量和GPC预测是一个有效工具。

（3）以AGN作为状态变量，采用粒子群算法进行遥感数据和DSSAT模型同化，尝试将同化方法应用于冬小麦GPC预报的可行性中。结果表明选择与氮素相关的植被指数可以进行AGN遥感反演，其中NDRE构建的回归模型精度最高，其AGN的模拟值与实测值的R^2和RMSE分别为0.663和34.05 kg/hm^2。数据同化方法得到AGN的结果（R^2=0.729，RMSE=32.02 kg/hm^2）优于植被指数反演法。预测的冬小麦产量（R^2=0.711，RMSE=0.63 t/hm^2）和GPC（R^2=0.367，RMSE=1.95%）与实测产量和GPC也具有较好的一致性。对强筋小麦和中强筋小麦分别进行模拟，GPC的总体预测精度（R^2=0.519，RMSE=1.53%）有明显的提高。利用数据同化方法可以较好地实现冬小麦产量和GPC的预测。

（4）进一步分析遥感同化结果，以LAI和AGN同时作为同化状态变量，开展双状态变量数据同化方法进行冬小麦产量和GPC预测的研究。基于MSR构建的LAI反演模型（$R^2 = 0.829$，RMSE$=0.598$）以及NDRE构建的AGN反演模型（$R^2 = 0.794$，RMSE$=37.75$ kg/hm^2）精度最高。利用双变量同化方法较单一状态变量同化结果更加可靠。

（5）分析北京地区收获前不同时间节点上冬小麦产量与GPC的预报精度，以此确定最佳生育时期产量和GPC预报节点。根据该研究所设置的预报节点，在开花期末（5月21日左右）进行产量预报，预报的产量结果与实际气象条件下的产量预报结果基本一致，并且后期极端天气条件对最终产量的影响不大，产量预报结果的可靠性较高，可以确定为冬小麦产量预报的最佳预报节点。

（6）结合作物模型与遥感数据同化和气象预报的研究结果，开展区域冬小麦产量GPC预报研究。结果表明，利用波谱响应函数将田间高光谱数据转换为Landsat-5卫星TM的多光谱数据，并进行LAI和AGN反演模型构建，反演LAI和AGN最优的模型分别为MSR和GNVI；通过优化迭代次数和粒子群数目、遥感影像重采样处理和计算机并行计算方法可以提高同化算法的效率；将遥感数据同化和气象预报结合，实现区域冬小麦产量和GPC预报，在产量预报结果与实测值之间达到极显著水平（$p < 0.01$）。

27. 区域森林生物量遥感估测与应用研究（2016，吴超凡；导师：王珂）

该研究的主要内容和结论如下。

（1）通过Landsat数据、地形数据与野外实测数据提取不同的建模因子，建立不同的特征集并结合特征选择的方法以观察不同特征集在建模过程中的作用。在以Landsat遥感影像为主要数据源提取的遥感特征因子与实测生物量的相关关系中，短波红外与实测生物量具有最强的相关性。而在植被指数中，归一化植被指数与生物量的相关性并不显著，但缨帽变换中的湿度分量、植被指数中的NDVIc、纹理信息中的短波红外纹理平均值与生物量有较高的相关性。实测参数中的胸径和树高与生物量表现出较好的正相关性。

（2）观察样本数量、特征数据集与不同机器学习方法对生物量估测的影响程度，根据交叉验证精度选择最优建模方法。通过对比五种常用的机器学习方法，以十折交叉验证的精度指标判断，总体上随机森林与随机梯度boosting算法具有更高的建模精度。其次再支持向量机、K阶最近邻和偏最小二乘法。以偏差值为标准，偏最小二乘法和随机梯度boosting算法具有无可比拟的稳定性。用Landsat为主要数据源反演生物量的研究，算法的改善很重要。

（3）在应用最佳样本数量、特征集、建模方法及其组合参数实现研究区森林地上生物量估测的基础上，结合地形和不同森林类型信息以及景观指数和地统计方法分析静态的生物量空间分布特征。总体上，研究区的森林地上生物量随着高程和坡度的增加而增加，其空间分布在不同的森林类型之间具有显著差异。因高海拔与高坡度地区受人类干扰较少，森林植被的原生状态得到更好保留，因此设立自然保护区等保护政策对于生物量的增加具有积极作用。研究结果显示，研究区内的生物量具有中等程度的空间自相关性，分布的结构主要取决于自然因素，但是人类活动的影响作用明显。热点分析表明区域内生物量呈现聚集分布，高值区主要分布在水域附近和以阔叶林分布为主的高植被覆盖区；低值区主要位于以灌木林为主的林区，与研究区的森林类型分布基本一致。

（4）基于多时期的生物量分布图，从自然因素（地形）和人为因素（生态公益林经营方式）两方面探究森林地上生物量的时空变化规律。从1984年到2013年，杭州市富阳区的生物量总体呈现逐渐增长的趋势，特别是在2000年以后，其趋势愈加明显。生物量的变化率在低海拔区域（高程小于100 m）变化最大，一定程度上体现了平原绿化等森林保护政策对于生物量变化的影响。另外，国家级和省级生态公益林范围内的平均生物量在不同年份始终高于区域的平均生物量，而且保持更好的增长率，说明生态公益林这种森林经营方式对于森林生物量的增长具有积极效应，也体现了富阳区生态公益林划定的合理性。

另外，还参照价值当量估算法，通过参考产业结构随时间的变化改进森林生态系统单位面积生态服务价值当量，在此基础上结合社会发展系数和基于多时期遥感数据估测的森林地上生物量分布图，实现富阳区森林生态系统服务价值估算及其时空变化分析。

二、硕士生学位论文摘要

1. 浙贝母土宜性的研究（1988，麻显清；导师：俞震豫、王人潮）

该研究的目的在于探讨浙贝母的土宜性，为研究浙贝母的"道地"生态环境提供依据。研究结果表明，浙贝母生长适应性广，北至北京，南至湖南、浙江均有浙贝母种植，栽培浙贝母土壤类型有黄泥土、泥砂土、培泥砂土、黄泥田、粉泥土、江涂泥等，不同土壤肥力水平的浙贝母产量差异显著，黄泥田、高度熟化的黄泥土和泥砂土的浙贝母产量高，江涂泥、粉泥土的产量低。土壤肥力因素以有机质、全氮、总孔度以及土壤质地与浙贝母产量关系密切，并通过因子分析表明这几个肥力因素综合地反映了土壤的肥力水平。在生产上表现为浙贝母适宜在质地适中、高度熟化的土壤上栽培生长。土壤结构性和土壤持水性影响浙贝母的根系生长，鳞茎膨大以及种子贝母越夏，从而影响浙贝母的生产。

2. 基于GIS的区域旅游资源与环境评价研究——以浙江省仙居县为例（2004，孔邦杰；导师：黄敬峰）

该研究以浙江省仙居县为例，根据仙居县的山区特点，从生态旅游的观点探讨了神仙居景区的旅游环境容量，应用GIS的空间分析等功能评价了漂流旅游资源的空间结构、气候条件对区域旅游的影响，探讨了漂流旅游的气候影响因素。

研究主要分六个部分，第一部分为引言，论述了GIS及其旅游中的应用。介绍了地理信息系统的特点与作用，并在此基础上概括了GIS技术在旅游资源调查、开发规划与资源保护与可持续发展中的实际应用。另外还介绍了GIS技术在旅游管理信息化和旅游推广与营销方面的应用。第二部分为研究区的总体概况。介绍了仙居县的历史背景、自然条件、社会经济现状和旅游资源开发的优势与存在的问题。第三部分为旅游资源的综合评价。这一部分主要界定了仙居县风景区的资源类型和特征，并对主要景点做了简单介绍。第四部分从山地风景区的环境容量特征着手，分析了生态环境容量、空间环境容量、设施环境容量、服务环境容量和心理环境容量，最后对旅游环境容量进行综合评价，并对旅游环境承载量和环境容量的利用状况进行了分析。第五部分以仙居县永安溪漂流为例，应用仙居县1∶1万DEM资料，选取了四个研究区，分析其表面积、体积、坡度、地形和河道形态等空间特征，对漂流旅游资源的空间结构进行了探讨，并对其做了定量化评价。第六部分以仙居县多年气象资料为基础，对气温做了短序列订正，结合GPS资料和1∶1万DEM对气温做了空间推算，并结合相对湿度和风速，完成了仙居县的气候舒适度空间分布图，并利用DEM的高程分级资料，统计各代表月份地形舒适区域分布面积，分析了空间分布特征。另外采用仙居县漂流旅游项目的客流量和同期的降水、相对湿度、风速和气温等气象资料对仙居县永安溪漂流的气候影响因素进行了研究。分析了当地的人体舒适度指标，统计了月平均舒适天数，同时探讨了降水和高温的影响，得出适宜的气候条件，计算了各指标的偏差率，并与客流变化进行了对比分析。

3. 像素级中高分辨率遥感影像融合研究（2007，谭永生；导师：沈掌泉）

该研究对中高分辨率影像的多光谱影像数据与全色影像数据进行融合实验，利用多光谱影像丰富的光谱信息与全色影像丰富的空间信息之间的互补性，研究在尽可能保留原光谱信息的前提下，提高空间分辨率的像素级影像融合算法。该研究主要包括以下三个方面。

（1）分析了遥感影像融合的层次、模型、结构及其特点，着重阐述了像素级遥感影像融合的概念、方法，对遥感影像融合效果的评价方法进行了深入的分析，并对现有的评价方法进行了整理、分类，对图像融合效果及融合方法进行定性、定量评价的方法和准则进行了讨论。

（2）研究和分析了IHS变换、Borvey变换和PCA变换三种常用融合方法以及SVR变换、Pansharp变换、Gram-Schmidt变换这三种对高分辨率影像融合效果较好的融合方法，并通过实验定性、定量地比较了这几种方法的性能及对光谱的扭曲情况，分析和讨论了这些方法的优缺点及适用范围。

（3）在分析BP神经网络特性和优势的基础上，针对现有融合算法SVR在影像融合中的不足和有待改进之处，提出了一种结合BP神经网络和SVR变换的新的融合算法。实验结果表明，新算法总体上优于原SVR融合算法，并在增强空间信息和保持光谱特征方面较SUR变换有所改进。

4. 面向对象的高分辨率影像香榧分布信息提取研究（2008，王新辉；导师：沈掌泉）

该研究以处于浙江省会稽山区的诸暨市赵家镇为研究区，采用IKONOS遥感影像，对香榧分布信息的识别与提取方法进行研究，该研究获得以下主要成果。

（1）通过实地调查和影像目视判读，对研究区各个地物类型在IKONOS影像上的影像特征进行了定性分析。在光谱特性上，同类地物内表现出一致性，但不同类型地物如建设用地、裸地等非植被与植被、阴影之间的差别较大，尤其在近红外波段。各地物类型在光谱响应特征有区别，但是在不同的波段差异性不同。各地物在红、绿、近红外波段光谱值差异较大，区分性较强；而在蓝波段的光谱差异小，不易区分。

（2）采用多级多尺度分割的方法，先将影像初步分成植被、非植被和阴影，然后将不易区分的香榧与其他植被的阴影区用掩膜方法单独提取出来，继续用更详细的分割尺度对植被区和阴影区分别进行分割，生成各类地物对象，然后分别从中提取香榧的分布信息。基于多尺度的分割避免了不同地物类型之间的混分，对提高分类精度有很大的帮助。

（3）在分割形成对象的基础上，结合面向对象分类中的成员函数与最近邻法对各层次进行了分类。其中对于容易区分的非植被和阴影，利用其在红波段与近红外波段的光谱响应的差异构建成员函数；对于分类难度较大的各植被对象，根据各波段均值、比率、NDVI及纹理等信息，应用GIS中的统计分析功能进行分析和选择，然后构建合适的特征空间，来对植被区和阴影区中的植被类型进行分类，最后提取出香榧的分布信息。

（4）通过对面向对象的分类结果与基于像元的监督分类（最大似然法）、非监督分类（ISODATA聚类）结果进行对比发现，在应用面向对象分类法进行高分辨率影像信息提取时，所提取的地物信息与地物的实际分布之间具有较高的形状和属性一致性，分类的精度更高，并有效地避免了常规影像分类方法所具有的"椒盐现象"，分类结果也更易于理解和解释。因此，该研究的结果表明用面向对象的分类方法进行香榧信息提取与调查是可行的。

5. 基于遥感技术的湖泊叶绿素a动态监测及改善空间制图详度的研究（2008，贾春燕；导师：沈掌泉）

该研究以太湖为试验区，采用时间序列MODIS数据进行研究，主要研究结果如下。

（1）2007年太湖叶绿素a浓度的时空分布特征。研究发现，太湖叶绿素a浓度具有明显的时空分布特征。夏季叶绿素a浓度最高，冬季最低；秋季由于受到夏季高浓度的影响，叶绿素a浓度高于春季。夏季叶绿素a浓度空间变化最大；冬季南部湖区叶绿素a浓度较为均匀，空间变化不明显；秋季空间差异要大于春季；全年北部湖区的空间差异较大，而南部湖区相对较小。

（2）水温对太湖叶绿素a浓度变化的影响。研究结果表明：太湖水体中的叶绿素a含量与水温之间有着很好的相关关系。温度随季节发生变化，随着温度升高，太湖叶绿素a浓度增高。当太湖水温达到25℃～33℃时，叶绿素a浓度达到最大值。33℃以上的水温对藻类生长有一定的抑制作用。因此，介于25℃～33℃范围内的水温条件可作为蓝藻水华暴发的一个预警参数。从空间关系看，太湖叶绿素a含量也与水温有显著的空间分布相关性。

（3）子像元定位方法在湖泊水质制图中的应用。MODIS数据具有高时间分辨率和光谱分辨率，并有可免费获得的优势，在大面积的水质动态监测中有很好的应用前景，但其空间分辨率较低，混合像元严重，影响水质监测的精度。针对此问题，提出采用子像元定位的方法。最后基于Landsat-7 ETM＋数据对太湖的叶绿素a（Chl-a）浓度进行试验，结果表明在水质监测中应用子像元定位技术可以获得超过遥感影像自身分辨率的叶绿素a浓度分布图，它更好地反映了其空间分布的细节，说明子像元定位技术在提高湖泊水质监测的精度方面具有一定的潜力。

6. 香榧资源遥感调查及其生长适宜性评价研究（2010，敖为赳；导师：王珂）

该研究以诸暨市赵家镇钟家岭村附近的香榧高产区为研究区域，利用IKONOS高分辨率影像结合数字高程模型，提取了香榧树种，分析了地形、土壤等环境因子对香榧生长的影响，并进行了香榧生长适宜性评价和三维分析显示系统的研制。该研究的主要成果如下。

（1）运用面向对象分类方法对研究区域内IKONOS影像进行分类，得到香榧资源分布区域，并对分类精度进行评价，认为利用高分辨影像进行香榧资源调查是可行的。

（2）以DEM为数据源，在获取研究区域的高程、坡度、坡向、地表曲率、太阳辐射指数和湿度指数等地形因子的基础上，结合香榧分布范围，运用模糊综合评价法，分析和评价了各地形因子及土壤类型对香榧生长适宜性的影响。同时，参考土地利用现状，将评价结果分为最适宜类、次适宜类和不适宜类。结果表明，地形是影响香榧生长分布的主要因素之一。

（3）在Microsoft Visual Studio .NET 2005的开发环境下，基于C语言，利用Arc Objects组件，开发了独立运行的香榧三维分析显示系统。该系统使用方便，实现了数据管理、显示和查询等基本功能，三维表面要素等高线、坡度和坡向的生成和地图数据的三维浏览飞行功能。

7. 基于HJCCD影像的杭州湾悬浮泥沙浓度及粒径分布遥感反演研究（2011，刘王兵；导师：周斌）

该研究主要的研究内容和结果如下。

（1）利用MODIS反演的气溶胶数据辅助进行HJCCD影像大气较正。利用NIR-SWIR大气校正扩展算法处理与HJCCD影像准同步的杭州湾MODIS影像，反演获得气溶胶光学厚度（Aerosol Optical Depth，AOD）数据。再利用AOD数据反推得出能见度数据，作为HJCCD FLAASH大气校正模块的输入参数，从而完成HJCCD产品的大气校正。大气校正结果显示，HJCCD第一、三和四波段的大气校正结果高于实测数据，第二波段低于实测数据；第三、四波段的大气校正结果精度较高，相对误差分别为18.99％和12.60％。结果表明第三和第四波段的大气校正结果可用于悬浮泥沙浓度的反演。

（2）杭州湾HJCCD影像悬浮泥沙浓度定量反演。利用实测的悬浮泥沙浓度数据和HJCCD波段等效实测遥感反射率，建立基于HJCCD第三、第四波段等效遥感反射率比值的指数反演模型，模型平均相对误差为13.60％；利用建立的悬浮泥沙浓度反演模型对经过大气校正后的HJCCD影像进行反演，得到杭州湾及邻近水域的悬浮泥沙浓度反演结果，绝对误差为70.76 mg/L，相对误差为7.12％。反演结果显示，杭州湾整体SSC普遍较高，内部差异明显，其中中部地区SSC最高，分别逐渐向湾口以里和外海递减。结合潮时数据分析结果，潮流引起的流速变化和水量交换都会影响湾内的悬浮泥沙浓度分布。

（3）悬浮泥沙粒径参数拟合及遥感反演探究。将实验室分析获取的粒径数量百分比和质量百分比数据，通过处理获得仪器量程内可靠的粒子数量分布情况，通过Junge模型和2C模型分别对实测粒子数量分布情况进行参数拟合。拟合结果显示，在半径为0.55～0.63 μm粒径段内，Junge模型拟合值高于实际值，相对误差高达50.00％～178.96％，而2C模型的相对误差为4.22％～9.59％，所以利用2C模型反演得出的小粒径端的粒子数量数据，可用于水体固有光学性质米氏散射的研究。将粒径拟合参数和HJCCD波段等效实测遥感反射率进行相关性分析，结果显示，Junge模型的参数J和2C模型的参数a与第三、第四波段等效遥感反射率比值相关性较好。结合流速数据和底质情况分析，流速和底质对表层水体泥沙粒径的参数值有显著影响。

8. 遥感产品误差在海-气界面CO_2通量估算中的传递与贡献分析（2012，窦文洁；导师：周斌）

本课题主要研究内容和结果如下。

（1）现场测量误差分析。介绍了目前海-气界面CO_2通量计算的相关现场测量方法和过程，在此基础上，分析了现场测量中可能存在的各种误差源，将现场误差分为三类：采样策略误差、人为随机误差和仪器平台误差，并建立了现场测量误差框架图。

（2）基于遥感监测的误差分析。介绍了基于遥感测量的主要数据来源，并对遥感数据源精度进行评价。同时，针对基于遥感监测的原理，介绍了海-气界面CO_2通量直接控制参量（气体交换速率k、海表面CO_2溶解度S和海表面CO_2分压p_{CO2sw}）的参数化方法，并以此建立了海-气界面CO_2通量估算直接控制参量（k、S及p_{CO2sw}）误差结构图。

（3）现场测量仪器误差传递及贡献分析。针对目前常用的$p\ CO_2$走航监测系统GO8050-Li-Cor NDIR（7000）及相关仪器的误差，利用Monte Carlo模拟，进行了传递及贡献分析。分析主要针对可通过仪器直接获取的参量，主要包括8个参数：风速$u_{10\,m}$、海表面实际温度t_{insitu}、表层海水盐度SAL、表层海水中CO_2摩尔分数x_{CO2sw}、平衡器中水汽平衡之后的压力P_{eq}、平衡器中的温度T_{eq}、大气中CO_2摩尔分数x_{CO2air}、现场大气压力P_{air}等。通过分析发现，现场测量中水蒸气压力pH_2O和未进行温度校正的海面CO_2分压$p\ CO_2sw$的误差传递为正态分布传递，其他初级参量因子的传递规律为非正态分布传递，误差经模型传递后的分布规律近似为指数分布；现场测量仪器误差分布值在$\pm 0.2\ mmolC/（m^2 \cdot d）$之间，按照实际监测通量的计算范围为$\pm 15\ mmolC/（m^2 \cdot d）$来估算，由测量平台造成的通量建模计算的误差至少约占实际通量结果的1.3%。同时对四个直接控制参量（k、S、p_{CO2sw}、p_{CO2air}）进行了单因子零误差敏感性分析，结果表明：误差改进最为敏感的还是气体交换系数，其次是海水CO_2分压，其他两项参数对通量计算结果的影响都不是很大。

（4）基于遥感监测的误差传递及贡献分析。根据已建立的直接控制参量（k、S及p_{CO2sw}）误差结构图，以通量估算影响的主要因子——海表温度（SST）为例，建立了SST在通量计算中的误差传递流程图，并采用Monte Carlo方法模拟了SST误差在通量计算中的传递规律和对最终误差的贡献。结果表明，在遥感SST误差为$\pm 0.5℃$并为正态分布的假设下，误差在k、S计算中的传递为指数分布和近似指数分布，而在p_{CO2sw}模型计算中为正态分布，最终在通量结果中的传递为指数分布；在大气CO_2分压数据为固定值370 μatm的情况下，SST对最终的通量结果带来的误差为$\pm 1.2\ mmolC/（m^2 \cdot d）$，约占实际通量结果的8%。该研究以SST为例，提供了一种通量计算中遥感参数误差传递和贡献的计算方法，可以为其他遥感获取的参量提供分析依据和参考。

9. 杭州市2009—2012年肺癌发病时分布规律研究（2014，杨大兴；导师：吴嘉平）

研究获得结果如下。

（1）常规分析：在2009—2012年，杭州市肺癌发病病例数15575例，其中男性肺癌10825例，女性4750例，男女发病人数比例为2.26∶1。全市肺癌平均粗发病率为57.4/10万，男性为79.6/10万，女性为35.2/10万。

（2）空间经验贝叶斯平滑：相比平滑前，经空间经验贝叶斯平滑后，杭州市各乡镇（街道）肺癌分性别的发病率更加倾向于正态分布。

（3）全局空间自相关：2009—2012年历年和年平均分性别发病率的Moran's I值均大于0，表明杭州市肺癌空间分布具有空间自相关性。女性Moran's I值均高于男性，女性肺癌发病分布更加集中。

（4）局部空间自相关：杭州市男性肺癌年平均发病LISA集簇分布存在两个高值聚集区、四个低值聚集区和一个高低聚集区。两个发病高值聚集区分别位于杭州市主城区和桐庐县；女性肺癌年平均发病LISA集簇分布存在一个位于杭州市主城区的高值聚集区，三个大小不同的低值聚集区和一个高低聚集区。

（5）纯空间扫描统计：杭州市男性四年肺癌存在两个显著高发病风险区和四个显著低发病风险区。两个肺癌高发病风险区分别位于杭州市主城区和桐庐县；杭州市女性四年肺癌发病扫描统计结果表明，有一个位于杭州市主城区的肺癌显著高发病风险区和三个肺癌低发病风险区。

（6）时空扫描：在杭州市男性肺癌发病中，共探测到两个显著高风险区和五个显著低风险区，两个肺癌高发病风险区聚集年份均在2010—2012年；杭州市女性肺癌发病有一个显著高风险区和三个显著低风险区。女性肺癌高发病风险区域聚集年份同样在2010—2012年。

10. 基于MODIS和气象数据的陕西省小麦与玉米产量估算模型研究（2014，彭丽；导师：沈掌泉）

陕西省为我国小麦与玉米的主产区，是西北地区产粮大省。由于全省复杂的地理、气候条件和比较薄弱的农业基础，粮食生产处于不稳定的状态，因此及时准确地掌握农作物生长状况并对产量进行预测具有重要的意义。遥感技术的引入为进行及时、大范围的作物产量预测提供了一种高效的手段，而MODIS数据所具有的高光谱、多时相及免费获取的优势，是进行大尺度农作物估产理想的数据来源。该研究首先利用ArcGIS提取小麦与玉米像元，并计算像元对应的NDVI、LAI和GPP值，获得2007—2011年各年度分县的均值。利用SPSS统计软件对各年产量数据和遥感参数进行回归分析，建立了陕西省小麦与玉米遥感的产量估测模型。考虑到气象因子对作物生长和产量形成的影响，因此还选取了日照、均温、降水量作为变量，根据产量与气象参数的月均值进行回归分析，建立了小麦与玉米气象产量的估测模型。最后将获取的遥感参数与气象因子相结合建立了小麦与玉米的遥感气象结合产量的估测模型。

研究结果表明，冬小麦基于遥感信息的估产模型优于基于气象数据的估产模型；夏玉米反之；结合气象数据与遥感数据的估产模型其精度要好于仅基于遥感或气象模型，小麦的估产模型精度达到91.5％，玉米估产模型精度为88.8％。因此，在建立估产模型时，应综合考虑遥感和气象的信息。

11. 湖州市生态系统格局与承载力演化遥感评价（2000—2004年）（2015，蔡广哲；导师：邓劲松）

经济的急速发展引致一系列的资源浪费、环境污染、生态破坏问题，生态系统动态变化研究成为当下研究的热点。论文采用长时间序列（2000—2014年）多源遥感影像数据（Landsat 5/7/8），基于面向对象分割和知识挖掘的方法系统获取湖州市土地覆被和生态系统类型现状及变化信息，构建生态系统格局和生态承载力评价体系，从生态系统类型与分布、构成与比例、相互转化特征、景观格局特征、生态足迹、生态承载力、生态承载力转移、生态赤字/盈余等方面深入分析其演化过程和变化规律，揭露存在的主要问题，并对湖州市生态环境保护提供科学依据。

研究结果表明，2000—2014年，湖州市生态系统结构发生了显著动态变动，2005—2010年变化程度最为剧烈。耕地和城镇生态系统是变化最活跃的类型，随着城市化进程加快，湖州市城镇生态系统不断向外扩张并侵占大量耕地生态系统。十五年来，除了林地生态系统面积略有增加，其他各类生态系统面积均有所减少。监测时段内，景观多样性指数和均匀度指数值上升，景观斑块的分布呈均衡化及均匀性趋势，但斑块密度增加同时聚集度指数下降，长期的人类活动干扰加剧了湖州市破碎化程度。生态足迹需求在2010年前后呈现波动，表现出先增后降的趋势，生态承载力在2005年前后波动，表现出先降后增的趋势。生态赤字/盈余分析结果表明，生态足迹需求高于生态承载力供给，湖州市生态系统可持续性发展遭到严重威胁。

12. 2009—2012年杭州市胃癌发病空间统计分析（2015，孔哲；导师：　吴嘉平）

我们采用了以下研究方法：首先利用杭州市疾病预防控制中心提供的疾病数据和杭州市公安局提供的人口数据计算杭州市胃癌粗发病率，并进行描述性统计分析，确定杭州市胃癌发病的基本情况。然后结合地理空间信息，构建杭州市胃癌空间数据库，在此基础上进行全局空间自相关分析并绘制散点图，探索杭州市胃癌发病的空间分布特征。最后，运用局部空间自相关分析和纯空间扫描统计，确定杭州市胃癌发病的地理空间分布特征。研究结果如下。

（1）常规统计：2009—2012年，杭州市胃癌新发病例共计9307例，其中男性占69.01％，女性占30.99％，男性与女性的发病人数比为2.23∶1。胃癌四年平均粗发病率为34.83/10万，高于2010年全国胃癌发病率30.77/10万。男性粗发病率（47.96/10万）显著高于女性（21.63/10万），发病率比为2.22∶1，农村地区和城市地区粗发病率分别为38.05/10万和32.85/10万。

（2）全局空间自相关：不论男性还是女性，2009—2012年杭州市胃癌各年份发病率和四年平均发病率的Moran's I值均大于0，并且除2009年女性、2010年女性和2011年女性外，均具有统计学意义。男性发病率的Moran's I值始终大于女性；无论男女，相较于各年份，四年平均发病率的Moran's I值均为最高。

（3）局部空间自相关分析：杭州市男性胃癌四年平均发病率存在一个高值聚集区，两个低值聚集区和一个高低聚集区；女性胃癌四年平均发病率存在两个高值聚集区，两个低值聚集区和一个高低聚集区。

（4）纯空间扫描统计：2009—2012年，杭州市男性胃癌发病存在两个显著高风险区和三个显著低风险区；女性胃癌发病存在两个显著高风险区和四个显著低风险区。

研究结论：2009—2012年，杭州市胃癌发病存在空间正相关关系，具有显著的空间聚集性，男性的聚集程度高于女性；桐庐县东部及其周围地区是男性胃癌的高发区，女性胃癌高发区则位于桐庐县的中部以及杭州市主城区；男性和女性均探测到余杭区临平街道存在一个高-低聚集区，其胃癌发病率显著高于周围地区，是一个空间异常高值，应引起相关卫生部门的注意。

13. 基于ASAR近海风场反演方法研究（2015，张康宇；导师：黄敬峰）

风能是一种清洁能源，近海可利用的风能资源丰富，风能开发利用对我国的能源需求、能源结构的调整和环境保护都有着极为重要的意义。做好高分辨率的近海风能资源评估是近海风能资源开发利用的前提，对海上发电站的选址有着指导性的作用合成孔径雷达的不断成功发射，为高分辨率的近海风能资源评估提供了新的数据来源。该研究利用2005—2015年的ASAR Level 1B数据开展研究，研究内容与结果如下。

（1）为了从ASAR Level 1B数据中提取出风场反演所需的极化方式、定标参数、经度、纬度、雷达入射角和影像幅度值等信息，该研究介绍了ASAR数据的生产方式和组织方式与ASAR Level 1B数据的结构和数据格式，并开发了相应的程序。经过一系列的几何校正、辐射定标、极化比转化、陆地掩膜、船只滤除、斑点滤波和均值采样等预处理步骤，最终将幅度值原始影像转化为后向散射系数影像，用于风速的反演。

（2）目前国际上常用于海面风速反演的C波段地球物理模式函数（Geophysical Mode Function，GMF）有CMOD 4，CMOD-IFR 2和CMOD 5，该研究对这三种模式函数进行了仿真模拟，对比不同模式函数的风速、相对风向和雷达入射角与后向散射系数之间的关系。该研究分别使用这三种模式函数进行浙江省近海的风速反演，与NASA提供的CCMP数值模拟风场数据对比发现，CMOD 4反演得到的风速精度最高，均方根误差为1.90 m/s，与现场观测数据对比发现，还是CMOD 4反演得到的风速精度最高，均方根误差为1.77 m/s，说明CMOD 4模式函数最适用于浙江省近海的风场反演，风速反演的均方根误差在2 m/s以内，这是因为浙江省近海常年处于中低风速（0~25 m/s）条件下，而CMOD 4较适用于中低风速条件下的风场反演。

（3）在研究的过程中，由于数据量大、模式函数复杂、运算量大，该研究还介绍了在共享内存环境下的Matlab语言和C语言的并行计算方法，结果表明C语言的运行效率远高于Matlab语言，对于经过OpenMP编译指导并行化的C语言来说，guided调度算法的效率最高，并且多核的运算效率能够高于单核的运算效率，在8核心的共享内存环境下能够达到10.6倍的加速比。为了结合Matlab语言和C语言两者的优势，该研究还介绍了Matlab＋C＋OpenMP混合编程的方法，并开发了风速反演并行计算程序。

14. 浙中经济带核心区生态系统结构与服务功能演化遥感评估（2016，翟曼玉；导师：邓劲松）

该研究结果如下。

（1）浙中经济带生态系统包括森林、农田、城镇、湿地、灌丛、草地、裸地七种类型，空间分布从外向内大体呈现森林—农田—城镇的格局。各生态系统类型构成比例呈现一定的变化。

（2）2000—2014年，浙中经济带生态系统分布变化主要表现为城镇明显扩张，各块状城镇生态系统面积显著增大，城镇生态系统小斑块数量明显增加，侵占周边其他生态系统；生态系统构成比例变化主要表现为森林与城镇面积持续增加，农田、湿地、草地、灌丛和裸地生态系统面积持续减少；生态系统类型转换以农田转换为城镇最为显著。

（3）14年间，浙中经济带森林生态系统受人类干扰程度低，破碎化程度总体呈减小趋势，斑块形状趋于简单化和规则化。农田和城镇受人类活动干扰程度强烈，破碎化程度均为前十年减轻，后4年加重，农田斑块呈规则、简单化趋势发展，城镇斑块形状趋于不规则和复杂化。

（4）2000—2014年，生态系统服务功能呈现相应变化，其中碳储量以高等级和较低等级为主，14年间稳中有升，且后4年增长幅度大于前10年，碳固定功能转好。生物生境质量以高等级和低等级为主，等级构成表现为两极占比高，中间占比低。14年间的生物生境质量稳中有升，改善面积大于退化面积，生物多样性维持功能转好。土壤保持指数以低等级和较低等级为主，从外向内大体呈现中—较低—低的分布格局，等级改善面积大于退化面积，土壤保持功能略有提升。产水深以较高等级和中等级为主，由于城镇面积快速增加，14年间的不透水面积比例增加，区域水资源供给功能有较大提升。

15. 基于RADARSATSATSAT-2雷达数据的海面风速反演方法研究（2016，韩冰；导师：黄敬峰）

该研究内容结果如下。

（1）该研究首先选用NOAA提供的浮标实测数据对ERA-Interim风场数据进行验证分析，结果表明，ERA-Interim数据风速和风向的均方根误差分别为0.98 m/s和12.79°，与浮标实测数据拟合度较好，表现出较高的精度，判定为可信数据，因而选用ERA-Interim风场数据作为RADARSAT-2雷达数据反演海面风速的初始风向数据和风速验证数据。

（2）该研究根据不同极化方式的雷达数据采用相应的模型进行海面风速反演。对于RADARSAT-2的VV极化数据分别采用三种主流的C波段地球物理模式函数（CMOD4、CMOD5和CMOD-IRF2）进行海面风速反演，结果表明，VV极化数据采用CMOD4模型反演的风速精度最高，均方根误差为1.27 m/s，可用于RADARSAT-2数据进行海面风速反演；对于HH极化数据，在对比分析三种常用的极化比模型（Bragg模型、Thompson模型和Kirchhoff模型）的基础上，再分别采用三种GMF模型进行风速反演，结果表明，Kirchhoff极化比模型更适用于RADARSAT-2HH极化数据的海面风速反演，而三种GMF模型反演风速效果差异不大，均方根误差在2 m/s以内；对于VH和HV极化数据，该研究选用精细全极化模式数据进行研究，采用C波段交叉极化海面风速反演模型（C-2PO模型）进行海面风速反演，同时利用GMF模型对相应的VV和HH极化数据进行海面风速反演，并将结果与ERA-Interim数据进行对比分析。研究结果表明，VH和HV极化数据反演精度基本相同，均可以反演出较高精度的海面风速，平均偏差在±1 m/s左右，均方根误差在1.5 m/s以内，并且反演效果要优于同极化数据。同时，Scan SAR模式交叉极化数据的后向散射系数同样随海面风速的增大而增大，并表现出一定的线性关系。

（3）综合RADARSAT-2数据的海面风速反演结果可以看出，同极化和交叉极化数据均可以得到较高精度的海面风速，其中精细全极化模式的VH和HV极化数据可以在不需要外部风向数据情况下直接利用C-2PO模型进行海面风速反演，并且其反演结果要更优于利用GMF模型的VV和HH极化数据。全极化模式交叉极化数据在海面风速反演上表现出比传统方法较为显著的优势，将成为未来海面风速反演的发展方向。

16. 大型海藻生理生化特性对营养盐和水流交换的响应——以羊栖菜和石莼为例（2016，林芳；导师：齐家国）

主要研究结果如下。

（1）营养盐浓度、水流交换量和两者的交互作用均对羊栖菜的平均相对生长速率（SGR）存在一定的影响。各种水流交换情况中，羊栖菜的长势随营养盐浓度的变化较为一致，表现为在中浓度营养盐下生长速度快，而在高浓度营养盐下生长则受到抑制。随水流交换量的增加，中浓度营养盐供给条件下SGR呈上升趋势，而高浓度营养盐供给条件下SGR呈先升后降趋势。营养盐的供给对可溶性蛋白质（Soluble Protein，SP）含量有显著影响，水流交换量则对可溶性碳水化合物（Soluble Carbohydrate，SC）含量有显著影响。

（2）石莼的生长主要受营养盐浓度与水流交换量的独立影响。虽然水流交换量对石莼生长无明显作用规律，但是当水流交换量为100 Vol/d时，石莼的平均SGR为$5.93 \pm 0.82\%/d$，远高于其他水流交换量下（0，25，50，200 Vol/d）的平均SGR为$3.85 \pm 0.21\%/d$。营养盐浓度增高时，石莼SGR呈线性增长。在中、高浓度营养盐下，SGR分别能达到$6.31 \pm 0.38\%/d$和$8.00 \pm 0.51\%/d$。虽然石莼在高浓度营养盐下能保持较快的生长速率，但是当水流交换量达到200 Vol/d时，藻体会出现漂白现象。随营养盐浓度的增加，类胡萝卜素（Carotenoid，Car）含量呈上升趋势，而叶绿素a（Chlorophylla，Chl-a）和SP含量呈先升后降趋势，SC含量则与之相反。营养盐浓度对Chl-a，Car，SP和SC含量均有显著影响。

（3）由羊栖菜和石莼生理生化指标比较得知，石莼的SGR（$4.23 \pm 0.24\%/d$）高于羊栖菜（$2.42 \pm 0.15\%/d$）。高浓度营养盐对羊栖菜的生长存在抑制作用，但对石莼的生长则无明显作用，因此石莼在高浓度营养盐条件下更具生存优势。营养盐浓度可以通过强化羊栖菜和石莼的光合反应以促进藻体生长，但营养盐浓度对羊栖菜Chl-a和Car含量无显著影响，而对石莼Chl-a和Car含量有显著影响，因此两者光合反应强化的机理有所差别。营养盐浓度对羊栖菜的SP含量和石莼的SC，SP含量有显著影响。水流交换量对羊栖菜SC含量有显著影响，说明由水流交换量所增加的CO_2对羊栖菜的固碳作用及可溶性碳水化合物的合成有一定影响，但在高水流交换量下，其作用并不明显。

（4）通过羊栖菜及石莼生长对水流速度的响应试验，发现在中国典型富营养化海域的氮、磷背景下，水流速度在0.1 m/s到0.3 m/s时，石莼的SGR均高于相应条件下生长的羊栖菜。水流交换量对羊栖菜和石莼的生长均有显著影响，而水流速度对羊栖菜和石莼的生长均无显著影响。高浓度营养盐对羊栖菜的生长存在抑制作用，但是水流交换量和水流流速均会在一定程度上缓解高浓度营养盐对羊栖菜生长的毒害作用。虽然提升水流速度能防止石莼漂白现象的出现，但是总体上石莼生长速率的增加却显著低于调控水流交换量下生长速率的增加。

第五章　其他内容的遥感与信息技术应用研究

　　浙江大学农业遥感与信息技术应用研究所研究的内容非常广泛，现已初步建成的信息系统有：（1）农业高科技示范园区管理信息系统；（2）柑橘优化布局与生产管理决策咨询系统；（3）基于土壤肥力测定的低丘红壤玉米施肥咨询系统；（4）中国南方稻区褐飞虱灾变分析与预警系统；（5）北京生态监测系统；（6）农业环境评价信息系统；（7）农业非点源污染评价信息系统；（8）富春江两岸多功能用材林调查信息系统；（9）草地、小麦、土壤水分遥感监测系统；（10）浙江实时水雨情WEBGIS发布系统；（11）新疆农牧业生产气象保障与服务系统等十多个具有较高应用价值的信息系统。其中参加合作研究完成的获奖成果有：（1）"北方冬小麦气象卫星动态监测与估产系统"获国家科技进步奖二等奖（二级证书）；（2）"农业高科技示范园区信息管理系统及其应用研究"获浙江省科技进步奖二等奖；（3）"新疆主要农作物与牧草生长发育动态模拟与应用"获中国国家气象局科技进步奖三等奖；（4）"新疆农业生产气象保障与服务系统研究"获新疆维吾尔自治区科技进步奖二等奖；（5）"草地、小麦、土壤水分的卫星遥感监测与服务系统研究"获新疆维吾尔自治区科技进步奖二等奖；（6）"富春江两岸多功能用材林调查信息系统"获浙江省科技进步奖二等奖；（7）"浙江省实时水雨情WebGIS发布系统"获浙江省科技进步奖二等奖等。

　　除此之外，浙江大学农业遥感与信息技术应用研究所还主持研究国家"十一五"支撑计划："现代农村信息化关键技术研究与示范"16个专项中的"基层农村综合信息服务技术集成与应用"和"农村以农业企业为主体的信息技术研究"两个专项并还参加另外两个专项的两个子项目的研究，分别是"种植业生产过程信息的关键技术研究"专项中的"水稻主要病虫害监测预报研究"子项目和"城郊农业信息化技术研究与示范"专项中的"基于光谱及光谱成像技术的果蔬类农产品快速分级和品质监测仪器试验"子项目。这两个子项目的研究均取得了多项研究成果，例如在农田土壤环境信息采集、农业物联网、农业地理信息系统研究等方面取得了系列成果，已获得8项国家发明专利授权和一批软件著作权登记。其中参与合作研究的"农业信息多尺度获取与精确管理关键技术及设备"和"设施栽培物联网智能监控与精准管理关键技术与装备"两项成果获省科技进步奖一等奖；"植物-环境信息快速感知与物联网实时监控技术与装备"以及"农业旱涝灾害遥感监测技术"两个项目的研究成果获得国家科技进步奖二等奖。

一、博士生学位论文摘要

1. 黄岩区柑橘生产管理咨询系统的研制与应用（2000，王援高；导师：王人潮）

该研究是将有关柑橘生产管理信息的GIS数据库、GIS分析功能和各种评价分析模型集成为一个系统，将GIS技术与决策支持技术（专家系统，ES）相结合，并与我国主要果品批发市场的Internet网站相连接，开发形成一个独立的柑橘生产管理咨询系统，为生产管理部门的柑橘合理布局与种植结构调整等提供科学依据，为广大橘农的生产技术咨询等提供专家级服务。从研究方案的论证、用户需求调查分析、资料的收集筛选及野外调查，到数据库、模型库构建，以及整个系统的开发完成与应用，通过两年的研究，取得的主要结果如下。

（1）利用现有的资料，还不能构建信息全面综合的柑橘生产管理信息数据库。目前，一般能收集到的柑橘生产管理资料有：土壤图、土地利用现状图、地形图、山林现状图、行政图、水系图等图件以及相关的柑橘生产管理技术资料等。就柑橘种植历史悠久的黄岩区来说，柑橘现状分布图还是示意性的，至于具体柑橘园地的柑橘品种、树龄、产量等信息，都得靠实地调查获取。该研究所做的主要工作之一就是，动员全区16个乡镇的农技人员到542个行政村，在我们预先提供的1∶1万土地利用现状图及山林现状图上的16531个柑橘园地图上做了实地调查与勘别，然后再把调查与勘别结果输入到数据库。因此，本项研究在柑橘品种、树龄、产量的信息获取上花费了大量的时间与精力。

（2）构建柑橘生产管理咨询系统，GIS技术、RS技术、模型技术必须综合应用。构建柑橘生产管理咨询系统时，单凭GIS技术，那么该系统往往仅有信息查询与显示等简单分析处理功能；单凭RS技术，那么该系统一运行，就会出现让用户输入系统所需的信息等问题，使普通用户（特别是果农）难以操作应用而失去实用性；单凭模型技术，当然就更谈不上构建信息系统了。该研究利用了GIS技术的空间数据管理与分析功能，RS技术的专家知识咨询与决策功能，模型技术的数据定量分析功能，把它们相互结合，克服上述缺陷，使系统具有良好的可操作性，从而拓展了用户面并极大提高了实用性。

（3）柑橘生产管理信息咨询系统的开发，必须借助多种软件开发技术。带有空间数据的信息系统开发，常常会先借助某一个GIS软件。虽然这一个GIS软件有很好的空间数据管理与分析功能，但所开发的信息系统不能把这一个GIS软件也带给用户，必须自行开发独立于该GIS软件的各种控件。在HCPMCS开发中，就主要运用了Mapobject的图形控件开发技术，VB、C＋＋等编程技术。

（4）构建柑橘生产管理咨询系统，应该考虑应用网络技术及其成果。目前，网络已成为快速、便捷地获取和发布农业生产与管理、农产品产销等信息的重要媒介之一。随着Internet网络的迅速兴起和发展，农业部局域网与分布在全国各地的2000多个农业生产与管理用户实现了远程通信、信息传递与共享，许多地方政府也建立了政府网络，一些农业企业和农户也已认识到网络在效益农业中的作用，并已通过网络了解与发布农产品市场信息，从而指导种植计划、产品销售。如果所构建的柑橘生产管理咨询系统能够在网上发布，估计系统的用户面将会得到爆炸性地扩展，系统的实用性也会得到极大的提高。本项研究也考虑到了这种趋势，建立了黄岩区柑橘生产管理方面（柑橘病虫害防治技术、柑橘园地管理技术）的网页，为以后在网上发布做了准备。

（5）在柑橘园地适宜性综合评价中，应当考虑环境污染对柑橘园地适宜性程度的影响。由于最近几十年工业的快速发展以及环境污染治理措施的滞后，可以说人为环境污染问题普遍存在，在局部地区已经到了相当严重的程度，这必然会影响柑橘的质量和产量。在柑橘园地适宜性评价中，如果忽视环境污染对柑橘园地适宜性的影响，那么这种评价方法应该说是有缺陷的。本项研究注意到了这一问题，并就大气污染对柑橘园地的影响范围、影响程度等做了定量分析。这一工作虽然只在局部地区开展，但在柑橘园地适宜性评价领域却是一项开创性的工作。

作者说明：研究是在史舟博士建立的浙江省红壤资源信息系统中开发的龙游县柑橘合理选址子系统的基础上，针对黄岩区柑橘生产管理部门和广大橘农需求进行的。

2. 中国南方稻区褐飞虱灾变分析与预警系统的研究及应用（2002，吴曙雯；导师：王人潮）

该研究以中国南方稻区为研究区域，以水稻重要虫害褐飞虱为研究对象，着重探讨如何基于地统计学和传统经典统计学方法实现对大尺度南方稻区褐飞虱进行灾变分析的原理和方法，并应用地理信息系统和地统计学的理论和方法重点研究了不同温度下褐飞虱的越冬北界，初步分析了褐飞虱发生程度的区域性空间分布格局和动态，以及不同年份间和年份内褐飞虱的发生规律，构建了模拟模型。并在此基础上组建了基于Internet的中国南方稻区褐飞虱灾变预警系统。同时初步探讨了稻叶瘟病对水稻光谱特性的影响。

（1）提出应用GIS技术模拟农作物病虫害越冬区域，利用GIS技术和气候统计学方法并结合农业气象学和病虫害及寄主的生物学特性能够预测当年病虫害的越冬环境和地理分布区域；建立了中国南方稻区褐飞虱地理信息数据库，包括褐飞虱种群动态空间数据库和属性数据库的构建、发生程度、气象因子，为进一步分析大尺度南方稻区褐飞虱灾变发生的时空动态变化提供基础数据，为中长期预测病虫害灾变的发生提供快速分析手段。

（2）以GIS和地统计学为工具，研究确定中国南方稻区褐飞虱灾变发生区域。运用GIS和地统计学手段分析确定福建、浙江、湖南、广西东部为褐飞虱严重灾变发生区域，四川、重庆、云南、贵州为偏轻发生区域，其他为中等发生区域。

（3）提出基于模糊匹配理论，开发设计水稻病虫害诊断专家系统。根据症状诊断知识的特点，提出了一种基于模糊匹配理论的方法来开发设计水稻病虫害诊断专家系统，获得良好的诊断结果；针对症状诊断知识的特点，提出了一种采用模糊匹配获取知识的方法来设计水稻病虫害诊断专家系统并在ASP网络服务器端脚本语言下实现。

（4）提出基于WebGIS的病虫害灾变预警系统的组建方式。从Internet和病虫害地理信息数据库角度，组建了网络化病虫害灾变预警系统，为其他病虫害的系统开发提供原型，具有较高的软件可重用性。

（5）研究出稻叶瘟对水稻冠层光谱变异的特性。稻叶瘟病侵染水稻后，绿光区、红光区和近红外区的光谱反射率，随病情程度的加重分别呈现下降、上升和下降的趋势；绿光特征波长值发生红移，红光和近红外特征波长值发生蓝移。受害轻时近红外反射率变化大，受害重时绿光和红光反射率变化大。研究为应用遥感技术早期探测重大病虫害的发生提供了实验依据。

（6）研发以Internet为平台，以网络地理信息系统、网络数据库、人工智能、网络多媒体和动画制为技术支撑的中国南方稻区褐飞虱灾变预警系统。该系统具有时空动态分析、预警发布、预测预报、数据传输、病虫诊断、辅助决策和远程教育等功能，为应用遥感技术早期探测重大病虫害的发生提供了实验依据。

3. 农业园区管理信息系统的构建及水稻双向反射模型研究（2002，申广荣；导师：王人潮）

主要研究成果归纳如下。

（1）水稻双向反射中热点效应的规律研究。建立的水稻"热点"模型，基本上模拟出水稻"热点"系数规律，填补了国内本项研究的空白。植被双向反射特性的模拟中，一个突出的现象是"热点"效应，在植被双向反射特性模拟研究的完善和发展中具有重要意义。

（2）改进了水稻多组分双向反射模型。研究在"热点"效应及多次散射系数的估算中都全面考虑了所有组分的作用，并根据水稻不同生长时期的特点，对水稻叶、茎、穗给予了不同处理，建立了水稻多组分双向反射模型，取得了较好的效果。

（3）研制出基于神经网络的水稻双向反射BP模型模拟系统。完成的基于神经网络水稻双向反射BP模型模拟系统，用户只要输入训练数据文件名和有关参数（比如训练样本数，隐含层个数等）就可进行模型训练，是一个理想的训练模型。

（4）构建了现代农业示范园区管理信息系统。完成了现代农业示范园区管理信息系统的系统分析、总体设计和一些功能模块的实现。

（5）研究了现代农业示范园区景观生态评价方法。在详细分析园区建成前后景观空间格局动态变化的基础上，从现代农业园区建设的特点以及园区中景观空间镶嵌体的稳定性与空间格局的优化等方面，探讨了现代农业园区建设和发展中土地可持续利用的景观生态评价方法以及园区建设和发展应遵循的原则。此项研究是进行现代农业园区建设和发展的规划设计以及进一步建立现代农业园区科学、合理、完整的评价指标体系的基础。

4. 基于WebGIS的现代农业园区管理系统关键技术及其应用研究（2004，周炼清；导师：王人潮、史舟）

整个研究分为数据库建设和系统研究两大部分。研究得出了如下的结果和结论。

（1）运用CASE工具、UML和ArcInfo UML Models进行Geo Database空间数据库设计及几何网络的构建，全面引入了软件工程的思想和方法，使设计和创建工作得以顺利进行，也有利于使用过程中及时进行修改，以及后期的管理和维护；采用了面向对象的方法，紧密结合基于Geo Database的空间数据库建库工作流程，充分考虑空间实体之间的相互关系，能真实地反映客观世界。但由于整个设计过程涉及许多CASE方面的专业知识及相应的工具软件的熟练使用，对空间数据库设计人员的技术水平要求较高，同时只有当空间要素之间的关系比较复杂，如进行大工作量的复杂的几何网络的创建工作时，本方法的优势才能得以凸显。

（2）Quick Bird是最近几年才被商业化的亚米级高分辨率遥感影像，其全色波段最高分辨率可达0.61 m，它的全色及多光谱影像之间的融合方法可以借鉴其他遥感影像但并非所有的融合方法都适用。该研究中，合成比值变量法的融合效果是五种融合方法中最好的，主成分变换法效果则次之。同时，在进行融合的过程中，还要考虑到方法的简繁程度，在融合效果大体上一致的前提下，尽量选用现有遥感影像处理软件中已有的方法，否则可能增加工作量，使工作流程变得相当复杂。

（3）利用融合后的Quick Bird 0.61 m高分辨率多光谱遥感影像。制作的1∶2000比例尺研究区底图，都比放大小比例尺纸质地图、已有的电子数据进行补测的地图或是全部采用野外测量的地图具有现势性好、空间时间分辨率高等优点，能及时、准确、快速地反映地物真实变化，使得在1∶2000比例尺的尺度上真实反映现代农业园区的信息成为可能，具有新意。

（4）利用Java Script、Java、DHTML等FA页编程语言和技术，对Arc IMS 4.01的HTML Viewer进行定制，将南方水稻土施肥模型与Arc IMS4.01进行集成，实现了基于WebGIS的南方水稻土施肥推荐功能；利用VB Script及ASP技术对ArcIMS 4.01的Active X Connector进行定制，将农作物种植适宜性评价专家知识与ArcIMS 4.01进行集成，实现了基于WebGIS的农作物种植适宜性咨询功能。这也是首次将南方水稻土施肥模型与ArcIMS 4.01进行有效集成，实现了基于WebGIS的南方水稻土施肥推荐；在对ArcIMS 4.01 WebGIS Active X Connector连接器进行定制的基础上，首次将农作物（以水稻、蔬菜为例）种植适宜性评价专家知识与ArcIMS 4.01进行有效集成，实现了基于

WebGIS的农作物种植适宜性咨询。充分利用了ArcIMS 4.01 WebGIS的分布式处理功能，能通过Internet/Intranet进行基于电子地图的操作，实现了南方水稻土施肥推荐功能和农作物种植适宜性咨询功能的网络化，因而更加有利于新技术的推广和使用。与以往的基于非GIS的表单式或基于桌面GIS（或单机GIS）的类似系统相比，在实际使用中，该研究的系统只需在服务器上安装一次即可，客户端可通过网络调用相应的功能，不用安装任何软件；系统升级、维护及相关数据的更新只需在服务器端进行即可，十分方便，具有创新性。

（5）对Oracle 9i的内存区及回滚段进行优化调整，使其适应于海量栅格数据存储的需要；在此基础上，选择Tile 128×128、LZ 77影像压缩方法等影像转入参数，利用ArcSDE 8.3 for Oracle 9i进行海量Quick Bird遥感影像的管理与存储研究，并利用ArcIMS 4.01对SDE Raster进行Web发布与浏览。

5. 中国沿海经济发达地区土地利用变化及其驱动机制与预测模型研究——以浙江省沿海地区为例（2006，丁菡；导师：王人潮）

该研究选择浙江沿海地区作为研究区，引入基于元胞自动机原理的SLEUTH模型，经过技术开发，应用于浙江沿海经济发达地区。对模型的应用方法进行了改进，一方面是利用不同的参数对模型控制系数进行调整，另一方面是结合驱动力的研究对模型控制系数进行了调整。对研究区的土地利用变化进行了预测，主要对变化最为剧烈的城市和耕地进行了探讨，取得较高的精度。

该研究主要成果体现在以下三个方面。

（1）查清研究区域的土地利用变化规律。研究区在1985—2001年耕地面积大幅度减少，城市建设用地面积大幅增加，园地、林地、水体面积变化不大，有少量增加，滩涂面积增加明显。总体的土地利用变化都是在1993—2001年比1985—1993年更为剧烈。杭州是土地利用变化最大的地区，永嘉县是变化最小的地区。

（2）查明研究区域的土地利用变化与驱动因子之间的关系。驱动力包括以下三个方面内容。①自然驱动力。离城市的距离对土地利用变化的影响是最大的，其次是交通道路的影响，再次是海拔和坡度的影响。交通道路中，省道的影响最大，国道其次，铁路再次，最后是高速公路。②人文驱动力。年末总人口与各类土地利用类别的面积有着很高的相关关系，但随着社会经济的发展，单位面积的土地收益越来越成为驱动土地利用变化的主要因素。土地政策对土地利用变化的影响可以分为三个阶段：1985年以前是限制土地利用转变的；1986—1993年，土地政策和管理措施开始改变，土地利用的变化速度开始加快；1994年以后，土地利用转变的相关法律法规越来越多，土地利用变化加剧。③自然和人文驱动机制之间的关系。自然驱动力因子是土地利用变化的基础，地理区位是影响土地利用变化的基本条件。人文驱动力因子可以影响土地利用变化的速度，发展到一定的程度也会影响土地利用变化的方向。政策驱动力的修改，严重影响土地利用的变化。

（3）成功引进SLEUTH模型的开发应用。引入基于元胞自动机原理的SLEUTH模型，经过技术开发，应用于浙江沿海经济发达地区。对模型的应用方法进行了改进，一方面是利用不同的参数对模型控制系数进行调整，另一方面是结合驱动力的研究对模型控制系数进行调整。对研究区的土地利用变化进行了预测，主要对变化最为剧烈的城市扩张用地、耕地、林业用地和水面进行了探讨，在10年的预测精度都在95％以上，取得较高的精度，具有应用价值。

二、硕士生学位论文摘要

1. 现代农业示范园区网络管理信息系统设计与实现（2004，祝国群；导师：王珂）

现代农业示范园区是指在一定的地域范围内，以现代农业企业为依托，运用国内外的适用高新技术，开发利用自然资源和社会资源，有效配置各种生产要素，由地方政府及农业科研、推广部门牵头创办，以规范化管理为手段，进行研究、试验、示范、推广、引进、生产、经营等活动的现代化的农业园区。利用高科技改造农业，全面构建信息化农业、智能农业、精准农业是现代农业发展的趋势。随着现代农业示范园区的发展，人们对现代农业示范园区的规划、建设和管理的要求越来越高，充分利用计算机网络、GIS等技术对现代农业示范园区进行科学化管理与决策是十分必要的。

通过计算机及网络实现数据的自由传输和共享，特别是地理信息系统（Geographic Information System，简称GIS）的应用，推进了现代农业示范园区的建设管理，提高了园区的示范和决策功能，同时随着计算机网络技术的发展和数据库技术（特别是空间关系型地理数据库技术，Geo database）的不断发展，也推动了GIS技术的发展和更新，一种GIS与Internet/Intranet相融合的WebGIS技术也应运而生。Geo database支持各种不同的地理对象模型，这些对象模型包括简单对象、地理图形要素（有位置信息的对象）、网络要素（与其他要素具有几何连接的对象）、注记要素以及其他更多的特定要素类型。该模型允许用户定义对象间的关系和保持对象间整体性的规则。通过定义自己的对象类型，通过定义拓扑关系、空间关系和其他的一般关系，通过捕获对象之间是如何相互作用的，Geo database可以让用户表现要素的特征更加方便、自然。通过WebGIS系统，结合系统后台强大的地理数据库，网络用户可以从Internet/Intranet上任意一个节点浏览WebGIS站点上的空间和属性信息，实现空间信息查询和空间分析计算。由于WebGIS具有的开放性、访问的广泛性、平台的独立性、操作的简便性特点，目前在各行业已有广泛应用。该研究运用新技术空间关系型地理数据库，研制和开发了基于WebGIS的现代农业示范园区管理信息系统（MADAMIS），以期为现代农业示范园区的管理、规划、决策和示范提供新的技术和服务平台。

2. 水稻病虫害智能化咨询与诊断服务系统的开发与实现（2010，陈祝炉；导师：许红卫）

该研究是浙江省科技计划项目"基于农民信箱的智能化农业咨询服务系统研制与应用"（编号：2008C33008）内容的一部分，通过深入研究水稻病虫害的相关知识，利用各种现代信息技术，开发出了水稻病虫害咨询与诊断服务系统，并能通过后台维护部分对系统进行维护与升级。系统采用更加灵活的Browser/Web Server/Database结构体系，以Apache Tomcat作为Web服务器，采用Java及JSP进行服务器端程序开发，实现了专家系统的网络化，从而扩大了专家系统的应用范围。系统引入开源数据库Postgre SQL，利用数据库管理机制组织知识库，实现了知识库和推理机的相互独立，增加了系统的可扩充性，简化了系统的维护；并可通过多种渠道获取知识，然后对其进行分析、整理和总结，采用正反向混合推理和不确定性推理来解决农业领域知识的复杂性和不精确性。本系统采用的是基于特征的诊断机制，通过综合分析各种因素对病虫害发生和发展的影响，在借鉴国内外农业专家系统的基础上确定了水稻病虫害的主要诊断因素，病害的诊断因素是水稻生长的各个部位（根、茎、叶、穗）的症状特征和植物综合症状，虫害的诊断因素是个体（卵、幼虫、蛹、成虫）的形态特征和危害特点。

3. 基于WebGIS的富阳市耕地质量查询与施肥咨询系统研制（2013，宁昊；导师：王珂）

农业地理信息系统以Internet为平台，以GIS和Web技术为手段，提供给农业管理者和生产者一个农情信息共享的窗口，推动了农业管理和生产的信息化进程。该研究以WebGIS技术为核心，建立了基于WebGIS的富阳市耕地质量查询与施肥咨询系统，该系统的应用不仅可以对富阳市耕地质量状况进行评估与管理，也可以指导农户根据其耕地的肥力状况种植适宜的作物并选择适宜的施肥量。该系统将能推进富阳市农业信息化的发展，使农业生产向科学、高效、现代化发展。该研究首先分析了WebGIS的基本原理，然后以富阳市的矢量数据和影像数据为基础制作了相应的专题地图，并应用ArcGIS Server来发布地图和提供服务，然后根据富阳市农业生产的实际需求开发了相应的功能模块。

本系统以Flex Builder 4.5为开发环境，Action Script 3.0为开发语言，ArcGIS Server 9.3为服务发布管理平台。系统具有以下几方面的特色：

（1）采用主流的丰富互联网程序（Rich Internet Application，RIA）技术，RIA技术可以使系统的用户界面更加丰富，服务响应更快，部署成本更加低廉。

（2）采用地图缓存和切片技术，本技术可以减轻服务器压力，提高地图浏览速度。

（3）以Flex Builder为开发环境所发布的系统是基于Flash播放器的，能让系统具备较强的跨平台性。

（4）切合实际的施肥方案系统采用的施肥方案为富阳市农业局土肥站长期研究并通过实践验证，因此符合富阳当地的农业生产情况，具备较好的实际应用价值。

4. 基于WebGIS的龙井茶溯源与产地管理系统研究（2014，刘翔；导师：史舟）

近年来，农产品安全事故频频曝光，对社会民生和经济发展造成极大的负面影响，引起了全社会和各国政府的高度重视。为杜绝农产品"以假乱真""以次充好"的现象，必须建立起对农产品产地环境与生产过程标准化的控制，尤其是从原产地到市场全过程的信息管理控制，这对建立农产品品牌认证十分重要。借助现代网络计算机技术和地理信息技术手段，农业与农村信息化程度不断提高。特别是各类信息技术进入到农产品安全溯源和防伪等领域已成为当前农业信息技术研究的热点，也是促进农产品质量安全和提高农产品品牌的市场竞争力的现实需求和技术保障。

该研究以WebGIS技术为核心，以ArcGIS Server和关系型数据库为支撑，采用Flex和iOS应用开发技术，开发了基于电脑和移动手机的龙井茶溯源与产地管理系统，为消费者、茶农和管理者提供综合信息服务平台。系统主要功能包括以下几个。

（1）生产过程信息管理：管理者可通过Web终端，录入生产过程中施肥、农药、加工等信息，数据直接上传至中心数据库，通过WebGIS地图查看茶园产地信息，并且按不同对象的分配对数据进行添加、删除、更新等操作权限。为茶农提供移动终端的生产信息录入，操作简单，方便户外作业使用。

（2）产地实时监测：基于Google地图背景，通过物联网技术为管理者提供可视化的茶园产地实时气象、视频监测，以及24小时气象走势和数据统计，为精细化作业提供数据支持。

（3）适宜性评价：通过空间属性查询操作，管理者可查看茶叶产地适宜性分布情况，并且基于适宜性评价模型，对环境因子打分评级，根据适宜性评级结果进行引种推荐，辅助管理部门决策。

（4）病虫害诊断：基于病虫害诊断专家模型，茶农和管理者通过手机应用，可现场比对选择病虫害症状，进行诊断，并给出病虫害防治措施，有助于及时采取措施控制病虫害灾情。

（5）产品追溯：消费者通过手机二维码扫描或者网站输入防伪码的形式，获取产品真伪、原产地信息、产品认证以及专卖店信息，并以WebGIS技术实现产地和专卖店地图定位，以及产地环境、加工现场视频监控，满足消费者对龙井茶"从茶园到茶杯"的信息需求，同时起到企业品牌宣传作用。

5. 基于WebGIS的陕西省冷冻害干旱监测系统的设计与实现（2014，张乐平；导师：王珂）

陕西省是我国气象灾害多发的省份之一。气象灾害的频繁发生对陕西省的农业生产造成了重大的经济损失。目前陕西省农业生产的信息化程度不高，对农业气象灾害的监测不及时、灾时响应慢，抗灾能力有限。为了对陕西省主要的气象灾害，如冷冻害和干旱，进行有效的监测，该研究开发设计了一个基于WebGIS的陕西省冷冻害干旱监测系统，可以在空间上对全省的冷冻害和干旱情况进行各种时间尺度上的可视化监测，以专题地图、图表等多种形式为用户提供相关信息。该研究首先介绍分析了农业气象灾害的基本情况与WebGIS相关技术的基本原理。然后分析处理了陕西省地图基础数据、气象数据、专题数据。再根据用户的实际需求，设计了相应的模块，并实现了相应的功能。

本系统以Flex　Builder　4.6为开发环境，ArcGIS　API　for　Flex为开发包，ArcGIS　Server 10为服务发布管理平台。系统具有以下几个特点。

（1）采用目前流行的REST架构，降低了开发的复杂性和网络通信负载，提高了系统的可伸缩性。

（2）客户端使用Flash进行访问，具备跨平台和RIA技术的特性。

（3）通过使用Geo processing工具，将数据查询与分析操作放在服务器端自动执行，减少了客户端与服务器端之间的通信量，从而提高系统的工作效率。

6. 基于WebGIS的农业地理数据可视化技术研究及应用（2015，张健；导师：梁建设、史舟）

本项研究的重点是茶叶生产环境信息可视化和茶叶生产管理及营销可视化两个方面：第一，茶叶生产环境信息可视化模块主要对气象和环境数据进行展示，用到的技术有JSONP的跨域数据请求、AJAX数据请求、Chart图表绘制；第二，茶叶生产管理及营销可视化综合运用AJAX、JSONP等技术进行数据传输，使用layers、renderers、Info window等ArcGIS API类实现空间数据的绘制、渲染、弹窗等多种可视化效果。对农事、农情以及环境信息在空间和时间尺度上进行可视化展示和对比，有效地辅助茶叶生产的精细化管理。研究结果如下。

（1）利用茶叶生产的环境信息和管理信息包含的大量位置相关数据，建立了一个WebGIS可视化的有效的管理、组织和展示系统。由本系统可以查询相关农情和管理数据，辅助茶叶生产管理者和经营者制定生产计划，监督生产进程。该研究重点放在WebGIS可视化，从Web技术到Java Script框架再到GISMap API层层深入，并探讨了基于Dojo框架的ArcGIS API，其基于AMD的开发方式，将其他优秀的JS框架和插件以模块的形式引入，配合ArcGIS　Server提供的GIS服务和其他符合OGC规范的GIS在线服务，极大地改善了茶叶生产环境和生产管理可视化的展示效果。

（2）通过学习和分析大量与WebGIS应用关联的计算机软件技术，实现了茶叶生产环境及农事操作与管理的WebGIS可视化技术在农业精细化管理中的成功应用，以大型茶园为研究案例，将气象数据、农事记录数据、农情信息数据可视化地展示在

Web端。

（3）WebGIS可视化技术的优势是多种JS框架和API的混合使用，增加前端WebGIS数据可视化表现形式的多样性，以及WebGIS程序的扩展性，并在很大程度上打开了未来对WebGIS农业生产可视化的研究空间。随着地理数据在浏览器端兼容性的提高、更加规范的Web端地理数据的展示标准的建立、WebGIS的发展推动3D软件的开发以及网络带宽的增加，服务器的配置升级，WebGIS可以承担更多的复杂空间分析的运算。

7. 农产品电子商务网站的设计与实现（2015，沈高足；导师：梁建设）

电子商务成为一种以互联网为基础，以电子银行支付和结算作为手段，以为客户服务为依托的新型商业模式。该研究是根据当前农业生产现状，结合自我创新意识研发的农产品营销系统，构建的以买卖本土农副产品为主的电子商务网站。网站以ASP技术与Access数据库编写完成，实现用户注册、登陆、商品下单订购、后台管理等功能。主要研究结果如下。

（1）完成本地农产品商城网站程序的搭建，实现用户注册、登陆、商品下单订购、后台管理等各类功能通过商品资料（添加大类、添加小类、商品添加、公告发布）、商品交易（处理订单、发货查询）功能达到对网站全面管理等。

（2）测试网站功能实现以及满足不同用户、不同阶段、各种各样的业务需求，确保商品信息、会员信息、在线支付的安全。

（3）通过本地媒体各类传播渠道，利用现有资源，相比国内大型网上在线商城总结其优劣，探索本地网站商城推广营销思路。

8. 基于WebGIS的转基因农产品溯源系统研究——以舟山口岸为例（2016，姜志刚；导师：史舟）

该研究以浙江省舟山口岸转基因农产品为研究对象，建立了基于WebGIS的转基因农产品溯源系统。本系统开发采用B/S三层体系架构，溯源地图来自于ArcGIS Online，以ArcGIS for Server 10.2为地图发布服务器，主要实现了以下四个功能。

（1）转基因农产品的产地溯源：在参考商品编码和国际电话区号系统的基础上，制订了转基因农产品溯源编码体系。在溯源界面输入溯源码，即可查询该批次转基因农产品的相关信息列表，主要包括转基因作物插入事件的名称、外源基因、原产国、商品用途、运输工具、监控要求、检测方法以及检测报告等信息，并且能在ArcGIS Online地图中标注其原产地。

（2）转基因作物基因风险评估：根据2012—2015年某口岸转基因农产品的检测数据，统计了转基因玉米、大豆、水稻及其制品中检出基因的频率，作为风险评估的依据。通过输入插入事件的名称，即可查询该插入事件的商业化国家、审批类型及年份、风险等级。

（3）专题图的制作：以全球各国历年转基因大豆、玉米产量为依据，绘制了全球转基因大豆、玉米产量分布图，并且实现了全球各国转基因农产品图属信息的查询。

（4）数据库查询：共收录18种作物种类120多条插入事件，50多条外源基因序列。通过该数据库，可以查询到插入事件基本信息、外源基因及外源蛋白表达信息、PCR检测反应信息、商业化审批信息、环境安全性评价信息、参考标准等信息，方便了实验室人员的查询。

9. 基于HTML5轻量级金属污染可视化评价系统研究（2017，吕志强；导师：周炼清）

该研究从土壤重金属污染评价监测信息系统的角度结合WebGIS的技术特点讨论了适合当前土壤重金属污染评价监测信息系统的地图引擎技术。同时针对系统所面临的海量土壤重金属数据渲染问题，讨论了多种Web海量数据处理方案，寻找出适合土壤重金属污染评价监测信息系统的可行性方案。在土壤重金属污染评价指标的图表可视化和土壤重金属污染源扩散模拟可视化方面，分别讨论并分析了采用Echarts绘制技术和热力图渲染技术的优势。结合以上特点，该研究基于某地区土壤重金属污染调查数据，采用模块化的设计思路，开发了基于热力图的土壤重金属污染时空变化模拟子系统、地图与动态图表的实时一体化联动子系统和动静态资源路由匹配子系统三个核心子系统，同时，采用轻量级架构的方式，整合空间插值技术、土壤重金属污染评价模型与空间制图等内容，开发出土壤重金属污染评价监测信息系统，实现了对土壤污染信息的快速、高性能可视化展示，极大地提升了土壤重金属污染评价决策的便利性。

第六章　遥感光谱及其机理研究

　　研究地物光谱特性及其变化规律是开发卫星遥感数据（资料）在农业上应用的理论依据。因此，研究地物遥感光谱特征及其变化规律，特别是研究不同地物或相同地物处于不同形态时，用其光谱变异性来识别地物是遥感科学的基础。例如，根据地物不同形态的特殊光谱变化或特征，来区别不同的物体或运用相应的分类技术，再通过数学技术建立相关模型或光谱参数，用于判断和识别地物特征。这是农业遥感与信息技术应用的核心技术。37年来，浙江大学农业遥感与信息技术应用研究所针对水稻、土壤、土地、作物营养、土壤重金属污染，以及其他地物的光谱特征及其不同形态的变化规律做了大量的探索性研究，通过建立数学模型并验证，建立了海量的农业遥感和地物光谱数据库，为农业遥感与信息技术的应用研究创造了有利条件。已经建成"水稻光谱数据库""浙江省土壤数据库"和"全国土壤可见一近红外光谱数据库"。浙江大学农业遥感与信息技术应用研究所相关研究人员系统总结了30余年的农业遥感与信息系统领域的研究成果，完成了《农业信息科学与农业信息技术》（45万字）、《水稻遥感估产》（50万字）和《土壤地面高光谱遥感原理与方法》（36.9万字）、《水稻高光谱遥感实验研究》（50.5万字）和《水稻卫星遥感不确定性研究》（30.4万字）等多部创新型的科技著作，分别由中国农业出版社、科学出版社、浙江科学技术出版社和浙江大学出版社等出版。

一、博士生学位论文摘要

1. 土壤有机质含量高光谱预测模型及其差异性研究（2004，周清；导师：王人潮）

　　该研究建立了发育于不同母质的青紫泥和红黄泥SOM含量高光谱预测模型并比较研究了模型间的差异性。研究成果如下。

　　（1）理化性质相近的水稻土在土壤前处理相同、光源为SOW的卤素灯、探头视场角为8°的条件下，对光源距离、探头距离和光源照射角度三个几何条件对室内土壤高光谱样本曲线数据的波动性和离散性的影响分析表明，光源距离、光源照射角度对土壤高光谱样本曲线数据的波动性和离散性影响显著，影响的显著程度因波段不同而有一定的差异，而探头距离的影响不显著；利用15°的光源照射角度、30 cm的光源距离和15 cm的探头距离作为室内土壤高光谱测试几何条件能获得质量相对较高的室内土壤高光谱数据。

　　（2）土壤样品表面处理和土样粒径都对土壤样品4个测试方向的原始样本曲线数据的离散性和5次重复测试的平均反射系数的离散性有明显影响，不同质地的土壤所受到的影响大小不一样。表面压平处理方法及1 mm粒径条件下，不同质地的土壤总体上都能获得具有相对较小的测试方向上的标准差向量及多次重复测试反射系数平均值之间的标准差向量，是室内测试较理想的表面处理方法和合适的土壤粒径选择。

（3）从土壤样品野外采集到室内光谱数据的测试，保证三个环节的"相同"是获取具有较高共享性室内土壤高光谱数据的前提。第一个"相同"是田间土壤样品采集时的剖面位置一致；第二个"相同"是土壤制备过程中的一些前处理条件应一致；第三个"相同"是保证测试光照条件的一致。

（4）相同母质发育的不同类型土壤、不同母质发育的相同类型土壤的光谱反射系数在数值高低和变化趋势上都有显著差异，土壤间的反射系数大小与SOM含量之间都没有明显的负相关特性。成土环境和成土母质矿物组成的不同分别在上述两种情况下造成土壤间矿物组成及SOM组成的差异，这是导致以上结果的主要原因。

（5）人工模拟在SOM梯度条件下，对不同土壤类型（土种）的光谱特性分析结果表明，不同类型的土壤，其SOM含量多元线性回归高光谱预测模型中包含的波段变量的个数及其位置都有明显差别，土壤本身矿物组成和SOM中腐殖酸组成的差异是这一结果的主要原因。

（6）通过对河湖沉积物母质发育的青紫泥的反射系数及一阶微分曲线分析后发现，其反射系数在整个研究波段范围内总体上比较低平，由土壤水分引起的处于4100 nm、1900 nm和2200 nm附近的吸收特征比较明显，一阶微分曲线的走势相对反射系数曲线要剧烈。青紫泥反射系数与其SOM含量研究波段范围内有极显著负相关，一阶微分与SOM的相关情况与波段有关：用反射系数和一阶微分都能定量反映青紫泥SOM含量，但以反射系数为自变量的多元线性回归模型的稳定性和预测性都优于以一阶微分为自变量的回归模型。

（7）通过对起源于第四纪红色黏土母质和河湖沉积物母质的红黄泥和青紫泥的光谱特性及其SOM预测模型的对比分析发现，红黄泥的反射系数总体上高于青紫泥，在与铁的氧化物有关的吸收波段，红黄泥的吸收特性较青紫泥强，红黄泥的一阶微分的变化趋势总体上也比青紫泥剧烈。

2. 植物叶绿素荧光被动遥感探测及应用研究（2006，张永江；导师：王人潮）

研究取得如下结果。

（1）采用不同算法成功地从单叶表观反射光谱中提取到叶绿素荧光光谱。采用ASD光谱仪和LI-COR1800-12S积分球耦合，光源模拟日光辐射，通过对积分球光源加与不加不同种类（长波通、短波通）滤光片的办法，获得不同光照条件下的叶片反射光谱，按照不同算法提取叶绿素荧光信息。结果表明利用长波通滤光片测得的表观反射率差值光谱可以代表荧光光谱，在红光区和远红光区表现为明显的双峰特征。采用短波通滤光片可直接获得荧光光谱，不同植物种类荧光光谱差异明显。透射光中也包含叶绿素荧光，检测到的荧光相对比例大致与反射光荧光相近。

（2）初步明确了冠层反射光谱中能够敏感反映叶绿素荧光的指标。日光诱导的叶绿素荧光，更真实地反映植物的生理状态。通过日变化试验，定点观测不同植物（小麦、地锦）的冠层光谱，并同步进行了叶绿素荧光参数测定。结果表明，表观反射率计算的曲率指数、一阶导数光谱比值以及生理反射指数与荧光参数变化趋势一致，一天中均呈现高—低—高的V形变化；利用冠层辐照度光谱中688 nm和760 nm两个氧气吸收形成的Fraunhofe暗线特征，可以计算太阳光诱导的光合作用荧光；荧光对光合有效辐射十分敏感，与荧光动力学参数存在极显著的负相关关系，负相关系数达到了0.9以上。

（3）不同肥水条件下单叶、冠层荧光光谱特性存在差异。单叶水平表观反射率光谱中提取的荧光双峰比值与荧光参数关系密切，可以用来反映叶片含水量状况和叶片全氮含量。冠层水平表观反射率光谱中提取的生理反射指数、红边区一阶导数比值、夫琅和费荧光等与植株叶片含水量、冠层氮密度等指标具有较高的相关性。

（4）对小麦条锈病的荧光探测进行了初步研究。随着单叶锈病程度的加深，叶片内在的生理生化参数光合速率、叶绿素值直线下降。调制式叶绿素荧光仪测定的荧光参数表明，原初光能转化效率Fv/Fm、量子产量Yield逐渐下降，反映热耗散的非光化学淬灭系数逐渐升高。表观反射率提取的685 nm荧光峰值总体趋势升高，而740 nm峰值总体下降。Fraunhofe线提取的760 nm处叶绿素荧光与病情指数高度正相关，688 nm处叶绿素荧光与病情指数高度负相关，并且作为反映植株胁迫状况的荧光比值F688/F760随着病情指数的升高而增大。

（5）分析了叶绿素荧光被动遥感在作物胁迫探测中存在的问题和前景。光谱数据与农学取样数据的链接存在一定的制约因素。在明确单叶光谱特性的基础上，急需设计基于叶片叶绿素荧光的冠层叶绿素荧光反射光谱模拟模型，为叶片-冠层的叶绿素荧光尺度转换和模拟提供理论和模型支持。在生产应用中还应综合反射率光谱、作物栽培特性等信息，为适时、快速、准确诊断田间作物生理状况提供依据，从而实施优化调控下的精准管理。

3. 河口水体悬浮物固有光学性质及浓度遥感反演模式研究（2008，王繁；导师：周斌）

该研究的主要研究内容与结果如下。

（1）实地光谱测量与实验室吸收测量研究。结果表明，研究区水体光谱具有典型高含沙水体的光谱特征，水面遥感反射率较高，在可见光与近红外光谱范围内出现两个反射峰，且第二反射峰对应的波长随着含沙量的增大出现"红移现象"。另外，实地采集水样带回实验室进行吸收光谱测量。结果表明，研究区水体中悬浮物的吸收值较高，吸收光谱在可见光范围内符合指数衰减模式。乍浦与慈溪两个站位获取的时间序列数据说明研究区水体悬浮物的浓度和光学性质均表现出明显的时空变异特征。

（2）水体悬浮物浓度遥感反演经验模式研究。结果表明，悬浮泥沙浓度在红外和近红外波段的响应度最高；对于单波段简单线性回归而言，指数回归和幂函数回归的拟合效果好于简单线性回归；采用波段组合比值不能完全提高拟合效果；加入粒径因素后拟合精度进一步提高；长波段拟合精度高于短波段，双波段拟合精度高于单波段。另外，人工神经网络模型在高混浊海区实现了较好的预测精度，采用MODIS地表反射率产品中的250 m分辨率波段作为神经网络输入，悬浮物浓度作为输出而建立的神经网络模型预测性能高于统计回归模型；利用实测遥感反射率模拟MODIS与MERIS波段建立的神经网络模型也取得了较好的预测效果。

（3）水体悬浮物固有光学性质遥感反演半分析模式研究。利用实测水体组分吸收数据建立分析数据集，分别分析MODIS与MERIS特征波段水体悬浮物吸收系数与悬浮物浓度和遥感反射率的相关性；在生物光学理论模型的基础上，参考Carder-MODIS浮游植物固有光学性质遥感反演半分析算法，选择适合本地水体光学特点的特征波段，建立固有光学参数、表观光学参数以及成分浓度之间的经验模型，基于MODIS特征波段实现杭州湾水体固有光学性质及其浓度的遥感反演。结果表明，研究区水体悬浮物特征波段的吸收系数与浓度之间相关性都较高，相关系数在0.95以上；选择MODIS波段I为主要特征波段，分别拟合固有光学参数与表观光学参数以及悬浮物浓度之间的经验方程式，最终实现悬浮物固有光学参数与浓度的遥感反演。

（4）水体悬浮物固有光学性质时空变异特征研究。结果表明，研究区水体悬浮物的固有光学性质表现出显著的时空变异特点，乍浦与慈溪两个采样站位的悬浮物固有光学性质随着涨落潮周期分别表现出不同的短周期波动规律；悬浮物浓度是影响研究区水体悬浮物固有光学性质变化的主要因素，粒径也是重要影响因素之一，单位吸收系数的影响不明显。

4. 基于高光谱成像技术的作物叶绿素信息诊断机理及方法研究（2012，张东彦；导师：王纪华）

主要研究工作及进展如下。

（1）提出一种基于不同参照布的反射率场地标定方法。它是通过建立可见近红外成像光谱仪（VNIS）与地物光谱仪（ASD）同时获取的DN值之间的转换关系，将ASD获取的标准白板的DN值转换为VNIS的DN值，再通过定标公式实现影像反射率提取。研究发现，该方法计算得出的相对反射率与当场的ASD反射率曲线有较高的一致性，由此证明这种方法能满足成像传感器反射率场地标定的要求。

（2）在作物的单叶尺度，开展PIS光谱数据的可靠性验证、作物叶绿素信息反演方法探索研究，得出：①通过分析成像与非成像高光谱数据提取的红边特征曲线及红边位箬，发现两仪器获取数据有很好的一致性，由此验证自主研发PIS光谱数据是可靠的。②利用窄波段成像光谱曲线的峰谷特征构建新型特征参数，即"三边"的光谱变化速率、"三边"夹角及衍生变量在叶绿素含量反演中进行应用。结果表明，相比传统的"三边"光谱参数，峰谷特征参数能有效提高叶绿素含量的反演能力。③利用PIS对活体玉米植株进行成像立体采集，在影像中选取玉米倒1叶至倒4叶的叶片光谱，构建了叶片叶绿素含量反演模型；用小区玉米叶片样本进行验证，得出预测模型的决定系数$R^2 = 0.897$；验证模型的决定系数$R^2 = 0.887$，均方根误差RMSE＝1.8；在不同植被覆盖度下（盆栽—小区）的玉米植株叶片都有很好效果，说明采用这种方法构建的模型具有较高的精度。④利用PIS获取"图谱合一"的小麦叶片影像数据，采用偏最小二乘法研究同一叶片不同位点组合所建叶绿素含量预测模型的精度；研究不同层位叶片叶绿素含量估测模型精度。研究发现，同一叶片2，4，6位点组合的模型精度高于1，3，5位点组合的模型精度；不同层位叶片的模型精度为中层＞上层＞下层；所有叶片建立的综合模型精度最高。

（3）把VNIS在田间小尺度范围内进行应用，基于其"图谱合一"的优势，在高光影像中寻找植被、裸土、光照叶片和阴影叶片的光谱差异，构建归一化光谱分类指数，实现了不同类型地物的分割与光谱提纯。在不同地物光谱提纯的基础上发现，当植被与土壤混合存在时，对叶绿素密度敏感的波段基本上都在红与近红外波段区间；当植被光谱提纯后（剔除土壤光谱），对叶绿素密度敏感的波段范围增大，尤其是蓝、绿波段。由此说明，背景土壤对光学遥感反演植被叶绿素密度有较大影响。

（4）对不同密度大豆冠层的多角度数据进行分析，研究同一视场内植被与土壤混合光谱信息提纯前后的冠层BRDF变化特征。研究发现，在主平面观测时，土壤光谱去除后，纯植被冠层反射率在前向观测时，随着天顶角的减小而增大，这和视场内同时存在植被和土壤时的研究结果不同；后向观测时，随着天顶角的增加而增大；后向反射率高于前向，这和混合植被的BRDF特征一致。在垂直主平面方向上，土壤光谱去除前后的不同密度大豆冠层反射率在垂直主平面都有一致的对称性，去除后的前后向反射率对称性更强。

（5）利用多角度成像数据对大豆冠层叶绿素密度的反演进行解析与评价。研究发现，0°，20°，40°和60°的天顶角组合有最高的$R^2 = 0.834$（预测模型）和最小的RMSE＝6.13；20°，40°和60°天顶角组合的决定系数值高于0°，20°和40°的组合。在混合植被、纯植被、光照植被三类数据中有一致的结果。在不同天顶角下，40°天顶角是反演叶绿素密度的最优角度。在不同方位角下，0°方位角（太阳主平面的后向观测）是反演叶绿素密度的最优角度。天顶角变化是影响大豆冠层叶绿素密度反演精度的主要因素，这归根结底是观测视场中的背景土壤及阴影叶片面积比例发生变化而导致的。

5. 基于野外vis-NIR高光谱的土壤属性预测及田间水分影响去除研究（2014，纪文君；导师：史舟）

该研究的主要研究内容和结果可以概括为以下几个方面。

（1）野外原位vis-NIR光谱的主要环境影响因素分析。首先在土壤采样点进行野外原位vis-NIR光谱测量，然后采集土壤样本带回实验室风干研磨并过2 mm筛后测量其相应的室内光谱。在野外原位光谱测量中，高密度接触式反射探头的使用能够在野外环境中创造人工暗室环境，有效避免环境杂散光的影响；而直径仅为2 cm的探头窗口有利于选择较为平整的土壤表面并避开土壤大孔隙、作物根系、石块等对野外原位光谱测量的影响。从光谱特征上研究在野外原位光谱测量过程中的主要环境影响因素及其对野外原位光谱的影响机理，采用连续统去除算法放大光谱特征，采用光谱配对波长检验分析野外原位光谱与相应室内光谱的差别。对原始的和经连续统去除的野外原位光谱和室内光谱进行比较后发现，二者的主要区别在于代表水分吸收的1450 nm和1940 nm波段附近，水稻土的野外光谱曲线吸收谷在宽度和深度上都远远大于其室内光谱曲线，而这主要是水稻土长期浸水导致的。

（2）基于野外原位vis-NIR光谱的土壤重要属性预测研究。土壤不同组分分子在vis-NIR光谱波段的倍频振动与合频振动，构成了利用vis-NIR光谱进行土壤属性预测的理论基础。该研究分别采用偏最小二乘回归（PLSR）算法和最小二乘支持向量机（LS-SVM）算法，对利用野外原位vis-NIR光谱预测七种重要土壤属性（OC，OM，TN，AN，AP，AK和pH）进行可行性分析，并与室内光谱预测结果进行比较。研究结果发现，利用野外原位vis-NIR光谱可以对土壤TN，AN，OC，OM和pH进行定量预测，对AP和AK无法预测。对TN，AN，OC和OM的成功预测主要归功于这些成分在vis-NIR光谱波段存在直接的光谱响应特征，对AP和AK无法预测则是因为它们在土壤vis-NIR光谱波段没有直接的光谱响应特征；而对pH的成功预测可能是由于它与土壤中存在直接响应波段的矿物成分相关。与室内光谱预测结果进行比较后发现，无论采用PLSR还是LS-SVM算法，基于野外原位光谱的土壤属性预测精度普遍低于室内光谱。

（3）线性与非线性多元建模方法对野外原位vis-NIR光谱预测土壤属性精度的影响。研究利用线性的PLSR算法以及非线性的LS-SVM算法分别对野外原位测量的光谱进行7种重要土壤属性的预测研究。与线性的PLSR算法相比，LS-SVM算法对OC，OM，TN和pH的预测精度有了很大程度的提高，对AN的预测精度没有显著变化，对AP和AK两种算法都不能进行定量预测。研究结果表明，对于vis-NIR波段光谱可以预测的土壤属性，非线性的LS-SVM算法可以提高利用野外原位光谱预测土壤属性的精度。

（4）野外原位vis-NIR光谱土壤水分影响去除研究。研究使用额外参数正交化（EPO）、光谱直接转换法（DS）、光谱分段直接转换法（PDS）三种方法对野外原位光谱中的环境影响因素进行去除。EPO算法是将所测的光谱投影到与将要去除的环影响因素相正交的空间上，从而达到去除这一影响因素的目的。DS算法通过对野外原位光谱与室内光谱的差值光谱进行分析，建立野外原位光谱与室内光谱的转换关系，对野外原位光谱进行转换，实现环境影响因素的去除。PDS算法与DS算法的基本原理相同，所不同的是，在DS算法中，室内光谱中的全波段数据都被用来与野外光谱的每个波段进行关联并建立起线性关系进行转换。而PDS算法是将野外光谱中每个波段附近一个窗口内的光谱数据与室内光谱该波段的光谱数据进行关联并建立转换关系，通过小窗口的移动，对野外光谱的所有波段进行转换。研究结果表明，EPO，DS和PDS三种算法都能有效提高基于野外原位光谱预测土壤有机碳的精度。未经三种土壤水分影响去除算法处理的野外原位光谱可以对土壤有机碳进行粗略估测（1.4＜RPD＜2.0），而经过处理后可以进行准确的定量预测（RPD＞2.0）。但是，三种算法各有优劣。三种算法的共同点是都需要从整个样本集中选择具有代表性的一小部分样本带回实验室、风干、研磨、过筛后测量其室内光谱，用于建立野外原位光谱与室内光谱之间的转换关系，计算转换系数。三种算法的不同点是，PDS算法是在移动的"小窗口"内建立土壤野外原位光谱与室内光谱之间的转换关系，这一特性决定了PDS算法需要的转换样本数远远小于另外两种算法。而转换样本数的减少，意味着节省了采样以及样品前处理所需要的时间和人力。但是，在该研究中成功使用PDS算法去除野外光谱中土壤水分及其他环境影响因素的前提是对光谱进行一阶预处理；而对于EPO和DS算法则无须进行这一光谱预处理过程。最后，对经过三种去除水分算法处理后的野外原位光谱有机碳预测精度进行比较，结果发现DS算法的精度最高。

（5）基于中国土壤光谱库的野外原位vis-NIR光谱预测土壤有机碳研究。中国土壤光谱库包含有多种类型的土壤样本，基于中国土壤光谱库建立的土壤有机碳预测模型普适性高，可以实现对局部区域或田块土壤有机碳的快速测量。然而，这一模型对野外原位采集的光谱并不适用，因为中国土壤光谱库中的光谱都是基于室内测量的。该研究使用EPO，DS和PDS三种算法去除104个野外原位光谱中的水分影响因素后，利用中国土壤光谱库模型进行野外原位vis-NIR光谱预测土壤有机碳。研究结果表明，经三种算法对野外原位光谱处理后，利用已有的中国土壤光谱库模型对土壤有机碳的预测精度都有了大幅提高，从完全无法预测（RPD＝＝0.23）提高到可以粗略估计（对于EPO和PDS算法：RPD＞1.4），甚至可以定量预测（对于DS算法：RPD＝2.06）。使用DS算法处理后的野外原位光谱的预测精度接近于直接使用室内光谱的预测精度（RPD＝2.11）。因此，研究中结合DS算法给出了基于中国土壤光谱库的野外原位vis-NIR光谱土壤有机碳快速预测的实际应用方案。应用该方案时只需要采集一小部分土壤样本，无须进行任何理化分析实验，即可实现土壤有机碳的定量预测。此外，研究还利用Spiking算法将一部分野外原位光谱并入中国土壤光谱库重新建立模型，成功对剩余样本实现野外原位光谱的土壤有机碳预测。与传统的光谱预测建模方法（即对所采集土壤样本划分为建模集和预测集进行土壤有机碳预测）相比，Spiking算法只需要测量较少样本（$n=15\sim25$）的土壤有机碳含量便可进行土壤有机碳的野外定量预测。该研究的研究对象为水稻土，由于水稻田存在水旱交替这种特殊的耕作形式，基于野外原位vis-NIR光谱测量技术对于保证在排水疏干的短暂时间内完成土壤属性的快速预测尤为必要。但是，与旱作土壤相比，其野外原位光谱中所受到的土壤水分及其他诸多环境因素的影响更为明显，利用野外原位vis-NIR光谱预测其土壤属性的精度低于一般旱作土壤。因此，提高野外原位光谱预测水稻土属性的精度，去除水稻土野外原位光谱中的水分影响因素，显得更加迫切。该研究基本完成研究内容，达到了预期的研究目标。

6. 基于PROSPECT-PLUS模型植物叶片多种色素高光谱定量遥感反演模型与机理研究（2015，张垚；导师：黄敬峰）

植物叶片色素信息特征是植物生理生态状况的重要表征之一，而叶片色素的光谱特征正好处于太阳光到达近地面的高能光谱区域。随着遥感技术的发展，高光谱遥感技术为植被色素信息特征检测或监测提供了一种有效的途径，因此，使用高光谱遥感技术在色素信息特征波段400～800 nm的高能光谱区间检测或监测叶片色素变化，可间接地提供植被生理生态的信息特征。

（1）基于广泛使用于定量描述植被的叶片光学辐射传输PROSPECT模型，通过对叶片光学属性因子中叶片生理生态光学响应因子、叶片表面几何特征因子的进一步定量研究，构建相对原有PROSPECT模型对叶片光谱特征模拟和色素含量反演具有提高和拓展功能的PROSPECT-SPPP、PROSPECT-SGED和PROSPECT-PLUS叶片色素光学辐射传输模型。叶片PROSPECT模型能够反映叶片生理生态特征的色素特定吸收系数的波段重叠特征和各种色素含量的高线性相关关系，限制了多色素信息特征的叶片光谱特征模拟和相应色素含量反演，研究通过使用吸收光谱分峰技术中的G-L函数拟合方法对色素特定吸收系数进行函数化，并修改和增加反映色素信息特征函数项（叶绿素a、叶绿素b、类胡萝卜素和花青素），使$k(\lambda)$函数中各种色素特定吸收系数的线性关系转化为相应色素特定吸收系数G-L函数的非线性函数关系；并利用各种色素标准样品在有机溶液中的吸收特征与叶片中吸收特征的关系，获取在估算叶片中各种色素特定吸收系数时G-L函数所需的必要的色素吸收峰个数和吸收峰峰位及引入色素特性吸收系数吸收红移位移定量参数，达到叶绿素a、叶绿素b、类胡萝卜素和花青素特定吸收系数波段重叠的分离。建立一个在400～800 nm区间含有可细分光合色素（叶绿素a、叶绿素b和类胡萝卜素）和非光合色素（花青素）信息特征的PROSPECT-SPPP叶片色素光学辐射传输模型。

（2）叶片PROSPECT模型，使用一个入射光最大角的理想值来定量描述单位立体角的叶片表面几何特征，限制了对不同植物叶片表面几何特征的色素含量反演精度和对非天底方向光源叶片色素含量的反演，研究通过使用DHRFSPEC模型对

PROSPECT模型光学辐射传输中叶片表面界面反射辐射特征的定量表达；同时，引入了能够定量描述叶片表面几何特征因子的参数（叶片表面粗糙度）和一个可以定量光源入射方向的输入变量，能够解决光源来源非天底方向在叶片表面的"V"结构中形成的界面反射中阴影和遮挡现象定量描述，构建了一个在500～800 nm光谱区间能够定量描述叶片表面几何特征和提供一个可拓展叶片色素PROSPECT模型光源入射角到非天底方向的PROSPECT-SGED叶片色素光学辐射传输模型。同时，也使PROSPECT模型光源辐射传输理论与BRDF几何光学模型完全耦合。在PROSPECT模型光学辐射传输框架下的500～800 nm光谱区间，通过使用光谱分峰技术中的G-L函数对该波段区间特征色素的特定吸收系数进行函数化和使用DHRFSPEC模型对叶片表面界面反射辐射特征定量表达，同时进行对叶片光学属性影响因子（叶片生理生态光学响应因子和叶片表面几何特征因子）的进一步定量描述，提供了一个既可以反映可细分光合色素（叶绿素a和叶绿素b）信息特征，也可以用于非天底方向光源的可细分光合色素反演功能的PROSPECT-PLUS叶片色素光学辐射传输模型，同时，也是PROSPECT模型与BRDF几何光学模型耦合的补充。

（3）利用构建的ZHELOP数据集、LOPEX 93筛选数据集和NNDHRF数据集，分别进行了PROSPECT-SPPP、PROSPECT-SGED和PROSPECT-PLUS叶片色素光学辐射传输模参数的获取、模型模拟和反演功能的验证，并与以前的PROSPECT模型版本比较，结果是：①PROSPECT-SPPP模型能够分离具有波段重叠特征多种色素特定吸收系数，如在ZHELOP数据集中，成功分离了叶绿素a、叶绿素b、类胡萝卜素和花青素特定吸收系数。在模型功能方面，能够模拟具有波段重叠特征多种色素信息特征叶片的光谱特征和反演叶片中相应的色素含量，与PROSPECT-5相比，PROSPECT-SPPP模型能够提高叶片模拟精度和拓宽叶片色素种类及含量的反演。②PROSPECT-SGED模型能够使用任意光源入射角叶片在500～800 nm光谱区间的光谱定量反演的叶片叶绿素含量。与PROSPECT-4相比，PROSPECT-SGED模型能够提高光源在天底方向叶绿素含量反演精度。③PROSPECT-PLUS模型不仅能够模拟光源在天底方向含量叶绿素a、叶绿素b信息特征叶片在500～800 nm光谱区间的光谱特征和能够反演这些色素的含量，也能够使用光源在非天底方向上叶片反射光谱反演叶绿素a和叶绿素b的含量。与PROSPECT-SPPP相比，PROSPECT-PLUS模型提高了对叶绿素a和叶绿素b的含量的反演精度。

7. 水稻氮素营养水平与光谱特性的相关性试验（1995，周启发；导师：王人潮）

水稻氮素营养对水稻生长发育及其产量的影响，在诸多营养元素中是最为明显的，特别是追施氮肥对产量的影响极大。该研究是在"预备试验"明确氮素营养与水稻的营养生长（叶片、茎和冠层）有密切关系的基础上，采用普及快速的光谱测定氮素营养的方法，为水稻卫星遥感估产提供了可靠的依据。试验内容和结果如下。

（1）试验设计、材料与方法。①利用上培盆栽方式；②水稻品种是"二九丰"；③分五个不同氮素水平处理；④在分蘖期、孕穗期、灌浆期分别用LI-1800光谱仪测定各处理的水稻上部叶片和下部叶片的双向反射系数；⑤取波段400～1000 mm，间隔10 nm测3次取平均值；⑥新红外摄影和多光谱摄影，红外负片和多光谱正片M75图像处理机上处理；⑦土壤和稻株化学分析，土壤全氮和稻叶全氮，以及叶绿素测定等。

（2）计算项目与方法。①取LIMDSAT的MSS、TM和SPOT的HPV的波段中的特定波段的平均值；②比较植被指数（RVI）、归一化植被指数（NDVI）；③分类统计量的计算；④氮素距离等。

（3）试验的主要结论。①生长正常的早稻的光谱曲线呈"550 nm左右的反射峰—680 nm附近的吸收谷—近红外区域的反射平台"型；②氮素营养明显影响早稻单张叶片的光谱特征，缺氮时早稻单张叶片680 nm附近吸收谷变浅，在近红外区域的反射平台降低，在可见光区域的反射增加；③NDVI和RVI植被指数与稻叶含氮量之间有良好的相关性；④用蓝、绿、红三色波段合成多光谱影像分析早稻氮素水平的效果不佳，用彩色红外影像分析的效果较好；⑤有可能研发出水稻氮素营养光谱型速测仪；⑥水稻的NDVI和RVI植被指数与产量有很好的相关性，为水稻卫星遥感估产提供了可靠的依据。

二、硕士生学位论文摘要

1. 海涂围垦区土壤高光谱特性与土地利用遥感调查研究——以浙江省上虞市海涂围垦区为例（2004，黄明祥；导师：史舟）

海涂土壤利用状况及其变化，不仅关系到围垦区社会经济的持续发展，而且还影响海涂土壤资源的合理开发与利用。该研究选择浙江省具有典型代表的上虞市海涂围垦区（杭州湾南岸）为例，综合应用多层次、多类型的遥感数据进行样区海涂土壤高光谱特性土地利用遥感调查研究。主要研究内容及结果如下。

（1）野外采集的土壤样品，经自然烘干、过筛后，进行土壤理化性质分析和高光谱测试。结果表明，海涂土壤总体有机质含量低，电导率和含砂量高，并且随着围垦时间的增长呈现出规律性的变化。在土壤高光谱中，选取9个吸收波段与土壤电导率、阳离子交换量和机械组成Pearson相关分析，结果表明，海涂土壤砂粒、粉粒含量与各波段相关性显著。

（2）依据不同围垦历史对所有土样进行分组，并用选取的9个吸收波段进行逐步判别分析。结果表明，处于不同围垦区（具有不同改良程度）的土样，其光谱数据具有很好的类可分性。

（3）对研究区系列历史数据预处理，提取围堤信息，根据地面的辅助调查和地方统计资料，统计出近三十年来海涂围垦面积的变化和范围。

（4）利用多时相陆地卫星影像进行研究区土地利用遥感调查。首先从ETM＋图像中提取围垦坝和围垦范围变化信息，其次根据围垦年代不同对研究区进行空间分区，然后对不同子区采用不同分类方法。对分类后的各子区土地利用类型面积进行统计。研究结果表明，不同时期围垦区的主要农业土地利用类型有着明显的差异，从新围垦区裸露的未利用地和水产养殖塘为主，逐步过渡到棉花田及老围垦区的水稻田和果园。

（5）在没有光学遥感数据的辅助下，仅采用多时相的ERS-2PRI雷达产品，经过雷达预处理、研究区分区后，针对不同子区土地利用类型的复杂程度，分别采用ISODATA非监督分类和BP神经网络分类器进行土地利用类型分类。分类总体精度为77.34％，总体Kappa系数为0.74。结果表明，在类似海涂围垦区，全天时、全天候的雷达遥感数据能够替代多光谱遥感数据进行土地利用遥感调查，并显示出巨大的应用潜力。

2. 地面实验条件下土壤热红外光谱特性研究（2010，黄启厅；导师：史舟）

该研究取得结果如下。

（1）该研究以揭示土壤特性与其发射率之间的规律为中心，基于模拟的土壤热红外高光谱数据，分析了光谱获取当中外界因素的影响大小，并利用地面实测的土壤发射率，借助多种数学方法对土壤的发射率光谱特征进行分析，建立了多组土壤特性的预测模型，实现了部分土壤特性的预测。在此基础上模拟ASTER和MODIS两个传感器的热红外通道数据，对土壤含沙量和含水量进行预测估算，评价了这两个传感器在直接利用通道发射率反演土壤特性的潜力。

（2）该研究采用ISSTES算法实现了土壤温度和发射率的分离。分析发现，采用Bower定义的平滑度指数和$7.9983 \sim 8.4139 \ \mu m$作为反演波段，算法的分离效果最佳，发射率分离精度可优于0.001。基于模拟数据计算表明，测量过程中大气下行辐射变化引起的发射率计算误差远远大于仪器噪声和样品温度导致的误差。针对实测发射率数据噪声大的特点，对5点移动平均去噪、Savitzky-Golay平滑去噪、小波变换去噪三种方法进行去噪效果的比较，结果显示小波去噪的效果最好。

（3）通过比较沙子、水稻土、红壤和黑土的发射光谱，发现不同类型土壤在热红外谱域具有独特的光谱特征；而粒径变化对土壤发射光谱的影响规律相似，即发射率先随着土壤粒径的增大而上升，到了某一粒级发射率便开始下降；土壤发射率与其含沙量和含水量分别成反比和正比关系，但各个区间的变化幅度不一样：含沙量在$8 \sim 9.5 \ \mu m$时，变化明显；含沙量在$11 \sim 13 \ \mu m$时，发射光谱基本保持不变；含水量在$9.5 \sim 12 \ \mu m$时，变化明显，而在热红外窗口的两端附近，发射率曲线出现重叠交叉，随含水量变化不明显。对不同有机质含量的黑土发射光谱进行分析，发现黑土由于有机质含量较高，其发射率也较高，平均发射率为$0.93 \sim 0.98$，发射光谱表现凌乱，随有机质含量差异的变化没有规律性。相关分析表明，发射率各波段和有机质含量之间相关性微弱，相关系数最高不超过0.14，初步研究表明两者的线性关系不显著，但此结论还需要进一步的研究。

（4）将经过小波滤噪后的土壤发射光谱进行对数倒数、一阶微分、基线校正、归一化、多次散射纠正和原始光谱不变换等六种不同预处理，分别利用偏最小二乘回归（PLSR）和主成分回归（PCR）方法对土壤含沙量和含水量进行建模预测，结果显示，PLSR模型从总体上优于PCR模型。对于土壤含沙量的预测而言，认为在PLSR模型下，一阶微分处理的预测效果最好；对于土壤含水量的预测而言，基线校正的PLSR模型的建模预测效果最好。在此基础上，基于实测土壤发射率模拟了ASTER和MODIS的热红外通道发射率及其波段比值，并对土壤的含沙量和含水量进行预测，结果表明，两个传感器的热红外通道数据与土壤含沙量和含水量均表现出良好的线性关系，总体上ASTER热红外通道数据比MODIS具有更好的反演效果；就通道发射率和波段比值两种光谱变量而言，ASTER通道发射率比波段比值的反演效果要好，而MODIS则刚好相反，波段比值的效果要优于通道发射率。

3. 基于Monte Carlo方法的水体二向反射分布函数（BRDF）模拟（2010，凌在盈；导师：周斌）

（1）水体的二向反射特征是表征海洋光学特性的重要因素之一，对应用遥感系统进行水色参数准确定量反演及海洋水色遥感技术的发展有着重要意义，是进行水质监测、水体温度、海洋生产力估产等方面定量遥感必须解决的问题之一。二向反射是自然界中最基本的宏观现象之一。水体表面光场的方向分布携带有水体的一些重要的属性信息（如水体各组成含量、类型、粒径分布以及表面粗糙度等），忽略其方向性会带来一定的误差。然而早期的遥感应用，通常假定物体反射表面是朗伯反射，认为反射辐射强度、反射方向与入射辐射方向无关，在各方向上均匀分布。随着定量遥感技术的不断发展，遥感的定量化要求传感器获取的信息能准确反映目标特征，同时对由卫星遥感信号中提取的离水辐亮度的精度要求也越来越高。

（2）目前，植被、土壤的二向反射特性及模拟模型得到了大量的研究，取得了不少进展，但水体二向反射特性的研究相对较少，能够推广应用的二向反射函数模型则更少。这主要是由于影响海洋光谱因素较多，难以精确模拟；海上原位测量困难较大，风浪、阴影、天空状况等影响因素众多，都可以对结果引起较大误差，难以通过实验测量。而通过构建蒙特卡罗模型模拟计算辐射传输模型则可以很好地解决以上困难。由此可见，开展水体的BRDF的模拟模型及模型验证研究将会成为海洋水色遥感定量研究的热点和难点。

（3）该研究基于一定的假设，通过采用蒙特卡罗方法模拟追踪光子在水中的运动碰撞，采用散射相函数、单次散射率、衰减系数，并通过随机数选取碰撞的位置和散射角度，建立包含高吸收和高散射水体、分子的散射和大颗粒的散射、太阳入射角度、天空光影响的蒙特卡罗二向反射模型。在此基础上，模拟结果基于四边形网格统计技术，统计大量入射光子在水体表面空间所形成的出射光场，并使用圆柱坐标图，实现出射光场的三维展示。通过对模型结果的分析与计算发现，太阳入射角度、天空光所占比例、散射相函数、单次散射率等因素共同决定着二向反射分布函数的数值和形状。

（4）研究结果：①太阳入射角度，特别是太阳天顶角能改变水体二向反射分布函数的形状。在以悬浮颗粒物散射为主的水体中，能量大都集中在后向热点方向，且后向热点的位置与太阳入射方向密切相关，也即后向热点的位置均出现在太阳入射光的反方向上；②天空光所占比例，该研究采用简单的各向同性天空光，当加入天空光后，二向反射分布函数峰值降低，并随着天空光比例的增大，二向反射分布函数的形状趋于对称，后向热点逐渐消失；③单次散射率主要影响二向反射分布函数的数值大小。同一条件下，单次散射率越大，水体表面反射光场越强烈，二向反射分布函数值越大；反之，越小。④散射相函数是影响二向反射分布函数形状的主导因素。水分子散射占主导的水体，其散射相函数采用瑞利相函数，光场能量较分散，其二向反射分布函数形状基本不随入射天顶角的变化而变化。而颗粒散射占主导的水体，其散射相函数为Petzold相函数，光子在水中碰撞之后，前向散射非常强烈，经多次散射逃出水面的光子较少，其能量集中在后向热点位置。

4. 水库水体叶绿素a光学性质及浓度遥感反演模式研究（2011，周方方；导师：周斌）

该研究以杭州地区代表性水库青山水库为研究对象，根据蓝藻水华形成的不同时期及卫星观测时间，通过野外实验观测，获取了水体表观光学参数、固有光学参数以及组分浓度数据；研究了青山水库水体中各组分光学性质的季节差异性变化规律，并对青山水库水体光谱反射率信息变化的原因进行了分析；结合目前水体生物光学理论的成熟模型，以实测高光谱数据和环境一号卫星影像数据为基础，构建了具有较高精度的水体组分浓度遥感反演模型。该研究结果将有益于水库水体中叶绿素a等水色组分浓度的遥感反演模型的发展，使之更好地服务于水环境遥感监测的需要。该项目主要研究内容与研究成果如下。

（1）实地光谱测量与实验室吸收测量研究。实地光谱测量采用NASA海洋光学测量规范推荐的水面之上光谱测量法，分别测量标准板、水面和天空光的辐照度，计算水面之上遥感反射率。实地采集水样带回实验室进行水体组分吸收光谱测量，颗粒物的吸收光谱测量采用定量滤膜技术，黄色物质的吸收系数通过分光光度计测量滤液的光衰减来近似计算，同时测量水体组分浓度。

（2）水体组分光学性质季节差异性研究。不同时期测量的水体反射率变化较大，藻类特征较显著。675 nm附近叶绿素a的吸收峰和700 nm附近叶绿素a的荧光峰在遥感反射率光谱上特征明显，但不同时间测量的遥感反射率值大小不同。由悬浮颗粒物引起的810 nm附近的反射峰是水体悬浮无机质存在的重要光谱特征，不同时间测量的810 nm反射峰高度基本一致。不同时期测量的水体组分的吸收系数差异较大，其吸收特性表现出明显的季节差异性。颗粒物吸收类型分为两种，一种是在蓝绿光波段颗粒物吸收光谱中非色素颗粒物吸收占主导，颗粒物吸收光谱曲线与非色素颗粒物相似，即随着波长的增大其吸收系数而减小，但在红光波段（650～700 nm）颗粒物吸收光谱以色素颗粒物吸收占主导，特别是675 nm附近具有明显的叶绿素a吸收峰；另一种是颗粒物吸收光谱中色素颗粒物吸收占主导，颗粒物吸收光谱曲线与色素颗粒物相似，在440 nm和675 nm具有明显的叶绿素a吸收峰。CDOM吸收光谱随着波长的增加呈指数规律衰减，长波在700 nm左右趋向于零，不同时期测量的CDOM吸收光谱的差异主要表现在短波段，但是差异不大。

（3）水体组分浓度遥感反演模型研究。分别以实测高光谱数据和环境一号卫星影像数据作为基础，利用实测光谱数据和叶绿素a浓度数据建立分析数据集，通过对光谱数据进行微分、归一化等处理，分析叶绿素a浓度与遥感反射率之间的相关关系，选择相关系数较高的波段作为敏感波段建立统计回归模型。结果表明，基于归一化遥感反射率波段组合比值建立的模型，其拟合精度高于单波段，特别是波段比值R702/R674，其拟合效果最好；基于一阶微分遥感反射率单波段建立的模型，其拟合精度高于波段比值，其中R648的拟合效果最好。同时，以三波长因子模型为理论基础，建立基于实测光谱数据的三波长因子反演模型。根据迭代结果，三波长因子模型反演叶绿素a浓度的三个最优波段λ_1、λ_2、λ_3分别为680 nm、697 nm和724 nm。利用环境一号卫星影像数据，经过几何校正、大气校正等处理，分析叶绿素a浓度、悬浮物浓度与卫星数据遥感反射率之间的相关关系，建立遥感反演模型。结果表明：悬浮物浓度与反射率的相关性较大，而由于采样时间等客观因素，叶绿素a浓度相关性较小，所以最后选择环境卫星数据遥感反射率波段组合（band2/band3）来建立悬浮物浓度的反演模型，并将模型运用到环境一号卫星遥感影像中进行悬浮物浓度反演，在ArcGIS软件中根据悬浮物浓度进行分级制图。

5. 浙江省耕层土壤有机碳密度估算及空间分布研究（2014，王巍贺；导师：梁建设）

土壤有机碳库是陆地生态系统中最重要的碳库之一，土壤碳的小幅度变化也会引起全球气候较大的变化，而耕地耕层土壤有机碳库大小易受人类活动的影响而变化，因此估算耕地耕层土壤有机碳库储量，对土壤碳库变化及土壤固碳潜力等研究具有重大意义。

该研究采集浙江省范围内35488个样点，建立土壤数据库，利用GIS技术研究了浙江省耕地耕层土壤有机碳含量的空间变化、有机碳密度和有机碳储量，为提高耕地碳储量和土壤有机质提升目标等方面提供研究依据。研究获得以下主要结果。

（1）浙江省耕地平均20 cm耕层的有机碳密度为3.46 kg/m²，高于全国平均水平。其中黑色石灰土的耕层有机碳密度最大；潴育水稻土、脱潜水稻土、红壤的有机碳密度较高。浙江省耕地20 cm耕层的有机碳储量为9.4×10⁶ t。

（2）按城市区域比较，绍兴市的耕地耕层土壤有机碳密度最高，达4.46 kg/m²；湖州市、宁波市、杭州市、嘉兴市、温州市的耕地耕层土壤有机碳密度也都较高，均大于3.50 kg/m²；衢州市、金华市、丽水市、台州市的耕地耕层土壤有机碳密度都相对较低；而舟山市的耕地耕层土壤有机碳密度仅为2.75 kg/m²，是耕地耕层土壤有机碳密度最低的地市。

（3）按地貌分区比较，浙江省北部区域（浙北平原区、浙东盆地低山区、浙西山地丘陵区）的耕地耕层土壤有机碳密度要高于浙江省南部区域（浙中丘陵盆地区、东部丘陵岛屿平原区、浙南中山区）。

6. 基于土壤可见-近红外光谱库的土壤全氮预测建模研究（2015，王乾龙；导师：史舟）

该研究以中国浙江、西藏、新疆、四川、河南、黑龙江、海南等13个省或自治区的17种土类共计1661份有效样本为研究对象，研究基于国家尺度大样本数据量下的可见-近红外光谱预测土壤全氮含量的可行性及建模策略。研究基于光谱库土壤属性的子集划分策略对高光谱预测精度的影响，尝试探究不同全氮含量等级，不同土壤类型子集进行建模，模型质量是否健壮以及相关规律；重点研究基于光谱库光谱特性的子集划分策略，即应用光谱库来预测局部地区未知样本土壤全氮含量的建模策略的可行性，寻找具备普适性和稳定性的预测模型，并深入探究其可行的原因。该研究的主要研究内容和结果概括为以下两个方面。

（1）基于土壤属性的光谱库建模策略研究。基于建立的国家尺度土壤全氮光谱数据库，该研究深入探讨大尺度背景下土壤全氮高光谱建模可行性和影响土壤全氮光谱建模精度的因素。通过对光谱库采用线性模型PLSR和非线性模型SVM全局建模，初步考察土壤全氮光谱库的建模可行性，并对比线性模型和非线性模型的建模精度。结果表明：土壤全氮-可见近红外光谱库具备应用潜力，但全局建模策略对包含土样差别分异性大的光谱库不适用，还需探索其他建模方法策略。通过分别将光谱库按全氮含量等级和土壤类型划分模型子集并进行PLSR和SVM建模，深入探讨影响光谱库建模精度的因素。结果表明：两种建模策略均不能很好解决土壤光谱库分异性问题，各模型预测精度偏低；依据全氮含量等级划分子集建模精度表明模型质量与全氮含量范围密切相关，含量低于一定值时模型不具备预测能力；按土类划分子集策略，土类和区域同时具有均一性的模型精度明显高于同种土类不同区域的模型，证明土壤高光谱模型受地域差别和成土母质差异影响较大。

（2）基于土壤光谱特性的建模策略与应用。该研究在基于土壤属性的光谱库建模策略研究基础之上进一步探索光谱库的应用方法，基于土壤的光谱特性进行分类建模并取得了成功应用。根据上述研究结果，本次全局建模预测某局部区域（浙江省104个水稻土样本）采用PLSR模型，按光谱特性划分子集建模策略分别采用光谱空间距离挑选样本子集和最佳聚类类别划分库为建模子集的思路，并分别采用LWR和FKMC-PLSR建模预测。结果表明：在大样本下PLSR全局模型对高全氮值待预测样本存在低估现象，导致整体预测精度偏低，LWR（$RP_{22}=0.76$，$RPDP_2=2.1$）和FKMC-PLSR（$RP_{32}=0.82$，$RPDP_3=2.4$）局部模型比PLSR（$RP_{12}=0.64$，$RPDP_1=1.4$）全局模型能够更为准确地预测全氮含量。研究结果可为利用大样本光谱数据库建立稳定性和普适性较高的土壤全氮含量预测模型提供必要参考。

附注：上篇包含203篇研究生学位论文，存放在浙江大学档案馆、浙江大学研究生院档案室、浙江大学环境与资源学院资料室、浙江大学农业遥感与信息技术应用研究所资料室。

下　篇

农业遥感与信息技术研究成果简介

　　浙江大学农业遥感与信息技术应用研究所全体科教人员（含离职人员）与历届攻读硕士、博士学位的研究生们，前赴后继、砥砺前行，坚持37年不动摇。全所师生通过顽强拼搏，克服重重困难，不断探索、不断创新，创建了我国第一个农业遥感与信息技术应用研究所，创建了我国第一个省部级农业遥感与信息技术研究重点实验室，创建了浙江大学农业信息科学与技术中心等三个科教组织。最终，建成一个经国务院学位委员会批准、自主设立、具有自主招收研究生和学位授予权的农业遥感与信息技术新学科。

　　浙江大学农业遥感与信息技术应用研究所现有教学科研用房超过1000 km²；单价10万元以上的仪器共超过1400万元；培养农业遥感与信息技术研究生221人（不包括在读尚未毕业学生），其中硕士研究生106人，博士研究生115人（含博士后7人）。至2017年5月，全所在读研究生92人，其中在读硕士研究生61人，在读博士研究生31人，还有在读本科生28人。科学研究总体水平是，有的研究成果和内容达到国际领先水平，总体实力处于国际先进、国内领先地位，研究所具备运用高科技开展新一轮农业技术革命的科技能力。今后研究所要继续争取开展农业信息化建设研究，促进我国农业经营模式向着网络化的融合信息农业模式（简称信息农业）转型升级，为逐步实现信息农业努力奋斗。

　　37年来，浙江大学农业遥感与信息技术应用研究所涉及的研究内容多、范围广，取得了令人瞩目的成绩。我们将其分为科技成果、科技著作和高校教材、科技产品和科技专利、人才培养、科教平台以及社会经济效益等六个部分进行整理，并做扼要介绍。

第一章　科技成果

本书只介绍由浙江大学农业遥感与信息技术应用研究所主持完成并获奖的农业遥感与信息技术研究科技成果，我所参与合作完成的获省部级二等奖以上的科技成果，有关参加协作获国家奖二级证书和省部级三等奖的科技成果，以及由我所主持的、通过省部级鉴定的科技成果（列表说明）。37年来，我所共获得省部级以上科技成果奖23项（含合作成果奖），其中国家科技进步奖3项、省部级科技进步奖一等奖3项、二等奖11项、三等奖5项，国家奖二级证书1项。通过省部级科技成果鉴定的成果7项。

一、主持完成并获奖的科技成果

37年来，由我所主持完成的科技成果奖10项，其中，国家科技进步奖三等奖1项，省部级二等奖5项、三等奖4项，分别简介如下。

（一）国家科技进步奖（1项）

水稻遥感估产技术攻关研究

该成果1979年获得农业部科技进步奖二等奖和浙江省科技进步奖（含前期研究）二等奖，1990年获国家科技进步奖三等奖。

该成果是在1983—1986年的水稻遥感估产预试验、水稻卫星遥感估产技术经济研究取得系列成果的基础上，由浙江农业大学主持，组织国家海洋局第二海洋研究所、中国水稻研究所、浙江省气象局和浙江省统计局的38位专家参加协作攻关研究完成的。这是国家，也是浙江省"八五"重点科技攻关的一个项目。该项目在我国南方水稻遥感估产技术研究方面取得一系列关键技术突破，内容如下：①水稻遥感估产农学机理研究（以遥感监测水稻氮素营养水平和群体数量为突破口，揭示了遥感信息与水稻产量之间很高的相关性）；②水稻区分类（层）技术（研制出4种稻区分类技术）；③稻田信息提取技术（研制出4种稻田信息提取技术，其中以水稻土土壤分布图为基础的信息提取精度最高，并建立了稻田面积遥感监测信息系统）；④水稻单产估测建模技术（研制出4类2种单产估测模型）；⑤气象卫星遥感估产技术（提出以像元为单位的气象卫星水稻遥感估产模式等方面，取得了丰硕的科研成果，解决了一批水稻遥感估产的关键技术难题，为建立省、县、乡三级水稻遥感估产运行系统提供了技术条件）。该项成果由陈述彭、李德仁、辛德惠、朱祖祥4位院士以及国内著名的遥感、水稻、农学、信息技术领域的11位专家组成鉴定委员会进行课题鉴定，评定结论为：该项成果总体水平达到大区域范围同类研究的国际先进水平，其中农学机理实验和遥感数据分析的成果具有独到的贡献。建议进一步与微波遥感结合，提高综合集成程度，以促进水稻遥感估产运行系统的建立，希望浙江省和国家有关部委在"九五"期间继续给予立项研究。

主要完成人：王人潮、陈铭臻、林寿仁、朱德峰、杨忠恩、蒋享显、许红卫、沈掌泉、王珂、施纪青、季希平、吴红卫等38人。

（二）省部级科技成果奖（二等奖5项，三等奖4项，共9项）

1. 土壤与作物营养诊断研究及其推广示范（1979年，浙江省科技推广奖二等奖、浙江省科技进步奖三等奖）

该项成果包括1979年获得浙江省科技推广奖二等奖的"土壤植株养分速测技术改进和大田简易诊断设备的研制"和获得浙江省科技进步奖三等奖的"作物营养与土壤诊断技术研究"两项成果。

随着农业生产的发展，氮素化肥使用量的不断增加，到20世纪60年代末，全省各地，特别是低产区大量出现了农作物养分失调症和各种生物障碍。我们应农业生产单位的邀请，经学校批准，运用我们研制的农作物与土壤诊断技术，与当地农技员合作，解决了①早稻苗期发僵问题；②泛酸田死苗早稻无收问题；③作物缺素诊断与防治；④油菜"花而不实"问题；⑤大麦缺钾黄花病问题；⑥作物偏施、多施氮肥导致的病害问题；等等，且大都取得很好的效果。例如泛酸田的早稻死苗无收，经过针对性的快速改良，使得当年晚稻亩产就收到250 kg以上。

1972年，课题组研究人员受当时富阳县（现为富阳区，下同）农业局的邀请，要求帮助解决"富阳县的生产条件好，为什么粮食亩产不能超'纲要'，也就是亩产达不到400 kg这个生产落后的问题"。早在1966年浙江省平均粮食亩产就已经到达412 kg，而到了20世纪70年代富阳县的粮食产量仍低于全省的平均水平，这对富阳县领导来说，压力很大。课题组通过对全县的大量实地调查，找到了低产的原因。

我们与农技员合作，在全县做了20多个有针对性的、不同的田间对比试验，都取得成功，有的增产幅度很大。我们总结提出包括形态、环境、化学和试验的综合诊断技术；研制设计并批量生产"75型水稻营养诊断箱"；我们举办了多期不同规模的培训班，从试验基地开始，将其逐步推广到全县，同时结合针对性的低产改良措施。1978年，基地的粮食亩产从不到350 kg提高到930 kg，打破了"塘子畈要高产，比牵牛上树还要难"的观点。根据1978年到1979年富阳县的统计数据来看，两年粮食增产0.65亿kg，全县粮食亩产超"双纲"，也就是在800 kg以上。杭州市、富阳县主管部门在富阳试验示范基地召开了多次现场会，我们专门编写了"作物营养与土壤诊断技术训练班讲义"，举办了多期县、市作物营养与土壤诊断技术培训班。农业部也在富阳县召开了两次现场会，还委托浙江省农业厅，由当时的浙江农业大学承担举办"全国作物营养与土壤诊断培训班"，并将其向全国推广。据1987年统计，在我国20个省（市）

推广面积超过0.27亿hm²，增产幅度为10%～15%，增产量达79.4亿kg，从浙江省1988年的统计数据来看，推广面积267万hm²，增产量达10亿kg，节约标氮1.8亿kg。此后，农业部将其简化为"测土配方施肥技术"，一直在全国推广应用。

主要完成人：王人潮、朱祖祥、余震豫、袁可能、蒋式洪、王竺美、杨毓位等7人（参加过工作的还有土化专业74届学生和全省各地的相关农技人员）。

2. 早稻省肥高产栽培及其诊断技术研究（1981年，浙江省科技进步奖三等奖）

早稻省肥高产栽培是针对盲目提倡"肥多粮多""千斤粮百担肥"以及宣传"人有多大胆，地有多大产"等口号，引发过量施用氮肥带来的"病害"，或者过量施用有机肥导致"生长障碍"等不良效果而提出来的。该研究是在作物营养与土壤诊断取得成功的基础上，根据日本松岛省三的水稻产量形成的理论，提出以保证有效分蘖期、第二次枝根分化期和减数分裂期的适量养分的科学用肥为中心；以科学灌水、通气促根（土质不同控水程度不一样）和壮秧促苗、保证每亩30万株以上（强调因土而异，早发稻田苗株可少，迟发稻田苗株适当增加）；高产栽培技术；以水稻营养综合诊断为技术手段的早稻省肥高产栽培模式。经过1977—1980年连续4年的系统试验，取得高产、省肥和节水的显著成效。每年试验都是以当地的丰产试验田为对照，进行对比分析，结果是①早稻省肥高产试验田的增产效果：4年平均亩产478.5 kg，比对照田的平均亩产增加105.5 kg，增加率达到22%；②氮肥增产效果：比对照田平均提高51.6%；③节省总用肥量：用标准肥计算，比对照田平均节省25%；如果与杭州市高产试验田比较，节省总用肥量是30%～50%；④每0.5 kg化学氮肥的增产效果：根据精准的省肥高产试验田计算，每0.5 kg标氮增加稻谷产量2.61 kg，与对照田的1.14 kg相比，提高约1.29倍，超过当时国内最高纪录1.75 kg。另外，有关稻田节约用水量，因没有定量记录仪，所以不能定量比较。

本次试验的最大收获是：在掌握水稻磷、钾诊断技术的基础上，找到并发展应用水稻叶鞘淀粉碘试法，提出千斤早稻植株各生育期的氮素营养指标，具有明显的创新性。4年的试验和推广应用结果提出，运用包括形态、环境、化学和试验的水稻营养诊断技术，根据作物养分指标指导施肥，对协调水稻氮、磷、钾含量的平衡，以及控制氮素营养水平都是一种有效的科学技术手段。

主要完成人：王人潮、王竺美、杨毓位等（浙江农业大学土化系朱国民、郑纪慈、徐树红等三位同学参加部分工作）。

〖编者注〗这是一项用科学技术武装水稻栽培的典型事例，也可以说是从经验种田上升为科学种田的典型案例。但遗憾的是该科技成果只得到了浙江省科技进步奖三等奖，且未得到全面推广实施。

3. MSS卫星影像目视土壤解译与制图技术研究（1987年，浙江省科技进步奖二等奖）

运用常规的土壤调查与制图技术进行土壤调查与制图有很多难以克服的困难，特别是勾绘土壤界限都是在有限的定界剖面基础上，根据土壤调查者的知识和经验，在地形图上根据等高线推理描绘出来的，其结果是因人、因物、因时而异的现象严重，使得不同的调查人员或不同时间内同一组人员绘制的土壤边界线差异会很大，进而直接影响到土壤图的绘制精度和应用推广。因此，长期以来土壤图的应用停留在定性的层面上。例如，土壤图只能用于教学，或者某些小尺度的农业规划等。研究发现，MSS卫星影像具有环境因素的光学综合性图形，信息丰富，具有土壤的可示性影像。据此，运用土壤地理发生学原理，利用卫星影像图确定土壤类型和勾绘土壤界限极为有利。研究提出利用以地形、地学和植被（土地利用）为主的已有的环境因素信息，使技术严格程序化与规范化；运用土壤地理专业知识剖析卫星影像的综合特征，从中获取土壤信息等限制人为主观误差的技术路线。经过特殊设计和选择特定研究人员6年多的探索研究，解决了土壤图的精度差和重复性差的国际性技术难题，提高了土壤图的可信度和实用性，并将该技术扩展应用到航片、SPOT的HRV、Landsat的TM等资料中，其应用研究结果证明，在不同比例尺的土壤调查与制图中，该技术都取得了很好的效果，且获得了系列成果。MSS卫星影像目视土壤解译与制图技术全面更新了土壤调查与制图技术，并在检查和修正浙江省第二次土壤普查成果图中发挥了重要作用，得到了全国土壤普查办公室的高度肯定，以及充实改进了土壤调查与制图的教材。浙江省科技厅组织的鉴定认为，总体水平达到国际先进水平，可以推广应用。

主要完成人：王人潮、王深法、苏海萍、金立、徐世根等5人（参加工作的还有土化专业1977届至1983届本科生；土化专业1982届和1983届硕士研究生）。

4. 水稻遥感估产技术攻关研究（1997年，国家农业部科技进步奖二等奖和浙江省科技进步奖二等奖）

项目简介及主要完成人见"国家级科技成果奖"。

5. 土地利用总体规划的技术开发与应用（1998年，浙江省科技进步奖三等奖）

该研究是在执行国家土地管理局的试点项目 "杭州市土地利用总体规划"和"温岭市土地优化配置技术开发与应用研究"过程中进行的，项目的任务是研究一种具有土地的数量合理分配和空间优化布局，还能适应情况变化进行调整规划等功能的土地利用总体规划系统。我们运用地理信息系统和模拟模型等高新技术，分成开发数据库、模型库、方法库和空间分析系统等专题研究。第一，自行开发了土地利用总体规划信息系统通用软件（ILPIS），作为土地利用总体规划的主要技术工具，这在国内外均属首次。第二，ILPIS中的土地动态仿真系统，可实现土地利用的动态规划，使规划方案具有动态性、弹性和可调节性，以适应不同的社会经济条件和政策水平，并可对规划方案进行跟踪管理和适时调整。这是本项研究的创新突破点。第三，ILPIS中的可能满意度多目标决策方法，可用于对各种用地进行综合性评判和多目标决策，具有显著的创新性。第四，应用ILPIS进行土地利用总体规划，把数据的定量分析与图形图像的空间分析相结合，具有直观性，使结论更具有可靠性，也具有新意。第五，运用ILPIS完成杭州市土地利用总体规划信息系统，这在国内也属首次。由国家土地管理局业务副局长马克伟教授、国务院农业规划办公室主任兼农业部规划司司长张巧玲教授和梅安新、马裕祥、何绍箕、李白冠、何守成等著名教授和高级工程师等组成成果鉴定委员会，他们一致认为，该成果具有很高的创新性、通用性和实用性。总体水平处于国内领先地位，达到国际先进水平。

主要完成人：吴次芳、赵小敏、王人潮（吴次芳是1993—1997年在职博士生，赵小敏是1991—1995年在职博士生，王人潮是他们的导师）。

6. 浙江省红壤资源遥感调查及其信息系统研制与应用（2000年，浙江省科技进步奖二等奖）

该研究是在运用遥感资料进行土壤调查制图更新研究取得系列成果的基础上，承担①浙江省"八五"重点科技项目：全省红黄壤资源遥感调查；②欧共体资助的"中国南方红壤资源表征、经营和利用"第6专题：红壤资源信息系统研制以及国家基金项目等课题。经过近8年的研究，首次提出四级红壤资源分类法；查明红壤资源的数量与质量及其分布现状，其中特别是查清未利用土地的分布现状及其空间分布规律和质量情况；研制出由省级（1：50万）、地市级（1：25万）和县市级（1：5万）三种比例尺集成的具有无缝嵌入和面向生产单位服务等良好功能的土壤资源信息系统；研制出容差格网矢量法支持下的遥感信息逐步分类技术；研制出县级柑橘选址和玉米计量施肥两个具有人工智能化功能的咨询系统；开发出气象空间分布模拟等5个模型，为实施现代化农业管理计算机化提供了技术条件；研制的红壤资源信息系统是国内第一个由三种比例尺集成的具有智能化性质的土壤资源信息系统，也是国内第一个农业资源领域信息系统。经由赵其国、辛德惠、潘云鹤等3位院士，国内的土壤、植物营养、地理、测绘、遥感、信息技术、模拟模型领域的12位著名专家组成的鉴定委员会的成果鉴定，一致评定该项成果获得了丰硕的集成性、开创性科研成果，解决了一批关键技术问题，在同类研究中总体水平达到国内领先和国际先进水平。

主要完成人：王人潮、史舟、吕晓男、章明奎、胡月明、杨联安、周剑飞、王授高、Moham-mad Salaiman Al-Abed等9人。

7. 浙江省水稻卫星遥感估产运行系统及其应用基础研究（2003年，浙江省科技进步奖三等奖）

该研究是在国家"六五"至"九五"计划期间，经过20多年的攻关研究，取得了一系列创新性成果，但始终未能很好地解决估产成本与估产精度之间矛盾，1997年，由国家科技部列项、国防科工委主持、国家统计局组织实施"主要农作物卫星遥感估产系统研究"，其中的一个技术难度很大的"浙江省水稻卫星遥感估产系统的研制与运行"项目由浙江农业大学负责。我们采取综合运用卫星遥感技术和地理信息系统、全球定位系统、模拟模型、计算机网络等信息技术，并融合农学的作物估产模式的技术路线，研制出浙江省水稻卫星遥感估产运行系统。每年水稻估产费用从198万元降至5万元；4年共8次早、晚稻的平均预报精度：种植面积是93.12%，总产是92.18%，8次估产中除一次早稻总产的预报精度略低以外，其余7次都超过国家合同指标的面积精度90%～95%、总产精度＞85%的要求，每次的估测精度都超过国内外其他同行利用卫星资料进行遥感估产的预测精度。研究成果具有实用性。该项科技成果通过由陈述彭、潘云鹤、潘德炉院士和张鸿芳教授级工程师（浙江省农业厅副厅长兼总农艺师）、周长宝、朱德峰、吕晓男、杨忠恩等著名研究员、高级工程师组成的鉴定委员会鉴定。鉴定结论如下。

（1）研制的浙江省水稻卫星遥感估产运行系统，经过4年的试验，运行稳定，合理地解决了估产基本精度和运行费之间的矛盾。该系统可以在浙江省实现业务化运行，对其他省份或地区开展此类研究也是一个成功的范例。

（2）利用从卫星资料中取得的NDVI或LAI，并应用于水稻遥感数值模型（Rice-SRS）的开发，经水稻估产试验取得了很好的效果，为提高农作物卫星遥感估产精度的稳定性提出了一条新的研究途径。

（3）研究的水稻双向反射、水稻多组分双向反射和应用高光谱、遥感估算水稻生物物理和生物化学参数等一组模型，拓展了水稻光谱研究的思路，促进了遥感定量化技术在水稻遥感估产中的应用和基础研究的发展。

（4）研究期间撰写了《水稻遥感估产》科技专著一部，该专著得到中华农业科教基金资助，同时发表论文28篇，培养博士生6名。该项目的完成在学术和人才培养方面对促进我国农作物卫星遥感估产技术的发展起到了重要作用。该项成果的总体水平达到同类研究的国际先进水平，其中多项技术综合集成和遥感定量化技术的应用研究成果有明显创新，具有独到的贡献。鉴定委员会一致同意通过该成果的鉴定。建议有关部门继续支持开展水稻遥感估产技术的深化应用研究和完善业务化运行系统，尽快在省内外推广应用。

主要完成人：王人潮、黄敬峰、沈掌泉、许红卫、王珂、王秀珍、李云梅、申广荣、Ousama A. L.、陈乾、李存军、Yaghi A.等12人。

〖编者注〗我们研发的水稻遥感估产系统在全球范围是首例，技术水平达到国际领先地位。但此项成果被评为省科技进步奖三等奖，且失去了申报国家奖项的机会，这对我们来说是一个极大的遗憾。

8. 农业资源信息系统研究与应用（2009年，浙江省科技进步奖二等奖）

主要完成人：黄敬峰、史舟、王福民、王秀珍等15人。

9.《水稻营养综合诊断及其应用》，全国优秀科技图书奖二等奖（见科技著作9）

〖编者注〗①国家科技进步奖中有农业部和浙江省的二等奖2项；②在土壤与作物营养诊断研究及其推广项目中有二等奖和三等奖各1项。

二、合作完成的获省部级二等奖以上的科技成果

浙江大学农业遥感与信息技术应用研究所参与，并与协作单位合作研究完成的获奖成果13项，其中国家科技进步奖2项，省部级科技进步奖一等奖3项、二等奖6项、三等奖1项，国家奖二级证书1项。

（一）国家科技进步奖（2项）

1. 农业旱涝灾害遥感监测技术（国家科技进步奖二等奖）

成果从1998年开始，围绕农业主管部门的灾情信息需求，紧扣"理论创新—技术突破—应用服务"的主线，创建了适应复杂灾情的蒸散发全遥感反演和洪涝全过程解析理论，推动了我国农业旱涝灾害遥感监测理论体系的发展；突破了灾情信息星机地一体化快速获取、旱涝灾害动态解析和灾损评估等关键技术，解决了我国灾情复杂条件下遥感监测与评估精度低和时效差的技术难题；建立了我国第一个高精度、大尺度和短周期的旱涝灾害遥感监测系统，实现全国旱灾常规监测每旬1次、应急监测3天1次，首次实现遥感影像获取后4小时内即可上报农业洪涝灾损定量评估结果。2002年开始，系统逐步应用于农业部和国家防汛抗旱总指挥部等部门的全国农业防灾减灾工作，在多次重（特）大农业旱涝灾害监测中发挥了重要作用，并先后在黑龙江、河南和山东等15个省区市进行推广应用，累计监测受灾面积34.9亿亩，实现间接经济效益243亿元。项目取得发明专利4项、软件著作权12项，制订标准规范15项，出版专著7部，发表学术论文112篇（SCI论文52篇），突破了农业旱涝遥感监测中"监测精度低、响应时效差、应用范围小"等三大技术难题，总体技术达到国际先进水平，地表蒸散发遥感估算和洪涝水体遥感检测技术达到国际领先水平。

参加人：黄敬峰。

2. 植物-环境信息快速感知与物联网实时监控技术及装备（国家科技进步奖二等奖）

植物-环境信息快速获取是实现数字化农业与精准化管理的关键，基于实时数据的智能化管控和肥水精准化管理是实施作物高效生产、合理投入和安全保障的重要手段，对推进我国农业现代化和信息化具有重要意义。本成果在863计划等项目支持下，围绕农田信息快速感知、稳定传输和精准管控三大关键技术难题，经过近十年攻关，取得了以下重要创新成果。

（1）针对植物生命信息实时快速获取的瓶颈问题，提出了从作物叶片、个体、群体三个尺度开展生命信息快速获取方法研究的新思路；揭示了特征电磁波谱与植物养分、生理变化的响应机理和耦合关系，自主研制了便携式植物养分无损快速测定仪和植物生理生态信息监测系统；率先提出了植物真菌病害早期四阶段诊断方法，实现了典型病害侵入和感病初期的早期快速诊断。

（2）针对土壤水、盐和养分单点测试不能准确反映其在植物根系土壤中实际空间分布的难题，研发了土壤多维水分快速测量仪和不同监测尺度的墒情监测网；发明了非侵入式快速获取土壤三维剖面盐分连续分布的方法与装置；研发了土壤养分野外光谱快速测试技术与仪器。

（3）针对农业复杂环境下无线传输网络低能耗、低成本、稳定传输的需求，发明了主动诱导式、低功耗、自组网与消息驱动机制的异步休眠网络通信方法，解决了农业信息的低功耗要求与远程传输问题；提出了网络局部重组与越级路由维护算法，实现了网络故障自诊断和自修复，解决了野外节点故障或植物生长与设施对无线信号干扰导致网络局部瘫痪的难题，提高了无线传输网络的稳定性。

（4）研发了植物生长智能化管理协同控制和实时监控系统，实现了基于实测信息和满足植物生长需求的物联网肥、水、药精准管理和温室协同智能调控；研发了基于物联网工厂化水稻育秧催芽智能调控装备和设施果蔬质量安全控制管理系统，提出并开发了农产品原产地包装防伪标识生成方法及系统，提高了质量安全溯源的可控性、防伪性和安全性。

（5）获发明专利36项，实用新型专利20项，软件著作权16项；在《中国科学》、*Transactions of the ASABE*等发表论文105篇，其中SCI收录82篇，SCI他引1067次，入选ESI高被引论文2篇，出版著作、教材9部。专家组鉴定认为：总体研究达到国际先进水平，其中在作物养分、生理和形态信息的快速无损检测技术和装备、植物病害早期快速诊断技术等方面处于国际领先水平，获浙江省科学技术奖一等奖2项，教育部和北京市科技进步奖二等奖各1项，全国优秀博士生论文提名奖2项。开发的系统及设备已由北京派得伟业和浙江睿洋科技等企业实现了产业化，形成了系列产品，部分产品出口美国、越南、孟加拉国等国家。近三年在浙江、北京、黑龙江等20多个省区市推广应用，覆盖了粮油、果蔬和花卉等多种农作物，累计培训农技人员1万余人次，累计推广面积728.3万亩，新增产值14.36亿元，新增利润6.95亿元，近十年累计新增产值28.5亿元，取得了显著的社会、经济和生态效益，推动了农业科技进步。

参加人：史舟。

(二)省部级科技进步奖（一等奖3项、二等奖6项，共9项）

1. 浙江省土地资源详查研究（1980年，浙江省科技进步奖一等奖）

该项成果是在浙江省土地管理局的组织领导下，组织全省5000多名技术干部、10万多名乡村干部，历经12年（1986—1998年）的实地调查，逐级汇总和专题研究完成的。主要成果归纳为两个方面，①彻底查清了全省土地资源的类型、数量、结构、分布和权属状况，结束了浙江省土地资源底子不清的局面。②组织撰写出版了《浙江土地资源》和《浙江省土地资源调查技术研究》两部科技专著。经由辛德惠、石玉林两位院士和土地、农业、环境、经济、遥感与信息技术领域的13位专家组成的鉴定委员会鉴定，一致评定为"浙江省土地资源详查研究成果具有十分重要的实用价值"，在理论与技术方法上都有所创新，整体达到国家同类研究和应用的先进水平，其中土地详查成果质量评价方法具有独创性贡献。

主要贡献有①业务主编《浙江土地资源》，1999年由浙江科学技术出版社出版（69.2万字）。这是浙江省第一部系统的、完整的土地科技专著，填补了浙江省土地资源科技专著的空白，2000年由浙江省国土资源厅向基层国土部门发放使用。②研究界定土地、土地资源及其类型的新概念。③根据土地具有社会经济和自然地理的双重特征，提出由土地自然分类、土地资源分类和土地利用分类三个系统组成的浙江省土地分类体系。④研究确定耕地总量动态平衡的科学内涵，提出由耕地数量变化、耕地质量变化、时代变化和区域变化等四个变化因素互相协调的耕地总量动态模型，用于耕地变化动态平衡的测算，具有科学性和实用性。⑤根据国民经济可持续性发展和合理利用进行浙江省土地资源利用分区，代替过去单一依据农业分区的探索。⑥研制出具有创新性和实用价值的土地资源详查成果评价体系。以上④⑤⑥三项都运用了遥感与信息技术。

参加人：王人潮、柯正谊等7人。

2. 设施栽培物联网智能监控与精确管理关键技术与装备（2012年，浙江省科技进步奖一等奖）

数字化农业与精准化管理是现代农业生产和农产品高效、优质和安全生产的重要技术保障，是国家中长期科技发展规划纲要和863计划的重点领域。当前我国设施栽培普遍存在智能化程度低、肥水浪费严重、农产品安全难以保证等问题，其关键是缺乏低成本、实用化、智能化的技术和装备，亟须自主研发。为此，在国家及省部多项课题的资助下，围绕农业物联网信息感知、传输和应用三个层面，取得以下重要发明。

（1）研发了适用于我国南方主要农田土壤有机质和氮素光谱快速检测方法与传感仪器，发明了非侵入式土壤三维剖面电导率和水分连续分布信息获取方法与传感仪器，解决了土壤信息的全方位快速实时感知问题。

（2）发明了作物养分和生理信息的多组分快速检测、病害早期实时诊断和作物三维形态彩色点云获取方法，在国内首次研制了作物养分多组分快速检测系列传感仪、典型病害早期快速检测仪和作物彩色三维形态仪等，实现了作物养分、生理、病害和三维形态信息的快速无损实时感知。

（3）攻克了农田复杂环境条件下作物生长信息自动获取、无线传输和可视化监控的关键技术，提出了基于主动诱导式智能化自组网通信协议，实现了智能组网、深度路由、越级维护、休眠与唤醒功能，提高了网络传输的效率与可靠性，解决了农业物联网高湿热环境下适应性差、维护难、能耗大、成本高等瓶颈问题。

（4）研制了基于专家系统和WebGIS的农田肥水变频控制与温室智能调控系统，实现了基于作物实时检测信息的物联网肥水精准管理；开发了基于Google Maps技术和多终端平台的农产品产地溯源系统，解决了农产品生长环节与流通过程品质安全信息的无缝对接与全程追溯问题。

发表论文97篇，其中SCI收录71篇，SCI他引557次，10篇代表作SCI他引300次，其中1篇论文入选全球农业科学中近十年引用次数最高的ESI高被引论文之一；授权国家发明专利20项、实用新型专利11项、国家软件著作权登记21项。教育部组织专家鉴定认为：总体研究达到国际先进水平，其中在作物养分、生理和生态信息的快速无损检测技术和装备、基于嵌入式系统的设计开发与面向农业信息应用等方面处于国际领先水平。

近三年新增产值4066万元，新增利税415万元（含专利转让）；成果推广应用到浙江、广东、福建等全国20多个省区市，覆盖了粮食、果蔬和花卉等多种农作物，获间接经济效益4.09亿元；节省50%的人工费用、 40%的水量和肥料，显著减低了成本，提高了效率，有力地推进了我国数字农业和农业物联网技术的发展和应用。

参加人：史舟。

3. 农田信息多尺度获取与精确管理关键技术及设备（2016年，浙江省科技进步奖一等奖）

农田信息的快速准确获取与精准管理是实现化肥和农药减施增效的重要途径。本成果针对农作物生长环境及不同生长阶段水分、养分和病虫害等关键信息难以适时、全域、准确获取的瓶颈问题，在国家及省部级项目的资助下，攻克了"地-空-星"多尺度信息快速获取与融合及肥水药精准管理关键技术，取得了以下创新性成果。

（1）针对农田信息受时空尺度和气候影响难以适时大面积快速获取的问题，提出了地面定点测试、无人机低空监测和卫星大面积遥感的"地-空-星"三位一体多源信息获取与融合技术体系。开发了集车载作物冠层养分测试、病虫害无线远程监测、无人机农田实时信息获取和卫星农田墒情遥感于一体的多维信息管理决策系统，研制了地面作物冠层测试仪、病虫害远程监测仪、无人机农田信息获取和农药变量喷施装置，满足了作物不同生长阶段全天候信息适时测量和肥水药精准管理的要求。

（2）针对无人机低空安全稳定飞行、农田信息实时获取与精准喷药的需要，研发了具有路径自动规划、自动避障、全自主飞行、飞行区域智能管理的多旋翼飞机、直升机和固定翼飞机等3种农用无人机；开发了重心偏置自适应、防扰动云台，有效地提高了机载光谱及成像仪器的稳定性；研制了自由度全飞行姿态仿真模拟平台，试验研究了植物养分病害信息与反射光谱之间的响应规律及影响因素，实现了农用无人机的作物养分及病害信息的快速获取；研发了机载无人机低量高浓度农药的防漂移喷施技术与装置，实现了作物病害程度和飞行速度自适应的无人机农药变量喷施。

（3）针对遥感卫星难以满足大面积农田墒情信息高频率定期监测的要求，首次将MODIS卫星温度植被干旱指数法与新安江三水源产流模型结合，建立了基于卫星反演与产流模型融合的省级逐日土壤缺水量时空分布新模型；提出了协同克里格和卡尔曼滤波异步同化算法，解决了卫星数据与地面实测数据的时空融合难题，将全省土壤缺水量与墒情信息的时间分辨率由16天提高到1天、空间分辨率由全省数十个地面监测点提高到1km网格空间全域覆盖。

成果获授权发明专利6项，软件著作权2项，代表性SCI/EI论文9篇，专著1部。专家组鉴定认为：总体达到了国际同类研究先进水平，其中在多尺度农田信息快速获取与融合技术、无人机变量喷药作业技术及肥水药一体化变频控制和喷施技术等方面处于国际领先水平。近三年在北京、浙江、安徽等20多个省区市推广应用，新增产值2.56亿元，新增利税2384万元，累计综合效益6.31亿元，社会、经济与生态效益显著。

参加人：史舟。

4. 水稻"因土定产，以产定氮技术"的基础研究（1990年，浙江省科技进步奖二等奖）

虽然以"因土定产、以产定肥、以肥保粮、高产栽培"为主要内容的水稻诊断施肥法，以及以"诊断施肥、提高肥效，科学灌水、通气促根，壮秧足苗、高产栽培"为主要内容的早稻省肥高产栽培及其诊断技术研究取得了成功。但是，运用常规技术施肥"因土定产、以产定肥"的技术过程比较繁杂，大面积推广还有难度。我们通过大量经验数据的科学计算，证明简化了的"因土定产"和"以产定氮"两个模式是可行的。我们与杭州市农科所王竺美研究员合作，开展了这方面的研究。经过历时6年的系统研究（田间试验），取得了以下成果：①提出由基础产量（空白不施肥的产量）作为土壤基础肥力的综合指标，建立水稻基础产量与高产栽培产量之间的相关模式。②在因土定产的理论模式的基础上，确立以空白区（无肥区）的水稻产量的氮素含量作为单季水稻土的土壤供氮量，建立了以产定氮的理论模式。经过后期近10年的应用推广，显示出两个模式具有方法简便、可操作性强、便于推广应用等效果。根据1988年统计结果显示，浙江省推广面积4000万亩，增加产量超过100万t，节约标氮18万t。经由朱祖祥院士等国内著名土壤、植物营养、农学、水稻等领域的9位专家组成鉴定委员会评审，一致认为，本项研究的推论依据正确，建立的模型应用推广取得很大的经济效益，总体水平在相同领域中达到国内外先进水平。

参加人：王人潮。

5. 浙江省实时水雨情WebGIS发布系统（2006年，浙江省科技进步奖二等奖）

地理信息系统（GIS）能够高效快速地表达、管理和分析各类空间数据。将GIS技术与水雨情信息采集系统相结合，并辅助以各类水利工程数据和水利专业模型，能为防汛指挥调度提供多方位的参考数据。同时对各种水利信息进行深层次的分析，使系统具有决策辅助支持能力。Internet的迅速崛起和在全球范围内的飞速发展，为GIS行业提供了一种崭新而且非常有效的水雨情信息载体——WebGIS（网络地理信息系统）。因此，建立基于Web技术的水雨情信息系统对加快浙江省防汛抗旱指挥系统的建设工作有着重要的意义。水雨情WebGIS发布系统要为防汛提供决策依据，则需在保证水雨情数据的实时性和有效性的前提下，能够提供可视化的GIS图形操作界面，实现水位雨量的分级显示与标注，能查询各个不同时段不同站点的水位雨量数据，实现水位雨量数据的图形化表达等功能。因此，从功能上可以主要分为水雨情信息查询模块、水雨情监视模块、水雨情预警模块、水雨情形势分析模块、水雨情过程表达模块、水雨情系统管理模块等。

采用统计模型同空间插值相结合的方法进行降雨空间分布插值研究，并对生成的面域图按等级、按流域进行面积统计，以实现降雨等值线的绘制。水情监视预警。能对包括四种报汛站点水库水位站、河道水位站、堰坝水位站、潮位水位站进行实时监视及预警，能根据不同类型站点各自的预警条件在图上以不同颜色表示，同时在图上标注出各个站点当前的水位值，并能够查看站点的其他属性信息及其水位过程线信息。雨情监视预警。雨情的预警包括1h，3h，6h，1d，2d，3d六个时间段的累计雨量信息的监视和预警。实现的主要功能如下：能用地图符号分颜色表示不同雨量级别的预报站点；能在图上标注出所有预警站点的雨量值；能以统计表的形式列出所有预警站点的详细信息；能查看站点详细过程线信息。在实时汛情监测的应用中往往需要了解水位站点的变化情况，该系统的实现是在用户对站点定位时候，同时开一单站雨水信息变化的图形过程显示窗口，并在图上同时显示该站特征参数。对雨量、水位、流量等信息按时段和累计进行过程显示分析。分析方式有图表类（日降雨量图表、水位过程线、降雨累积曲线、流量过程线等）、报表类（逐时水雨情报表、四段制水雨情报表、水库水情表等）、静态信息类（流域雨量信息图、预报信息等）等。

参加人：史舟。

6. 农业高科技示范园区信息管理系统及其应用研究（2004年，浙江省科技进步奖二等奖）

农业高科技示范园区是我国农业科技产业化发展的重要途径之一，具有高投入、高产出以及物质、能量和信息运转快的典型特征。截至2004年，我国多数农业高科技园区形成了田成畈、渠成网、路成框的格局，在作为超前性的现代农业的示范作用和辐射功能方面已经取得良好的社会、经济和生态效益。但在园区建设中普遍存在重政府行为和硬件建设，而轻软件建设和高新技术的投入、缺乏系统和先进的管理手段等问题。因此，园区建设中大部分资金投入到沟、渠和路等农田设施建设和农机具装备方面，而信息技术的投入和应用甚小，一些园区甚至连基本的农田档案也没有建立起来，影响了园区整体功能的发挥。

农业高科技园区建设和生产管理涉及的信息丰富、繁杂、量大，而且很大一部分为地理信息，具有很强的地域性、空间性和现势性。在信息技术的支持下，大量图件资料可以通过数字化设备输入计算机，建立园区数据库和信息管理系统，通过GIS强大的空间分析功能，可产生各种专题图，为决策者提供全面、丰富和综合的信息，综合提高园区建设、生产管理和经营的技术水平以及示范作用的效果。项目取得如下成果。

（1）构建农业高科技示范园区数据库。构建内容包括：①园区和周边地区的各种图件资料或空间信息。主要包括行政图、土壤图、土地利用现状图、地形图、遥感影像资料、园区规划图、绿化带分布图、道路图、地下或地面给排水图、地下有线电视管线、路灯管线、通信管线和网络线图等；②农业科技资料如作物品种、作物产量、施肥量、土壤样点测定值、土壤剖面性状、肥料类型、施肥资料、作物和农业景观照片等；③社会经济资料，如人口、收入、土地面积等；④经空间分析形成的各种专题图，如土壤氮、磷、钾、有机质和重金属等空间变异图，作物产量空间变异图等；⑤其他农业园区中的一些企业和产品资料等。

（2）建立农业园区数据库的基本程序。数据资料收集—资料归纳整理—空间信息的数字化和属性数据录入—数据库结构确定—数据格式规范化—完成建库。其中包括图件资料扫描入库；对进入数据库中的基础资料进行进一步的分析、提取和加工。

（3）研制农业高科技园区信息管理系统。该系统是以ESRI公司的地理信息系统二次开发软件Map Objects为核心，以Shape File为主要空间数据格式，实现图-属一体化管理。并以Visual Basic 6.0为二次开发语言，在Windows 2000或Windows XP环境下进行开发集成的。该系统主要应用于高效、有序地管理园区的资源环境信息、社会经济信息、农业科技信息以及园区的景观作物长势信息等，还可根据特定园区的具体要求增加一些专业模块如精确施肥、土壤质量评价等。

（4）开发农业高科技示范园区WebGIS系统。该系统是针对目前浏览器本身不支持GIS处理的矢量图形，无法在网络上进行空间信息发布的问题，以ArclMS为WebGIS

技术平台，以Front Page、Dream Weaver及VB .NET等为网页设计和脚本语言编写工具进行开发集成。并采用数据服务层、应用服务层和客户端应用表现层三层结构模式开发WebGIS园区信息管理系统。农业高科技示范园区WebGIS系统把农业高科技园区—GIS技术—网络技术融为一体，是对单机版园区信息管理系统的发展。其主要功能体现在：①地图的发布；②信息的更新；③空间和属性信息的查询检索；④决策咨询四个方面。

（5）现已建成的系统有①浙江省嘉兴高科技示范园区信息管理系统；②温州农业高科技示范园区信息管理系统。

参加人：章明奎。

7. 富春江两岸多功能用材林效益一体化技术研究（2001年，浙江省科技进步奖二等奖，参加人：史舟）

该项目为浙江省科技计划"九五"重大攻关项目，是根据富春江两岸滩地的特点和功能需求，从林学观点和经济角度以及生态景观效益上进行"综合""再创造"的一个系统工程技术研究项目。项目重点开展了滩地立地类型划分、树种适宜性试验、复层混交林营造、大径杨木结构栽培、生态约束下的采伐更新、农林复合经营、生态景观效能计量评价、景观生态结构优化和GIS系统资源管理等9个方面的研究。经过5年研究，大大改善了富春江两岸的生态环境条件，促进了沿岸地区的经济发展，攻克了多功能用材林效益一体化的关键技术，建立了多种效能计量与评价体系。在多功能用材林的概念体系、轮伐期和采伐更新技术制定、评价模型开发、GIS技术应用等方面有创新。

8. 草地、小麦、土壤水分的卫星遥感监测与服务系统研究（1995年，新疆维吾尔自治区科技进步奖二等奖，参加人：黄敬峰）

由新疆维吾尔自治区气象局主持，区气象局业务中心（气象卫星遥感技术服务中心）、中国科学院新疆生物土壤沙漠研究所、区畜牧科学院草原研究所、区气象科学研究所四个单位共同完成的新疆"八五"重要科研课题《草地、小麦和土壤水分的卫星遥感监测与服务系统——遥感技术在农业上的应用研究》以高频次极轨气象卫星资料为主，匹配使用了分辨率高的资源卫星资料和大量实测资料，涉及多个学科，难度很大，综合性强，技术性强，经过4年的研究，在以下几个方面具有重要创新：①开展了太阳高度角等对遥感资料影响的探讨和订正；②开展的了植被光谱研究，有植被的土壤光谱和遥感参数的应用基础研究，解决了气象卫星资料垂直植被指数在新疆荒漠、半荒漠地区的大范围应用问题，攻克了低盖度草地遥感监测的技术难题；③提出了"遥感草地生产力"的概念，并研究和应用植被识别与分类中垂直植被指数与实际产量的对应关系，进行草场评价，为植被遥感研究提供了较好的方法和思路；④开展了小麦遥感监测和估产的基础方法研究，建立了冬小麦估产模型，进行了多次小麦长势监测和估产，为大面积小麦产量预测预报奠定了良好的基础；⑤提出了"光学植被盖度"的新概念，开展了排除植被对土壤水分监测"干扰"的研究。完善了光谱法遥感监测土壤水分的大面积监测方法；⑥建立了草地、小麦、土壤水分的极轨气象卫星监测、评估的准业务化服务系统。

9. 新疆农牧业生产气象保障与服务系统研究（1998年，新疆维吾尔自治区科技进步奖二等奖，参加人：黄敬峰）

我国农业自然灾害种类众多、发生频繁、范围广泛、危害严重。21世纪以来，我国年均农业受灾面积达6.27亿亩，其中干旱和洪涝两类灾害造成的受灾面积占73.7%，仅2011年直接经济损失就高达2329亿元。因此，及时、准确地获取我国农业旱涝灾害动态过程和损失信息，对于科学指导农业防灾减灾、确保国家粮食安全和服务国家农产品贸易具有重要意义。研发以遥感技术为核心的灾害监测系统是及时、准确获取多尺度农业旱涝灾害信息的重要途径。该项目从1998年开始，结合农业主管部门的灾情信息需求，紧扣"理论创新-技术突破-应用服务"的研究主线，重点突破了农业旱涝遥感监测中"监测精度低、响应时效差、应用范围小"等三大技术难题，在同类研究中达到国际领先水平。该项目主要成果如下。

（1）创新了面向农业旱涝灾害遥感监测的理论体系。构建了以地表蒸散发参数为核心的农业干旱遥感定量反演理论和农业干旱参数遥感反演的空间尺度效应解析理论体系，实现了全国尺度地表蒸散发等干旱核心参数的全遥感反演，提出了基于光谱、纹理等多特征的洪涝水体遥感识别理论，以及基于数据同化的农业洪涝灾害全过程数值解析理论，实现了农业洪涝灾害全天候遥感监测，阐明了农业洪涝灾害全过程对作物生长过程的影响机理。

（2）突破了农业旱涝灾害遥感监测精度低、时效差的技术难题。建立了"星-机-地"多平台一体化的农业灾害信息快速获取技术，实现不同尺度旱涝灾情信息获取时间缩短到24小时内，较人工采集节约成本90%以上。创建了多模型和多方法整合的农业旱涝灾害时空动态解析技术，全国土壤墒情监测精度提高到94%以上，周期缩短至10天；通过整合遥感数据多特征信息，实现洪涝水体自动识别精度由90%提高到95%，水淹范围识别效率在先分类后比较法基础上提高20%。研制了面向作物全生育期的旱涝灾害损失遥感评估技术，实现农作物洪涝受损等级划分，作物干旱遥感诊断准确率达94%，冬小麦产量损失估算误差降低10%。

（3）实现了高精度、短周期和多尺度的农业旱涝灾害遥感监测信息服务与决策支持。研制了由15个工作执行标准组成的国家和区域尺度农业旱涝灾害遥感监测标准规范体系。创建了国内首个国家农业旱涝灾害遥感监测系统，实现了全国旱灾常规监测每旬1次、应急监测3天1次，首次实现遥感影像获取后4小时内即可上报农业洪涝灾损定量评估结果。

项目取得发明专利4项、软件著作权12项、制订标准规范15项、出版专著7部、发表学术论文112篇（其中，SCI论文52篇），对农业防灾减灾行业科技进步起到了重要推动作用。农业部成果评价意见为"总体技术水平达到国际先进，地表蒸散发遥感估算和洪涝水体遥感检测技术达到国际领先水平"。

另外，合作完成并获国家奖二级证书和省部级三等奖的科技成果有以下两项。

1. 北方冬小麦气象卫星动态监测与估产系统（1991年，国家科技进步奖二等奖（二级证书），参加人：黄敬峰）

2. 新疆主要农作物与牧草生长发育动态模拟与应用（1996年，中国气象局科技进步奖三等奖，参加人：黄敬峰）

三、通过省级鉴定的科技成果

通过省级鉴定的科技成果见表1。

表1 浙江大学农业遥感与信息技术应用研究所通过省级鉴定的科技成果

序号	成果名称	鉴定验收时间	主要完成人
1	柑橘优化布局与生产管理决策咨询系统研制	2000年	史舟、王援高、王珂、许红卫、王人潮
2.	"3S"技术支持下的区域资源可持续利用模式研究	2004年7月	黄敬峰、王秀珍、李军、徐俊峰、朱雷、王福旺等10人
3	浙江省海涂土壤利用动态监测系统研制与研究	2004年1月	周斌、史舟、王人潮、周炼清等15人
4	浙江省农业地质环境与农产品安全研究	2005年1月	史舟、周炼清、黄明祥、李艳、黄康、杨大志等11人
5	农产品安全基础数据库和决策咨询系统研制	2005年9月	史舟、周炼清、黄明祥、李艳、黄康、杨大志等11人
6	浙江省低丘红壤资源调查与评价	2006年12月	王珂、许红卫、沈掌泉、邓劲松、高玉萍等11人
7	农业资源信息系统研究与应用	2008年9月	黄敬峰、史舟、王秀珍、王福旺、叶基瑶等15人

第二章　科技著作和高校教材

　　37年来，由浙江大学农业遥感与信息技术应用研究所发表和出版的论文著作1000多篇（册），其中，科技著作12册，由我所中标新编全国高校统编教材共4册（含译文本），根据培养研究生的需要编写的自学或补充教材（油印本或铅印本）3册。

一、科技著作

1.《农业信息科学与农业信息技术》（王人潮、史舟等著）

　　该书被中国农业出版社列为重点科技著作出版，出版时间是2003年3月，共45万字。

　　这部著作的主要作者历经45年的农业科教和生产实践，以及23年的农业遥感与信息技术教育和科学研究。在取得一系列农业信息科研成果的基础上，王人潮负责提出《农业信息科学与农业信息技术》著作的总体构思和框架设计，组织史舟、黄敬峰、王珂、许红卫、周斌、何勇、冯雷等人分工撰写，经历1999年至2002年将近4年时间，三易其稿。最后，由王人潮统稿和修改成书。国家图书馆检索显示，本书是国内外第一部比较系统地论述农业信息科学与农业信息技术的科技专著。该书内容处于国内外的学术前沿，该书是一部具有国际先进水平和中国特色的科技专著，也是一部具有时代意义的开拓性的科技著作。

　　全书除前言外，共分13章。前言是在阐明信息科学及其技术体系正在形成与发展，农业信息科学及其技术体系也将形成与发展的观点基础上，指出撰写本书的目的，材料基础和学术定位及其存在的问题。第一至第五章是农业信息科学与农业信息技术的统论性内容，包括第一章农业信息科学的形成与发展。在简略综述当前科技界对信息、信息科学和信息技术的认识的基础上，讨论了农业信息科学发展的科学背景、技术背景和应用背景之后，探索性地提出了农业信息科学的定义、科学体系及其发展过程，并对分歧很大的信息农业的认识及其技术体系加以讨论。第二章农业信息技术及其技术体系。在论述农业信息技术及其技术体系概念以后，提出了农业信息技术体系框架图，并论述了体系的核心技术内容及其应用于农业的作用与功能。第三章农业信息采集技术。在论述农业信息的特点、类型及其采集技术的基础上，介绍了遥感技术采集、田间变量信息采集、Internet采集等技术，并对数据挖掘和数据库中的知识发现在农业信息采集中的应用前景做了简评。第四章农业信息系统工程的建设。探索性地提出农业信息系统工程的含义，并首次提出了以种植业为主要内容的农业信息系统工程概念框图，以及农业信息系统的分类体系框架。第五章农业信息综合数据库的建设。在阐明综合数据库的意义与作用的基础上，讨论了农业信息综合数据库的设计、数据内容、分类与编码，以及数据库的建立及其维护与更新，并对综合数据库的数据标准与规范化问题做了讨论。第六至第十章是构成农业信息系统的6个主要农业专业信息系统。第六章农业资源信息系统，在介绍建立农业资源信息系统的重要意义及其发展现状的基础上，探索性地提出农业资源信息系统基本组成框架图及其系统开发流程示意图，然后介绍了农业资源信息系统的系统分析、系统设计及其系统的组织实施，最后以浙江红壤资源信息系统作为实例介绍。第七章农作物长势监测与估产信息系统。在简要介绍农作物卫星遥感估产现状的基础上，重点介绍建立农作物长势监测与估产信息系统的理论基础及其估产方法，最后以浙江省水稻卫星遥感估产运行系统作为实例介绍。第八章农业自然灾害预监信息系统。在概述我国主要农业自然灾害及其预监信息系统的结构之后，提出了我国农业自然灾害及其预监信息系统的框架，进而介绍了遥感技术、GIS技术、GPS技术和计算机网络技术等支撑技术及其功能的基础上，探索性地提出了中国卫星减灾系统，最后以中国南方稻区重大的病虫害灾变预警系统（以水稻褐飞虱为例）作为实例介绍。第九章农业决策支持和技术咨询服务系统，在介绍开发农业决策支持和技术咨询服务系统的必要性，及其国内外发展现状与存在主要问题的基础上，概略而通俗地介绍了农业决策支持和技术咨询服务系统的发展方向与对策，并以网络化柑橘生产布局与管理决策咨询系统作为实例介绍。第十章农业环境质量评价信息系统。在介绍农业污染、评价，及其评价信息系统的基础上，重点介绍了农业环境污染评价建模技术及其信息系统的建立技术，最后介绍了Tim等研制的农业非点源污染评价信息系统、浙江大学研制的杭州市生态环境管理信息系统两个实例。第十一至第十二章分别为当今信息农业的典型案例和智能化农业机械，由于它们在农业信息科学与农业信息技术中都比较特殊，故分别做简要介绍。第十一章精确农业，在介绍精确农业的概念以及高新技术的应用状况的基础上，比较系统地分析了国内外精确农业发展现状与趋势，最后探索性地提出我国发展精确农业的战略思考。第十二章智能化农业机械与装备技术。在简要介绍国外发达国家的智能化农业机械与装备技术的发展与现状的基础上，介绍了电子信息技术在现代农业机械化装备中的应用，较详细地介绍了具有测量功能的谷物联合收割机、精细变量施肥机、精细变量喷药机、变量处方播种机和变量处方灌溉设备等智能化农业机械，最后提出在推行"精确农业"中优先研究的领域和亟待解决的科技问题的建议。第十三章中国农业信息技术的发展战略。在介绍了我国农业信息技术的组织领导、科研机构、教育与人才培养、学术团体及其学术活动的发展现状，农业信息技术在环境资源、农业自然灾害、农作物估产、生态环境污染监测和农业生产管理与技术咨询服务等方面的应用现状，以及我国发展农业信息技术存在问题等的基础上，提出了加快发展农业信息技术的六个方面的战略思考，并做了较详细的讨论。

2.《水稻遥感估产》（王人潮、黄敬峰著）

该书是由中国农业出版社出版，于2002年5月被列为重点图书出版，是中华农业科教基金资助图书，共50万字。

农作物遥感估产是农业信息技术应用的重要组成部分，而水稻遥感估产又是农作物遥感估产的重要内容之一，水稻是中国的主栽高产作物，中国是世界水稻总产量最高的国家，因此，开展水稻遥感估产研究具有十分重要的意义。我国在"六五""七五""八五"和"九五"，以及"十五"连续五个五年计划都将水稻遥感估产研究列为国家攻关或重点项目，其中小麦卫星遥感估产达到实用化程度，而水稻卫星遥感估产存在许多特殊困难，成为一个国际性的难题。本书是作者和同事们通过参与国家攻关、主持省攻关以及其他等11个课题，经过1983—1988年的预试验、1989—1990年的技术经济前期研究、1991—1996年的技术攻关研究，以及1997—2002年的浙江省水稻卫星遥感估产运行系统及其应用基础研究，并取得丰硕成果的基础上撰写而成的。因此，该书材料基础扎实，内容处于国内学术前沿，是一部在学术上具有国际先进水平和中国特色的科技专著，同时也是国内外第一部农业遥感估产的专著。

全书除前言外分10章。其中第一章水稻遥感估产综述。较详细地介绍了水稻遥感估产的意义及其国内外的研究进展概况，以及我国水稻遥感估产研究的发展过程。第二章水稻遥感估产的农学机理研究。介绍了水稻光谱特征及其敏感波段的选择试验，光谱变量与农学参数之间的相关性，水稻产量结构分析与建立单产光谱估产模式，以及遥感估产的农学机理研究成果的应用效果分析。第三章遥感资料的定量处理与图像增强技术。主要介绍大气影响校正，遥感数据几何校正，云层干扰处理和图像增强技术。第四章水稻遥感估产分区（层）技术。在概述水稻遥感估产分区（层）的必要性的基础上，介绍了绍兴估产试验区的稻作分区（县级）和浙江省估产试验的稻作分区（省级）的研究成果。第五章水稻遥感估产运行系统的设计与评价。在系统分析的基础上，介绍了水稻遥感估产运行系统的设计与实施及其评价。第六章浙江省绍兴试验区（县级）水稻遥感估产研究及其应用效果。主要介绍了绍兴试验区采用Landsat-TM资料和航片为主要信息源的水稻遥感估产的技术路线，各种稻田信息提取技术和各种单产估测模式的研究成果，绍兴试验区的稻田面积监测信息系统和水稻光谱数据库。第七章浙江省嘉兴试验区水稻卫星遥感估产研究及其应用效果。主要介绍以NOAA/AVHRR资料为主要信息源，采用以像元为单位的水稻遥感估产模式的研究成果及其数据处理和相关软件说明，并对估产结果做了讨论。第八章浙江省水稻卫星遥感估产运行系统的研制与应用。在分析浙江省水稻生产自然条件的基础上，主要介绍了NOAA卫星遥感估产的建库技术，水稻种植面积估算方法和水稻单产与总产的遥感估测及其精度分析，以及运行系统及其应用。第九章水稻长势遥感监测与遥感数值模拟模型。在简要介绍水稻长势卫星遥感监测技术之后，重点介绍了由水稻生产模拟模型与NOAA卫星资料相结合改进的遥感数值模拟模型的研制及其应用与讨论。第十章建立中国水稻遥感估产运行系统的构思与展望。在介绍了建立该系统的技术基础与思路以后，重点介绍了分级建立水稻遥感估产运行系统的技术概要。最后，对建立水稻卫星遥感估产运行系统的发展趋势做了较为系统的讨论。

3.《浙江红壤资源信息系统的研制与应用》（王人潮、史舟、胡月明编著）

该书由中国农业出版社于1999年2月出版，是我国农业领域的第一部土壤资源信息系统科技的专著，共26万字。

红壤是中国的主要土壤资源，主要分布在我国南方15个省区市。全区总面积约为218万km^2，其中红壤系列土壤约128 km^2。浙江省处于红壤区域范围，陆域面积10.53万km^2，其中红壤资源超过5.74万km^2，占54.52%，是浙江省最重要的土壤资源。因此，合理开发红壤资源和保证其可持续利用，并不断提高红壤资源的生产力，对全国和浙江省实现农业持续发展具有重要的战略意义。研制红壤资源信息系统是现代合理利用红壤资源最有效的辅助决策手段。该书是在①浙江省"八五"重点科技项目：浙江省红壤资源调查与评价研究；②中国南方红壤资源的表征、经营和利用研究（欧共体资助项目）的第6专题：红壤资源信息系统研究等课题，并取得系列成果的基础上，结合以往研究成果等编著的。经历8年时间，研制出我国第一个由省级（1∶50万）、市级（1∶25万）和县级（1∶5万）三种比例尺集成的，具有无缝嵌入和面向生产单位（用户）服务等良好功能的红壤资源信息系统（附有1∶1版光盘）。

本书内容除"前言"外，分三篇13章。第一篇是浙江省山地丘陵土壤概述（1—3章）。红壤系列土壤与其他非红壤的山地丘陵土壤是混合交错分布的，在开发利用红壤资源时，需要相互协调并综合考虑，因此，把山地丘陵土壤作为一个整体进行综合分析。本篇内容主要是参照浙江省第二次土壤普查成果和红壤资源遥感调查研究结果编写的，它在简析山地丘陵土壤的成土条件的基础上，简单扼要地以土壤为单位介绍土壤的分布与面积、形成特点、形态性状、主要类型和利用等，并作为以后两篇的基础资料。第二篇是红壤资源信息系统的研制（4—7章）。本篇内容是在综合评述国内外地理信息系统和土壤信息系统的基础上，根据建立浙江省红壤资源信息系统的目标与任务，并从现在的科技资料和技术水平的实际出发，提出了浙江省红壤资源信息系统的总体设计，包括系统的基本功能、软硬件配置、数据库的设计与建立，以及界面设计与演示等。为使这个系统能与国际接轨，采用以SUN工作站为平台，以ARC/INFO为基础软件，起点较高，技术水平也是先进的。第三篇是红壤资源信息系统的初步应用（8—13章）。本篇是以研究取得的结果为主要内容编写的。应用实例包括浙江省、衢州市、龙游县等三个级别的红壤资源类型的划分；浙江省红壤资源质量评价；衢州市的红壤资源的适宜性评价；衢州市红壤资源侵蚀、危险性评价；龙游县气温空间分布模拟；浙江省和衢州市两个级别的红壤资源农业开发分区等。这些应用实例虽因资料的现势性不足，影响到决策力和应用性不够强，在实际应用上受到的影响较大。但是，它已充分表现出研制红壤资源信息系统在合理利用红壤资源中所起到的作用，这是令人兴奋的。特别是随着遥感技术、信息技术和模拟模型技术的发展，以及人工智能的发展与运用，完全可以预见到红壤资源信息系统在资源利用现状调查、资源质量评价和适宜性评价、资源利用动态监测、资源利用规划和管理等方面将会发挥很大作用。当前，限制土壤（土地）资源信息系统实际应用的主要障碍是数据信息更新和决策支持系统无法满足其要求，即保持资源数据的现势性和专家知识的开发利用还缺少突破性的技术。作者在龙游县红壤资源信息系统的基础上，对龙游县种植利用决策做了有益的探索；利用目视解译和计算机自动识别技术，研制出人机交互识别的遥感数据更新的新方法，初步应用结果都比较好，本书也做了介绍，这也是当前研究的前沿内容和发展趋势之一。

4.《浙江海涂土壤资源利用动态监测系统的研制与应用》（周斌、丁丽霞等编著）

该书由中国农业出版社于2008年11月出版，是我国第一部系统完整的海涂土壤资源利用动态监测系统科技专著，共32万字。

海涂是浙江省耕地的主要后备资源。作者利用2001年海涂遥感资料，开展海涂资源调查，结果表明，全省共围垦海涂土地345.92万亩（1亩=0.0666667 hm²），其中仍用作耕地的207.63万亩；中华人民共和国成立后，再围垦255.41万亩，其中仍用作耕地的156.47万亩，分别是2001年全省耕地的6.55%和5.06%。根据浙江省土地勘测规划院的研究报告，1997年浙江省耕地面积为3120.55万亩，到2004年减至2997.83万亩。7年时间净减耕地122.72万亩，年均减少17.53万亩。再据2007年第10期《浙江国土资源》报道，2004—2007年的4年间，全省围垦13.30万亩。如果以50%补充用作耕地，年均可增加耕地6.65万亩，大约补充全省耕地损失的四分之一。这些足以说明，围垦海涂土壤，对实施浙江省耕地占补平衡将起到重要作用，对实施浙江省的经济可持续发展具有重要意义。

中华人民共和国成立以后，根据围垦利用方式和科技含量划分，浙江省的海涂围垦可以分为单纯农业用地围垦、农林复合利用围垦、农林生态建设围垦三个阶段，现已进入科学利用安全围垦阶段，这个阶段对围垦技术提出了更高的要求。因此，全面研究开发现代信息技术，为海涂围垦和科学利用提供信息技术支撑是非常必要的。《浙江海涂土壤资源利用动态监测系统的研制与应用》专著，是综合运用多项当前最先进的信息技术，经过6年（1999—2004年）的时间，在组合完成中德部级合作项目、浙江省重点项目、博士后研究项目和两个国家基金项目的研究任务，取得丰硕的系列成果的基础上，再经过3年（2005—2007年）的系统总结和深化提升后撰写而成的。因此，该书不仅资料翔实、数据可靠、内容丰富，而且研发的系统功能比较齐全，并具有较高的科技水平。该书的主要特色有：①研制的浙江省海涂土壤资源利用动态监测系统，既为浙江省海涂土壤资源利用管理提供了信息化技术支撑（已供浙江省围垦技术开发中心使用），并为进一步开发利用海涂土壤资源提供了信息技术平台。这对提高海涂土壤利用动态监测的信息化管理水平具有重要意义；②首次重现了浙江省1600多年来海涂围垦的演变，为浙江省海涂地区的历史文化和海涂围垦等研究提供了扎实的基础资料；③在海涂土壤动态分析和评价结果的基础上，针对随着海涂围垦出现涂区更为严重的缺水问题，提出"三节（农业、工业、居民等的节水）四利（用水、雨水、废水、海水等的有效利用）"的用水建议。对解决涂区缺少淡水问题具有指导意义；④研究提出的基于R/S结构的耕地等级评价技术、基于WebGIS的地图式海涂水稻土施肥推广技术、基于高光谱遥感技术研究的土壤有机质含量反演与盐碱土特征评价技术、基于协同克里格的盐碱土电等空间变异特征和剖面采样技术等的突破或新进展，为进一步提高海涂土壤利用动态监测系统的开发利用提供了新的信息技术支撑。

5.《地统计学在土壤学中的应用》（史舟、李艳著）

该书由中国农业出版社出版，第一版于2006年1月出版，共计30万字。

地统计学（Geostatistics）是在20世纪50年代初由应用数学迅速发展起来的一门分支学科。随着信息科学和计算机技术日新月异的发展，地统计学已经在需要进行相关数据的时间和空间预测的许多科学和工业领域得到了广泛的应用，其中就有土壤科学，研究范围涉及从土壤基本理化性质，到土壤生物性质、土壤重金属污染、土壤修复、土壤采样及精准农业等新领域。

该书以讲解地统计学的基本理论、技术和方法为主，同时结合著者的研究成果，具体介绍其在土壤学中的应用实例，帮助读者了解基本理论和掌握实际技能。全书分9章：第一章绪论，介绍了地统计学的发展简史，并就国内外地统计学在土壤学科的应用进行了综述。第二章是样本数据的统计分析和预处理，包括对样本数据进行传统的统计描述，如平均值、方差、频数分布等，提供了异常值的识别和处理，给出了正态分布检验方法以及数据的正态转换处理方法等。第三章阐述地统计学的基础理论，包括随机函数及其实现原理、区域化变量、平稳性假设、本征假设，并引出变异函数的概念。第四章以介绍半方差函数开始，紧接着是影响半方差函数的因素，引入半方差函数理论和空间协方差理论，这是地统计学的核心。使用者可以学习如何来计算半方差函数，了解影响半方差函数的因素，如何使用合适的理论模型来对其进行描述以及如何拟合之。第五章首先简要介绍了目前常用的各种空间插值方法，并指出这些方法的特点，然后特别介绍了地统计学的各种线性、非线性和协同克里格插值算法，如普通克里格法和简单克里格法，利用两个或多个变量的协同克里格法以及估计预测值超过某一给定阈值概率的析取克里格法和指示克里格法等。并给出了对克里格预测结果进行检验的方法。第六章介绍了地统计学的空间随机模拟技术，它与克里格估值是地统计学的两大重要组成部分。本章首先简要介绍了非条件高斯随机模拟的两个方法——楚列斯基分解法和谱分解法。然后着重阐述了条件高斯随机模拟的几个重要算法，如转向带法、序贯模拟、模拟退火。最后结合实例来比较序贯高斯模拟法和克里格方法分别进行土壤特性随机模拟和估值的结果，以及利用序贯指示模拟方法进行土壤重金属含量超标概率模拟和空间不确定性评价。第七章首先介绍了如何描述土壤时空变异特性的方法，然后介绍了地统计学作为一个基本工具在当前精确农业的研究热点之一——精确管理分区划分中的应用。第八章主要介绍地统计学在土壤采样设计中的应用。首先介绍了传统采样设计方法，然后介绍了普通克里格方法在野外采样布点设计中的应用，以及分别利用协同克里格方法、回归克里格方法和辅助数据来介绍采样布点方面的应用。最后介绍了一个较为新颖的方法，即利用方差四叉树法和变异函数来自动产生采样布点设计图。这些应用的目标就是在网格采样的基础上，如何来指导采样方案的设计，以便更好地揭示土壤特性的空间变异规律，提高采样的精度，节省采样的成本。第九章介绍了作者自主开发的地统计软件包GEO-STATer，介绍了该软件的总体设计思路、主要功能模块和开发实现，并用实例土壤数据演示了软件的操作计算过程并将计算结果与其他的地统计软件进行了比较。

另外，本书附录介绍了当前最常用的几个地统计学软件产品所具有的功能，包括Gamma Design Software公司开发的GS＋、ESRI公司ArcGIS软件的Geo statistcal Analyst模块、美国斯坦福大学应用地球科学系开发的GSLIB软件、美国Golden Software公司开发的Surfer软件等。

6. 《水稻高光谱遥感实验研究》（黄敬峰、王福民、王秀珍著）

该书由浙江大学出版社出版，出版时间是2010年12月，共计50.5万字。

高光谱遥感技术的出现，是地物光谱遥感研究领域新的飞跃发展。它能揭示和识别宽波段光谱研究不能解决的很多问题。该书是一本以我国粮食主栽作物——水稻为研究对象，在不断吸取国内外研究成果的同时，坚持15年光谱遥感实验研究，取得了丰硕成果后撰写而成的科技专著。该书不仅多种实验设计科学合理、研究技术先进、取得的数据翔实可靠，而且内容新颖全面、成果水平较高，处于国内外前沿。该书对进一步深入研究水稻高光谱遥感技术非常有用，而且对其他地物光谱遥感研究也有很高的利用和参考价值。

全书共有12章，第1章详细地介绍了不同组分光谱和不同水稻品种、不同氮素水平、不同播种日期、不同发育期、不同背景条件下水稻冠层的光谱特征，简要介绍了原始光谱的导数变换、对数变换、光谱位置和面积的特征参数、光谱吸收特征参数、基于连续统去除的特征参数等常见的高光谱变换与特征参数提取方法，以及后面章节用到的回归分析方法、主成分分析方法、后向传播神经网络模型、径向基函数神经网络模型和支持向量机模型等建模方法。第2章分析了水稻地上干生物量和鲜生物量多光谱和高光谱及其变量的相关性，建立了水稻干生物量和鲜生物量多光谱和高光谱参数估算模型，并比较其预测精度。第3章分析了水稻叶面积指数与多光谱和高光谱变量的相关性，建立了叶面积指数多光谱和高光谱参数估算模型，并比较其预测精度；研究了近红外波段和红光波段中心位置与宽度对NDVI的影响及其对水稻叶面积指数估算的影响，优化了权重差值植被指数、土壤调节植被指数、土壤调节植被指数、改进的转换型土壤调节植被指数参数，提出了用于水稻叶面积指数估算的绿波段归一化植被指数和绿蓝波段归一化植被指数。第4章重点介绍利用后向传播神经网络、径向基函数神经网络和支持向量机模型等建立水稻色素含量/密度的高光谱估算模型的方法，提出了用于水稻冠层叶绿素密度估算的改进叶绿素吸收连续指数。第5章采用统计回归方法、后向传播神经网络模型、径向基函数神经网络模型和支持向量机模型，对叶片和冠层水平的水稻氮素含量估算方法进行系统研究。第6章确定了水稻主要病虫害胡麻斑病、干尖线虫病、穗颈瘟、稻纵卷叶螟和稻飞虱识别与监测的光谱敏感波段，研究了水稻胡麻斑病和干尖线虫病危害高光谱遥感方法。第7章分析了水稻产量与生物物理参数、水稻理论产量与实际产量、水稻产量与高光谱变量的相关性，建立了水稻产量的高光谱估算模型，并进行精度分析。第8章分别建立了稻穗、稻谷和稻米粗蛋白质和粗淀粉含量的高光谱遥感估算模型，并用2003年的实验资料进行精度检验。第9章介绍了利用主成分分析、波段自相关、逐步回归等方法确定水稻遥感信息提取最佳波段的方法。第10章通过对水稻冠层结构和叶片光谱的模拟，进而实现对水稻冠层垂直反色率和二向反色率的模拟。第11章介绍了水稻高光谱数据处理系统总体设计与功能模块。第12章介绍了1999年以来开展的实验室与田间小区试验设计、获取的资料情况。

　　水稻高光谱遥感是一项正在迅速发展的高新技术，虽然我们利用实验室和田间小区实验，较系统地分析了水稻冠层和组分光谱变化特征与规律，在确定水稻主要生物物理和生物化学参数估算的敏感波段，构建了用于水稻生物量、叶面积指数、色素含量、氮素含量估算的新型植被指数，引入神经网络和支持向量机等方法构建了水稻参数高光谱遥感估算模型，遗憾的是未能利用航空和航天高光谱数据开展研究。

7. 《水稻卫星遥感不确定性研究》（黄敬峰、王秀珍、王福民著）

　　该书由浙江大学出版社出版，出版时间是2013年8月，共30.4万字。

　　该书是继2002年出版的专著《水稻遥感估产》以来所做的研究工作总结。10多年来，该研究陆续得到国家自然科学基金、国家高技术研究发展计划（863计划）、国家科技支撑计划等20多个项目的资助，本书是这些项目研究成果的系统总结。

　　全书共分9章。第1章根据不确定性和系统论理论，从遥感影像获取的空间分辨率、时间分辨率、波谱分辨率、背景影响，遥感影像预处理的辐射定标、大气校正、几何校正，水稻遥感信息提取的水稻面积提取、单产预报、专题制图等几个方面，详细阐述水稻遥感信息提取中的不确定性问题。第2章分析在进行大范围水稻遥感信息提取时，研究区内的地形地貌、地理结构、大气条件、水稻分布和产量等引起的水稻遥感信息提取中的不确定性；根据水稻遥感信息提取的需要，以中国湖南省作为研究区，研究水稻遥感信息提取分区的思路、方法和指标，并分析分区结果。第3章主要介绍利用Landsat 5 TM数据，采用最小距离法、后向传播神经网络模型、概率神经网络、支持向量机网络模型等空间数据挖掘方法进行水稻面积遥感估算。结果发现用神经经网络和支持向量机等非线性模型方法提取的水稻种植面积精度高于最小距离分类法等统计模型提取的水稻种植面积提取精度。第4章重点介绍基于知识发现的理念，利用地面实测光谱数据和MODIS数据，分析研究水稻典型发育期光谱特征，凝练出可以用于水稻面积遥感估算的知识，提出基于知识发现的水稻种植面积遥感估算方法与技术路线。然后以我国为研究区，采用MODIS数据，制作单季稻、早稻和晚稻的空间分布图，并进行精度验证。第5章介绍利用浙江省典型水稻种植区TM影像和模拟影像，采用最大似然法、K最邻近值法、后向传播神经网络模型以及模糊自信应网络等分类方法，对各算法单独分类、多种分类算法结合以及全模糊BP神经网络分类等不同分类策略的结果进行比较，研究不同方法和策略引起的水稻面积遥感估算的不确定性，分析像元纯度对水稻面积遥感估算的影响，探讨水稻面积遥感估算不确定性的可视化表达方法。第6章阐述采用多时相MODIS-EVI数据，通过傅立叶和小波低通滤波平滑后，利用转折点法、变化阈值法、最大变化斜率法等确定水稻移栽期、分蘖期、抽穗期和成熟期的思路与方法。第7章在水稻遥感估产分区、水稻面积提取的基础上，利用多时相MOD 09A1和MOD 13Q1数据。分县水稻单产和总产数据，湖南调查总队农业处提供的2006年和2007年早稻、晚稻及单季稻抽样调查地块实割实测标准亩产数据，建立基于多时相MODIS数据的水稻总产和单产遥感预报模型，以及基于像元水平MODIS GPP/NPP的水稻遥感估产模型。第8章主要介绍水稻生产模型ORYZA 2000和遥感数据耦合时的多个输入变量的敏感性和模型不确定性，以及LAI和NFLV两个状态变量作为耦合数据时，其遥感估算误差和耦合数据时间对ORYZA 2000模型输出的影响。　第9章介绍采用IDL语言和ENVI二次开发的水稻遥感信息提取系统。该系统根据该研究团队多年来的研究成果，参考国内外有关水稻信息提取方法，设计水稻遥感信息提取数据流程、结构和模块；开发水稻遥感信息提取预处理模块、面积信息提取模块、生育期识别模块、长势监测模块、产量预报模块和结果输出模块；可以提高数据处理速度，实现大面积水稻遥感信息提取。

8. 《浙江土地资源》（业务主编王人潮，主编由浙江省土地管理局局长王松林署名）

　　该书由浙江科学技术出版社于1999年5月出版，共计69.2万字，是浙江省第一部系统的、完整的土地资源科技专著。

　　编者在系统总结和深化土地资源详查资料的基础上，充分利用浙江省已有的研究成果，总结10余年的土地管理经验和取得的成果；吸收国内外的经验，以及组织若干专题研究和补充调查，以求编著出一部符合土地资源要求的科技著作。本书在学术上的主要特点与新意有①土地、土地资源及其类型的界定。本书纠正了以往把地质、地貌、水文、气候、土壤、植被等作为土地的环境因素的做法，改为土地的自然构成要素，即把土地界定为由若干自然要素构成的一个客观实际存在的综合体。把土地资源界定为具有自然地理属性和社会经济属性的综合体。它是由地形地貌、土壤发生类型和利用类型组成的。②研究提出土地自然分类、土地资源分类和土地利用分类三个系统组成的土地分类体系。这是基于土地具有自然地理属性和社会经济属性，只用一个土地分类系统，是很难解决土地分类这个极其复杂的问题的。三个分类系统组成的分类体系，就是通过专题研究提出浙江省土地由土地自然分类、土地资源分类和土地利用分类三个系统组成的分类体系，并分别在土地与环境、土地利用与现状、土地资源可持续利用三篇中应用，取得了较为满意的结果。③研究提出耕地总量动态平衡的科学内涵，及其实施中"四个平衡"相互协调的观点。这是基于合理利用土地资源、充分发挥土地资源在促进社会经济的发展中的作用，通过专题研究提出耕地总量动态平衡的新概念，指出其实质是因地因时、保证有足够的耕地数量，能生产出足够农产品的产出量，与人民对吃、穿、用等农产品需求量之间的平衡，即是人民所需的农产品总量，与能生产出农产品总量的耕地总量之间的平衡。进而提出由耕地数量、耕地质量、时代发展变化、区域间平衡等4个变量之间的综合平衡，研究出耕地总量平衡的函数模型。④从全面发挥土地资源优化组合和区域化优势出发，提出立足于整个国民经济和社会发展，进行浙江省土地资源利用分区的探索，加强了具有浙江土地资源利用特色的旅游业、港口事业等在土地资源利用分区中的显示。

全书分五编30章。第一编土地与环境，包括第1—4章。在简述浙江省土地自然构成要素特征及社会经济环境对土地资源的形成与利用影响的基础上，借鉴国内外的土地分类经验，提出了土地自然分类的设想。并综合分析了浙江省土地资源开发利用的优势条件和制约因素及其区域性差异特征等。第二编土地利用现状，包括第5—14章。系统翔实地反映了全省土地详查成果，着重论述了八大土地利用类型的土地历史演变及其土地利用成就、经验、存在问题和潜力等，并在综合分析的基础上提出了发展战略目标。第三编土地权属，包括第15—17章。在阐述土地利用制度和土地权属概念、特征和分类及其境域变迁和境界现状的基础上，分析了土地权属现状形成的原因，并对权属未定的土地提出了对策与措施。第四编土地资源与可持续利用，包括第18—23章。在总结国内外土地资源类型及其分类现状的基础上，提出了浙江省土地资源分类系统方案，并在阐述农用地适宜性评价、城镇土地综合评价、土地资源生产潜力与人口承载量的基础上，讨论了土地资源可持续利用及其管理等问题。第五编土地利用分区，包括第24—30章。在综合分析以上各篇资料的基础上，提出了浙江省土地资源利用分区方案、社会经济技术条件、土地利用现状和开发潜力，最后提出了土地资源合理开发利用方向及其实施途径和措施的建议。

9.《水稻营养综合诊断及其应用》（王人潮编著）

该书由浙江科学技术出版社1982年11月出版，共计21.8万字，1983年获全国优秀科技图书奖二等奖。

作物病虫害是影响作物产量的重要原因之一。中华人民共和国成立以来，随着植物保护工作的进展，主要农作物的病理性病害得到较好的控制。但是，由于土壤养分障碍、作物缺素与中毒，以及施肥不当等产生的生育失常，乃至死亡等生理病害并没有引起足够重视。到20世纪60年代中后期，这些生理病害开始变得非常普遍，而且危害严重。特别是20世纪的60至70年代，在我国出现了"人有多大胆，地有多大产""肥多粮多，施多少肥，收多少粮"等口号，以及盲目地大量施用化学氮肥，造成肥害现象到处可见。因此，农业生产迫切要求系统测定土壤养分和作物营养的变化，研究作物各生育期的营养特点和产量的关系，探讨作物需肥规律，以指导合理的科学施肥，为大面积高产施肥提供诊断技术服务。因此，浙江科学技术出版社特约王人潮写一本作物营养障碍治理的科技著作。

《水稻营养综合诊断及其应用》除序言外，分为6章。第一章介绍了水稻营养综合诊断的基本知识，第二章介绍了水稻土的基本知识，第三章介绍了水稻缺素病害的诊断与防治，第四章介绍了水稻中毒病害的诊断与防治，第五章介绍了水稻高产营养诊断与应用，第六章介绍了田间试验诊断法。另外，还有与水稻营养诊断有关的9个附录，以供应用时查阅。该书与其他类似的著作比较，至少有以下五个方面的创新性。

（1）首次融合水稻营养理论（含缺素和养分过多等危害）、水稻土基本知识（含对作物生长发育的障碍因子）、水稻高产优质栽培技术（含水稻产量形成机理）以及田间试验（含试验精度的生物统计分析技术）等相互联系在一起讨论，提出综合诊断理论。

（2）创造性地融合形态诊断（作物缺素及生长障碍的单株与群体特征分析）、环境诊断（作物缺素及生长障碍的环境条件分析，含土壤性状和栽培、施肥历史等）、化学诊断（土壤和作物养分及障碍因子的速测，必要时全量分析）和试验诊断（主要是田间试验，含生物统计分析）等技术，提出四个步骤的综合诊断生理病害的技术方法。

（3）创造性地提出"因土定产、以产定肥、诊断施肥、高产栽培"的综合诊断施肥法，并研制出相应的切实可行的技术方法，其中特别是研制出"因土定产、以产定氮"的简单易行的技术方法，解决了很难确定当季作物的最高产量及其氮肥最佳施肥量的难题，使其利于推广。（4）研制出早稻省肥节水高产栽培模式及其诊断施肥技术（含低产田改良），试验结果如下，试验基地粮食亩产从不到350 kg（1972年）提高到930 kg（1979年），打破了当地"塘子畈要高产比牵牛上树还要难"的观点，特别是每0.5 kg硫铵增产稻谷从对照田的1.18 kg，提高到2.61 kg，超过当时国内最高1.75 kg的纪录。还提出了水稻最高产量施肥量和最佳施肥量的概念。（5）该书附有①我们设计、批量生产的适合野外田间使用的"75型水稻营养诊断箱"。这个箱子能速测水稻和土壤的氮、磷、钾的丰缺诊断，以及土壤理化性质引起的障碍因素诊断。②作物缺素和中毒障碍症的发生规律及其症状的详细说明，可以用作田间形态诊断与分析。

〖编者注〗该书是农业遥感与信息技术学科、土壤与植物营养遥感信息技术方向研究生的补充或自学课程资料。

10.《诊断施肥新技术丛书》（王人潮主编）

该丛书由浙江科学技术出版社于1993年12月至1994年5月出版，共13分册，总计103万字。

随着农业生产的发展，因土壤养分障碍、作物缺素及施肥不当等引发的作物生长发育失常，日趋严重地影响作物的产量与质量，在经济上造成很大损失。20世纪60年代以来，农业技术人员，特别是土壤和植物营养专家，一直为最大限度地满足作物的营养需求不懈努力。1982年，《水稻营养综合诊断及其应用》出版以后，得到广泛应用，并取得显著效果。广大农业技术人员对其他作物的诊断施肥需求更为迫切。1991年，浙江科学技术出版社请王人潮组织40多位农业科技工作者编写了此套丛书。全套丛书共13分册。

（1）水稻营养障碍的诊断及防治新技术（秦逐初主编）

（2）旱地作物营养障碍的诊断及防治新技术（秦逐初主编）

（3）果树营养障碍的诊断及防治新技术（俞立达主编）

（4）蔬菜作物营养障碍的诊断及防治新技术（石伟勇主编）

（5）作物中毒症的诊断及防治新技术（何念祖主编）

（6）平衡施肥新技术（陈达中主编）

（7）钾肥施用新技术（詹长庚主编）

（8）微量元素肥料使用新技术（杨玉爱主编）

（9）复合混合肥料使用新技术（王祖义主编）

（10）有机肥料使用新技术（何念祖主编）

（11）叶面施肥新技术（徐顺宝主编）

（12）化学调控新技术（马国瑞主编）

（13）含氯化肥使用新技术（马国瑞主编）

每个分册都汇集了我国主要是浙江省的科研和推广的最新成果，它是农业科教人员和农业生产工作者辛勤实践的经验总结和智慧结晶。该套丛书每个分册都是经主编认真的审阅和修改，最终编辑而成的。整套丛书具有4个明显的特点：①突出"新"字，着重反映新成果、新品种、新技术；②注意"用"字，特别重视实用性和可操作性；③适当超前，密切关注科技发展趋势；④尽量通俗，理论深入浅出，充分体现可读性。这套丛书是由40多位土壤肥料、作物营养、农业化学物质等具有丰富实践经验的科技工作者分工编写的。这是国内第一套比较系统的土壤和植物营养新技术丛书，已经被浙江省农资生产资料公司确定为"庄稼医生"工具书和农资辅导员的自学丛书，还被浙江农业大学土化系确定为土壤和植物营养专业的辅助教材和补充读物，也是应用化学专业学生的必读书籍。

〖编者注〗该套丛书是农业遥感与信息技术学科，土壤与植物营养遥感信息技术研究方向研究生的补充或自学课程资料。

11. 《土壤地面高光谱遥感原理与方法》（史舟等著）

该书由科学出版社出版，出版时间为2014年，共计36.9万字。

自1840年的李比希和1874年的道库恰耶夫创建土壤学理论开始，土壤学已走过了近一个半世纪。社会的不断进步和科技的快速发展推动着传统土壤学向现代土壤学迈进，特别是20世纪后期信息技术和生物技术的蓬勃兴起，使得土壤学科在宏观拓展、微观深入和学科交叉等领域方兴未艾。在引入信息技术方面，数字土壤的获取、分析、更新、制图等工作一直是现代土壤学的研究热点。为此，国际土壤学会先后出现过计量土壤学（Pedometrics，1990年成立）、数字土壤制图（Digital Soil Mapping，DSM，于1998年成立）、土壤近地传感（Proximal Soil Sensing，PSS，于2008年成立）三个工作组，其中Pedometrics还在2002年第17届国际土壤科学大会上成为专业委员会。本著作所提到的土壤光谱技术正是这三个新发展方向中的关键支撑技术之一。

首先是数字化土壤制图，该工作主要是采用现代土壤地理学、遥感、土壤近地传感、地理信息系统、数据挖掘等手段和方法，完成全球土壤重要属性的高分辨率数字图。同时研究指出，从现代农业生产和管理的实际需求出发，对各类高精度、大比例土壤特性的数字化制图需求更为迫切。其次是计量土壤学，科学家对其定义是"利用数学和统计学方法研究土壤的分布和发生"，引入区域化变量理论作为其发展的理论基础。计量土壤学充分认识到土壤特性存在时空变异性，所以传统的土壤信息的采集手段和分析方法存在很大的缺陷。传统方法中采用有限的土壤采样和室内分析往往很难准确表征田间土壤特性的空间分布特征和连续性，难以获得高精度数字化土壤制图，并满足农业生产指导或环境系统建模等所需土壤信息的详细、精确程度。因此，发展各种大面积、快速获取土壤信息的手段成为其重要的发展方向。最后是土壤近地传感，土壤近地传感主要涉及电磁感应（Electromagnetic Induction，EMI）、伽马射线、热红外、可见近红外光谱等技术。Gerbbers和Adamchuk于2010年在*Science*上撰文介绍精确农业与粮食安全问题时，特别提到了土壤遥感、土壤近地传感在田间土壤属性快速获取中的作用，并提出了以可见/近红外高光谱技术为代表的近地传感器是未来数字土壤信息获取、更新和高精度制图的最重要手段之一。因此，以各类可见近红外反射、热红外等光谱技术为代表的土壤信息近地获取是当前国际土壤学界的发展方向和研究热点。

该专著正是围绕着这个新方向，从土壤可见和红外光谱理论基础出发，对光谱测试方法、数据处理技术和各类建模方法进行了详细的介绍。本著作除前言和附录外，共分10章。第一章主要介绍土壤近地传感、光谱技术的发展现状和趋势；第二章主要介绍了土壤可见与红外光谱的主要测试设备和测试方法；第三章主要介绍土壤光谱数据的各类预处理与预测建模方法；第四章是关于土壤可见近红外光谱的原理，以及全球和全国土壤光谱数据库的建设和应用；第五章和第六章主要结合该研究组的系列研究成果，对土壤水分、盐分、质地等物理特性和有机质、碳、氮等化学特性的光谱响应特性和预测技术进行论述；第七章介绍土壤的热红外发射光谱技术和分析方法；第八章和第九章围绕土壤光谱的机理，介绍土壤光谱二项反射特性与模型；第十章介绍土壤野外光谱新技术，这也是当前土壤光谱研究的最前沿问题。该著作是研究组近十年来研究的成果，先后受到国家高技术研究发展计划（863计划）、国家自然科学基金、国家科技支撑计划课题和浙江省杰出青年科学基金项目等一系列项目的资助。参加研究工作的研究生有：黄明祥（硕士）、程衔亮（博士）、黄启厅（硕士）、宋书艺（硕士）、李曦（硕士）、纪文君（博士）等。

该书由史舟教授负责构思和总体框架设计，并组织撰写。执笔人：前言和第一章（史舟），第二章（王乾龙、史舟），第三章（陈颂超、李硕），第四章（史舟），第五章（彭杰、李曦），第六章（黄明祥、纪文君），第七章（黄启厅、史舟），第八章（程衔亮、史舟），第九章（程衔亮、史舟），第十章（纪文君、郭燕），附录（李硕、王乾龙）。本书经过2009年至2013年近五年时间，三易其稿，最后由史舟教授统稿和修改成书。

12.《多规融合探索——临安实践》（王珂、张晶编著）

该书由科学出版社于2017年2月出版，共计30万字。

该书是承担浙江省国土资源厅"土地利用总体规划调整完善临安试点"的课题，根据国家和浙江省多规融合工作的安排，在国土资源部和浙江省国土资源厅的指导下，在没有编制规程或规则的前提下，从2013年开始开展了试点工作。经多次汇报、讨论、交流，初步完成了多规融合工作。

在新的历史阶段，国家的、省的、地区的未来发展蓝图是什么？作者通过不同发展理念、目标、战略、利益、路径、平台、方法等方面认识的冲突与碰撞，聚同化异，求大同存小异，实现最大融合与共识，开展多规融合或多规合一的试点工作。经过4年的试点研究，取得的成果不仅解决了不同部门规划的矛盾与冲突，而且认识到解决造成这种矛盾与冲突的思想与认识根源，以及体制机制上的不完善，解决了当前普遍存在的诟病问题。

首先，多规融合要统一思想和发展理念。谋划好发展战略，统筹空间格局，划定生产、生活、生态空间，强化空间引导与管控，绘制好发展蓝图，编制好近期共同遵守合一的空间边界、工作平台和重点项目，落实空间优化和用途管制，建立矛盾与冲突协调与解决机制，明确1（国土空间规划）＋N（部门规划）的编制和运行模式，确保规划的落实。这样的定位和目标比较适合县（市）级的多规融合工作，也适合现有的部门管理体制。多规融合工作的首要任务是谋划发展战略，明确发展的目标和愿景。因地制宜、扬长避短、特色发展是谋划的基本原则和方法。完全解决矛盾与冲突，必须是在创新、协调、绿色、开放、共享发展理念上，通过区域之间协调、开放、共享来实现的，这就需要上一级政府对县（市）级发展战略给予统筹、协调、共享等引导，这也是省、地（市）多规融合工作最主要的工作目标之一。这是蓝图的最核心内容，也是各级政府特别是省、地（市）级政府开展多规融合工作的主要规划内容之一。

其次，多规融合是建立与发展战略相匹配的区域空间格局。格局是大局，是整体，是根本，是稳定的，既要落实上级政府和规划对当地的主体功能定位和空间格局的要求，又要根据发展战略与愿景构建空间格局，决定区域空间的整体布局、性质、定位和利用方向，一般分成生态空间（保护为主）、生产空间（农业生产为主）、生活空间（城镇空间为主），在三类空间格局分区的基础上，根据其重要性和空间与用途管制的需要，划定生态红线、耕地保护红线和城乡开发边界红线。我们在临安多规融合实践中，为了实现生态文明建设目标，践行绿水青山就是金山银山的理念，不是简单汇总各部门各行业的保护红线要求，而是以"底线"思维对最重要的生态资源实行定量定位的红线保护，强化针对性、目的性和保护刚性，既能降低可能的开发与保护的矛盾和冲突，又能对必须留给子孙后代的生态资源实行没有任何讨价还价余地的永久保护，设立以生态保护为目标的禁止建设区，以面状为主，也有具体的点状、线状要求。临安九山半水半分田，耕地资源特别是优质耕地资源匮乏，故耕地保护尤为重要，而且实行耕地数量、质量、生态三位一体的保护，按照临安的发展战略和蓝图，将连片的有农耕生产和文化价值，以及具有农业产业融合前景的耕地划入基本农田示范区即基本农田保护红线，纳入禁止建设区，实行最严格的保护。而因基本农田保护任务较重，山区达到一定面积的分散的耕地也不得不被划为基本农田，由于临安城乡一体化和全域休闲旅游服务业的发展需要，难免有些难定位的基础设施会碰到基本农田，这在特定的历史阶段和现有指标体系没有改变的前提下，进行有界定、规范的弹性管制是必要的，否则又会陷入"两难"的境地，反过来影响基本农田保护红线的刚性。在全面系统的改革之前，将基本农田划分为红线区和非红线区并实施差别化的保护，是一个值得探索的过渡办法。通过多规融合，临安的城镇体系和空间格局有了明确定位，人们对规模、布局、定位等有了共识：西部丘陵山区以特色小镇为主，中部丘陵区以中心城区为城镇集聚区，东部平原丘陵区是以杭州城西科创大走廊和青山湖科技城为平台的产城融合区，在统筹、协同和合理定位的基础上界定各自的长期城镇扩展边界和近期城镇边界。

再次，多规融合要明确定位和工作模式。把多规融合定位为顶层设计，指导规划的空间规划即蓝图型规划，制订发展战略与愿景，建立保护与开发的空间格局，明确生态与耕地保护红线、城镇边界及其扩展边界，确立一干到底的目标、战略和空间格局，其成果推动了国土空间规划指导国民经济发展规划、土地利用总体规划、城市规划、环境区划、林业规划等部门规划的编制与实施。1＋N的编制和工作模式，既实现了"六统一"，从源头上降低了矛盾和冲突的概率，建立了协调与解决矛盾和冲突的机构、平台、原则与依据，又能发挥各部门体制机制优势，协调继承了原有工作规范和要求，做到各业规划更专业、更具体、更有阶段性和操作性，进一步强化规划的落实与监管，也能适应现有体制的运作与监管。为了更好地引导和管控各部门规划，适应现阶段工作特点和需要，国土空间规划在立足长远蓝图的基础上对近期目标（未来5年）做了指标、边界、平台、重点项目等合一。这种模式有利于一脉相承，远近兼顾，路线路径清晰，空间格局稳定，执行时空有序，也有利于规划的定期评估，以及格局内与时俱进式的修改完善。

最后，一分规划九分实施。多规融合成果要经地方各级人民代表大会通过后作为地方法规，地方政府没有各级人民代表大会授权，不能修改规划，从制度上保障其执行。但在实施策略、重点、布局、时序过程中可以在格局内按严格程序作规范调整。在特殊的发展阶段，矛盾与冲突是不可避免的，与时俱进也是必要的，因此对协调的机构、原则、办法、依据及决策机制要有明确规定。通过建立信息平台实现规划成果公开共享，加强公众参与，执行完善好规划。

全国各地正在开展不同层级的多规融合或多规合一的试点工作。本书是具有时代特色的、问题导向性的著作，供同行相互学习与交流之参考，虽然内容不成熟，水平也有限，但多少体现了我们的思考、认识、做法、建议，也是对工作上的一个交代和总结。

二、正式出版的高校教材

农业部新编国家统编教材和翻译教材共4册，其中，新编国家统编教材3册，俄译教材1册，简介如下。

1. 《农业资源信息系统》（主编：王人潮）

该书由中国农业出版社于2000年6月出版，是农业部新编国家统编教材、教育部面向21世纪课程教材，共计46.9万字。

我国20世纪90年代的高等教育体制改革，为了拓宽专业知识面，以适应国民经济可持续发展的人才培养需要，在土壤与农业化学、农业环境保护和土地管理三个专业的基础上，扩建为农业资源与环境专业。新编的《农业资源信息系统》是该专业运用农业信息技术这一极为重要的专业技能课教材，是一门专业必修的教学用书，也是农业部新编统编教材。国内外都还没有类似教材可以参考，它是一门从无到有的而且是正在迅速发展的学科和技术，因此，研究团队在编写过程中克服了不少困难。

严格说来，《农业资源信息系统》应该是农业环境资源信息系统教材，因为本教材的内容不包括农业生物资源。农业资源信息系统是以地理信息系统（GIS）为基础技术的，与多种环境资源学科相互综合起来的专业技能课。因此本教材分为上、下篇方式编写。上篇是基础篇，主要介绍与建立农业资源信息系统有关的地理信息系统的基本知识与技能，分6章（第1—6章）。第1章GIS的概念与发展。主要介绍GIS的基本概念、构成，以及发展历史和趋势。第2章GIS的数据及其表示。主要介绍GIS的信息源、特征及其结构。第3章GIS的数据输入。主要介绍数据输入的方法与过程。第4章GIS的数据分析，主要介绍GIS的分析功能。第5章GIS的数据查询与输出。主要介绍GIS的数据查询功能和数据输出。第6章农业资源信息系统的开发与评价。主要介绍农业资源信息系统的基本组成、开发流程、系统分析、设计、实施与评价，使学生对农业资源信息系统有一个概念框架。下篇是应用篇，分6章（第7—12章）。介绍5个主要农业资源与环境的信息系统，第7章土地资源信息系统（LRIS），在概述土地资源信息特征、类型和LRIS的基础上，重点介绍土地利用总体规划和农业土地评价两个信息系统。第8章土壤资源信息系统（SRIS），在概述土壤资源的特点、类型和SRIS的基础上，重点介绍SRIS的应用模型，并以红壤资源信息系统为例作系统的说明。另外，还简要介绍全球和国家级土壤与地（形）体数字化数据库（SOTER）计划。第9章水资源信息系统（WRIS），在概述WRIS特点和水资源平衡分析模型的基础上，重点介绍（红壤）小流域农田水分优化配置和小流域水土保持信息系统。第10章施肥信息系统（FIS）。重点介绍建立施肥信息系统的原理及其建模技术，并举出浙江省红壤玉米施肥咨询系统等两个实例作系统介绍。另外，简要介绍了精确农业概念。第11章气候资源信息系统（CRIS）。气候资源的应用资料较多，但气候资源信息系统的资料很少。因此，本书着重介绍气候资源空间分布规律与建模技能，并以气温空间分布模拟为例说明地理信息系统在气候资源中的应用。第12章农业环境污染评价信息系统（SEPEIS）。在概述农业环境污染评价信息系统的基础上，重点介绍农业环境污染评价建模，并举出农业非点源污染评价信息系统和基于GIS的数字环境模型两个实例作系统介绍。最后是附录，简要介绍国内常用的5种GIS软件；还列出国外8种主要GIS软件的基本情况与基本功能一览表，以供学生查改。

该教材有两个明显的特点，①下篇（应用篇）的主要内容是浙江农业大学的有关农业遥感与信息技术的科研成果。这是因为国内研究的单位不多，例如11位编委中，外校只找到1位，其他10位都是浙江农业大学的。②全新的成套教材，除《农业资源信息系统》教材以外，还有《农业资源信息系统实验指导书》、多媒体教学光盘、《土壤资源信息系统》CAI课件光盘和相应的科教专著，以及标准化实验室建设方案等配套材料。另外，因为是全新的教材，浙江农业大学还受教育部高等教育司、科学技术司的委托，举办了"农业资源信息系统"课程高校中青年骨干教师讲习班。

2.《农业资源信息系统（第二版）》（主编：王人潮、王珂）

该书由中国农业出版社于2009年7月出版，是全国高等院校"十一五"规划教材、教育部面向21世纪课程教材，共计63.5万字。

《农业资源信息系统》自2000年出版第一版以来，经过有关院校的农业资源与环境专业以及其他8个相关专业的试用与反馈调查反映良好。中国农业出版社将其列为全国农林院校"十一五"规划教材，并指定王人潮教授担任第一主编、王珂教授担任第二主编组织修订。这次修订委员会由13人组成，其中浙江大学5人，其他院校8人，4位副主编分别由南京农业大学、华南农业大学、西北农林大学和华中师范大学（原华中农业大学）的教师担任。其修订原则是：以各校征询收集到的意见为依据；以更新、充实、提高教材的内容以及改写薄弱章、节为重点，力求修订出一本体现该领域先进水平，具有权威性的统编教材。这次修订比较大的变化有①上篇基础篇定名改为农业资源信息系统的理论与方法，并增加一章：农业资源信息系统的数据管理。第6章农业资源信息系统的设计与评价，改为农业资源信息系统的设计与开发，并将其从基础篇移到应用篇。②下篇应用篇定名为农业资源信息系统的开发与应用，其章次改为土壤、土地、肥、水、气和环境为序。③应用篇的各章附录，都改为"节"，第9章土地资源信息系统，因农用地的分等定级工作比较普及，增加一级农用地分等定级估价信息系统。④第12章农业环境污染评价信息系统改为农业环境评价信息系统。⑤绪论内容的改写。由于编写第一版时，农业信息科学、农业信息技术和农业信息系统（工程）等学科或学术名词刚出现不久，并在迅速发展之中，特别是在我国农林院校中还没有开设类似课程。为了使学生能了解本教材与其密切相关的上述重要学科和技术问题之间的相互关系，及其发展现状和在农业中的作用。编者在绪论中做了较为详细的综合介绍。现在，经过近10年快速发展，绪论必须改写。但是考虑到农业信息科学、农业信息技术和信息农业是仍处于快速发展的科学与技术，特别是科学普及还不够。所以，这次修订教材时，在绪论中仍对农业信息科学、农业信息技术和信息农业做了简要的概括介绍。

3.《农业资源信息系统实验指导》（主编：史舟）

该书由中国农业出版社出版于2003年7月出版，是农业部新编国家统编教材、教育部面向21世纪课程教材，共计30万字。

《农业资源信息系统》是通过基础知识讲授、基本技能训练和综合能力培养等三个环节来完成教学的。其中基本技能训练主要是通过课堂实验来完成。基于课堂实验的主要任务是基本技能的训练，安排实验就以《农业资源信息系统》上篇（基础篇）——地理信息系统技术为主，并结合其在农业资源中应用研究较好的土壤资源信息系统的特色来安排和编写本实验指导书。

（1）实验目的：通过实验，加深学生对地理信息系统基本概念、基本原理的理解；

同时结合实例数据和应用模型，掌握利用地理信息系统技术分析和解决农业资源科学领域中的具体技术。

（2）实验要求：通过实验，要求学生熟悉以ArcGIS（旧版本的ArcInfo）、MapInfo和MAPGIS为选例的GIS软件的基本功能，掌握GIS的主要输入和输出设备的使用方法，掌握地理数据的输入、编辑和输出方法，掌握主要的空间分析方法，并能够分析一些简单的数据，使学生得到基本技能的系统训练。

（3）实验内容：数据输入（手扶跟踪数字化输入、扫描输入），数据处理（数据转换、图形编辑、系统库编辑、误差校正、投影变换等），数据管理（图形库管理、属性库管理），空间分析（查询检索、属性分析、叠加分析、缓冲区分析等），DEM的生成和相关地形因子图的提取（坡度、坡向、地形图），成果图的设计和输出等内容。

（4）实验安排：该教材包括10个实验，前4个实验以建设基础数据库的基本操作为主，后6个实验结合专业实例介绍各种空间分析和制图。另外，本教材同时以ArcGIS、MapInfo和MAPGIS三个GIS软件为操作工具。所以各教学单位可以根据本单位实验条件和教学大纲，具体确定实验安排。我们建议：本农业资源信息系统的授课和实验课时比大致为2：1，实验课时能安排20～30学时，上机次数5～10次为宜。

（5）实验室建设：实验室的建设是本教学实验顺利开设的保证。在本教材后面附录了实验室建设的几个方案。①最好的方案是资金和场地允许，独立建立专业教学实验室，专门用于农业资源信息系统的教学实验，并可作为初期研究之用。②资金和场地受限，可与公用计算机学生实验室共建，只要安装本教材所涉及的软件和数据，就可开设实验课；也可与专业科研室共建，科研和教学实验共用，可以提高实验室的利用效率，节约投资资金，同时可让部分学生参加科研实习。

总之，《农业资源信息系统实验指导书》是农业资源信息系统课程配套教材的重要组成部分。由于国内外还没有类似教材，以及需要附有实验所需的实验数据光盘等，编写难度比较大，所以没有在编写《农业资源信息系统》教材的同时组编，而是在浙江大学农业遥感与信息技术应用研究所接受教育部委托举办农业资源信息系统课程高校中青年骨干教师讲习班时，根据《农业资源信息系统》教材提出的12个实验内容为框架，从浙江大学提供的《土壤资源信息系统》CAI课件中整理编辑实验数据光盘，组织几位具有科研与教学经验的青年教师编写而成的。

4. 《土壤研究的遥感方法》（翻译：王深法）

该书于1986年翻译打印，内部使用，由成都科技大学出版社于1998年出版，共计17.5万字。

《土壤研究的遥感方法》的作者是苏联道库恰耶夫土壤研究所土壤地理研究室主任、著名的土壤学家安德罗尼科夫。他从遥感技术在土壤学中的应用出发，全面地回顾了土壤航天、航空遥感研究方法的形成与发展历史，系统地论述了遥感资料解译理论，详细地介绍了各种遥感资料应用的方法和原理，并举出了苏联各个自然带中应用遥感资料的实例，可以说是苏联五十多年（1927—1979年）来土壤遥感应用研究的科学总结。

《土壤研究的遥感方法》自1979年出版以来，在苏联和东欧国家被广泛使用，引起国内外土壤科学工作者的普遍重视和关注。1986年由浙江大学农业遥感与信息技术应用研究所王深法副教授认真细致地劳动，完成了这本书的翻译工作，并由我国著名的土壤遥感专家、国家卫星遥感地面站首席科学家戴昌达研究员审核通过。出于当时的客观原因，只能暂由浙江农业大学农业遥感技术应用研究室（农业遥感与信息技术应用研究所的前身）刊印、内部使用，将这本书用作土壤遥感方向硕士研究生的教材和其他农业遥感与信息技术研究生的参考资料，对我们研究所的研究和教育以及研究所的发展都起到了积极的作用。

《土壤研究的遥感方法》的内容十分丰富，而且图文并茂，确实是教学、科研难得的优秀参考书。全书除前言和文后的结论外分9章。第一章为航空、航天遥感方法研究土壤的历史；第二章为土壤-农业资源的航空、航天摄影及其技术手段；第三章为土壤解译的理论基础；第四章为自然条件变化对航空和航天摄影影像的影响；第五章为根据航空像片研究土壤；第六章为根据多波段航片进行土壤和作物解译的特点；第七章为土被的多波段航天遥感研究法；第八章为土壤的红外和微波遥感研究法；第九章为航空航天遥感方法研究土壤资源的效益。

三、未出版的自编教材

农业遥感与信息技术的应用，必须结合专业开展研究。所以，农业遥感与信息技术学科的研究生，都必须具有相关的专业知识。为此，我所针对来自不同学校、不同专业的研究生都要补修或自学该生研究方向的相关专业知识的实际情况，结合我所在土壤、土地和作物营养三个方向的优势，编写了《土壤遥感技术应用》（早期硕士研究生课程）、《土壤调查及制图》和《土地管理学导论》3册教材，并指定由我所编著（主编）的《水稻营养综合诊断及其应用》和《诊断施肥新技术丛书》，用作相关专业研究生的自学或补修教材。自编教材是指没有达到正式出版条件的，或者为了非遥感专业的研究生，根据需要补修或自学的知识而编写的教材，共3册。

1. 《土壤遥感技术应用》（王人潮编著）

该教材于1983年12月完成第一稿，由浙江农业大学土壤教研组印制而成。

遥感技术是20世纪60年代以后，在国际上迅速发展起来的一门综合性的环境探测技术。由于遥感技术运用了现代物理的电磁波理论、电子光学技术、电子计算机技术和航天航空遥感技术等，具有效率高、速度快、精度好、成本低等许多优点，遥感技术成为人类认识自然、探索自然规律的一种新的现代工具，在国际上已被广泛应用于农业、林业、地质、地理、海洋、水文、气象、自然灾害、环境保护以及军事侦察等各个领域，深受国内外的重视。

该教材是在《航空像片在土壤调查制图中的应用》专题讲座，以及"MSS卫星影像目视土壤解译与制图技术研究"取得浙江省科技进步奖二等奖的基础上编写的，是土壤遥感方向研究生的专业技能课程。《土壤遥感技术应用》除前言外，分为7章。第一章绪论，分两节。第一节为遥感与遥感技术的概念，第二节为利用资源卫星影像进行土壤调查制图的详述。第二章为遥感技术的理论基础，分两节。第一节为物质的电磁波特性，第二节为太阳电磁报波和大气传输特性。第三章为几种主要传感器简介，分三节。第一节为概述，第二节为照相机的概述，第三节为反束光导管摄像机、多光谱扫描仪和热红外扫描仪。第四章为遥感图像数据分析判断技术，分三节。第一节为概述，第二节为光学分析判别处理技术，第三节为计算机分析判读处理技术简介。第五章为卫片土壤目视解译与制图，分三节。第一节为卫片的编译标志与特征，第二节为卫片土壤目视解译的方法论，第三节为卫片土壤调查制图的方法程序。第六章为卫片在土地利用及其资源评价中的应用，分三节。第一节为利用卫片编制土地利用现状图，第二节为利用卫片编制土壤退化图，第三节为利用卫片进行土地资源评价。第七章为遥感技术在农业生态监测方法的应用（提要），分四节。第一节为土壤检测，第二节为水传染的检测，第三节为洪水灾害的预报与制图，第四节为大面积农作物调查与优产。附录为陆地卫星遥感资料应用一览。

2. 《土壤调查及制图（组编本）》（王人潮 编著）

该书以1969年的《讲义》为基础，于2011年翻印成组编本，农业遥感与信息技术学科研究生的补充或自学教材。

本讲义分两部分第一部分土壤调查及制图讲义，除绪论外，分两篇共10章。第一篇为土壤调查及制图统论（1—5章）。第1章为准备工作；第2章为野外成土因素和农业生产条件的研究；第3章为野外研究土壤剖面及其生产性；第4章为土壤分类（以浙江省土壤分类为例）；第5章为野外土壤制图。第二篇为土壤调查及制图各论（6—10章）。第6章为红壤资源调查与制图；第7章为南方稻区农用地土壤详查制图；第8章为干旱半干旱地区的灌溉土壤调查；第9章为丘陵山区的水土保持土壤调查；第10章为编制土壤图。这本教材还附有10个室内实验内容和野外教学实习指导书等成套教材。第二部分为有关土壤调查及制图的遥感信息研究资料选录，包括2篇全文论文、12篇论文目录和4本科技著作名称。2篇全文论文是：①MSS卫星影像目视土壤解译与制图技术研究（1：25万假彩色卫片目解综合法）。②利用航空像片进行土壤详查制图的技术研究（综合航判制图技术）。12篇论文目录是：①基于GIS的土壤遥感制图及应用研究（沙晋明博士学位论文）。②运用分类树进行土壤自动化制图的研究（周斌博士后出站研究报告）。③航空像片在土壤调查制图中的应用，《农业科技译报》，第2期，1981。

④模拟相似优先比法检验卫片土壤制图的重复性研究，《浙江农业大学学报》，13（3）:240-247，1987。⑤利用微机进行MSS数字图像几何精纠正研究，《浙江农业大学学报》，14（3）:243-250，1988。⑥TM资料的计算机处理和示屏外拍成像技术研究，《科技通报》，4（6）:51-53，1988。⑦陆地卫星影像土壤目视解译与制图技术研究，《第二代资源卫星的应用》，测绘出版社，1989。⑧用TM资料进行1：5万土壤制图可行性研究，《土壤通报》，20（1）:12-13，1989。⑨应用SPOT图像进行我国南方土壤解译制图效果研究，《遥感应用》，3（3）:15-16，1990。⑩运用遥感资料对土壤调查制图技术进行更新研究，《高校遥感中心论文集》，万国学术出版社，1991。⑪遥感资料的时相与土壤解译效果分析研究，《遥感应用》，4（1），1991。⑫土壤自动制图中的知识分类，《科技通报》18（4），2002。4本科技著作是：①《浙江红壤资源信息系统的研制与应用》，中国农业出版社，1999年2月。②《农业资源信息系统》，中国农业出版社，2000年6月。③《农业资源信息系统（第二版）》，中国农业出版社，2009年7月。④《浙江海涂土壤资源利用动态监测系统的研制与应用》，中国农业出版社，2008年11月。

3. 《土地管理学导论》（王人潮编写）

该教材于1989年编印，是土地遥感与信息技术方向研究生的补修或自学教材。

《土地管理学导论》是土地管理专业的"导向"与"入门"教材。学习《土地管理学导论》能对土地及其管理有一个正确的宏观认识。因此，也可用作来自非土地管理专业、农学类专业和地学专业的农业遥感与信息技术方向研究生的补修或自学教材。《土地管理学导论》除引言外，共六章。第一章为土地概念及其在社会生产中的作用，分两节。第一节为土地的概念和土地资源，包括土地的含义、土地的特征、全国和我省土地资源的特点及其存在问题；第二节为土地在社会生产中的作用，包括土地是社会物质生产的基础、土地与人口的关系、土地与生产建设、环境、生态的关系。第二章为我国土地管理科学的产生与发展，分两节。第一节为我国历代的土地管理概况，包括原始社会和奴隶社会的土地管理、封建社会的土地管理、半封建半殖民地时期的土地管理。第二节为中华人民共和国的社会主义土地管理，包括解放初期、合作化时期、改革开放时期、城市土地国有制的建立，以及三十年来在土地管理上的经验、在新形势下土地关系面临的问题。第三章为土地经济和土地法规，分二节。第一节为土地经济的概念，包括地租与地价的概念、土地赋税。第二节为土地管理法规，包括土地管理法规的基本内容和特点、土地管理法规的制度和程序、土地管理法规的效力。第四章为土地管理的内容、机构与职责，分四节。第一节为土地数量与质量的管理，包括土地资源调查、土地质量评价与管理、土地环境保护。第二节为土地权属和地籍管理，包括土地权属管理、地籍管理。第三节为土地利用与规划管理，包括土地利用管理、建设用地管理、土地利用监督管理。第四节为土地管理的任务、机构与职责，包括土地管理的职能与任务、土地管理机构及其职责。第五章为新技术在土地管理科学中的应用，分两节。第一节为遥感资料在土地管理中的应用，包括遥感的概念及其基本资料、航卫片用于土地调查的优缺点、卫星资料用于土地利用动态监测的展望，第二节为计算机在土地管理中的应用，包括计算机应用的若干实例、在建立土地管理信息系统中的应用。第六章为世界土地管理现状，分五节。第一节为分层或分级按类的土地管理模式，包括北美分层按类管理类型（以美国为例）、西欧分级按类管理模式。第二节为国家统一垂直的土地管理模式，包括日本的垂直管理模型、我国台湾省和香港特区的管理模式。第三节为多部门分管的土地管理模式，包括澳大利亚的土地管理类型、印度的土地管理类型。第四节为分部门按块统一管理模式，包括苏联土地管理类型、匈牙利的土地管理类型。第五节世界土地管理的主要经验与启示，包括世界各国土地管理的主要经验、从世界各国土地管理中得到的几点启示。

4.《水稻营养综合诊断及其应用》
参见：科技著作9。

5. "诊断施肥新技术丛书"
参见：科技著作10。

第三章　科技产品和科技专利（含软件）

　　科学技术和生产实践的发展，必然促成新的技术革命，并逐渐促进生产力的提高和经营模式的转型升级。随着农业生产技能的提高，新的农业技术革命逐渐开展，并促进高新技术产业的快速发展。在信息时代，随着农业信息化的发展和建设，现行的农业经营模式，必然会向着网络化的融合信息农业模式转型升级，推动以信息农业为基础的高新技术产业快速发展。

　　信息农业的高新技术产业的主要内容是农业信息的快速探测、采集、处理和利用，其新产业可分为①仪器设备，分析具有自动化的农业信息探集、探测、变更、调控，及其系统装备功能的仪器和系统装置。②专业软件，包括大量学科交叉的专业信息系统以及信息农业的综合性专用软件等。我所进入常态化研究以后，就注意到科技产品和专业软件的开发研究，已经研发出诸多科技产品和专业软件。但是，限于科教人员少，研究任务重，以及专业技术人员不配套和没有推广信息农业的社会经济基础等原因。研发的硬件和软件产品，都停留在科研试用阶段，没有形成产业化。这是在争取到"浙江省农业信息化建设国家试点"任务之后，应该列为最迫切的重要任务之一。

一、科技产品

　　科技产品包括研发的仪器和系统装置。

　　1. 仪器设备。 我所研发的仪器设备（含合作）有非侵入式速测土壤三维剖面盐分连续分析仪、作物养分多组分快速检测系列传感仪、地面作物冠层测试仪、病虫害远程监测仪、便携式植物养分无损速测仪、土壤野外速测仪、主动诱导式智能化自组网通信仪等20多个新型科技产品。但目前都只在科研中应用，都没有达到产业化的程度。

　　2. 系统装置。 我所研发的系统设备装置（含合作）有无人机农田信息获取和农药变量配施系统装备，无人机低量高浓度农药防漂移动喷施技术与装备，肥、水、药一体化变频控制和喷施技术系统装备，基于Google Maps技术和网络端平台的农产品产地溯流系统装备，基于专家系统和WEB-GIS的农田肥、水精准管理系统装备等10多个系统装备。这些系统设备装置也都只在科研中应用，没有达到产业化的程度。

二、软件

　　这里的软件是指保证信息农业运转的各类专业信息系统的软件（含信息农业的综合软件）。我所已经研制开发的有红壤资源信息系统，海涂土壤资源信息系统，土地利用总体规划信息系统，城市土地定级评价信息系统，水稻遥感估产信息系统，以及水利、各种灾害、农药检测、土地利用现状调查与变更等30多个专业信息系统，都是依靠成品软件运转的，所以难以推广应用。其中，由我所开发的申报授权的15项软件著作见表2。

表2 浙江大学农业遥感与信息技术应用研究所已申报授权的软件著作

序号	证书名称	专利权人/发明人	类别	状态	授权号	授权（受让）日期
1	CALIOP 数据分析批处理软件V1.0	黄敬峰	软件著作权	已授权	2014SR042319	2014/4/14 0:00:00
2	SAR数据的近海风速反演辐射定标软件1.0	黄敬峰	软件著作权	已授权	2014SR047538	2014/4/22 0:00:00
3	高光谱数据方差分析及图形可视化系统1.0	黄敬峰	软件著作权	已授权	2014SR136313	2014/9/11 0:00:00
4	卫星影像植被指数时间序列插补重构系统1.0	黄敬峰	软件著作权	已授权	2014SR098288	2014/7/15 0:00:00
5	县级标准农田分析系统	沈掌泉	软件著作权	已授权	2014SR063255	2014/5/20 0:00:00
6	农田信息精准监测空间决策支持模块软件	沈掌泉	软件著作权	已授权	2014SR141916	2014/9/22 0:00:00
7	作物发育期时空格局动态演示程序	黄敬峰	软件著作权	已授权	2015SR033929	2015/2/16 0:00:00
8	基于CMOD4模式函数的近海风速反演V1.0	黄敬峰	软件著作权	已授权	2014SR173604	2014/11/17 0:00:00
9	ASAR影像批量预处理程序 V1.0	黄敬峰	软件著作权	已授权	2014SR174235	2014/11/17 0:00:00
10	基于CMODIFR2 模式函数的近海风速反演V1.0	黄敬峰	软件著作权	已授权	2014SR175076	2014/11/18 0:00:00
11	土地利用总体规划基数转换与成果表格汇总软件	沈掌泉	软件著作权	已授权	2014SR193777	2014/12/12 0:00:00
12	部标基本农田数据库建立支持系统	沈掌泉	软件著作权	已授权	2015SR268411	2015/12/19 0:00:00
13	光谱数据款素获取软件	周炼清	软件著作权	已授权	2016SR088153	2016/4/27 0:00:00
14	茶叶种植基地生产智能检测与精细化管理系统软件	周炼清	软件著作权	已授权	2016SR080386	2016/4/19 0:00:00
15	基于WebGIS 的茶叶生产精细化管理与防伪追踪系统	周炼清	软件著作权	已授权	2016SR080375	2016/4/19 0:00:00

三、专利（发明专利和实用新型专利）

由浙江大学农业遥感与信息技术应用研究所研发以及与有关单位合作研发的专利有80多个，其中我所主持研发的，并已申报授权的发明专利11项、实用新型专利2项，见表3。

表3 浙江大学农业遥感与信息技术应用研究所开发的申报授权的专利表

序号	证书名称	专利权人/发明人	类别	状态	授权号	授权日期（受让日期）
1	一种基于近地传感器技术的土壤采样方法	史舟	发明专利	已授权	ZL201310030119.8	2014/11/26 0:00:00
2	全景环带高光谱快速检测野外土壤有机质含量的装置与方法	史舟	发明专利	已授权	ZL201210171683.8	2014/2/19 0:00:00
3	利用全景环带摄影法快速预判土壤类型的装置和方法	周炼清	发明专利	已授权	ZL201210172101.8	2014/4/16 0:00:00
4	一种放置EM38的升降平台小车系统	史舟	发明专利	已授权	ZL201410331876.4	2014/7/12 0:00:00
5	室内高光谱BRDF测定系统	黄敬峰	发明专利	已授权	ZL201210052209.3	2014/2/26 0:00:00
6	室内光谱观测载物台及其应用	黄敬峰	发明专利	已授权	ZL201210009938.0	2014/3/26 0:00:00
7	用于野外测试土柱高光谱的装置	周炼清	发明专利	已授权	ZL201410344614.1	2014/7/18 0:00:00
8	土壤深度圆柱面有机质光谱采集方法及其装置	史舟	发明专利	已授权	ZL201310431840.9	2015/10/28 0:00:00
9	基于卫星遥感与回归克里格的地面降雨量预测方法	史舟	发明专利	已授权	ZL201410021364.8	2016/8/31 0:00:00
10	FOLIUM模型与多色素叶片光谱模拟方法	黄敬峰	发明专利	申请	201610629796.6	2016/8/4 0:00:00
11	基于FOLIUM模型叶片色素遥感反演方法	黄敬峰	发明专利	申请	201610624168.9	2016/8/3 0:00:00
12	温室大棚植物光合作用所需CO_2气体的供应系统	梁建设	实用新型	已授权	ZL2013 20156716.1	2013/10/30 0:00:00
13	土壤二氧化碳呼吸自动测定仪	梁建设	实用新型	已授权	ZL201320156879.X	2013/10/30 0:00:00

第四章　人才培养

农业遥感与信息技术学科，经过37年的努力，已经建成本科生、硕士研究生、博士研究生、博士后以及国外留学生等不同层次人才的完整的培养体系，已培养农业遥感与信息技术人才302名（含进修人员）。

一、本科生培养

自2003年开始，每年一个班级，已经招收12年，培养8届共88名本科生。

二、研究生培养

1. 硕士研究生培养。自1983年开始招收硕士研究生，每年2～10名不等（逐年增加），已经招收33年，培养出30届115名硕士研究生。

2. 博士研究生培养。自1990年开始招收博士研究生，每年1～10名不等，已经招收25年，培养23届111名博士研究生。

3. 博士后培养。自1999年开始招收博士后，到目前已经招收11届，培养了7名博士后。

4. 目前在读研究生为92人，其中在读博士研究生31人，在读硕士研究生61人。

5. 在读本科生为28人。

三、新开设课程

1. 本科生课程。除信息管理资源环境科学专业课程外，还有面向学院的农业资源信息系统、遥感学基础、地理信息系统、全球定位系统的原理与应用，以及面向全校开设的通识课环境资源信息技术等。

2. 研究生课程。研究生课程因培养计划不同可分为硕士生课程和博士生课程，详见表4。另外，根据研究方向和研究生个人基础选修4～5门，特殊情况还会根据研究生实际情况增加补修课程，让学生通过自修完成。

表4 研究生课程

课程对象	硕士生	博士生
课程名称	土壤遥感技术应用、 遥感数学图像处理、 地理信息系统、 环境资源信息系统、 程序设计与分析、 全球定位系统原理与应用、 地学多元统计、 农业遥感与信息技术应用进展	遥感信息模拟模型、 地理空间分析与系统开发、 生物资源信息系统、 地物波谱与信息提取、 环境资源信息系统、 人工智能与神经网络、 环境资源地统计学（英语）、 农业遥感与信息技术前沿讲座

四、研究生的质量评价

37年来，已经培养农业遥感与信息技术新学科的研究生214人。其中博士研究生111人，硕士研究生115人。已经形成博士、硕士、学士（本科生）以及博士后、留学生等完整的培养体系。我们坚持"四读一规划"的培养原则，培养的研究生质量都比较高。所谓"四读"就是根据研究生的实际情况和研究方向，每人至少做四次学术内容由广及专的读书报告。每次读书报告，培养小组的老师和全部研究生参加，讨论后由老师打分，列入研究生的成绩考核；"一规划"就是根据学生的专业知识和培养方向，在指定补修课的基础上，指导制订研究生培养计划等规划。有关研究生的质量评价，我们以博士研究生为例作简要介绍。

学业方面，历届博士研究生的学位论文送审结果90％以上为全优，其余也均为良好，论文答辩结果除个别外都是优秀。他们在校学习期间，几乎都获得过不同奖项、不同等级的奖学金，有国家奖学金、中国科学院奖学金、竺可桢教授奖学金、朱祖祥教授奖学金以及王人潮教授奖学金等；有的还被评为浙江大学十佳研究生、浙江省优秀博士生等。

就业方面，历届毕业的博士研究生就业状况很好，有不少是以人才引进的方式走上工作岗位的。博士研究生毕业后绝大部分都在省部以上的高等院校、科研院所工作，有不少博士已晋升教授或研究员，他们都是所在单位的业务骨干或学术负责人，有的已是省级学会的理事长、副理事长，有的是全国学会理事、常务理事或专业委员会主任、副主任等；在高校、研究院工作的，已有多位担任院长、副院长、系主任、研究所长、副系主任、副所长等。其中较为突出的是硕、博连读的首届博士赵小敏教授、博导，曾任江西农业大学校长助理、校党委组织部长、副校长，江西南昌师范专科学校校长，现任江西农业大学校长，他还担任过两届中国土壤学会土壤遥感与信息专业委员会主任等职；硕博连读的第六届博士史舟教授、博导，现任中国土壤学会土壤遥感与信息专业委员会主任（第三任），2016年被选为国际土壤学会土壤近地传感工作委员会主席；1999年毕业的张洪亮博士，现任贵州省社会科学院副院长、教授等。

　　毕业后的博士研究生主要分布在浙江、江苏、陕西、广东、贵州、福建、云南、上海、北京、河北、湖南、湖北、新疆等全国各省区市，部分毕业生在美国、加拿大、澳大利亚和叙利亚等国家。他们都已成为各自单位的业务骨干或学术负责人。

第五章　创建科教平台

农业遥感与信息技术学科已有：①浙江大学农业遥感与信息技术应用研究所；②浙江省农业遥感与信息技术重点研究实验室；③浙江大学农业信息科学与技术中心三个科研组织。三个机构统一建设成一个综合性的科教平台。另外，还有分布在其他院系的六个专业应用研究机构。这六个机构是松散的协作组织，平时不定期地开展学术交流，有任务时开展协作攻关研究。目前这六个应用研究机构有超过500km²的科研用房。浙江大学农业遥感与信息技术学科是国内最早创立的农业遥感与信息技术研究的教学科研平台，承担着农业遥感与信息技术学科的教学、科研、学生培养及社会服务等工作。

1. 农业遥感与信息技术学科的科教平台拥有超过1000 km²的科教用房，包括：①遥感技术实验室（附遥感制图室）；②地理信息系统实验室（附数据图像处理室）；③地物光谱实验室（有多种类型光谱仪及其测试平台）。另外，还有以小型遥控飞机、MODIS卫星地面接收站为主的信息采集装置、基础数据库和数据共享网等，以及简易分析室和屋顶温室等。

2. 农业遥感与信息技术学科的科教平台拥有1700万元以上的仪器设置资产，其中价值10万元以上的仪器设备总资产达1400万元。已经具备与国际接轨的、可用于农业遥感与信息技术学科运行所需的室内仪器设备，以及主动采集空间信息的装备。其中价值20万元以上的仪器设备有：①IBMP 650（580万元）；②大型SAN存储（240万元）；③小型计算服务（80万元）；④热红外光谱仪102F（64万元）；⑤卫星接收站（55万元）；⑥光谱仪ASDFIELDPCE-PRO（54万元）；⑦农作物纹理获取设备（50万元）；⑧高性能图形渲染展示集群（48万元）；⑨便携式光合作用仪LI-6400P（32.7万元）；⑩遥控飞机Hercules（31.5万元）；⑪三维扫描仪（30万元）；⑫光谱仪ASDASDFIELDPCE-10400（24万元）；⑬IBM Blade center（20万元）等，另外，价值在10万～20万元的仪器还有5件。

总之，我校农业遥感和信息技术学科已经具备农业信息化建设国家试点的技术条件，有能力为国家农业经营模式的转型升级，建设以信息化、网络化、大数据、3R技术集成为特征的新型农业发展的道路，使其承担更多的责任，为国家的农业现代化建设做出更多更大的贡献。

第六章 社会经济效益

　　农业遥感与信息技术是最近发展起来的高新技术。浙江大学农业遥感与信息技术应用研究所研发了大量的科技成果，但由于在现代农业产业中，还没有农业信息技术的专业机构及其相应人才，缺少必要的仪器设备等社会经济基础，科技成果的推广应用受到很大限制，这在一定程度上也影响了我所社会经济效益的发挥。目前浙江大学农业遥感与信息技术应用研究所在土地资源信息管理方面，已经为城乡土地规划、土地定级评估、土地利用和土地整治、土地行政执法等领域做了大量的社会服务工作。2011—2016年，平均每年获得的科研项目经费不低于2000万元。我所通过土地管理部门提供的技术咨询服务，据粗略估计，每年产生经济效益在3.5亿元以上。

　　浙江大学农业遥感与信息技术应用研究所研究创建的农业遥感与信息技术新学科，填补了国家学科名录空白。它是由农业科学、遥感技术、信息技术、模拟模型技术、地理信息系统等，通过交叉融合形成的高新技术应用学科。经过数十年不懈的努力，我们创办了一个信息化管理资源环境科学新专业，一个农业高新技术科教平台，特别是培养了300多名创新型的农业信息技术专业人才。这些都在一定程度上促进了农业新技术革命，促进农业经营模式的转型升级，促进信息农业及其培育高新技术产业的发展，并产生了极大的社会经济效益。

一、社会效益

　　社会效益可以理解为科学研究成果对社会的科教、政治、文化、生态、环境等方面做出的贡献。这里我们列举几个实例予以说明。

　　1. 1998年，浙江大学农业遥感与信息技术应用研究所中标主编农业部新编统编教材：《农业资源信息系统》和《农业资源信息系统实验指导书》。这是国内外没有的全新教材，分别在2000年和2003年由中国农业出版社出版，被教育部批准为"面向21世纪课程教材"。教育部还委托浙江大学农业遥感与信息技术应用研究所承担《农业资源信息系统》课程的青年骨干教师讲习班。8年后，农业部又将《农业资源信息系统》列为全国高等农林院校"十一五"规划教材，并指定由浙江大学农业遥感与信息技术应用研究所担任主编修改第二版，并于2009年由中国农业出版社出版。特别要说明的是第一版的11位编委中，在外校只勉强找到1位；而在第二版的13位编委中，外校占8位，其中4位担任副主编。

　　2. 1999年，国家教育部召开部属高校农业高新技术工作会议。王人潮教授应邀在大会上作"农业信息系统工程建设"专题报告（大会两个业务报告之一）。2002年，浙江大学农业遥感与信息技术应用研究所在资源科学系中创办全新的信息化管理资源科学专业，该专业从2013年开始招生，现已经招收12届本科生。同年，国家教育部批准农业遥感与信息技术隶属农业资源利用一级学科的自主设立的二级学科，从此它具有独立招收硕士、博士研究生资格，并具有学位授予权。

3. 2003年，王人潮教授应国家科技部的邀请，在"中国数字农业与农村信息化发展战略研讨会"上，做了"中国农业信息技术的现状及其发展战略"专题报告。不久，王人潮教授又应邀参加国家首次设立的"十一五"支撑计划："现代农村信息化关键技术研究与示范"重大项目的讨论会。2004年王人潮教授又应邀担任国家"十二五"支撑计划项目课题评审会的评审组副组长（组长由清华大学自动化专业的院士担任）。同年，浙江大学农业遥感与信息技术应用研究所又应邀参加由国家科技部主持编制的《国家农业科技发展规划》，我所与中科院地理研究所共同负责起草"农业信息化及其产业化"专项。

4. 2008年，应国家遥感中心的建议，我所撰写起草了《中国农业遥感与信息技术十年发展纲要》（国家农业信息化建设，2010—2020年）。该纲要虽然没有批准实施，但已全文录入《王人潮文选》，国家遥感中心将"纲要"用作制订国家科技计划的参考。

5. 王人潮教授还应邀在全国多种学术会议上做"农业遥感与信息技术"相关的专题报告，促进了新学科的发展。

二、经济效益

关于农业遥感与信息技术的经济效益，由于目前科技成果在农业领域的推广缺乏社会经济基础，无法大面积进行，因此不可能用现金来评估、计算研究成果产生的直接经济效益。但是，农业遥感与信息技术研究的目的是通过对农业遥感与信息技术不断地进行探索和研究，通过培养更多更优秀的不同层次的专业技术人才，在最短的时间内通过国家农业信息化建设，促进农业经营模式的转型升级，实现信息化农业，所以其经济效益肯定是十分巨大的，不过仍然难以用具体的统计数字来表示。我们仅用3个国家科技进步奖和3个省部级科技进步奖一等奖来估算，其产生的经济效益就在65亿元以上。

尾声

认识和希望

　　37年来，浙江大学农业遥感与信息技术应用研究所在农业遥感与信息技术应用研究过程中，始终考虑如何联系生产应用和适应社会发展的需要，以及创建新学科的问题。为此，我们同步开展农业遥感与信息技术在农业发展中如何发挥其作用的研究。我们在不断综合、深化、提升各类研究成果的基础上，完成了：①8篇综合性创新论文；②起草一个国家"科技发展规划专项"和一个"科技发展纲要"；③撰写一本"科技专著"和两册国家农业部"新编统编教材"。

　　1. 8篇综合性创新论文：①加快发展农业遥感技术应用的探讨，是中国环境遥感学会学术讨论会的主题报告之一，应约发表于《卫星应用》，1998（1）：25-29；②论中国农业遥感与信息技术发展战略，是中国土壤学会土壤遥感与信息专业委员会首届学术讨论会的主题报告，应约发表于《科技通报》，1999，15（1）：1-7；③论农业信息系统工程建设，是国家教育部高等农林院校高新技术会议的3个主题报告之一，应约发表于《浙江农业大学学报》，1999，25（2）：125-129；④关于农业信息科学形成的讨论，特约并发表于《中国工程科学》，2000（2）：80-83；⑤信息技术与农业现代化，是中国科学技术协会首届学术讨论会"农业技术革命和农业产业化"分会场的主题报告之一，应约发表于《科学新闻》，2000（6）：541；⑥论信息技术在农业中的应用及其发展战略，是浙江省首届青年学术讨论会"地球空间信息技术和数字浙江"分会场的两个主题报告之一，应约发表于《浙江农业学报》，2001，13（1）：1-7；⑦论农业信息科学的形成与发展，是中国土壤学会土壤遥感与信息专业委员会第二届学术讨论会的主题报告，应约发表于《浙江大学学报》（农业与生命科学版），2003，29（4）：355-360；⑧中国农业信息技术的现状及其发展战略，是2003年3月国家科技部主办的"中国数字农业与农村信息化发展战略研讨会"的特邀报告之一，发表于《王人潮文选》，北京：中国农业科学技术出版社，2004：3-7。我们已经研制出以种植业为主的"农业信息系统工程建设的概念框图"，该图明确了农业信息化的研究方向。浙江大学环资学院创办了信息化管理资源环境科学新专业。

2. 一个国家"科技规划的专项"和一个"科技发展纲要"： 2000年，浙江大学农业遥感与信息技术应用研究所参加编制"国家农业科技发展规划"，并与中国科学院地理研究所共同负责起草"农业信息技术及其产业化"专项。2009年，我所应国家遥感中心的建议，执笔起草《中国农业遥感与信息技术十年发展纲要》（国家农业信息化建设，2010—2020年）。我所创建的农业遥感与信息技术新学科已经被国务院学位委员会批准（农业资源利用一级学科及新设二级学科），这是国内唯一的具有博士学位授予权的新学科。

3. 一本《科技专著》和两册农业部"新编国家统编教材"： 1999—2002年，浙江大学农业遥感与信息技术应用研究所组织集体撰写全新的科技专著：《农业信息科学与农业信息技术》（45万字），被中国农业出版社列为重点科技著作，于2003年3月出版。这是国内第一部系统论述新学科内涵的代表性著作。1998年，中标主编全国高等农林院校新编国家统编教材《农业资源信息系统》（46.9万字）；2007年，又主编修订"第二版"（63.5万字），第一版和第二版分别于2000年8月和2009年7月由中国农业出版社出版。目前正在主编修订"第三版"。2001年我所再次主编《农业资源信息系统》的配套教材：《农业资源信息系统实验指导书》，2003年，由中国农业出版社出版。这两册教材都是全新的，国内外都没有类似的教材，被教育部批准为"面向21世纪课程教材"。2001年，还受教育部委托主办了《农业资源信息系统》课程中青年骨干教师讲习班。结业后，由教育部高等教育司、科学技术司颁发"高等学校骨干教师训练班证书"，我校为学员提供了由各章编者主讲的"课程多媒体光盘""实验室建设方案"和"实验数据光盘"等。

在编写《浙江大学农业遥感与信息技术研究进展（1979—2016）》的过程中，联系并结合60多年的农业教育、科技成果和应用的体会，同时考查了我国几千年农业发展过程之后，对农业遥感与信息技术在农业生产及其发展、农业经营模式转型中的作用，提出以下的认识和希望。

1. 发展农业生产更需要信息化。 我们从事了60多年的农业教育与科技工作，以及农业生产的实践，逐步认识到农业生产是在地球表面露天进行的有生命的社会生产活动。它伴随着农业生产的分散性、时空的变异性、灾害的突发性、市场的多变性，以及农业种类、作物生长发育的复杂性等人们运用常规技术难以调控和克服的五个基本难点。加之极其复杂的农业生产始终处于由农户独家经营的方式，严重阻碍科学技术的推广应用和生产技能的进步，这就使农业生产长期以来一直处于不同程度的靠天吃饭的被动局面。这也是造成农业收入不稳定的行业脆弱性的根本原因，更是造成农业生产发展始终落后于其他行业的重要原因。据此，我们认为：农业生产比其他行业更需要信息化，更需要运用卫星遥感技术、信息技术、大数据、云计算、网络化等高科技来调控和克服农业生产的"五个基本难点"，以及促进农业经营管理模式的快速转型。这项工作需要培养具有专业信息农业技术的人才和用科学仪器武装现代农业。

2. 农业科技和生产技能的进步是农业经营模式转型的推动力。 众所周知,科学技术和生产技能的不断进步是人类研究自然、认识自然和利用自然,促进国民经济和提高创造美好生活能力的推动力。农业生产同样要依靠农业科技和生产技能的进步,促进农业生产的发展转型,以提高土地养活人口的能力。早在石器时代的原始社会和农奴社会时,农业生产只能实施刀耕火种渔猎农业模式。这是一种原始农业,每100 km² 的土地能养活不足10人。当进入封建社会的铁器时代时,农业生产实施的是连续种植圈养农业模式,土地生产能力大大提高,每100 km² 的土地可以养活200人以上。当人类进入以工业生产为主体的工业时代时,农业生产实施的是工业化的集约经营农业模式,尽管生产中农业环境受到污染,但每100 km² 的土地可以养活1500人以上。现在,社会正进入以卫星遥感与信息技术为主要手段的大数据、云计算、网络化的信息时代,农业生产也将由工业化的集约经营农业模式向着网络化的融合信息农业模式转型,每100 km² 土地养活的人数会大幅度增加。

3. 浙江省农业科技和生产技能水平,已具备向网络化的融合信息农业模式转型的条件。 根据我们从事农业科技、教育与生产实践,以及农业遥感与信息技术应用研究,取得的科技成果和实践经历,结合参照国外农业信息化发展的经验。我们认为:现在浙江省的农业科技水平,农业科技与生产经营及其农业环境因素等积累的庞大数据(信息),只要全面发展和运用农业遥感与信息技术,就有可能促进工业化的集约经营农业模式,向着网络化的融合信息农业模式(简称信息农业)转型。所谓信息农业,首先是运用高新技术获取并融合土、肥、水、气、种、保、工、管,以及作物自身生产发育,及其相关因素的现势性信息;其次是通过模拟模型、预测预报等技术,有效地利用农业科技与生产实践等积累的历史信息,找到变化规律及其相关性;最后是综合历史的积累信息和现势信息,研制出因地制宜的最佳信息组合的、网络化的农业生产管理模式,即信息农业模式。随着农业基础设施建设的完善、农业科技和生产技能的进步,以及农业生产实践信息的积累与有效利用,信息农业的经营水平会不断提高,其结果是农业生产必然会稳定地提高经济收入,进入可持续性发展的轨道。

4. 农业遥感与信息技术今后的研究方向和任务。 工业化的集约经营农业模式,向着网络化的融合信息农业模式的转型,是一次艰难的、复杂的、新的农业技术革命过程,是以农业遥感与信息技术为主要手段的、技术难度很大的促进农业经营模式转型的过程。因此,经营信息农业,不仅对技术性要求很高,而且对现有的农业管理机构也要进行适应性的改革。所以,促进农业模式转型,要有领导、有组织、有研发、有推广、有序地同步进行。据此,我们提出今后的研究方向和任务是积极争取并希望能批准"浙江省农业信息化建设国家试点",在省政府领导下,成立专门机构,设立专款,组织研究联盟,健全和改革推广机制,还要争取国家农业部等有关单位的支持,要有领导、有序地逐步完成农业信息化建设,实现信息农业。

5. 适应信息农业管理机构的思路。 农业生产自身是非常复杂的产业,而信息农业又是运用高新技术经营管理的，它不仅要利用卫星遥感技术等快速获取生产现状信息，而且还要运用计算技术，从长期积累的科技与生产经验等资料中获取有用的信息。可见信息农业的生产管理非常复杂，而且技术性也很强。因此，信息农业需要有专业的人才队伍、严格的分工协作和完善的管理体系。具体的是通过分专业建立专业化信息系统，由专业机构来管理。例如，农作物病虫害管理是建立农作物病虫害预测预报与防治信息系统；肥水管理是分别建立农作物长势监测和营养测报施肥信息系统、农作物田间水分测报信息系统等。它们可以分别成立相应的专业技术公司来执行，或者扩大农资公司庄稼医生的技术规模，使其负责作物施肥、田水管理和植物保护等工作。这样，既能做到农用资料的产销对接，又能及时更换农业机具，提高技能水平。又如农田耕作、秧苗培育等，可以相应成立专业技术公司，或扩大农技站和种子公司的技术规模等。还有，对较大的自然灾害测报和农业区划、种植规划等，可以由县级以上单位建立所属范围的农业自然灾害预测预报系统、农业资源利用信息系统，由农业管理部门来执行；农作物估产可由省级建立农作物卫星遥感估产运行系统，由科研机构，或统计局，或粮食局来完成等。但是具体的改革内容与方式，还是要在农业信息化建设过程中，根据实际情况逐步地、因地制宜地改革与实施。

参考文献

1. 历届研究生的"学位论文"（1986—2016年）共203册，存于浙江大学档案馆、浙江大学研究生院档案室、浙江大学环境与资源学院资料室、浙江大学农业遥感与信息技术应用研究所资料室。

2. 《农业遥感与信息技术学科开拓创建25周年》，浙江大学农业遥感与信息技术应用研究所编，2004.10。

3. 《浙江省农业遥感与信息技术重点研究实验室（15周年）》《浙江大学农业遥感与信息技术研究30年》，省重点实验室编，2008.6。

4. 《王人潮文选》，《王人潮文选》编委会编，中国农业科学技术出版社，北京，2004.4。

5. 《王人潮教授从教50周年庆典活动选编》，中国土壤学会土壤遥感与信息专业委员会、浙江大学环境与资源学院编，2006.10。

6. 《王人潮文选续集》（退休后的工作与活动），王人潮编著，中国农业科学技术出版社，北京，2011.9。

7. 浙江省农业信息化建设国家试点实施方案申报资料，王人潮编，2017.9。

8. 万方数据知识服务平台，网址1：http://g.wanfangdata.com.cn；网址2：http://c.wanfangdata.com.cn/Thesis.aspx。

附 件

附件1 《中国农业遥感与信息技术十年发展纲要》
（国家农业信息化建设，2010—2020年）征求意见稿（3）

1. 引言

科学技术和生产技能的不断进步，是人类研究自然、认识自然和利用自然，促进国民经济发展和提高创造美好生活能力的强大推动力。早在远古时代的原始社会和农奴社会，农业生产实施的是刀耕火种渔猎农业模式，是原始农业，每500 hm² 土地能养活不足50人；随着冶炼业的发展，人类进入铁器时代，农业生产实施的是连续种植圈养农业模式，每500 hm² 土地可养活1000人左右；随着工业的逐步发展，人类进入工业时代，农业以化肥、农药和农业机械的投入为特色，实施工业化的集约经营农业模式，每500 hm² 土地可养活5000人以上。随着卫星遥感技术和信息技术的不断发展，人类开始从工业时代向信息时代迈进。正如时任国家科技部部长徐冠华院士于2002年5月21日指出："当代科技发展主要趋势，是以信息技术革命为中心的当代科技革命正在全球蓬勃兴起，它标志着人类从工业社会向信息社会跨越。"可以预测：农业生产也将在工业化的基础上，以卫星遥感和信息技术全面应用为特色，逐步实施农业现代化的信息农业模式。2000年8月21日，时任党中央总书记、国家主席江泽民同志指出："可以预计，21世纪，科学技术进一步发展，特别是信息技术和生命科学的不断突破，将对政治、经济、文化生活产生更加深刻的影响。"后又针对农业进一步指出："沿海地区要率先基本实现农业现代化的要求，逐步向信息农业发展。"所以，我国发展农业遥感与信息技术，逐步实施信息农业，既是农业生产跨越发展的必然，也是适应时代发展的需求。因此，全面发展农业遥感与信息技术，是为实施现代化信息农业提供高新技术支撑。而信息农业建设，在我国的农业历史上，将是一次具有划时代意义的艰巨的农业技术革命。

2. 中国发展农业遥感与信息技术的必要性和可行性

2.1 发展农业遥感与信息技术的必要性
2.1.1 克服农业生产行业脆弱性的需要

农业生产是在地球表面露天进行的有生命的社会生产活动。它伴随着生产的分散性、时空的变异性、灾害的突发性和市场的多变性这4个人们运用常规技术难以掌握和调控的基本难点。这就是形成农业生产长期以来，一直处于靠天的被动地位，造成农业生产行业脆弱性的根本原因。根据我国30多年的农业遥感与信息技术的研究成果及其初步应用结果表明：发展和运用农业遥感与信息技术，对克服伴随着农业生产的分散性、时空的变异性、灾害的突发性、市场的多变性带来的难以掌握和调控的困难，会起到特殊的良好作用。30多年来的研究结果已经表明：如果把现有的科技成果充实、完善、使之运行起来了。至少可以在农业环境资源优化配置，合理利用，不破坏环境，达到可持续利用；预测多种自然灾害，及时预防、治理和灾后评估，把灾害损失降低到最小；动态监测农作物长势、品质与估产，可及时采取各项措施，既可提高作物产量与品质，还能为国家提供重要的经济情报；为农户提供生产信息，技术查询和专家咨询，能及时解决生产问题；发挥区域优势，发展精确农业，以及利用市场功能，为农民增效、增产、增收服务等方面发挥重要作用。可以预测：如果能全面运用农业遥感与信息技术，建成功能完善的农业信息系统，实施信息农业，将对农业生产的行业脆弱性及其靠天吃饭的被动局面，肯定会有很大的改变。

2.1.2 因地制宜地选择最佳农业生产模式和实施精细管理的需要

因地制宜地选择最佳农业生产模式和实施精细管理，就必须详细地掌握农业生产的全部相关信息，并通过全部信息的系统分析和模拟预测等技术过程来完成。发展农业遥感与信息技术的主要目的就是：全面搜集与农业生产密切相关的自然环境、社会经济、科技成果等资源的动态现势性信息和连续的系统历史信息，构建并通过农业信息系统技术，因地制宜地选择最佳的农业生产模式。这样的农业生产模式是当前最先进的。它可以通过自然环境资源利用的科学规划，实现有效的合理利用自然环境、社会经济和生物等资源而不会破坏环境；它可以通过自然灾害的预测、预防和动态监测，及其灾害治理、灾后评估与组织生产自救等，使灾害降低到最小；它可以通过获取的科技成果信息，选择采用最先进的生产技能，做到最精细的种植、耕作和管理；它可以通过市场信息，预测农产品的需求情况，结合本单位的实际情况，制订农业生产计划，既可保证产销顺利获得好的利益，又可防止产品过剩造成损失，等等。特别是通过作物长势遥感动态监测，结合作物生长模拟模型分析，找出问题，及时采取针对性的有效措施，既可节省水、肥、药等农业物资，降低农业成本，又能做到精细管理，防止环境污染。

总之，这样的农业生产模式，既是因地制宜的最先进的农业生产安排，又能做到最精细的生产管理，是全面的真正的精细农业；这样的农业生产模式，既可获得农业生产增效、增产和增收，又能取得最佳的经济、生态和社会效益。但是，这种农业生产模式和精细管理，只有通过农业信息系统技术才能实现。

2.1.3 实施农业可持续发展战略的需要

如何实施党中央提出的农业可持续发展战略？20多年来的研究结果与实践证明：科学开发、优化配置和合理利用农业资源是实施农业可持续发展战略的基础、是核心内容。这是因为它是人口、资源与环境之间相互协调的焦点与关键。

1993年，在北京召开的国际持续农业和农村发展研讨会上，多数学者认为：可持续发展农业是一种满足社会需要，不断发展，不破坏环境的农业。因此，可以认为：农业可持续发展的核心内容，就是合理利用农业环境资源，使环境不受破坏，且促进农业不断发展。

农业环境资源主要是指土壤、土地、肥料、气候、生物和水等自然资源。这些资源广泛分布在地球表面（或称表层），不但空间分布极其复杂，变异性大，而且随着时间的推移不断地变化（时间变异性），还深受自然灾害的极大影响。特别是社会进入工业化以后，农业环境资源受到很大的破坏。历史的实践证明：人们运用常规技术是难以做到优化配置和合理利用农业环境资源的。只有全面运用遥感与信息技术，逐步建成功能完善的农业资源信息系统，才有可能对农业环境资源实施科学开发、优化配置和合理利用，不破坏环境，达到农业可持续发展的目的。

2.1.4 农业在国民经济建设中的重要性

农业是第一产业，是国民经济发展的基础产业。时任党中央总书记、国家主席胡锦涛同志指出："我国已经朝着十六大确定的全面建设小康社会的目标迈出了坚实步伐。解决好农业、农村、农民问题事关全面建设小康社会大局，必须始终作为全党工作的重中之重。"这就足以说明：快速发展农业在我国全面建设小康社会中的重大意义。现举一个特别要注意的例子：我国人多地少，解决"吃"字就是一个举世瞩目的大问题。早在1949年8月5日，美国国务卿艾奇逊致美国总统杜鲁门的信中就说："中国共产党解决不了自己的吃饭问题，中国将永远天下大乱，只有靠美国的面粉，才有出路。"这实质是首次提出"谁来养活中国？"的问题。1985年以后，我国粮食产量出现长达10年的徘徊。1994年下半年，美国世界观察研究所所长来斯特·布朗在《世界观察》杂志发表题为"谁来养活中国？"的文章。1995年下半年，他正式出版专著《谁来养活中国？》，比较系统地向世界提出"谁来养活中国？"的问题。60年的发展证明，中国共产党完全能养活中国人，而且养得很好。但是，我们还是要有正确的预见性。1949年我国人口是4.5亿，现在已达13亿，将来还有可能超过16亿。粮食的重要性在我国就显得非常突出。因此，党和国家领导，曾多次做出有关"严格保护耕地""确保国家粮食安全"的指示。只有发展农业遥感与信息技术，构建并通过农业信息系统技术，实施信息农业，粮食安全问题才有可能获得妥善的解决。

2.2 发展农业遥感与信息技术的可能性

2.2.1 我国已有较全面的科技成果积累，并有不同程度的应用

1979年2月，国家农林部和联合国FAO签订了第一个农业遥感技术合作协议。同年10月，农业部与联合国FAO、UNDP协作，在原北京农业大学举办了以MSS卫片土地利用和土壤调查目视解译为主要内容的讲习班。1980年，国家教育部直属的北京大学等8所高校，开展了山西省15.6 km²的农业遥感试验。1981年3月，国家农业部与联合国UNDP签订了第一期农业遥感技术协议，在原北京农业大学成立了全国农业遥感应用与培训中心。1983年5月，国家农业部与联合国UNDP签订了第二期农业遥感技术合作协议，在哈尔滨、成都和南京建立3个区域性农业遥感应用中心，自此，我国农业遥感蓬蓬勃勃地开展起来了。1983年开始（"六五"期间），以及此后的"七五"（1986—1990年）到"十五"（2001—2005年）等四个五年科技规划中，国家科技部都设立农业遥感与信息技术方面的国家重点或攻关项目。经过30多年的研究，我国的农业遥感与信息技术研究，在理论基础、关键技术，以及十大专业应用系统开发和技术集成等方面，都取得了很好的进展，都有一定的科技成果积累。1999年4月成立农业部遥感应用中心，各省区市也相应成立遥感中心，并在我国各地建立起以国家农业信息化工程技术研究中心（2002年），浙江省农业遥感与信息技术重点研究实验室（1993年）等为代表的众多科教机构。现在已正式出版《农业信息科学与农业信息技术》《水稻遥感估产》《农业信息学》《农业信息技术》《信息农业》《农业信息系统导论》等科技专著30多部，并已基本构成农业信息系统的概念框架（见本纲要3.2.2）。还研发出具有自主权的多个国产软件。特别是在我国较发达地区都有不同程度的农业信息化应用，涌现出不少的应用示范区。总之，我国已经具备农业信息化建设的科技条件。2006年，国家科技部投资2亿元（国家投资8000万元，地方配套1.2亿元），设立"十一五"国家科技支撑计划"现代农村信息化关键技术研究与示范"重大项目。这说明我国正在配合新农村建设，为全面建设小康社会，开展农村信息化建设研究。以上事实足以说明，我国发展农业遥感与信息技术，既适应国家"三农"建设的需求，也显示出其可能性。

2.2.2 我国卫星事业为发展农业遥感技术提供先决条件

卫星遥感是人们获取地球表面（地面）空间信息的最佳现代新技术。它具有信息内容丰富、覆盖面大、宏观性强，极利于农业综合分析；获取信息速度快、适时准确、多时相，极利于农业现状和动态监测；获取信息的现势性强、传递快、周期性提供、可贮存，极利于农业历史分析与预测等优势。这些优势正是及时解决农业生产问题所迫切需要的，而采用常规技术是难以做到的。

1957年，苏联发射了第一颗人造卫星，开创了航天遥感发展的新时期。1972年，美国发射了第一颗陆地卫星，人类进入了太空时代。人们从飞机高度（10～20 km）

到太空高度（几百到几万千米）观察人类生存环境的地球。1970年和1971年，我国分别成功发射东方红一号科学实验卫星和实践一号科学卫星。20世纪70年代以来，先后成功发射17颗国土资源普查卫星；1988—1997年，成功发射了风云一号和二号气象卫星；1999年、2003年和2007年，分别成功发射了中巴资源01号、02号卫星和02B卫星；2000年和2009年，分别成功发射了风云二号（B）和（E）气象卫星；2000年，成功发射了清华一号小卫星，以及一号和二号导航卫星；2005年，成功发射了北京一号小卫星。2008年，成功发射了环境灾害A，B小卫星等。这些卫星的成功发射，说明我国已基本上能独立自主地为发展农业遥感技术提供所需的卫星遥感资料，已有能力根据农业生产特殊需要发射小卫星而获取信息数据。我国还正在打造独立自主的北斗卫星导航系统，其中区域星座计划在2011年投入使用，全球星座计划在2020年投入使用。这些就是发展农业遥感技术的先决条件。

2.2.3 我国计算机事业为发展农业遥感与信息技术提供了关键性的技术支撑

众所周知，农业生产是一个极其复杂的、信息量非常巨大的系统工程。只有通过对农业信息的在线和综合计算、分析与预测等过程，才有可能做出最佳的农业生产布局和提出具体的生产技术措施。所以必须极大地提高计算机的运算速度和发展计算机的网络技术，才能分地区、分类型以最快速度提供决策建议和技术咨询意见，及时送给用户。这是发展农业遥感与信息技术极为重要的关键性技术。

在计算机计算能力方面。我国已有很大的进展，例如2009年，中国科学院计算机研究中心、曙光信息产业（北京）有限公司和上海超级计算中心联合研制的曙光5000A（魔方）。它的峰值运算程度每秒达到230万亿次，位列世界超级计算机第十位，亚洲第一位，并已在上海超级计算中心正式投入使用。这说明我国计算机的计算水平，完全能够满足农业数据的快速计算和分析的需要。

在计算机网络技术方面。国际上发展很快、最广泛应用的计算机网络是国际互联网。其中在农业上应用的计算机网络，世界最大的、最著名的是美国的AGNEI系统。在我国已有97％以上的乡镇具备互联网接入条件；全国92％的乡镇开通了宽带；全国31个省级农业部门，以及80％的地级和40％的县级农业部门建立了局域网，为农业信息网络建设提供了基础。

2.2.4 我国发展农业遥感与信息技术所需的空间信息平台已基本形成

我国空间数据基础设施已初具规模。国家空间数据基础设施是为农业遥感与信息技术提供统一信息的空间载体和定位框架。它是按照农业信息化要求获取信息、分析信息和利用信息的基础工程。国家测绘局及有关部门已经做了不少工作，现在已能提供1：5万、1：25万和1：100万比例尺的全国地形图，以及相应的DEM数据和土壤、土地调查等相关图件。我国发达地区，例如浙江省已能提供1：1万比例尺地形图和DEM数据。这就为发展农业遥感和信息技术提供了空间基础数据条件。

我国综合地球观测系统正在启动。国际上成立的全球地球观测组织（GEO），已起草了《全球综合地球观测系统未来十年规划》，我国是GEO四个主席国之一。国家也正在建立并将启动中国综合地球观测系统，其中建有土壤生态环境、区域生态环境、农业生物资源、渔业资源和有害生物防治等5个监测网，58个观察站的农业综合观测系统。该系统是中国综合地球观测系统的12个业务观测系统之一，可以为信息农业建设提供所需的绝大多数的基础数据资料。还有其他11个行业业务观测系统也能提供很多有用的数据信息。这对发展农业遥感与信息技术是十分有利的。

3. 中国农业遥感与信息技术的发展目标和总体部署

3.1 发展目标和指导思想

3.1.1 发展目标

3.1.1.1 发展总目标

农业遥感与信息技术发展的总目标是：逐步完成农业信息系统工程建设、信息农业建设和创建农业遥感科学、农业信息科学，促进我国成为全球农业信息化中心。既要为世界农业信息化做出贡献，又要引进世界农业信息化技术为我所用。

（1）农业信息系统工程建设是以计算机应用为基础，综合运用卫星遥感技术、地理信息系统技术、全球定位系统技术、人工智能和专家系统技术、通讯与网络技术、多媒体技术和模拟模型技术等现代高新技术建成农业信息系统的整个技术过程。农业信息系统是根据农业生产的全部相关信息的性质与作用，分成多个专业应用系统组成的综合信息系统。而各个专业应用系统又是由多个单项应用系统组成的（见本纲要4）。因此，农业信息系统是一个非常庞大而复杂的综合信息系统。它是实现信息农业标志性的综合高新技术。

（2）信息农业是在全面掌握和综合分析农业生产信息（农业数字化）的基础上，通过农业信息系统技术，因地制宜地组织和实施农业生产的过程。信息农业的最大特点与优势就是：掌握农业生产全部现势性信息和系统的历史信息，通过系统分析预测农业生产信息的组合状况及其发展趋势，最大限度地发挥优势和避减劣势，以增强组织农业生产的主动性。因此信息农业不仅能最大限度地改变农业生产的行业脆弱性及其靠天吃饭的被动局面，而且还能因地制宜地选择最佳农业生产模式和实施精细管理。最终实现农业可持续发展，获取农业生产的最佳经济、生态和社会效益。

（3）农业遥感科学是农业科学与遥感科学交叉形成的新学科。它是以农业科学和遥感科学的基本理论为基础，以农作物和地表环境信息为对象，以卫星遥感为核心的现代空间信息技术为支撑，进行信息采集，处理分析形成初级产品的存贮与输出，研究解决遥感信息及其产品在农业生产活动中应用的科学。

（4）农业信息科学是农业科学与信息科学交叉形成的新学科。它以农业科学与信息科学的基本理论为基础，以农业生产活动信息为对象，以信息技术为支撑，进行信息采集、处理分析、存贮传输等具有明确的时空尺度和定位含义的农业信息输出与决策、研究和解决农业生产活动信息变化规律的信息流的科学。可通俗概括为：研究农业信息、认识农业信息和利用农业信息的科学。其科学体系包括理论基础、技术体系和服务对象。

3.1.1.2 十年目标（2010—2020年）

（1）基本完成中国农业信息系统工程建设，并在初步实施信息农业的省、县示范样区建设中推广应用；

（2）基本完成十大专业应用系统具有自主产权的软件开发，并投入生产和推广应用；

（3）在我国沿海发达地区，做出省（市、区）级的初步实施信息农业示范样板；

（4）完成农业信息科学建设，正式出版农业遥感科学、农业信息科学、农业信息技术、中国农业信息系统四部科技专著，对世界做贡献。

3.1.1.3 五年目标（2010—2015年）

（1）初步完成中国农业信息系统工程建设，其中社会生产急需优先发展的专业应用系统，要做出实施运行的示范样板；

（2）完成优先发展的专业应用系统的软件开发，并投入生产；

（3）在我国北方、东南、西北和西南4个区域的发达地区做出县（市、区）级的初步实施信息农业示范样板。

3.1.2 指导思想

（1）用科学发展观指导全过程。科学发展观的第一要义是发展，而发展农业遥感与信息技术就是要实现信息农业，达到农业生产模式的跨越发展；核心是以人为本，而信息农业就是要求作物增产、生产增效、农民增收，为人民谋福利，促进农村小康社会的建设；基本要求是全面协调可持续发展，而信息农业的最大特色与优势就是全面充分利用农业生产的相关信息，通过信息分析、预测等手段，找到全面协调、不破坏环境的农业生产模式，达到农业可持续发展；根本方法是统筹兼顾，而信息农业是最能利用社会经济全部信息，按照发展规律，与各方面事业的发展实现有机统一，达到社会团结和睦发展的目的的。

（2）深入贯彻创新思想与理念。农业遥感与信息技术是运用卫星遥感技术和现代信息技术，结合农业生产研究，从解决生产问题中发展起来的；农业信息系统是运用农业遥感与信息技术研发出来的，而信息农业是运用农业信息系统技术创建的。这些内容都是全新的，是从无到有的新技能、新生产和新学科的建设，是史无前例的、没有可以借鉴的创新事业。所以从事这项研发的人员，都必须以创新思想和理念指导工作全过程。

（3）融入国家信息化主线和关注全球信息化。农业遥感与信息技术研究成果，以及农业信息系统建设、实施信息农业都可以归纳为农业信息化过程。它是国家信息化的重要组成部分。因此，必须融入国家信息化主线，加入国家信息网络，成为国家信息网络的组成部分。在目前，要参与中国综合地球观测系统、国家空间数据基础设施、数字中国、农村信息化等有关国家级信息化工程建设，以求达到国家信息数据的共享。同时要关注全球信息化，既要吸取世界农业信息，特别是科技信息和主要农作物产量信息等为我国所用，又要为全球农业信息化做出贡献。

（4）贯彻执行统一标准和规范的技术路线。运用农业遥感与信息技术研发农业信息系统，进而实施信息农业，这是一个技术难度很大的、极其复杂的系统工程。尤其是县级集成到省级，再由省级集成到国家级，如此庞大的系统集成，难度是很大的。其中执行统一技术标准和规范，做到农业信息的规范化、专业化、多层次化、区域化和网络化。这也是农业信息系统集成的最重要基础工作，也是国家信息数据实现共享的基础。因此，一开始就要加强统一的技术标准和规程的研究与建设。

（5）执行逐步完成的建设思路。研发农业信息系统，进行信息农业建设，这是一项难度很大的、依靠高科技的农业技术革命。它要求具有比较发达的社会经济和科技条件，并有一定的农村信息化基础。因此，应该在社会经济、农业科技比较发达的地区先行一步。首先在搭建完成农业信息系统架构的基础上，拟订统一标准和规范的技术路线；其次选择区域代表性强的样区开展试点建设；最后在试点成功的基础上，逐步完善和推开。另外，在农业信息系统的十大专业应用系统中，对当前农业生产也都存在急需程度不同的现象。所以，要先研发当前急需的专业应用系统的内容，并组织实施运行，以求取得良好的社会经济效益。这样可以大大推动信息农业的建设。

3.2 总体部署和系统框架

发展农业遥感与信息技术的主要目标是研发中国农业信息系统，在我国实施信息农业。这是一项具有划时代意义的现代化农业技术革命。因此，必须做出科学部署，并根据农业生产特点和现有科技状况与推测，提出概念框架，以便组织研发。

3.2.1 总体部署

（1）领导部署

① 科技部和农业部联合成立领导小组，这在研发与建设阶段是十分必要的。其主要任务是领导中国农业信息系统的研发与集成，以及组织信息农业的实施。下设专家委员会，作为领导小组的参谋咨询组织，负责指导农业信息系统研发的科技攻关、技术集成和相应的软件开发等工作。

② 国家农业部，以及省（市、区）、县（市、区）的农业领导部门都要设立农业信息化领导机构（可在现有行政机构中调整）。

（2）工作部署

总的是以《纲要》的指导思想确立工作部署，特别要制定能严格并执行并逐步完成的建设思路，具体要求如下。

① 在全面调研总结现有工作的基础上，选择较强的合适单位牵头，有计划地组

织十大专业应用系统的研发工作，其成果要求达到独立运行的水平，并在农业生产中发挥作用。

② 根据专业应用系统的性质，分别确定以县、省或全国为单位的应用系统开发研究，并选择其中急需的内容优先开发研究，要求做出示范样板。

③ 有一定基础的、信息化技术比较成熟的内容，可在原有基础上充实、提升，形成可运行的专业应用系统，尽快取得社会、经济、生态效益，以促进信息农业的建设。

④ 由4个国家研究基地牵头，在北方和东南发达地区、西北和西南发达地区，分别做出省级和县级初步实施信息农业示范样板。

3.2.2 中国农业信息系统概念框架

根据50多年的农科研究和生产实践，结合30多年的农业遥感与信息技术研究与初步实践，吸取国内外经验，针对我国农业生产的现状，提出了由十大专业应用系统集成的中国农业信息系统概念框图（见图1）。

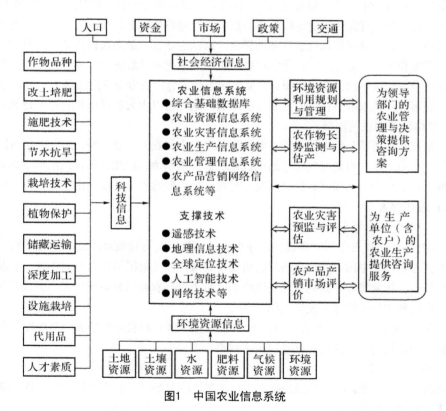

图1 中国农业信息系统

农业综合基础数据库系统，在中国农业信息系统中，不仅具有特殊作用，而且构建技术也很复杂。为此，专门提出了构建十大专业应用系统数据库，以及集成农业综合基础数据库概念框图（见图2）。

这两个框图都要在研发过程中做出修改。

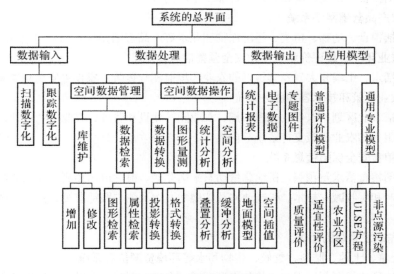

图2 十大专业应用系统数据库

4. 十大专业应用系统及其优先研发系统的建议

根据我国农业现状及其需要，中国农业信息系统暂拟十大专业应用系统，以及12个优先研发系统的建议。

4.1 十大专业应用系统框架

4.1.1 农业资源信息系统

主要指与农作物生长发育有关的自然环境资源。包括土壤、土地、肥料、气候、生物和水等资源的遥感调查，以及研制相应的信息系统。

4.1.2 农业自然灾害预警信息系统

包括气象灾害、地质灾害、林火灾害和病虫害等内容。

4.1.3 农作物长势遥感监测与估产系统

包括粮食作物、经济作物和花木特种植物等内容。

4.1.4 动物生产信息系统

包括家畜、家禽和特种动物等生产内容。

4.1.5 渔业生产信息系统

包括淡水鱼和海水鱼等生产内容。

4.1.6 农产品加工生产信息系统

包括粮食、果蔬、动物、鱼类等加工生产内容。

4.1.7 农产品营销网络系统

包括粮食、动物、鱼类、经济作物和花木等产品营销。

4.1.8 农业环境质量评价和农作物安全预警信息系统

包括水、土壤和大气及其综合的农业环境监测与评价；农作物安全预警系统。

4.1.9 农业决策和技术咨询服务系统

包括农业区划与农作物合理布局、农业园区建设和管理、农业生产管理、农业专家咨询服务和农业决策支持系统等内容。

4.1.10 粮食安全保障信息系统

包括粮食需求量预测、耕地总量动态平衡监测、粮食市场预测与动态监测、粮食安全生产和保收减灾技术、科技动态及其潜力发挥预测与跟踪监测、粮食生产基础性研究等内容。

4.2 优先研发系统的建议

4.2.1 土壤、土地、肥料、气候、生物和水等环境资源信息系统

查清环境资源利用现状、优化资源配置、合理利用资源，以求可持续利用、不破坏环境，这是实施可持续农业的基础。因此，全部自然环境资源均列为优先研发的内容。

4.2.2 干旱、洪涝、台风、山地滑坡和病虫害等自然灾害预警系统

当前对上列主要自然灾害开展预测预报，实施动态监测，及早预防，减少灾害损失，为灾后评估和组织生产提供自救服务。

4.2.3 水稻、小麦、玉米等主要粮食作物长势监测与估产系统

遥感动态监测主要粮食作物长势，可及时采取针对性措施以减少损失。预报产量可为国家提供粮食情报，以便及时采取相应措施。

4.2.4 棉花、烟草、花木等主要经济作物长势监测与估产系统

遥感动态监测棉花、烟草、花木的长势，估测产量，既为国家提供经济情报，又为市场需求提供信息资料。

4.2.5 猪（或牛、羊）生产管理与供需平衡预测系统

猪是我国人民的主要肉食，该系统为猪生产创建最佳管理模式，提供优质高产条件。猪肉供需平衡预测数据，对稳定菜市场有很大作用。

4.2.6 农产品市场信息系统

主要是动态监测果蔬类农产品的生产和市场需求之间地区平衡状况，以发挥市场功能，减少局部生产过剩的损失。

4.2.7 农田（地）环境污染监测与评估系统

动态监测水、土、气等农田（地）环境污染，及其对农作物的危害状况，及时给国家提供情报，采取措施，为改善人民生活质量和生产环境服务。这也是国家粮食安全的内容之一。

4.2.8 农业区划与农作物合理布局系统

优化配置农业资源，做到主要农作物在全国、省（市、区）和县（市、区）之间的合理布局，科学合理利用资源，发挥最大生产效益。

4.2.9 农业信息、技术咨询服务系统

通过三网联合技术，当前先办好用户（生产单位、农户）查问、专家咨询服务和市场信息三个平台为中心的农业信息服务系统。

4.2.10 粮食需求量预测系统

我国是人口大国，国家粮食需求量的正确预测，是粮食安全的重要基础工作之一。因此，现在就必须重视并做好科学的预测工作。

4.2.11 耕地总量动态平衡监测系统

耕地总量动态平衡是耕地的数量与质量、时代与区域四者之间的变化平衡，不是一个简单的数字。这是国家粮食安全最基础的工作。

4.2.12 农业生产管理与决策支持系统

这是农业领导部门执行农业生产合理布局、日常管理，以及遇到重大问题时做出科学的正确决策的系统，是农业信息化管理的技术支撑，对农业生产起到极大作用。以上提出的优先研发系统，有不少已经研发出单项的专业应用系统，有的甚至达到运行水平了。因此，先要查明该系统的研究现状，特别是已经研发成专业应用系统的，更要查明为什么不能实施运行的原因，加以研究解决，使之运行起来。例如，北方冬小麦气象卫星遥感估产运行系统，经过5年研究，于1989年完成，已经达到实施运行水平，总产量预报值稳定在95％以上，1991年获国家科技进步奖二等奖（二级证书）。又如浙江省水稻卫星遥感估产运行系统，经过20多年研究，于1998年完成的。该系统经过1999—2002年4年间的早、晚稻的8次运行估产。结果是种植面积估测精度为90.40％～99.23％，平均93.12％；总产估测精度为88.34％～98.14％，平均92.18％。每年运行费用5万元。这样好的研发结果，为什么没有用户接受实施运行呢？查其原因有二：一是该系统是组合使用国外多个软件配合完成运行的。没有研发出通用的专业软件。用户无法接受组织实施运行，只能在研发单位实施运行。二是估测误差上下波动在5％左右，还不能满足用户3％以下的要求。因此，要想用户接受实施运行，就要组织研发水稻卫星遥感估产的通用专业软件和进一步提高估产精度的稳定性。

5. 中国农业信息系统建设的支撑技术与科学研究

5.1 支撑技术

按照农业信息系统建设支撑技术的性质，可以将其归纳为现代空间信息技术、现代电子信息技术以及数据库和管理信息系统技术三大类型。

5.1.1 现代空间信息技术

主要包括卫星遥感、地理信息系统和全球定位系统等高新技术

5.1.2 现代电子信息技术

主要包括计算机应用及其网络、人工智能和专家系统、多媒体和模拟模型等高新技术。

5.1.3 数据库和管理信息系统技术

主要包括数据库系统和管理信息系统等高新技术。

以上支撑技术在农业中都有很好的应用基础，特别是由李德仁院士归纳的"3S"技术，已经在农业、环境、生态、资源和测绘等领域中广泛应用，是一项比较成熟的空间信息技术，这些都为发展农业遥感与信息技术提供了重要的技术条件。但是，还需要加强提高自动提取遥感信息分类的精度；提高遥感数据模型的模拟精度和稳定性；遥感信息的传感技术；遥感数据信息的转换、融合及其共享技术；人工智能化技术和大数据库的系统集成技术等的研究。

5.2 科学研究

5.2.1 研究现状的简要分析

农业遥感与信息技术是全新的高新技术。因此，农业信息系统建设必然是一个科学研究和科技开发的过程，有很多研发内容。在本纲要4中的十大专业应用系统都存在着不同程度的科学研究内容，而且仍然是当前的研究主体。回顾30多年来，我国农业遥感与信息技术研究，虽然取得许多成绩，有很大进展。但是，严重存在着基础理论研究和成果应用研究两头冷，中间专业应用系统研发热的状态。这种两头冷中间热的状态，严重阻碍研究的深入发展，也严重影响研究成果的推广和产业化，致使其在农业生产中没有发挥应有的作用。

5.2.2 专业应用系统研发仍是研究主体

专业应用系统是构建农业信息系统的基本组成部分，而农业信息系统是实现信息农业的标志性综合高新技术。但是，十大专业应用系统的每个系统，都是内容极其繁多的庞大系统。例如农业资源信息系统是农业信息中最基础的专业应用系统。这个最基础的专业应用系统，包括土地、土壤、肥料、气候、水和生物等资源信息系统。其中土地资源信息系统又包括土地利用现状遥感调查及其动态监测、土地利用总体规划及其修编、农业用地专项规划及其修编、土地资源分等定级及其估价、地籍遥感调查

及其管理等许多单项信息系统。虽然我国研发出许多农业资源的单项信息系统，但所占比重还是很少的，而且多数系统的研究不够深入，未能推广应用，在农业生产中没有发挥应有的作用。所以在现阶段，仍然要把研发众多的专业应用系统列为研究主体。

5.2.3 加强基础理论研究

30多年来，我国农业遥感与信息技术研究做了很多工作，农业信息系统的十大专业应用系统均有涉及，并都取得不少成果。只因基础理论研究不够深入，至今没有突破性进展，致使多数研究成果未能独立实施运行，得不到推广应用，更没有研发出有分量的科技产品。近期要加强遥感光谱效应机理，提高预测模型的精度稳定性和重复性、信息传递机制及其不确定性等研究。国家973计划将设立重大专项，争取有革命性的突破。

5.2.4 加强共性的关键技术研究

30多年来，我国农业遥感与信息技术研究确实解决了许多单项的专业应用系统的关键技术，并已开发出很多专业应用系统。但是，共性的关键技术研究不多，严重影响专业应用系统的实施运行，阻碍研究成果在农业生产中的推广应用。近期要加强有自主产权的专业应用系统软件和农业信息系统通用软件开发、遥控飞机采集信息及其数据处理与表达等研究。国家863计划将设立"大系统集成关键技术研究与示范""开发农业信息系统通用软件研究""农业传感技术研究""农业移动信息技术开发研究"等重大专项，争取能有重大变革性创新。

5.2.5 科技成果的推广与产业化

（1）加强科技成果推广。针对科技成果推广不佳的原因，首先要加强科技成果的应用性研究，使科技成果推向社会能为用户所接受；其次在我国四个不同类型地区，建设国家级农业遥感与信息技术研究基地（见本纲要7.3）。主要科技成果都在基地做出应用示范样板；最后是加强农业遥感与信息技术人才培养，特别是要提高用户人才的素质（见本纲要6）。

（2）加强科技成果产业化。30多年来的实践表明，农业遥感与信息技术研究成果能够产业化的产品很多，大概可以分为两大类：第一类是根据任何物质都有独特的光谱反射特征，也叫敏感波段。从理论上分析，由敏感波段构建的光谱变量，可以开发出一系列类型众多的遥感快速诊断仪（含传感器，以下同）。我国在这方面做了很多工作，建立起众多的预测模型，只因其精度稳定性和重复性差，至今没有研发出实用的遥感快速诊断仪。第二类是具有自主产权的专业系统软件开发。这在我国的测绘、海洋、气象等部门已获得多项科技成果，并取得很好的经济效益。但在农业领域，至今还未开发出有实用价值的可全面推广的专业应用软件，更没有研发出农业信息系统的通用软件。光谱快速诊断仪和专业应用软件两类产品的开发潜力都很大，而且都是实施信息农业所急需的。

6. 中国农业信息化的人才培养

发展农业遥感与信息技术研究，构建农业信息系统，实施信息农业，其实质就是推进农业信息化。这是一场适应时代的伟大农业技术革命。因此，必须全面培养适应农业信息化的各类人才，才能推动信息农业的顺利建设。

6.1 在职领导干部的技术培训

领导干部是农业信息化的决策层。各级领导干部在推动农业信息化运动中是起到决定性作用的。因此，培训在职领导干部是极其重要的，也是最为关键的一个环节。通过培训，要求领导干部具有农业遥感与信息技术、农业信息系统、信息农业等基本概念，拥有正确领导和推进农业信息化的思路。对主管业务的领导要求具有指导信息农业的建设与管理的能力。

6.2 在职农技人员的培训

在职农技人员是当前推进农业信息化的主力军。他们既负有推广信息农业建设的任务，也是农业遥感与信息技术科技成果的用户骨干。通过不断培训，要求这些农技干部基本掌握农业遥感与信息技术、农业信息系统、信息农业的基本内容和某些技能，并能因地制宜地在本地区直接参与信息农业的建设工作。

6.3 创办农业信息化本科专业

建设信息农业是现在工业时代的集约经营农业，向着信息时代的信息农业的跨越发展。这是一次走向信息时代的农业技术革命。这就必须培养掌握信息农业理论与技能的农技人员。他们既是建设信息农业的后备军，更是推动信息农业向前发展的正规军。因此，建议在有条件的高等院，立即创办农业信息化专业。在当前，农业信息化专业暂分植物生产信息化、动物生产信息化、渔业生产信息化和信息农业管理等4个专业方向。

6.4 研究生培养

信息农业是充分运用高新技术的，实行最高级的农业经营模式。目前，我们对信息农业只是概念性理解，还需要通过农业遥感与信息技术的不断研究并取得科技成果，让信息农业不断地充实和完善。这就需要培养大量的具有掌握农业科学和地球科学的基础理论；掌握以农业遥感和信息技术为核心的信息化高新技术；能从事不断促进信息农业发展的、难度很大的科学研究的高级科技人才。建议有条件的高等院校设立硕士点和博士点。例如浙江大学经教育部批准自主设立的农业遥感与信息技术二级学科硕士点和博士点（归属于农业资源利用一级学科），近30年来，我们已经培养58名硕士、52名博士和3名博士后。现有在读研究生约60名，博士后5名。

7. 中国农业信息系统建设的措施

7.1 加强信息农业建设的宣传工作

发展农业遥感与信息技术，研制农业信息系统，实施信息农业，这是我国农业史上的一次划时代的农业技术革命。因此，必须发动一次有组织、有领导的轰轰烈烈的群众教育运动，运用所有组织的宣传工具，在全国发起一次由工业时代的集约经营农业，向着信息时代的信息农业跨越发展的强大宣传活动，让各级领导和广大群众都对信息农业有充分认识，并以实际行动投身到这场农业技术革命中来。

7.2 明确政府是信息农业建设的责任主体

国家各级农业行政部门既是信息农业建设的组织领导者，又是信息农业科技成果的重要用户。因此，首先要加快农业部门成员的知识更新，既提高领导信息农业建设的主动性，又为科技成果应用提供方便；其次是全面组织中央和地方的科技力量，在大力研发专业应用系统的同时，加强加快农业遥感与信息技术的理论基础和重大关键技术研究，并推动科技成果的推广应用；最后是抓好全面规划，因地制宜地有组织地在有条件的地区逐步建设信息农业，做出示范样板。

7.3 在不同地区组建国家级研究基地

美国为了实施小麦卫星遥感估产，就在美国的北部、中部和南部分别设立了三个综合试验基地。这是因为农业是区域性很强的产业。我国国土面积辽阔，东至西、南至北之间的农业生产模式都有很大差别。因此，实施信息农业建设，有必要在我国的北方、东南、西北和西南4个不同类型地区，分别组建国家级研究基地。北方地区在国家农业信息化工程技术研究中心基础上建设；东南地区在浙江省农业遥感与信息技术重点研究实验室的基础上建设；西北和西南两个地区经调研后，选择有代表性的优势单位牵头建设。

7.4 建立全国或部门间的数据信息共享平台

农业遥感与信息技术研究，构建农业信息系统，推进信息农业建设，都需要非常广泛的数据信息（含产品，以下同）。特别是所有数据信息都要求定期更新，以求现势性。我国数据信息的管理现状，是部门、行业所有制。为了适应信息农业建设和实施的需要，同时为了数据信息的有效管理与广泛综合应用，必须构建数据信息共享平台。让这些数据信息能方便地为各方面提供服务。同样，在信息农业的建设过程中，也会产生很多数据信息和产品，也要通过数据信息共享平台提供给有关方面应用。但是，如何"构建"和"共享"还是一个难度很大的课题。为了实施信息农业，必须组织科技攻关。

7.5 国家对信息农业建设实施优惠政策

农业生产的比较效益是很低的，是一个脆弱性产业。因此，经济发达的国家以及我国对农业都是采取扶持政策的。信息农业建设采用高新技术，所需的器材设备都是比较昂贵的。因此，信息农业建设的费用，都由农业部门或用户负担，特别是在建设起步阶段，是绝对不可能的。必须要由政府提出专项和组织发动社会力量来资助信息农业建设。例如常用的卫星资料，以及需要各部门的数据信息，都要制订优惠政策，支持信息农业建设。

浙江大学农业遥感与信息技术应用研究所

王人潮

2009年8月28日

附件2 《中国水稻卫星遥感估产运行系统的研制与实施》
项目可行性研究报告

简要说明

农作物生产是全社会都十分关注的重大问题，而预测粮食作物长势与估产历来也是关系国计民生的重大的社会经济情报。因此，我国在"六五"（1983年开始）、"七五""八五"和"九五"的科技规划中都将其列为国家攻关或重点项目研究。经过近20年的研究取得了系列成果，其中小麦卫星遥感估产已在"八五"计划后期达到业务化运行的水平，而对我国主栽高产作物水稻的卫星遥感估产，因有多种特殊困难，国内外都未能实施业务化运行。

浙江大学经过1983—1988年的水稻遥感估产机理研究的预试验；1989—1990年的技术经济前期研究；1991—1996年联合相关单位的技术攻关研究；1997—1999年的浙江省水稻卫星遥感估产运行系统及其应用基础研究；1999—2002年的业务化运行试验。结果证明：浙江省水稻卫星遥感估产运行系统解决了估产精度和估产成本的矛盾，已经可以提交政府由浙江大学实施业务化运行了。

我们连续20年承担了国家攻关或重点、省攻关、国家基金、省基金和省长基金等11个课题，大约花去180余万元和80多位科技人员的精力；研究的阶段性科技成果分别获国家农业部和浙江省政府科技进步奖二等奖、国家科技进步奖三等奖，还获得中华农业科教基金会资助，由中国农业出版社列为重点书出版的《水稻遥感估产》科技专著（50万字），是一部在学术上具有国际先进水平和中国特色的科技专著，也是一部时代性的科技专著。

这项成果的产业化——在浙江省水稻卫星遥感估产运行系统的基础上，进一步提高水稻估产精度的稳定性和研制开发出专用软件，建成中国水稻卫星遥感估产运行系统并实施业务化运行。它既是国家粮食安全体系的组成部分，又可为建设粮食作物遥感估产体系提供技术支撑。特别是我国实施粮食生产放开政策以来，全国建立主要粮食作物卫星遥感估产运行系统就显得更为重要，如能将该系统通过进一步研究推广到东南亚，乃至全世界的水稻主产区，不仅能及时掌握国际水稻生产情况而取得显著的经济效益，而且还能与美国的全球小麦卫星遥感估产并列于世界前列，可以提高我国在世界的科技地位。

该项目由浙江大学主持，联合国家农业信息化工程技术研究中心、中科院遥感应用研究所、中国水稻研究所和中国气象科学研究院等国内一流的技术力量共同研制完成。

第一章　项目研制的意义与目的

一、项目研制的意义

1. 掌握粮食作物生产信息在国民经济中具有重要意义

民以食为天，粮食生产是全社会都十分关注的问题，是一个全球性的、国际性的问题。毛泽东指出："手中有粮，心中不慌。"邓小平指出："只要肚皮吃饱了，什么事都好办了。"这些都说明粮食在国民经济中的重要性。因此，预测粮食作物长势与产量历来是国民经济的重要情报之一，特别是我国加入世贸组织以后，其重要性就更大了。李鹏担任总理期间，于1997年3月2日在全国政协八届五次会议科技组上说："对于我们粮食的产量究竟怎么估计？不要以为这是小事，这是一件很大的事情，产量估计影响政策的决定。"说明及时正确地掌握农作物生产信息，可以为国家和地方政府对粮食生产和经济政策采取宏观调控决策提供科学依据，能取得极大的社会经济效益，现以国际粮食市场为例，只要通过粮食作物的遥感监测结果，能获得0.05％的价格优惠，就能从我国进口1000万～3000万t粮食中取得500万～1500万元的利益。

2. 水稻是我国主栽高产作物，掌握水稻生产信息具有特殊意义

从全球水稻生产情况来看，世界水稻的主产区集中在亚洲。亚洲水稻播种面积占世界的近90％，水稻产量占全球水稻产量的91％。印度、中国、印度尼西亚、孟加拉国、泰国等5国的水稻播种面积均在1000万hm²以上，是全球水稻播种面积最多的国家。中国是世界上水稻总产量最高的国家，占全球总量的31％，水稻播种面积约3000万hm²，仅次于印度，位居第二。印度是全球播种面积最多的国家，占全球总播种面积的29.5％左右。

从全球水稻单产情况看，澳大利亚是水稻单产量最高的国家，往后依次为埃及、韩国、美国、日本、中国。其中澳大利亚、埃及的单产量在第一层次，超过9 t/hm²；其他4国在第二层次，为6～7 t/hm²。印度由于单产量低于3 t/hm²，尽管种植面积很大，总产量也只有1.3亿t左右。泰国也由于单产量只有2.3 t/hm²，总产量在2500万t左右，但由于泰国米质的优良，其稻米的国际贸易量在世界贸易中占有很大的份额，常年比例在30％以上。

水稻是我国主栽高产粮食作物，占粮食种植面积的27.35％，却占粮食总产量的38.44％（2002年），因此，建立中国水稻卫星遥感估产运行系统具有十分重要的意义。

3. 对改革开放后的国家粮食安全具有时代性的意义

我国人口众多，13亿人口（预测2030年达到16亿人）的吃饭始终是头等大事。改革开放以后，特别是粮食生产实施开放政策后，引起了很大的变动。例如浙江省2000年实施粮食生产放开政策，早稻种植面积从1999年的66.85万hm^2降到2000年的50.75万hm^2，减少了34.29％；2001年又降到32.21万hm^2，减少了34.08％；2002年继续降到23.32万hm^2，减少了26.22％。三年早稻面积减少47.21万hm^2，减少70.61％。晚稻的种植面积三年也减少28.18％。其结果是号称"鱼米之乡"的浙江省，2001年缺口粮食增至650万t，成为国内第二粮食调进省份。又据杭州市报道，2003年的粮食年总需求量是280万t，而该年粮食产量预计不足100万t，缺口粮食180万t以上。2003年因为安徽省和江苏省的水稻受灾，引起浙江省的粮食价格上扬，甚至动用了国家的储备粮，这对全国来说是一个严肃的信号。因此，研制中国水稻卫星遥感估产运行系统对粮食安全具有时代性重要意义。

我国的水稻遥感估产已经有20年的历史，浙江大学联合中国水稻研究所、国家海洋局第二研究所、浙江省气象局和浙江省统计局等单位，在吸取全国各单位研究成果的基础上，已经研制出浙江省水稻卫星遥感估产运行系统，如能进一步研制建成中国水稻卫星遥感估产运行系统并实施业务化运行，既能作为国家粮食安全保障体系的组成部分，又能为建设该体系提供技术支撑，特别是通过进一步研究推广到东南亚，乃至全世界的水稻主产区。不仅能取得显著的经济效益，而且还能与美国的全球小麦卫星估产系统并列于世界，可以提高中国在世界的科技地位。

二、项目研制的目的

1. 为国家的水稻生产管理及经济决策提供技术支持和科学依据

美国农业部农业统计局（NASS）的遥感估产系统和外国农业服务局（FAS）的全球农作物监测系统，以及欧盟联合研究中心的MARS计划，特别是欧美等国开展的大面积小麦卫星遥感估产均已完成包括软、硬件建设等技术体系，并都已实施运行，取得很好的经济和社会效益。我国虽已建成小麦遥感估产系统，以及浙江省水稻卫星遥感估产运行系统，但都是局部范围的，特别是运行系统的技术体系尚未完成。因此，本项目研究的主要目的，就是以浙江省水稻卫星遥感估产运行系统的研制技术为基础，通过扩大到全国范围的适应性研究，进一步提高水稻估产精度的稳定性以及研发专用软件，完成中国水稻卫星遥感估产运行系统并组织实施。该系统每季可预报水稻长势2次；最终估产精度在90％以上；测报时效在1个月以上（在国家得出统计数据的2个月前），可为政府组织水稻生产管理和粮食宏观调配等提供技术支持和科学依据。

2. 为建设我国粮食安全体系提供主要粮食作物卫星遥感估产系统打下技术基础

粮食作物的长势监测与估产的原理及其基本技术多数是类同的，特别是在完成技术难度最大的中国水稻卫星遥感估产运行系统的基础上，通过适应性研究能够较快地完成其他主要粮食作物的卫星遥感估产运行系统。因此，该项目的研究成果将为建立我国粮食安全体系的重要组成部分——粮食生产与产量的预测预报打下技术基础。

3. 为我国实现农业现代化、信息化提供大量的高技术储备

水稻卫星遥感估产运行系统是一个技术很高的极其复杂的系统工程。它是通过综合运用卫星遥感技术、地理信息系统技术、全球定位系统技术、模拟模型及虚拟现实技术、计算机网络技术等现代信息技术的高度集成，以及与常规技术结合的研发过程。它确实是一个难度很大、技术含量很高的信息技术在农业中全面应用的研发过程。因此其研究成果（积累的技术）必定会为我国实现农业现代化、信息化提供大量的高技术储备。

4. 对提高我国的世界科技地位起到一定的作用

自从美国于1974年开始研究农作物卫星遥感长势监测与估产以来，完成了小麦全球卫星遥感估产系统，并已在农业部实施运行多年，同时在欧、美、加等小麦生产区国家推行实施运行。但是，水稻卫星遥感估产因有许多特殊困难，至今没有一个国家或地区能组织实施运行。浙江省水稻卫星遥感估产运行系统的研制成功，的确是一个重大的突破。评审委员会的结论性意见是：总体水平达到同类研究的国际先进水平，其中多项技术综合集成和遥感定量化技术的应用研究成果有明显创新，具有独特的贡献（其意是国际领先）。如能在完成中国水稻卫星遥感估产运行系统并组织实施以后，进而推广到东南亚，乃至全世界的水稻主产区，就会与美国的全球小麦遥感估产运行系统并列于世界，可以提高我国在世界的科技地位。

5.设立粮食作物卫星遥感长势监测与估产的业务组织，能成为国家获取粮食生产信息的重要渠道之一

农作物卫星遥感估产具有客观性和科学性、宏观性和综合性、时效性和动态性、经济性和实用性等许多优点，是现阶段获取农业生产信息的最佳技术手段。因此，在完成中国水稻卫星遥感估产运行系统与实施的基础上，充分利用已有的仪器设备和人力资源，总结我国20多年的科技成果，组建粮食作物的遥感估产业务组织，逐步从水稻扩大到其他主要粮食作物，建立中国主要粮食作物卫星遥感估产运行系统，就能准确、快速、及时地为国家相关部门提供粮食作物生产信息，为国家相关部门的粮食生产与管理提供可靠的数据资料，以利于做出科学的宏观决策，特别是遇到灾害等特殊情况时做出应急对策，能起到重要的作用。

第二章　农作物遥感估产研究与运行现状

一、国外研究与运行现状

大面积作物遥感估产研究开展最早、效果最好的是美国。他们自20世纪70年代中期开始进行"大面积作物清查试验"即LAIE计划（Large Area Inventory Experiment, 1974—1978）和"利用空间遥感技术进行农业和资源调查"即AgRISTARS计划（Agriculture and Resource Inventory Survey Through Aerospace Remote Sensing, 1980—1985）。其主要目的是研制美国所需要的监测全国和全球粮食生产的技术方法，满足美国进行资源管理和了解全球作物产量状况获取有关信息的需要。其中国内的小麦卫星遥感估产是以气象卫星资料为主建立了作物单产估算模型；而作物种植面积的估算则主要利用陆地卫星资料，通过抽样调查方法获得，估产精度达到90%以上，是由美国农业部农业统计局（NASS）组织实施的。而全球农作物监测系统是由农业部外国农业服务局组织实施的，实施结果取得很大效益。10余年来，法国、德国、俄罗斯（苏联）、加拿大、日本、印度、阿根廷、巴西、澳大利亚、泰国等国也相继开展了对小麦、水稻、玉米、大豆、棉花、甜菜等的遥感估产研究。

美国的冬小麦遥感估产研究已经有25年的历史。美国每年投资8000多万美元估计全球农作物产量，为美国在世界粮食贸易中获取的经济效益高达1.8亿美元。欧盟通过MARS计划，也成功地建成了欧盟区的农作物估产系统，近期他们采用SPOT资料估测面积，利用MODIS数据与作物生长模拟模型结合，建立作物单产估测系统，效果很好，也都获得上亿美元的利益。他们还将结果应用于实施欧盟的共同农业政策，如农业补贴与农民上报核查等。由于欧盟区的大米主要从东南亚地区进口，为此，欧盟建成了东南亚地区的水稻雷达遥感估产系统，大量使用ERS-1/2雷达遥感数据估算东南亚地区的水稻种植面积和产量；台湾地区运用航片进行水稻种植面积清查而单产仍用常规技术，但都因为估产成本太高而没有建成水稻遥感估产运行系统。

二、国内研究与运行现状

我国的冬小麦估产研究从20世纪80年代开始。1983—1984年（"六五"期间），国家经委将其列为重点项目，并组织京、津、冀等省（市）开展应用陆地卫星资料的冬小麦遥感综合估产研究，1985年（"七五"期间）扩大到鲁、豫、晋、陕、苏、皖等9个省（市），后又扩大到甘、新等11个省（区、市）。研究手段从常规方法与遥感技术结合，过渡到以资源卫星为主，进而由应用陆地卫星资料转为气象卫星AVHRR资料，建立了"北方冬小麦气象卫星遥感动态监测及估产系统"。此外，北京大学、北京农业大学、浙江农业大学等高校，国家农业部、中国科学院等单位对应用陆地卫星资料的冬小麦、水稻遥感估产技术方法进行了研究探索。

"八五"期间（1991—1995年），主要农作物遥感估产再次被列为国家科技攻关项目，开展小麦、玉米和水稻大面积遥感估产试验研究。1993—1996年，分别对河北省、山东省、河南省、安徽省北部、北京市、天津市的冬小麦，湖北省、湖南省、江苏省、浙江省和上海市的水稻，以及吉林省的玉米等开展种植面积、长势和产量的监测预报研究。

直至"九五"期间的1998年的15年间，我国在农作物遥感估产方面从冬小麦单一作物估产发展到小麦、水稻和玉米等多种农作物遥感估产，从小区域到横跨11省区市的遥感估产。其重点是方法和机理研究，包括利用遥感数据估计单一作物的种植面积，主要采用陆地卫星遥感数据（TM）和气象卫星遥感数据（NOAA/AVHRR）。在地理信息系统支持下，利用TM提取玉米和水稻种植面积的精度可达90％左右。由于TM数据费用高、周期长，不易获得理想的遥感数据，而且大面积遥感估产的成本很高，人们难以承受。因此，大量的研究都试图从几乎免费的NOAA/AVHRR数据中提取作物种植面积，开展多种技术方法研究，例如像元分解法、地理信息系统与NOAA/AVHRR相结合等。

自1999年起，我国农业部农业资源监测站应用美国陆地卫星遥感影像监测棉花播种面积。到2001年连续3年监测黄淮海和长江流域两大棉区的棉花面积变化。2000年中巴资源卫星的应用，为遥感监测新疆棉区的棉花面积提供了可能。2001年监测了新疆棉区棉花面积变化，从而首次运用遥感手段成功地监测到全国棉田的变化。

中国科学院遥感应用研究所通过集成我国十几年来的遥感估产的研究成果，于1998年建成了多种农作物的"全国农情遥感速报与农作物估产系统"，实现了全国范围的农作物长势监测与遥感估产的运行服务。该系统由农作物长势监测业务系统、农作物种植面积遥感估算系统、农气单产模型系统、地面采样系统和农情速报网络站等5个模块组成。2001年又在该系统运行的基础上，初步建成了"全球农情监测系统"，并对北美、南美的小麦和泰国的水稻进行估产。但其监测结果还只能是定性的而不是定量的估测。因此，其监测结果只能进行宏观的规律性分析，为政府对粮食管理的宏观决策提供参考，但还不能为国家宏观决策、粮食政策制定、市场监测和期货贸易等方面提供定量分析与决策支持，更不能为省级地方政府提供服务。

三、水稻卫星遥感估产研究现状

水稻遥感估产以亚洲的水稻主要生产国为主。中国、日本、印度、泰国等国家都进行过较大面积水稻遥感估产研究，取得一定的效果。我国在"六五""七五""八五"和"九五"近20年的计划中，都把水稻作为主要作物开展遥感估产研究。中国科学院遥感所邵云等人利用多时相RAD ARSAT数据对中国广东水稻长势进行监测和产量预测，取得较好的结果。但由于费用很高，无法进行业务化运行。上海气象局的杨星卫等人，利用NOAA气象卫星的序列资料，对全球稻谷遥感估产的可行性进行探讨，并以泰国、美国、越南为例，分别对NDVI植被指数与产量进行了相关分析，取得了一定的应用效果。另外，利用应用数理统计方法对全球稻谷的历史产量进行数学模拟，达到较好的拟合精度。但他们只是对全球稻谷进行初步分析，没有对水稻进行分类和对种植面积、产量进行预测研究。

浙江大学经过连续20年的水稻遥感估产机理研究的预试验、县级水稻遥感估产技术经济前期研究、水稻遥感估产技术攻关研究、浙江省水稻卫星遥感估产运行系统及其应用基础研究等，基本明确了水稻遥感估产的农学机理；提出5种县、省级稻作分区技术；8种提取稻田信息技术；10种水稻单产估测模型、2种水稻总产估测模型；遥感资料的定量处理和图像增强技术、混合像元分解技术、遥感定量化技术以及多项技术综合集成等，解决了一系列的大量技术难题，提出了建立浙江省水稻长势监测与估产应用系统的构想，最终完成了浙江省水稻卫星遥感估产运行系统，并通过1999—2002年的运行试验。4年共8次的水稻种植面积估测精度为90.40%～99.23%，平均为93.12%；4年共8次的总产估测精度为88.34%～98.14%，平均为92.18%。该系统在技术上依托浙江省农业遥感与信息技术重点研究实验室，每年只需5万元左右的运行费用（含一般性的技术改进研究）就能实施业务化运行，解决了估产基本精度和估产成本之间的矛盾，得到浙江省人民政府的认可拨款。经过2年的试运行，即使全省早稻面积从66.85万hm^2（1999年）降到19.65万hm^2（2002年），面积估测精度仍达到91.60%，总产估测精度达到89.80%；而晚稻面积减少28.18%，面积估测精度93.51%，总产估测精度达到95.43%，达到实用化的基本要求。但这只是一个省级范围的遥感估产，估产精度还不够稳定，特别是缺乏专用软件，估产运行系统技术尚未配套，因此，推向全国乃至全球主产区，还需要进一步开展研究。

第三章　项目研制的技术基础

"六五"期间（1983—1985年），浙江农业大学与国家海洋局第二研究所合作开展水稻遥感估产农学机理研究试验。试验选择水稻光谱特性与水稻生长影响级为活泼的氮素营养水平进行监测研究。通过不同氮素水平处理试验，得出不同氮素营养水平的水稻光谱反射曲线呈现有规律的分布，并成功地研制出我国第一张"机助编制水稻氮素营养状况图"和"水稻氮素水平面喷墨图"等。明确用光谱测试技术是有可能区别水稻氮素营养水平等级的，说明水稻光谱变量与水稻农学参数之间存在相关性，为水稻遥感估产进行探索性研究提供了依据。

"七五"期间的以县级水稻遥感估产技术经济前期研究（1986—1990年）和"八五"期间的水稻遥感估产技术攻关研究（1991—1995年）等8个课题，通过连续10年的有组织的系统研究，取得了丰硕的科研成果，解决了一批水稻遥感估产的关键技术。主要提出了（1）水稻遥感估产的多种稻作分区技术，能适应县级区域在各种情况下进行稻作分区；（2）研究提出多种县级稻田信息提取技术，并以此为基础建立的稻田面积遥感监测信息系统，能在各种情况下完成稻田面积的监测工作，精度达到95%左右；（3）研究提出的4类7种单产估测模型，能适应在各种情况下实施估产，其估产精度都能达到95%左右；（4）提出以像元为单位的气象卫星水稻遥感估产模式，经过5次的估产测报，其总产估测精度分别为92.5%、90.2%、85.3%、61.4%和92.0%，很不稳定。总之，研究成果已经具备建立浙江省、县、乡三级水稻遥感估产运行系统的技术条件。期间曾获浙江省和国家农业部科技进步奖二等奖，国家科技进步奖三等奖（1990年）。

"九五"期间的浙江省水稻卫星遥感估产运行系统及其应用基础研究（1997—2002年），在由国防科工委下达、由国家统计局主持的"九五"重点项目"主要农作物卫星遥感估产系统"的子课题"五省市水稻遥感估产系统"的专题"浙江省水稻遥感估产系统的研制与运行"的基础上，结合2项国家基金项目开展。在完成项目"浙江省水稻卫星遥感估产运行系统"后，得到省政府认可，拨款开展运行试验。现把主要技术基础简述如下。

一、水稻遥感估产农学机理研究有突破性进展

在明确不同氮素水平、不同品种和不同栽培条件下的水稻光谱特性的基础上，找到了水稻冠层和叶片的敏感波段，并组成各种植被指数用于水稻估产建模等。其中水稻生长模拟模型与遥感数据技术相结合创建的水稻遥感数值模拟模型有很大的发展潜力。另外在水稻双向反射、水稻多组分双向反射和运用高光谱遥感估算水稻生物物理和化学参数等遥感定量化技术也有重要进展。但在水稻卫星遥感估产中的应用仍需进一步研究。

二、遥感资料的定量处理有新的进展

NOAA/AVHRR资料的最大缺点就是空间分辨率低，用于水稻遥感估产精度不高，我们通过大气影响校正以及云污染的检测、消除与云区资料填补等技术改进手段使项目有了新进展，显著地提高了NOAA/AVHRR资料的质量。另外，对MODIS数据的应用也做了初步研究，证明用于水稻遥感估产要比NOAA/AVHRR资料好得多，但还要进一步大力开展应用开发研究。

三、县、省级水稻遥感估产分区技术和最佳时相选择的新进展

用于水稻遥感估产的稻作分区有其特殊性，研究表明，稻作分区因估产范围和农作物环境条件不同而异。

1. 县级水稻遥感估产稻作分区技术

在明确稻作分区的原则、因子和指标的基础上，提出（1）常规综合分区法，（2）常规资料自动分区法，（3）遥感目视解译分区法，（4）遥感自动分区法等4种稻作分区技术，可供不同情况下选用。

2. 省级水稻遥感估产稻作分区技术

在选定稻作分区的因子与指标的基础上，提出利用GIS技术的空间邻接法与图论树法相结合的稻作分区技术，取得良好的效果。

3. 浙江省水稻遥感估产最佳时相的选择

根据农作物物候历（期），分别选择水稻（田）与周围地物（农作物）区别最大，以及对水稻产量影响最大的时期的遥感资料作为最佳时相。分别选用水稻种植面积估算最佳时相和水稻产量预报的最佳时相，使用效果很好。稻作分区因其范围大小和农作物环境条件不同而异，特别是适应全国范围的遥感估产稻作分区的技术要复杂得多，技术难度也比较大，现有技术是远远不能适用的。

四、研制出县、省级多种种植面积遥感估测技术

从遥感资料中正确获取水稻种植面积是水稻遥感估产的关键技术之一。经过县级范围估产研究。提出（1）稻田专题目视解译法，（2）逐步分类法，（3）综合提取稻田信息法，（4）样点监测稻田面积法，（5）根据上述方法研制的稻田面积遥感监测系统，可供在不同情况下完成稻田面积监测工作，估测精度都在95％以上。但大范围的省级水稻遥感估产采用上述方法因估产的成本太高而不可能采用。它只能用NOAA/AVHRR资料，才能兼顾速度和成本。经过多年研究，采用遥感与非遥感相结合，制作100 m×100 m的AVHRR资料亚像元影像图等多项技术集成，基本解决了面积估测精度的问题（8次的平均估测精度达到92.63％）。根据卫星发展计划，MODIS数据2008年将代替AVHRR资料。根据我们的初步试验，MODIS数据代替NOAA/AVHRR资料会取得更好的效果，但还需开展大量的应用开发研究。

五、研制出县、省级多种水稻单产（总产）估测技术

1. 县级水稻遥感估测单产技术的研究

研究提出的农学、光谱、气象和统计等4类、7种单产估测模型及其微机系统，其估产精度都能达到95％左右。并发现光谱估产模型与作物气候农学估产模型的复合建模可能是解决水稻遥感估产难题的途径。

2. 省级水稻单产与总产估测技术研究

单产估测模型的估测结果，经过面积估测精度核算出总产，其估测精度就很难达到90％以上。为此，省级水稻遥感估产采用总产估测技术，研究提出的水稻卫星遥感估产比值模型和回归模型估测总产，均取得较好的效果，8次估测总产的精度在88.34％～98.14％，平均为92.18％，但这种估产模式不但估测精度不够稳定，而且需要大量的地面数据，难以快速得出估产结果，从而延缓了测报时效。因此，全国乃至世界水稻主产区遥感估产仍需研究新的途径。

六、省级水稻遥感估产集成技术的技术难题

虽然前一阶段的研究完成了多种技术的综合集成，研制了浙江省水稻卫星遥感估产运行系统，并取得了极大的成功。但是，该技术是运用国内、外已有的商业软件，在分别完成各个过程后集成的技术，并未开发出具有自主产权的独立运行的专用软件。这是研制中国水稻遥感估产运行系统的主要技术难题之一。

第四章　项目研究内容

项目研究的总目标是在浙江省水稻卫星遥感估产运行系统研究成果的基础上，研制中国水稻卫星遥感估产运行系统及其实施。由一个省级范围的运行系统扩展到全国范围的运行系统，不仅对原系统要有一个技术更新、系统完善的过程，而且还有一系列的许多关键技术需要重新研究，其中围绕提高估产精度稳定性和开发专用软件是项目的关键。整个项目的研究内容归纳为以下三个方面。

一、中国水稻卫星遥感估产运行系统的研制

这是项目研究的主体，包括以下六个方面。

1. 中国水稻估产数据库的研制；

2. MODIS数据代替AVHRR资料的应用开发研究；

3. 稻作分区技术和最佳时相的选择研究；

4. 稻作信息提取技术研究；

5. 水稻产量估测技术研究（分单产与总产）；

6. 运行系统的集成技术研究及其实施。

二、中国水稻卫星遥感估产运行系统的软件开发研究

这是项目研究的技术支撑平台，研究开发一个拥有自主产权的系统软件是技术难度最大的研究内容。研制的系统软件应该具有开放性、可维持性、易操作性、可扩展性和确保安全性等性能。包括以下三个方面。

1. 系统运行的硬件环境和系统开发平台及工具；

2. 系统的逻辑结构和体系结构的设计与实施；

3. 五个子系统功能的软件及其相关模块的开发与集成。

三、提高卫星遥感估产精度的稳定性及其全球化的关键技术研究

浙江省水稻卫星遥感估产运行系统的8次总产估测精度为88.34％～98.14％，面积估测精度为90.40％～99.23％，该结果还不够理想，其与遥感资料、遥感技术和估测技术等都还存在一些问题有关。为此，必须开展提高估产稳定性，以及面向全球化的关键性技术研究，包括以下四个方面。

1. 水稻遥感数值模拟模型开发与应用研究（水稻生长模拟模型与卫星遥感估产融合集成及其建模的应用开发）；

2. MODIS数据的估产潜力开发研究（MODIS数据提供的相关参数在农作物长势监测与估产中的应用开发）；

3. 遥感定量化技术在卫星遥感估产中应用研究（主要是高光谱遥感技术和双向反射模型的应用开发）；

4. 微波遥感技术在水稻遥感估产中的应用研究（微波遥感技术在稻田信息提取和水稻物理参数提取及其应用中的开发研究）。

第五章 项目研制的技术方案及关键技术

一、确定技术方案的原则和要求

确定技术方案的原则，就是尽可能发挥卫星遥感估产的优势，因此提出如下的原则和要求。

1. 快速、及时提供水稻长势、种植面积和单产、总产的情况

提供早稻、晚稻（含单季稻）的生长中期与后期的两次水稻长势监测报告；在收割前的一个半月和一个月，分别提供水稻种植面积和单产、总产估测报告。

2. 既要保证估产的基本精度，又要降低估产成本

种植面积、单产的估测精度要求在95％以上，总产的估测精度要求在90％以上，而估产成本（运行费）以省级为单位不超过5万元，全国的估产成本初期不超过100万元，随着卫星遥感估产技术的发展，成本会逐年减低，要求不超过50万元，最终在25万元左右。

3. 运行系统达到自动化、可视化并具有可操作性

研制的中国水稻卫星遥感估产运行系统，在网络化的基础上，实施全过程的自动化操作，以及主要成果通过电子平台实现可视化。系统的整个运行过程要求2人操作，完成全国水稻长势监测、种植面积和总产的测报工作。

二、技术思路与方案

1. 技术思路和路线

总结过去的研究成果和以浙江省水稻卫星遥感估产运行系统及其应用基础研究成果为基础，坚持在保证基本精度的前提下，千方百计地降低遥感估产的运行费用，直至用户（现阶段主要是政府）能够接受（采纳运行）。但研究过程还是要坚持全面研究并重视基础研究和高新技术开发研究等。为此，确定项目的技术思路与路线，即

（1）在面对全国研制水稻卫星遥感估产运行系统的基础上，根据各省的需要分别研制水稻主产区的省级水稻卫星遥感估产运行系统；

（2）发挥MODIS数据的优势，开展代替NOAA资料的应用开发研究，并作为卫星遥感估产的主攻方向；

（3）坚持卫星遥感估产为主，但采用与常规技术相结合的技术路线，以弥补

MODIS数据空间分辨率仍较差的不足；

（4）发挥GIS的空间分析和GPS的空间定位等优势，采用"3S"和计算机网络等综合技术，以提高遥感估产的技术水平；

（5）为了克服卫星遥感估产的稳定性不够理想的缺点以及面向全球化考量，采用卫星遥感估产与生长模拟模型估产相结合的手段，以及开展遥感定量化技术和微波遥感技术的应用研究，寻找估测产量的新途径，以提高估产精度的稳定性并开发推广面向全球主产区的估产技术。

2. 技术方案

整个项目根据研究内容的性质分解为6个专题，在项目统一布局、分别完成的基础上，集成为一个完整的、能够组织实施的运行系统。

专题1. 中国水稻卫星遥感估产数据库的研制

包括数据库软、硬件环境的选择与建设、系统设计、数据库内容及数据分类编码和数据库建立以及库群的集成等。

专题2. MODIS数据代替AVHRR资料的应用及其潜力开发研究

包括MODIS数据性能的检测、大气影响校正、几何精校正、污染的监测、消除和查补，以及MODIS数据的估产潜力开发等。

专题3. 稻田信息提取技术

包括全国稻作分区、最佳时相选择、土地利用现状图比例尺及其快速变更技术，MODIS数据重采样的亚像元影像图的制作技术，以及采用SAR资料提取稻田信息新技术等。

专题4. 水稻单（总）产估测技术及提高估产稳定性研究

包括水稻长势监测，单产的总产估测模型的选择，水稻遥感数值模拟模型开发与应用，高光谱技术、双向反射模型和微波遥感技术（水稻物理参数提取）在水稻遥感估产中的应用开发研究等。

专题5. 中国水稻卫星遥感估产运行系统软件研究

包括基础数据输入与更新子系统，遥感数据输入、预处理子系统，水稻面积提取子系统，水稻长势监测和产量预测子系统，以及结果输出和网络发布子系统等研制开发，完成具有自主产权的中国水稻卫星遥感估产系统专业软件。

专题6. 中国水稻卫星遥感估产的多种技术集成及其组织实施

包括系统模型的分析选择与连接组合等形成运行系统的最佳结构，融合集成组织运行试验，最终完成中国水稻卫星遥感估产运行系统集成并实施运行。

整个技术过程参见中国水稻卫星遥感估产运行系统研制的技术路线示意图（见图3）和中国水稻卫星遥感估产运行系统软件的系统结构示意图（见图4）。

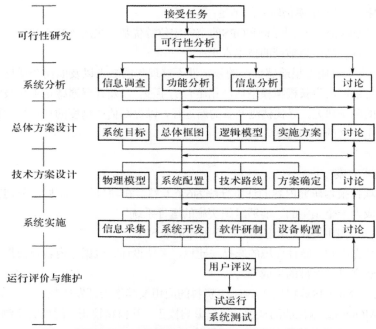

图3　中国水稻卫星遥感估产运行系统研制的技术路线示意

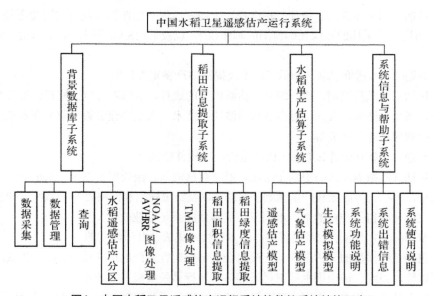

图4　中国水稻卫星遥感估产运行系统软件的系统结构示意

三、关键技术

研制中国水稻卫星遥感估产运行系统的技术难点很多，其中最关键的技术难点归纳为以下七个方面

1. MODIS数据的应用开发及全国水稻覆盖影像图的制作技术；
2. 划定全国水稻可能种植区及其稻作分区技术；
3. 中国水稻卫星遥感估产运行系统数据库的研制及其库群的集成技术；
4. MODIS数据的混合像元分解技术（亚像元影像图的制作与应用）及SAR资料的稻田信息和水稻物理参数的提取技术；
5. 水稻遥感数值模拟模型研制与应用（水稻生长模拟模型与遥感估产模型的融合技术），以及MODIS数据的估产潜力开发技术（如LAI、FPAR数据等在遥感估产中的应用）；
6. 多种技术的融合集成及其组织运行技术；
7. 研发具有自主产权的中国水稻卫星遥感估产运行系统软件技术。

第六章 项目的创新点与进度安排

一、项目创新点

本项目的最大创新点是研制出国际上技术难度最大的第一个国家级，特别是拥有960万km²国土面积的中国水稻卫星遥感估产运行系统。在技术上主要有如下创新。

1. 适合于中国水稻卫星遥感估产的稻作分区系列技术；
2. 水稻生产模拟模型与水稻遥感估产技术融合研发出水稻遥感估产数值模拟模型；
3. MODIS数据的LAI、FPAR等参数在水稻卫星遥感估产中的应用技术；
4. 高光谱遥感技术、双向反射模型技术和SAR资料在水稻卫星遥感估产中的应用；
5. SAR资料提取稻田信息和水稻物理参数技术；
6. 多种技术的融合集成建立中国水稻卫星遥感估产运行系统技术；
7. 具有自主产权的中国水稻卫星遥感估产运行系统的专业软件。

二、项目进度安排

项目计划三年完成中国水稻卫星遥感估产运行系统（2004年1月—2006年12月）。

1. 2004年：收集资料，制订研究计划，完成遥感资料和图形数据库；MODIS数据应用开发和中国水稻卫星遥感估产的稻作分区；初次完成全国稻田信息提取并第一次

测报全国水稻种植面积（2004年晚稻）；通过精度分析，找出问题作为2005年的研究内容。同时开展水稻遥感数值模拟模型和遥感定量化技术应用研究等。另外，完成MODIS地面站的建设工作。

2. 2005年：在完成第二次稻田信息提取实施预报的同时，重点完成水稻单产、总产估产模型选择研究，建立MODIS数据的LAI、FPAR验证体系和水稻遥感数值模拟模型，实施水稻单产和总产的估测，并第一次测报水稻单产和总产（2005年的晚稻），通过精度分析，找出问题，并将其作为2006年的研究内容。另外，开展中国水稻卫星遥感估产运行系统的软件研究。

3. 2006年：在完成稻田面积估测和单产、总产测报的基础上，开展系统集成优化、模型改进等研究，完成中国水稻卫星遥感估产运行系统及其软件开发研究，通过调试实施2004年、2005年和2006年的运行试验。提出研究报告。

2007年初组织研究项目验收和科技成果鉴定。

第七章　项目组织管理和运行实施建设

一、组织管理和保障措施

1. 项目组织管理

（1）成立项目领导小组。在国家发展与改革委员会的相关部门直接领导下，由主持单位（浙江大学）和合作单位的有关领导组成项目领导小组；由浙江省农业遥感与信息技术重点研究实验室主任、浙江大学农业信息科学与技术中心首席科学家黄敬峰研究员任组长，由浙江大学科技副校长程家安教授任项目组织顾问；由校科技部副部长陈昆松教授为项目督导，以保证项目组织实施。

（2）成立项目技术组。在项目领导小组的领导下，由主持单位和合作单位的知名专家、专题负责人和技术骨干组成项目技术组。聘请农业遥感专家王人潮教授、农业信息系统专家赵春江研究员、遥感专家吴炳方研究员和农业信息技术专家王纪华研究员为技术顾问，会同项目技术组成员，负责对项目总体设计和专题分解的审核与协调；负责项目制定实施方案和确定技术路线，以及研究解决关键技术问题，整体把握项目研究水平和质量；负责处理项目执行过程中的各种问题，以保证项目研究顺利进行。

2. 相关的保证措施

（1）技术保障。由农业遥感技术、水稻生长模拟模型、地理信息系统、计算机网络和气象等领域的知名专家组成的项目技术专家组，对项目研究进行技术指导和咨询；论证和讨论研究方案、技术路线，以确保方案的正确性。

（2）组织保障。在浙江大学成立以中国水稻卫星遥感估产运行系统课题组为基础的农情监测研究室，并扩大浙江省农业遥感与信息技术重点研究实验室的建设，从组织上和物质上保证项目的顺利实施。

二、实施运行的基础建设

1. 投入运行的组织建设

农作物卫星遥感长势监测和估产的运行属于现代高新技术的综合运用过程，它是一个不断发展的技术开发过程。因此，对技术、设备和人员的要求都很高，所以组织和维持运行都要依托高水平科技机构来实施。为此，研究成功后的组织实施，建议在浙江大学以水稻卫星遥感估产运行系统的研究成果为基础成立专业机构，使其隶属于国家相关部门，这样既能保证正常的组织、实施和运行，又能逐步扩大、完善和发展。也就是可以充分利用培养起来的人才，以及新建设起来的物力的作用，促进高科技成果产业化，为国家农情测报服务，并在国家农业信息化过程中发挥作用。

2. 地面接收站的建设

MODIS数据与NOAA/AVHRR资料相比，不仅空间精度有很大提高，而且还提供与农作物生产有关的多种参数。因此，国际上许多国家都已开展MODIS数据的应用开发研究，例如：西欧诸国都开始用MODIS数据监测农作物长势与估产，证明有许多优点。所以建议本项目研究的同时，建立MODIS地面接收站，从数据到产品形成一套完整的技术运行系统，既为水稻长势监测与估产及时、快速提供最佳的MODIS数据，而且也为发展其他农作物长势监测与估产，以及卫星遥感监测农产品品质等提供数据和研究打下基础。

第八章　项目主持单位、合作单位及人员情况

一、主持单位

浙江大学农业遥感与信息技术应用研究所于1979年首批承担农业部遥感技术在农业上的应用研究任务。1986年成立农业遥感技术研究室。1992年发展为农业遥感与信息技术应用研究所。1993年经省政府批准建立浙江省农业遥感与信息技术重点研究实验室，1994年通过验收并正式对外开放，同年被评为校级重点学科。在浙江省首次（1998年）、第二次（2001年）和第三次（2003年）评估中，均被评为省优秀重点实验室，并被列为省持续资助建设实验室。2002年校领导批准以本室为基础，投资组建

浙江大学农业信息科学与技术中心，同年该室与国家农业信息化工程技术研究中心签订了科技合作协议书，2003年又与中科院遥感应用研究所签订了科技合作协议书。25年来，通过国家及省攻关、国家863计划和973计划、国际合作、国家基金和横向任务等60多项、80多个课题的研究，已在农业遥感与信息技术领域形成优势与特色，处于国内外的学术前沿，具有一定的影响。研究内容：①包括农作物、林木、草地等农业生物资源的调查、长势监测与估产，土地利用/覆盖和生态资源的动态监测等，以及研制相应的信息系统；②包括土壤、土地、水等农业环境资源的遥感调查与评价，以及研究和建立相应的信息系统；③包括水土资源污染的监控、农业生产管理决策支持和技术咨询服务系统。另外，在基础研究与学科建设方面取得重要进展，公开出版了《农业信息科学与农业信息技术》等高水平的5本科技专著，培养博士生41名、硕士生47名。2003年国务院学位委员会批准新建农业遥感与信息技术二级学科，并设立博士点和硕士点。本所研究的课题曾获国家科技进步奖三等奖1项，省部级二等奖4项、三等奖2项。

本所设有①环境资源信息系统；②生物资源信息系统；③遥感与信息技术基础等三个研究室；另设有①遥感技术实验室、遥感制图室和简易分析室；②地理信息系统实验室、数据图像处理室；③地物光谱实验室、光谱仪器室。现有实验室面积540 km^{2}和本科生教学实验室1个。软硬件仪器设备资产500余万元。建成了遥感图像处理、数据处理与制图，以及数据采集和咨询服务等4个系统，已具备承担国家和国际合作的重大项目的基本条件。

二、合作单位

1. 国家农业信息化工程技术研究中心

国家农业信息化工程技术研究中心是在北京市高技术重点实验室——北京农业信息技术研究中心的基础上，经国家科学技术部批准成立的。该中心拥有国际先进水平的仪器设备，建有国际先进的精确农业试验基地等，"十五"期间主持973、863计划等国家攻关级科研课题和948计划等省级科研课题20余项，是目前国内唯一的国家级农业信息化工程技术研究机构，特别是在农业资源信息系统及其软件开发、稻麦粮食作物品质遥感监测等方面具有很强的实力与优势。（该中心与浙江大学在2002年3月5日签订了科技合作协议书）

2. 中国科学院遥感应用研究所

中国科学院遥感应用研究所是我国唯一的国家级遥感专业研究所，该所瞄准国际前沿的遥感信息科学、服务于国家目标的遥感信息应用、面向产业和市场的遥感信息工程三个领域。该所拥有国际一流的人才和设备，有两架高空遥感飞机，是中科院八大科研运行系统之一，承担院内外遥感飞行等任务。1983年以来，一直开展主要农作物遥感估产研究，初步建成了多种农作物的"全国农情遥感速报与农作物估产系统"，实现了全国范围的农作物长势监测与遥感估产的定性分析等，特别是在建立全国范围的农业信息系统的大型数据库，以及面向全球农情监测等方面具有很强的实力和优势。（该所与浙江大学在2003年11月签订了科技合作协议书）

3. 中国水稻研究所

中国水稻研究所是我国唯一的国际性的国家级水稻专业研究所。该所拥有国际先进水平的仪器设备和试验场地，科技成果很多，其中有两项成果分获1997年和1998年中国十大科技进展榜首。特别在是水稻生长模拟模型和中国水稻种植区划等方面的研究水平处于国际前沿，具有很强的实力和优势。该所还是国家科技进步奖三等奖"水稻遥感估产技术攻关研究"的主要合作单位之一。

4. 中国气象科学研究院

中国气象科学研究院是我国气象部门唯一的国家级农业气象专业科研机构，其中生态环境与农业气象研究所主要从事农业与气候环境相互关系及其监测、评估、利用、预测和防御等方面的科研和业务，多年来承担国家主要农作物遥感估产系统研究。其中小麦遥感估产系统已运行多年。曾获国家科技进步奖一等奖1项、二等奖5项、三等奖2项。在为国家政府决策部门指挥农业生产、制定防灾计划以及灾时决策方面提供了及时、准确的农业气象信息服务和农业生产对策建议，取得了显著的社会、经济效益。特别是在气象估产及其与农学、遥感估产结合建模以及遥感估产系统集成等方面具有很强的实力与优势。

三、主持人和主要参加人员基本情况

1. 项目顾问和技术指导

（1）王人潮教授（博导），1957年毕业于南京农学院土壤农化专业，即在原浙江农业大学开始从事土壤学的教学、科研工作。1967年开始水稻营养诊断研究，1979年开始农业遥感应用研究，1983年开始水稻长势遥感监测与估产研究。曾主持水稻遥感估产机理研究、技术经济前期研究、技术攻关研究、浙江省水稻卫星遥感估产运行系统及其应用基础研究，以及业务化运行试验等长达20年的连续研究，主持完成了浙江省水稻卫星遥感估产运行系统的研制与实施运行，期间指导博士生37名（在读10名）、硕士生21名。发表论著200余篇（部），先后获国家科技进步奖三等奖1项、省部级科技进步奖一等奖1项、二等奖6项、三等奖4项。1987年授予浙江省有突出贡献中青年科技人员荣誉称号，2002年授予浙江省农业科技进步工作者称号等。近期发表与项目有关的主要著作：

①王人潮著，1982年，《水稻营养综合诊断及其应用》（21.6万字），浙江科学技术出版社，1984年获全国优秀科技图书奖二等奖。

②王人潮等编著，1999年，《浙江红壤资源信息系统的研制与应用》（26万字），中国农业出版社。

③王人潮主编，2000年，《农业资源信息系统》（46.9万字），中国农业出版社（教育部面向21世纪课程教材）。

④王人潮、黄敬峰著，2002年，《水稻遥感估产》（50万字），中国农业出版社（中华农业科教基金资助图书）。

⑤王人潮、史舟等著，2003年，《农业信息科学与农业信息技术》（45万字），中国农业出版社。

（2）赵春江研究员（博导），1985年河北农业大学毕业，1988年在北京市农林科学院获硕士学位，1991年获中国农业大学博士学位。现任国家农业信息化工程技术研究中心常务副主任，北京农业信息技术研究中心主任、首席专家，国家863计划现代农业技术主题专家组责任专家。自1995年以来，先后主持完成了国家和省部委科技项目15项，获得省（部）级以上科技奖励4项，发表学术论文48篇（其中英文9篇）、专著1部。2001年获科技部863计划十五周年突出贡献奖，同时还获863计划智能计算机系统主题先进个人奖一等奖等。主持完成的北京市重点科技攻关项目"京郊粮食高产理论与对策研究"和"小麦管理计算机专家决策系统"，分别于1995年和1998年分获北京市科技进步奖二等奖。

主持完成的国家863计划重点项目"北京地区智能化农业信息技术应用示范工程"，其研究成果通过了国家科技部组织的技术成果鉴定，总体上达到了国际先进水平，其中在利用分布式计算技术和WEB技术开发网络化农业智能应用系统方面达到了国际领先水平。主持完成的国家863计划重点项目"智能化网络化农业专家系统开发平台"，在由国家科技部组织的同类项目2次评测中，其在技术先进性、界面友好性、功能丰富性、结构规范性、实用性和可推广性等7个方面综合排名第一，已在黑龙江、辽宁、天津、河北、河南、山东、山西、陕西、新疆、宁夏、湖南、重庆、四川、海南、广西等16个省区市广泛应用，对我国的农业信息化工作起到了积极促进作用。

（3）吴炳方研究员（博导），1997年到中科院遥感研究所工作，一直致力于农业与生态环境遥感方面的研究工作，主持过多项国家863计划、国家攻关、国家计委专项、中科院"九五"重大与特别支持项目等，如：①农业信息化研究；②三峡生态环境监测网络实施规划修编；③中国生态环境与农情速报系统；④全球遥感估产研究；⑤西部金睛行动；⑥中国资源环境遥感信息系统与农情速报；⑦全国农情速报与主要农作物估产信息系统；⑧区域资源环境遥感信息系统与农情速报等。特别是建成我国第一个全国农情遥感监测系统，成功预报"2001年全国粮食减产3％，2002年基本持平"，受到国家高层领导的电话表扬。曾获国家发明专利2项，发表论文和报告近50篇。

（4）王纪华研究员（博导），1982年延边农学院毕业，1992年在中国农业大学获硕士学位，1995年获博士学位。现任国家农业信息化工程技术研究中心副主任。曾主持国家863计划和973计划和农业部引进项目（948）等国际和国家重大项目多项，获省部级以上科技进步奖3项。正在主持国家973计划项目：定量遥感在精细农业及其他领域的应用示范研究；863计划项目：智能化农业信息技术研发中心建设及总体设计研究；以及作物田间信息获取与基于影像GIS的快速诊断系统等多个项目，发表论文近60篇，主编和参编专著3部。

2. 项目主持人

黄敬峰研究员（博导），1985年7月于南京气象学院获学士学位。1990年5月获硕士学位，2000年1月于浙江大学获博士学位。现任浙江大学研究员、博士生导师，浙江省农业遥感与信息技术重点研究实验室主任，浙江大学农业信息科学与技术中心首席科学家，浙江大学农业遥感与信息技术应用研究所副所长，国家农业信息化工程技术研究中心客座研究员。20多年来，主要从事于农业遥感研究与应用，在水稻和冬小麦等农作物遥感估产方面开展了一系列工作，积累了一定经验，特别是1997年开始，与王人潮教授共同主持完成"浙江省水稻卫星遥感估产运行系统及其应用基础研究"，起到了主要技术骨干的作用。目前正在承担国家863计划："我国典型地物标准波谱数据库"的"水稻和油菜标准波谱数据的收集与测试"课题，主持国家自然科学基金项目"不同氮素水平的水稻高光谱诊断机理与方法研究"等项目。

（1）成果获奖情况

①"北方冬小麦气象卫星动态监测与估产系统"，获国家科技进步奖二等奖（二级证书），1991年；

②"利用气象资料和气象卫星遥感资料预测新疆草场生产力的方法研究"，获中国气象局气象科技奖四等奖，1994年（主持）；

③"草地、小麦、土壤水分的卫星遥感监测与服务系统研究"，获新疆科技进步奖二等奖，1995年（名列第四）；

④"新疆主要农作物与牧草生长发育动态模拟及应用"，获中国气象局科技进步奖三等奖，1996年（名列第二）；

⑤"新疆主要农作物及牧草产量预报服务"，获新疆农业适用技术推广奖三等奖，1997年（主持）；

⑥"新疆农牧业生产气象保障与服务系统的研究"，获新疆科学技术进步奖二等奖，1998年（名列第二）。

1993年，被授予全国优秀青年气象工作者称号。

（2）出版学术著作（6部）

①王人潮、黄敬峰著，2002年，《水稻遥感估产》（50万字），中国农业出版社（中华农业科教基金资助图书）；

②王人潮、史舟、王珂，黄敬峰等著，2003年，《农业信息科学与农业信息技术》

（45万字），中国农业出版社；

③黄敬峰等著，1996年，《冬小麦气象卫星综合遥感》，气象出版社；

④张建华、黄敬峰等著，1995年，《农牧业生产模拟研究》，新疆科技卫生出版社；

⑤李建龙、黄敬峰等著，1997年，《草地遥感》，气象出版社；

⑥王人潮、王珂、史舟、黄敬峰等著，2000年，《农业资源信息系统》（46.9万字），中国农业出版社（教育部面向21世纪课程教材）。

另外发表主要学术论文40多篇，其中SCI与EI收录3篇。

3. 主要参加人员

（1）**王珂**：博士，研究员（博导）。浙江大学农业遥感与信息技术应用研究所所长，浙江省遥感中心副主任，国家农业信息化工程技术研究中心客座研究员。主要从事农业遥感与信息技术应用研究，是国家科技进步奖三等奖"水稻遥感估产技术攻关研究"的主要成员之一。主持过国家自然科学基金、中英合作、中韩合作、国家攻关子课题、浙江省自然科学基金、浙江省科技计划等10多项项目。曾多次出访英国进行合作研究，获国家科技进步奖三等奖1项，省部级二等奖2项，发表论文20余篇，SCI收录5篇，著作2部，主讲《生物资源信息系统》博士生课程。

（2）**吴嘉平**：博士，教授。浙江大学农业信息科学与技术中心副主任，浙江省农业遥感与信息技术重点研究实验室副主任，2003年6月从美国康奈尔大学美国联邦植物、土壤与营养实验室引进的人才。在美国以第二主持人完成了北达科他州的土壤、植物元素地理数据库，Kansas数字土壤，以及加拿大农业基准点现状综合长期定位监测网络等，发表高质量论文20余篇，SCI收录6篇。

（3）**朱德峰**：荷兰瓦捷宁根农业大学博士，研究员（博导）。主持国际合作、国家攻关和国家自然科学基金课题多项。在"水稻生产系统分析与模拟研究"中建成以ORYZA1为代表的国际著名水稻生长模型。在"水稻遥感估产技术攻关研究"中，建立了水稻生长、气象与光谱相结合的水稻生长监测与产量预报模型，该模型具有较大的开发潜力，成为水稻遥感估产的核心技术之一，获得国家科技进步奖三等奖：水稻遥感估产技术攻关研究的主要研究成员。曾获省部级以上科技进步奖一等奖1项，二等奖3项，发表论文80余篇。

（4）**史舟**：博士，副教授。浙江大学农业遥感与信息技术应用研究所副所长，省重点实验室副主任，中国土壤学会土壤遥感与信息技术专业委员会副主任，中国农学会计算机农业应用分会理事。主要从事资源遥感与信息技术应用研究。主持过国家自然科学基金、中德合作、中英合作、国家攻关子课题、浙江省自然科学基金、浙江省科技计划等8个项目。曾多次出访德国、英国进行合作访问研究。获省部级科技进步奖二等奖2项，发表论文30余篇，SCI收录2篇，著作4部。主讲地理空间分析技术与系统开发等博士生课程，《土壤信息系统计算机辅助教学课件》获"浙江大学优秀教学成果奖"一等奖。

（5）**周斌**：副教授。浙江大学农业遥感与信息技术应用研究所农业生物资源信息技术研究室主任。1996年获中国科学院地球化学研究所环境地球化学专业硕士学位，1999年获博士学位，研究方向为遥感与GIS在土地资源和环境调查中的应用。2001年于浙江大学农业资源利用博士后流动站出站，合作教授为王人潮教授，研究方向为运用数据挖掘技术进行土壤资源遥感的自动制图研究。出站后以人才引进留校，主讲研究生课程"数字遥感图像处理"。目前从事基于知识系统的信息提取、景观建模、地表物质的空间变异分析等研究。现主持国家自然科学基金和浙江省重点项目各1项，与王人潮教授共同主持中德部级合作项目1项。已发表相关领域的论文20余篇，SCI收录1篇。

（6）**许红卫**：副教授，1991年获南京大学硕士学位，现为在职攻读博士学位，主要从事农业遥感与信息技术应用研究，获得国家科技进步奖三等奖。是"水稻遥感估产技术攻关研究"的主要成员之一。曾访问英国进行合作研究。获得国家科技进步奖三等奖1项，省部级二等奖2项，发表论文约20篇。

（7）**沈掌泉**：副教授，1993年获浙江大学农业遥感硕士学位，现为在职攻读计算机科学和技术博士学位，主要从事农业遥感与信息技术应用研究，获得国家科技进步奖三等奖："水稻遥感估产技术攻关研究"的主要成员之一。曾访问英国进行合作研究，获得国家科技进步奖三等奖1项，省部级二等奖2项，发表论文约10余篇。

（8）**刘良云**：副研究员，博士后，国家农业信息化工程技术研究中心"3S"工程技术部主任。主要从事"3S"技术在精确农业中的应用研究，曾获中科院2000年博士研究生一等奖学金，多次出访美、日、法和马来西亚等国家并开展"高光谱遥感生态和农业应用研究"，已发表论文30余篇，SCI/EI收录10余篇，获得国家新型专利和受理国家发明专利各1项。

（9）**赵艳霞**：副研究员。中国气象科学研究院生态环境与农业气象研究所，主要从事"农业灾害的遥感监测和影响评估"以及"遥感与作物模式结合用于作物监测和评估"等研究。正在主持国家基金"冬小麦遥感-动力估产模型研究"和"全球主要农作物产量气象卫星遥感综合估测系统研究"等，发表论文10余篇。

另外，将有4～6位博士研究生和8～10位硕士研究生参加科研工作。

第九章　投资估算

一、总投资估算

总投资估算见表5。

表5　总投资估算表

序号	经费项目	用途说明	金额/万元
1	项目预研费	可行性研究报告、信息检索、项目申请开支等	5
2	资料费	遥感资料和常规资料	390
	遥感资料	TM、ASTER、RADARSAT资料等	310
	常规资料	历年气象资料和农作土壤等农学资料，以及社会经济数据等	80
3	数据库专用资料及开发	土地利用现状图更新与亚像元影像图制作，稻作分区和水稻可能种植区域的划定与制图等	30
4	MODIS接收站	MODIS数据产品应用开发、验收与软件加工等	110
	开发验收	MODIS数据产品的应用开发验收	30
	软件加工	MODIS数据产品软件加工	30
	测定化验	生物量、LAI、N、CHI等农学参数的测定与化验	50
5	.MODIS接收站	MODIS接收站建成后为全国估产服务	150
6	专业软件开发	相关软件、开发工具和费用等	100
	相关软件及工具	GIS、遥感图像处理、数据库管理系统等软件及开发工具	65
	开发费用	两年半、2人，5万元/年计，研究人员开发费及各项开支	35
7	增购仪器	增购光谱仪、GPS和服务器等	230
	光谱仪两台（0.4～2.5 μm）	用于卫星遥感准同步测量光谱数据	100
	GPS三台	用于野外实地考察（十几组同时进行）	30
	服务器一台	用于大容量贮存系统的全部数据	100
8	协作与材料费	典型区试验经费及相关材料等	60
	协作费	典型区的试验、测试等协作费	30
	材料费	用于研究所需的材料费用	30
9	系统集成	数据库专业软件及其系统的集成等	80
10	会议等管理费	用于会议、出书、成果验收与鉴定、印刷费等	40
11	专家与机动费	用于专家顾问以及不可预测的开支	10
	合计		1205

二、资金运用

估算结果：项目总投资1205万元，其中国家拨款1005万元，自筹200万元。资金运用计划见表6。

表6　资金运用计划

单位：万元

序号	项目	第一年	第二年	第三年	合计
1	预研准备	5			5
2	仪器设备及软件开发		140		340
	其中：国家拨款	200 100 100	90		190
	自筹*		100		200
3	MODIS开发与建设	50	130	130	310
4	资料费	225	100	40	365
5	协作及消耗费	10	20	60	90
6	系统集成及其他			95	95
7	总投资	490（390＋100）	390（290＋100）	325	1205

* 自筹经费200万元：①从学校2003年拨款建设浙江大学农业信息科学与技术中心的200万元中提用100万元；②从省重点实验室继续资助经费100万元中提用50万元；③从其他科研经费中提取50万元。

第十章　成果效益与风险分析

一、成果及知识产权

1. 成果水平

（1）已有成果的水平

①水稻遥感估产技术攻关研究（1983—1996年），以陈述彭、李德仁、朱祖祥、辛德惠等院士为核心的鉴定委员会的结论性意见：该项成果的总体水平达到大区域范围内同类研究的国际先进水平，其中农学机理实验与遥感分析的成果具有独到贡献（1996年9月21日鉴定）。

②浙江省水稻卫星遥感估产运行系统及其应用基础研究（1997—2002年），以陈述彭、潘德炉、潘云鹤等院士为核心的鉴定委员会的结论性意见：该项成果的总体水平达到同类研究的国际先进水平，其中多项技术综合集成和遥感定量化技术的应用研

究成果具有明显创新的特点，做出了独到的贡献。建议有关部门继续支持开展水稻遥感估产技术的深化应用研究和完善业务运行系统，使其尽快在省内外推广应用。

（2）申报研制的"中国水稻卫星遥感估产运行系统与实施"科技成果的水平

该研究成果的理论与技术均能达到同类研究的国际先进水平，预计将是一项国际性的开创性成果，在国际上会引起较大的反响。

2. 知识产权

中国水稻卫星遥感估产运行系统及其开发的专业软件，是一项拥有自主知识产权的科技成果及相应的系列专利，其专利产品可以组织生产、输出以获得经济效益。

二、效益分析

1. 社会效益分析

中国自古以来就有"民以食为天"的名言。中华人民共和国成立以来，党和国家一直把农业确定为国民经济的基础，2003年又把农业确定为全党工作的重中之重，而粮食又是重中之重的基础。这是因为粮食问题是拥有13亿人口的中国面临的一个重要问题。1960—1961年，我国曾经发生过严重的粮食灾荒，其原因是多方面的，其中，与当时对粮食产量的信息失实有关，导致对农村政策失误。1974—1975年，世界粮食储备降到消费总量的11%，只够40天的储备，世界粮价上涨1倍，造成发展中国家数以万计人饿死，加剧了许多发展中国家的不稳定或动荡。

由此可见，正确获取粮食产量的信息不单是经济问题，也是政治问题。特别是我国加入世贸组织和实施粮食生产放开政策以后，预测粮食作物长势与产量就显得更为重要了，它的实施对保证粮食安全将起到极重要作用，而对国家的稳定和发展也将起到重要作用。

2. 经济效益分析

实施水稻卫星遥感估产运行系统的经济效益主要表现在：①根据水稻长势监测结果，指导和改善水稻生产管理技术以提高水稻产量和质量，这方面的经济效益之大是难以估测的。②根据水稻生产信息的预测结果，制定大米的价格和贸易政策以增加经济效益。这种经济效益的大小主要与估测面积有关，估测面积愈大效益愈大。据有关报道，美国每年投入8000万美元估计全球农作物产量，为美国在世界粮食贸易中获得经济效益达到1.8亿美元。我国有人估测：国家每年进口粮食1000万～5000万t，到2030年，我国人口达到16亿人时，预计每年平均进口5000万～7000万t。如果遥感估产能为我国在期货市场上争得0.1%的价格优惠，则每年节约资金高达6000万元。

三、项目风险分析

在浙江省水稻卫星遥感估产运行系统研究成果的基础上，研制中国水稻卫星遥感估产运行系统并组织实施，该项目只要获得政府的大力支持，是一定能实现的，可以认为风险度极低。但是，如何提高水稻估产的精度稳定性和推向全球还有一定的风险度。

1. 水稻卫星遥感估产精度稳定性问题

浙江省水稻卫星遥感估产运行系统的8次总产估测精度为88.34％～98.14％；种植面积估测精度为90.40％～99.23％，其中波动都在10百分点左右，这显然是不够理想的。产生这些问题的原因至少有以下三个方面（1）单一遥感资料的瞬间光谱信不丰富；（2）遥感定量化技术应用水平不高；（3）现行的遥感估测技术复杂且成本高等。该项目安排的水稻遥感数值模拟模型、水稻双向反射模型开发、MODIS数据的估产潜力开发，定量遥感技术和微波遥感技术在水稻卫星遥感估产中的应用等开发研究，都是国际上研究的热点和难点，特别是现有技术融合集成的技术难度较大，因此，通过研究肯定能提高估产精度的稳定性，但要求精度稳定在95％以上还有一定的风险性。

2. 水稻卫星遥感估产运行推向全球化问题

解决浙江省水稻卫星遥感估产运行系统的估产基本精度与估产成本之间的矛盾，主要是采用廉价的、精度不高的遥感资料（NOAA／AVHRR），通过卫星遥感技术与常规技术的融合集成，其中100 m×100 m亚像元影像图的制作是关键技术。它需要当地的地面资料，其制作过程也很复杂。因此，要想推向全球有一定的困难和风险度，但是，只要在实施浙江省水稻卫星遥感估产运行系统的过程中逐步改进和完善，并抓住从多种卫星遥感资料中提取农作物长势监测与估产所需的全部数据和参数，根据现有的研究基础，以及卫星遥感和信息技术水平还是有可能在技术上有所突破的。那时我国就有可能通过卫星来实施全国乃至全球的农作物长势监测与估产。

3. 农业政策变动的风险性

随着国家工业化、现代化的发展，城乡建设一体化，特别是在农业结构调整和实施粮食生产放开政策之后，水稻种植面积大幅度下降。例如浙江省于2000年开始实施粮食生产放开政策，早稻种植面积从1999年的66.85万hm^2，下降到2002年的23.32万hm^2，三年减少43.53万hm^2（−65.12％）；晚稻种植面积也减少28.18％。这给以宏观性为特点的水稻卫星遥感估产增加困难，有一定风险。但是，根据浙江省水稻卫星遥感估产运行系统的研究结果，早稻种植面积虽然只有23.32万hm^2，特别是面积的分散度增大，但其面积精度还能达到91.6％，总产精度达到89.8％。因此，随着遥感估产技术的提高，在技术上精度的提高还是有可能实现的。

附件3　《浙江省农业信息化建设国家试点实施方案》
（推动新一次农业技术革命、促进农业经营模式转型升级）

早在2007年，习近平同志在主持浙江省工作时就提出："努力走出一条经济高效、产品安全、资源节约、环境友好、技术密集、凸显人才资源优势的新型农业现代化道路。"这是我们农业科技工作者，在新时期、信息时代，促进农业信息化、农业经营模式转型升级的伟大使命。浙江省具备农业信息化建设、走出新型农业现代化道路的技术条件。

一、制订"实施方案"的说明（依据）

农业信息化建设就是要走出新型农业现代化的道路。这是一次以卫星遥感与信息技术为主导技术的、新的农业技术革命，是促进工业时代的工业化的集约经营农业模式，向着信息时代的、网络化的融合信息农业模式（简称信息农业）转型。这是一次从几百年、甚至超千年的农业模式转型期，缩短到10年左右的腾飞式的农业经营模式转型，不仅技术性强、难度大，而且推行实施也很困难。

1. 农业生产伴随着运用常规技术难以调控与克服的5个基本难点，这是严重影响农业生产发展的自然因素，是主要原因

农业生产是在地球表面露天进行的有生命的社会生产活动。它伴随着生产的分散性、时空的变异性、灾害的突发性、市场的多变性，以及农业种类、作物生长发育的复杂性等人们运用常规技术难以调控与克服的5个基本难点。这就是形成农业生产长期以来，一直处于靠天吃饭的被动局面、农业生产脆弱性的根本原因，也是农业行业的发展速度始终落后于其他行业的自然原因。我们经过60年的农业科教、37年的对卫星遥感与信息技术在农业中的应用研究与实践证明，在我国社会进入以遥感与信息技术为特色的，大数据、云计算、网络化的信息时代，只要在农业生产中，全面研究和运用农业遥感与信息技术，实施信息农业，就有可能较大程度地改变农业生产的靠天被动局面及其脆弱性，加快农业的发展。

2. 极其复杂的、技术含量很高的农业生产，长期来由农户独家经营，严重阻碍科技成果的吸收和生产技能的进步，这是严重影响农业发展的人为因素

科学技术和生产技能的不断进步是人类研究自然、认识自然和利用自然，促进国民经济发展和提高创造美好生活能力的推动力。例如农业生产从远古石器时代的刀耕

火种渔猎农业模式，到铁器时代的连续种植圈养种植模式，再到工业时代的工业化的集约经营农业模式，都是随着农业科技和生产技能的进步，缓慢地推动着农业经营模式的转型升级。但是，由于长期以来极其复杂的农业生产都是以个体农户、不分专业地独家经营模式为主，导致农业发展的速度很慢，行业经济实力不足，严重地阻碍农业技术成果的吸收，直接影响生产技能的进步，这是严重影响农业发展的人为因素。如果实现分专业经营管理的信息农业，随着从事农业人员科技素质的提高，农业发展速度就有可能取得很大的改进。

3. 在以卫星遥感与信息技术为主导技术的信息时代，通过农业信息化建设，促使农业模式向着网络化的融合信息农业模式转型，就能走出一条新型农业现代化道路

网络化的融合信息农业模式，简称信息农业。信息农业就是运用卫星遥感和信息技术、大数据、网络化等高科技，通过农业信息化建设，以最快的速度促进工业化的集约经营农业模式，向着信息时代的网络化的融合信息农业模式转型。所谓信息农业，①能快速获取并融合土、肥、水、气、种、保、工、管，以及生物自身的生长发育及其环境等现势性信息；②能综合利用长期积累的科技和生产实践的信息与经验，运用大数据的计算，找到其变化规律及其相关性，为农业生产所用；③研制出由最佳信息组合的各种专业信息系统，建成技术密集的、由专业人才管理的、网络化的农业生产管理模式。通俗地说：信息农业就是运用遥感与信息技术等高科技，因地制宜地聚集融合最佳的信息（技术），组织网络化的农业生产。这是一次农业经营模式转型的腾飞。随着农业科技和生产技能的不断发展，特别是农业基础设施的不断完善，以及农业生产实践信息的积累与有效利用，信息农业的经营水平会不断提高，其结果是必然会稳健地提高产品安全的农业收入，实现农业永久的可持续发展。

4. 浙江省的科技和农业生产水平及其历史数据积累，基本具备农业信息化建设国家试点的条件

浙江省具备农业信息化建设国家试点的条件，首先是浙江大学的农业遥感与信息技术应用研究已有37年的历史，并取得了系列成果：①已建有"研究所""省重点实验室""校学科交叉中心"和一个新专业，并已建成农业遥感与信息技术新学科，这是国内唯一具有硕士、博士学位授予权的新学科，已经培养国内、外研究生200多名；②获省部级以上的科技成果奖励（含协作研究）23项，其中国家科技进步奖3项，省部级科技进步奖一等奖3项、二等奖11项；③现已研究出20多个农业专业信息系统（含合作），其中土地资源领域的信息系统都已在土地管理局或专业公司中推广应用；④提出以种植业为主的农业信息系统概念框架图，明确了农业信息化建设的技术思路；⑤发表论文1000多篇，撰写了《农业信息科学与农业信息技术》等科技专著和高校统编教材10多部，奠定了农业信息化的理论基础；⑥曾应邀参加编制"国家农业科技发

展规划"，负责编写"农业信息技术及其产业化"专项（与中科院地理所合作）；⑦接受国家遥感中心的建议，撰写起草《中国农业遥感与信息技术十年发展纲要》（国家农业信息化建设，2010—2020年）等。其次是浙江省的信息化，特别是网络化在国内是名列前茅的。最后是浙江省的农业历史悠久，农业科学研究和生产技能以及国民经济等在国内也都处于先进水平。因此，浙江省具备农业信息化建设国家试点的条件。

5. 农业信息化建设，必须要有领导、有组织、有研发、有推广，因地制宜有序地同步推进，并通过改革创建农业经营管理新体系

农业信息化建设就是运用农业遥感与信息技术等高新技术，快速地促进现行的工业化的集约经营农业模式，向着网络化的融合信息农业模式转型。这是一次腾飞式的农业转型，其实质是一次以高科技为主导的新的农业技术革命。在制订实施方案时，需要考虑以下特点。

（1）农业经营管理形式。由农民独家经营，改为信息化分专业联合协作经营。所以，现行农业经营管理机构要全面改革、创新；

（2）农业经营管理手段。运用高科技和技术密集进行农业信息化管理，所以要创建一套全新的信息化管理的软件、硬件设备；

（3）农业经营管理者。从由缺乏科学知识的农民经营管理，改为由具有农业科学知识、掌握信息技术的专业人员分专业联合经营管理。所以，要培养有农业科学知识的、掌握信息技术、分专业操作的人才；

（4）农业信息是变动的。农业信息是因时变化、因地而异，而且是经常变化的。所以，农业信息系统要因时、因地及时调整改进，需要培养具有农业科学知识、掌握农业信息化建设的人才；

（5）农业模式的转型时间。从几百年、甚至超千年的农业模式的自然转型期，现在压缩到十年左右的转型期是很困难的。所以，要因地制宜地拟订出周密而科学的、能够执行的实施计划。

综观上述农业转型的特点，农业信息化建设必须在党和政府的统一领导下，成立专门的研发与推广机构，设立专项基金，制定各业支持的政策，发动广大群众，做到边研发、边推广、边改革、边建设，因地制宜地、有序地同步推进。在农业信息化建设过程中，改革旧的农业经营管理模式。创建适合信息农业新模式的经营管理机构及其快速运行的新体系。

二、浙江省农业信息化建设国家试点方案（提要）

农业信息化建设概分两个阶段。第一阶段是新的农业经营模式的创建阶段，就是现行的工业化的集约经营农业模式，向着网络化的融合信息农业模式转型和形成高新

技术产业阶段；第二阶段是信息农业常态化管理阶段，就是信息农业的经营管理不断调整、改革、充实、向前发展的提升阶段。这两个阶段是有先后的，又是相互穿插的、永久不断地向前推进的。本方案只是创建阶段的"提要和个别例子"，待批准后，再制订详细的实施方案。

浙江省农业信息化建设的目的是促进现行的、工业时代的、工业化的集约经营农业模式的快速转型，就是运用以卫星遥感与信息技术为主导的高新技术，在大数据、云计算、网络化的信息时代，快速地创建信息时代的、网络化的融合信息农业模式。这种新模式能在很大程度上改变农业生产靠天吃饭的被动局面，改善农业的行业脆弱性。走出习近平同志提出的一条"经济高效、产品安全、资源节约、环境友好、技术密集、凸显人才资源优势的新型农业现代化道路"。

1. 成立强有力的领导机构，统一领导农业信息化建设，实现信息农业

农业信息化建设是促进农业经营模式的转型。这是一次以卫星遥感与信息技术为主导的、信息时代的、新的农业技术革命。它牵涉到与农业生产有关的许多部门。所以要在省政府统一领导下，组织与农业生产相关的单位领导成员，成立浙江省农业信息化建设委员会，由省领导兼任主任委员，统一领导农业信息化建设及其适应信息农业经营管理的机构改革。下设办公室，由省农业厅主要领导兼任办公室主任，农业厅各处室负责人兼任办公室成员，并按业务性质分组，负责领导和组织农业信息化建设的专业信息系统的研制、推广，以及与其相适应的机构改革等。

2. 组建农业信息化研发机构，负责农业信息化建设的研发与推广指导工作，促进形成信息农业及其高新技术产业

首先建议浙江大学在浙江省农业遥感与信息技术重点研究实验室、浙江大学农业信息科学与技术中心的基础上，把浙江大学农业遥感与信息技术应用研究所扩建为浙江大学农业信息化研究院，再根据农业信息化建设的需要设立若干研究所；其次以浙江大学农业信息化研究院为核心，联合省内与农业信息化有关的单位，组织成立浙江省农业信息化研究联盟，负责农业信息化建设的研发和有序推进，同时负责研究成果应用推广的技术指导工作，近期可以研发急需有效的专业信息系统。例如浙江省农作物生产和主要畜禽养殖的网络化信息系统，做到因地制宜、产销对接，减少盲目生产造成的损失，还可溯源追查，保证食品安全等。又如，浙江省重大自然灾害预测预报系统，可以提高预防或减少自然灾害损失的能力。还有，不断研发信息农业所需的仪器、成套装备和专业软件，为发展农业高新技术产业争取先机。

3. 成立农业信息化培训机构，培训农业信息化专业人才，以及健全和改革信息农业推广体系

首先成立农业信息化培训机构，从农业技术人员中培养出能适应新一次农业新技术革命所需的、不同层次的专业技术人才；其次是充实调整各级农业技术推广站（或改革成立新建单位）的人员，以及购买信息农业所需的科学仪器装备等，形成信息农业的推广体系，保证信息农业科技成果的顺利推广和运行。近期可在总结和提升37年来的研究成果产业化的基础上，开展成果产业化的应用推广研究，例如浙江省水稻长势卫星遥感监测与估产运行系统；又如红壤资源和海涂土壤资源利用动态监测与合理开发等20多个信息系统的业务运行研究与推广应用。

4. 设立农业信息化建设的专项基金，制订各方支持农业信息化的政策

国家工业化以后的农业已成为国家政府和社会资助的产业，特别是在运用以卫星遥感与信息技术为主导的高新技术的时代，在大数据、云计算、网络化的信息时代。由于农业经营本身缺乏经济技术能力，促进农业经营模式转型的新的农业技术革命势在必行。因此，首先国家各级政府都要设立专项基金，分年按需拨款，开展各种专业信息系统的研发和购买新装备，用于农业信息化建设和常态化的信息农业的管理费用；其次确立并制订出与农业生产有关的单位都要支持农业信息化建设的政策，例如无偿提供资料，并配合研发等政策。

5. 信息农业的分层（级）、分专业经营管理系统的初步构想（在农业信息化建设过程中摸索、创新，逐步完成）

（1）信息农业是分省、县（市）、乡（镇）三级的经营管理模式。其中：①省级负责建立省、县（市）、乡（镇）三级网络化的融合信息农业经营管理体系。首先是负责宏观性强的、技术难度大的，例如农业区划、农业灾害预测预报、农业环境资源利用动态监测、农作物长势卫星遥感监测及其估产等；其次是逐步完成1∶50万比例尺的各种专业管理信息系统及其推广应用体系；最后是在信息农业常态化管理过程中负责充实、改进和提升各种信息系统的管理水平。②县（市）级的主要责任是在省级研制的1∶50万比例尺的信息农业管理系统的基础上，在省研究院和培训机构的指导下，结合本地实际，修订放大，制成1∶5万比例尺的信息农业管理信息系统；其次是根据本县实际，在县级信息农业管理信息系统的基础上，放大为1∶1万比例尺的各种专业管理信息系统，并提供给乡（镇）使用。③乡（镇）级是负责操作的基层组织，主要任务是根据实际情况，组织与农业生产有关的单位，制订出分部门、分专业管理的农业生产协作经营计划，并负责实施各专业信息系统。

（2）信息农业是分专业由相关单位负责、共同协作经营的信息化管理模式。信息农业是以农户（生产队、合作社）为经营主体，分部门协作负责专业信息管理的。

这种管理模式，不但能提高农业经营效率，而且有利于农业装备的更新，快速提高农业经营管理的科学和技能水平，达到农业的持久可持续发展。例如由农资公司的庄稼医院扩大和延伸技术规模，分工协作负责农作物的肥、水和病虫害信息管理。这样还能做到产销与需求对接；又如由种子公司扩大和延伸技术规模，分工协作负责种子供应和秧苗培育等信息化管理。这样还能做到全面推广良种和壮秧，为优质高产打下基础，等等。另外，以农户（生产队、合作社）为主体，与各个协作单位签订一个共担风险的、利益共享的"农业生产协作计划"。这样更能促进农业生产的稳定发展。

（3）充实和健全乡（镇）农业技术推广站。农业生产，特别是实施信息农业，成为更加复杂的、技术含量很高的产业，更加需要遵循因地制宜的原则。农业的任何科技成果的推广应用，都必须结合当地实际做"适应性试验"（或叫推广适应性研究），才能取得最大、最佳的效果。因此，实施信息农业必须建立省、县（市）、乡（镇）农业技术推广体系。其中乡（镇）是基层，必须充实、健全农业技术推广站。它的首要任务是农业技术成果的应用推广；其次是解决农业生产中出现的技术性问题，以及排除专业信息系统运行障碍；最后是担任农户（生产队、合作社）的"农业经营技术顾问"，为他们提供技术和经营管理等咨询。初步建议，农业技术推广站的人员编制为5人。他们都需要具有信息技术知识的专业技术。专业背景建议：①农学专业，具有全面的农业知识，特长栽培、种子和经营管理，任站长；②农业环境资源专业，具有农业环境资源生态的知识，特长土壤、肥料和田间水分管理，以及农业环境生态的规划、监测与评估技术；③植物保护专业，具有农作物灾害防治的知识，特长农作物病虫害鉴别、预测与防治；④果树蔬菜专业，具有全面的经济作物的知识，特长果树和蔬菜的栽培技术；⑤畜牧兽医专业，具有全面的畜牧兽医知识，特长猪、羊和鸡、鸭等畜禽的饲养技术。最后，要因地、因时调整、充实乡（镇）农技站。制定培训制度，不断提高农技站的科技水平，使农技成果得到全面、及时的推广应用，适应信息农业的发展。

6. 网络化的融合信息农业模式是技术层次最高的农业经营模式，至少有十大优势

信息农业是运用遥感与信息技术等高新技术，因地制宜地聚集融合最佳信息（技术）的组合，完成农业生产全过程；是由能运用高新技术的、有现代农业知识的、不同专业的技术人员相互协作共同完成的农业生产经营管理模式。这是一种最高级的农业经营模式，至少有十大优势：①能充分凸显人才优势，以"绿水青山""一个规划、一张蓝图"的理念，指导农业、工业和服务业三个产业的平衡协调发展，做到经济高效、环境友好、生态文明；②能因地制宜地高密度聚集最佳的农业科技组合，做到农业生产科技的最高水平，获得优质高产；③能从农业发展的历史过程中总结经验、吸取教训，为现代农业服务；④能根据农产品的需求变化，调整农业生产，并在农产品

滞销时，通过网络向社会促销，可以最大限度地避免产销失调的损失；⑤能快速及时获取农业生产的现时性信息，采取针对性的最佳措施，可以取得最好的农作效果；⑥能最大程度地有效利用和节约农业资源，做到资源节约，防止环境污染，获取产品安全；⑦能有效预测预报农业自然灾害的信息，及时采取针对性的预防和治理措施，使灾害损失减少到最小的程度；⑧能通过网络化的各专业信息系统，随时检查农业生产状况，及时提出指导意见，并采取针对性的措施，取得最佳的栽培效果；⑨能及时吸取最新农业科技成果，提高科学种田的水平；⑩能以最快速度更换农业器具和装配，提高农业生产的技能水平。

随着农业基础设施建设的完善、农业科技水平的提高、生产经验的积累、信息农业知识的有效利用，农业经营管理水平会不断提高，最终就能走出一条习近平同志提出的"经济高效、产品安全、资源节约、环境友好、技术密集、凸显人才资源优势的新型农业现代化道路"。这种模式在实践过程中，能不断地提高信息农业的技术水平，加快农业的发展速度。从此，我国农业生产就能改变传统的落后局面，走上稳健的、永久的可持续发展的轨道，社会上存在的轻视农业的现象也会悄然消失。

王人潮 写于浙江大学
2017年7月1日

附 录

附录1 浙江大学农业遥感与信息技术应用研究所
创建和发展过程示意图

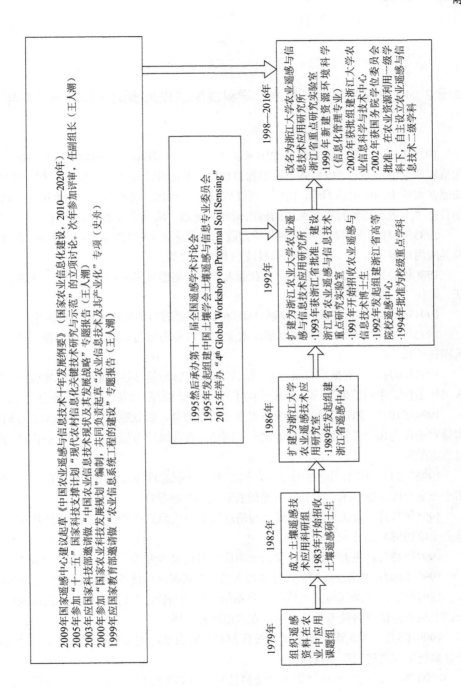

附录2　农业遥感与信息技术新学科发展过程大事记（1979—2016年）

1979年10～11月，王人潮参加国家农业部和联合国FAO、UNDP共同举办的、由北京农业大学承办的"以MSS卫星影像目视土地利用和土壤解译"为主要内容的卫星遥感在农业中的应用讲习班。同年，浙江农业大学和北京农业大学分别承担国家农业部首批"卫星遥感资料在农业中的应用研究"课题，成立土壤遥感科研组。

1983年8月王人潮在土壤学科开始招收土壤遥感硕士研究生，《水稻营养综合诊断及其应用》科技专著，获全国优秀科技图书奖二等奖。

1986年8月，学校批准成立浙江农业大学农业遥感技术应用研究室，王人潮任主任。

1991年8月，王人潮在土壤学科开始招收农业遥感与信息技术博士研究生。

1992年8月，省教委批准成立浙江农业大学农业遥感与信息技术应用研究所，王人潮任所长。

1993年9月，省府批准投资建设浙江省农业遥感与信息技术重点研究实验室，王人潮任主任、中科院遥感应用研究所首任所长、陈述彭院士兼任学术委员会主任。

1994年10月，浙江省首次组织省重点实验室评估，农业遥感与信息技术重点研究实验室被评为10个省级优秀实验室之一；同年，农业遥感与信息技术学科被批准为校级重点学科。

1995年5月，国家遥感中心主办，浙江大学农业遥感与信息技术应用研究所承办第十一届全国遥感学术讨论会，应邀做农业遥感专题报告。

1995年11月，浙江大学农业遥感与信息技术应用研究所牵头，发起组建中国土壤学会土壤遥感与信息专业委员会。

1997年12月，主办中国土壤学会土壤遥感与信息专业委员会首次学术讨论会。

1998年10月，"水稻遥感估产技术攻关研究"获国家科技进步奖三等奖（五级制）。

1999年2月，《浙江省红壤资源信息系统的研制与应用》（26万字）作为国内外第一部土壤资源信息科技专著，由中国农业出版社出版。

1999年5月，王人潮应邀在国家教育部召开的农业院校高新技术会议上作"农业信息系统工程的建设"专题报告。

2000年4月，史舟参加"国家农业科技发展规划"编制，与中科院地理所共同负责起草"农业信息技术及其产业化"专项。

2002年1月，浙江大学批准投资成立"浙江大学农业信息科学与技术中心"，黄敬峰任首席科学家，同年国务院学位委员会批准浙江大学自主设立农业遥感与信息技术二级学科。

2002年2月，《水稻遥感估产》（50万字）作为国内外第一部水稻遥感估产科技专著，由中国农业出版社出版。

2003年3月，王人潮应国家科技部邀请在"中国数字农业与农村信息化发展战略研讨会"上做"中国农业信息技术现状及其发展战略"专题报告。

2004年10月，中国土壤学会土壤遥感与信息专业委员会、浙江大学环境与资源学院联合主办"王人潮教授从教50周年庆典活动"，会前组织出版《王人潮文选》（60万字），会后组织编写《王人潮教授从教50周年庆典活动选编》。

2009年4月，王人潮接受国家遥感中心的建议，负责起草《中国农业遥感与信息技术十年发展纲要》（国家农业信息化建设2010—2020年）征求意见稿（3）。

2014年6月，由研究生们资助设立"浙江大学环资学院王人潮教授奖学金"。

2015年4月，史舟教授当选中国土壤学会土壤遥感与信息专业委员会主任委员；同年5月，黄敬峰教授当选中国农业自然资源与规划学会农业专业委员会副主任。2016年12月，史舟教授当选国际土壤学会土壤近地传感工作委员会主席。

附录3　科技合作协议

1. 2002年3月，浙江大学农业遥感与信息技术应用研究所与国家农业信息化工程技术中心签订了科技合作协议书。

2. 2003年11月，浙江大学农业遥感与信息技术应用研究所与中国科学院遥感应用研究所签订了科技合作协议书。

3. 2004年8月，浙江大学农业遥感与信息技术应用研究所与美国康奈尔大学资源信息系统研究所签订了教育与科技合作协议书。

附录4　在职和离职人员名录（含曾在本所工作过的人员）

一、在职人员（2017年，总计21人，含博士后4人及项目聘用4人）

浙江大学农业遥感与信息技术应用研究所在职人员表

姓名	职称职务	学位	说明
王人潮	教授（首任所长）	博导	学科主要奠基人
史舟	教授（现任所长）	博士、博导	学科负责人
王珂	研究员（二任所长）	博士、博导	学院副院长
黄敬峰	研究员（三任所长）	博士、博导	校学科交叉中心首席科学家、重点实验室主任
梁建设	研究员（副所长）	硕士、硕导	党支部书记、推广编制
王福民	副教授（副所长）	博士、博导	
邓劲松	副教授	博士、博导	资源科学系副主任
许红卫	副教授	博士、博导	
沈掌泉	副教授	博士、博导	
周炼清	副教授	博士、博导	
张晶	副研究员	博士	推广编制
干牧野	讲师	博士	科研编制
虞舟鲁	助教	硕士	科研编制
李硕			博士后
张垚			博士后
阿米尔			博士后
藤洪芬			博士后
陶建军		硕士	项目聘用
张文强	实验室管理员	本科	项目聘用
陈亮		硕士	项目聘用
黄安亮		硕士	项目聘用

二、在本所工作过的人员（离退休人员、调离人员和博士后等）

苏海萍、苏亚芳、柯正谊、金立、王深法、陈铭臻、蒋亨显、周启发、吴豪翔、吴军、吴次芳、章明奎、王援高、张超、周斌、吴嘉平、A. 杨希、O. 依丝玛尔、C. 琼斯。

附录5　在读学生和毕业生名录

一、在读学生名录（共120人）

1. 研究生名录（共92人）

（1）在读博士生（31人）

2011	郑辛煜、赵哲文、伍维模
2013	魏传文、夏芳、郑擎
2014	宋沛林、梁宗正、彭杰、周银、黄玲燕、苏越、薛星宇
2015	郭乔影、孙媛媛、朱恩燕、李莹莹、张康宇、郑启明
2016	陈圆圆、林越、蒋青松、徐冬云、向珊珊
2017	周梦梦、刘围围、杨媛媛、何山、付勇勇、叶自然、杨玲波

（2）在读硕士生（61人）

2015　　何柯、王丽媛、杨璇、陶丽婷、陈彬卉、郑胜云、贾晓琳、蒋若蔚、朱少春、汤阳、高玉兰、王佳昱、林子翔、郭二秀、丁小行、李枋燕、赵智勇、王威

2016　　胡婕、王耀辉、吴博文、彭怀月、何康、高佳莉、豆玉洁、贾红珍、郑晓梅、赵瑞瑛、徐周瞬、解丹丹、傅智一、彭涛、游诗雪、倪卫婷、张大成、徐烨、赵梦洁、赵梦珠

2017　　许金涛、李晨露、吴醇、刘坤坤、张慧娟、周越、刘莉、邵帅、童城、洪武斌、胡景辉、何川、朱海伦、娄格、黄艳红、尤其浩、郗雨、张萌、岑庆、陈镔捷、吴雅妮、王海燕、许子艺

2. 本科生名录（共28人）

2014	陈璐、朱曼玲、傅婷婷、周宇涛、闵肖肖、王志宇
2015	徐沐阳、许洋、张成棋、倪好、董白羽、汤超、王楠、柴萌、杨浩
2016	黄熠丽、王银沼、王嘉清、刘鹏博、何林涛、陈鑫磊、邵江琦、侯佳、祝雯灿、伍温强、刘钰滢、江通、李初阳

二、毕业生名录（共286人）

1. 获硕士、博士学位的研究生名录（共226人）

（1）历届毕业的博士研究生名单（111人，含博士后）

1995   赵小敏、杨联安

1996   陈铭臻

1997   吴次芳、胡月明、吕军

1998   史舟、赵庚星

1999   张洪亮

2000   黄敬峰、O.A.依思玛尔、M.S.A.阿贝德、A.杨希、吕晓男、沙晋明、甘淑、王援高、王建弟、钟哲科

2001   王秀珍、李云梅、周斌（博士后）

2002   沈润平、柳云龙、吴曙雯、申广荣

2003   张金恒

2004   许红卫、程乾、唐延林、周炼清、周清、王伟武、O.A.依思玛尔（博士后）

2005   张超（博士后）、丁丽霞、李存军

2006   李艳、丁菡、张永江、徐俊锋、冯秀丽、李军

2007   王福民、邓劲松、陈拉、杨晓华、王琳、朱蕾

2008   易秋香、张远、刘占宇、孙华生、李宏义、程衔亮、吴春发、王繁、王渊

2009   彭代亮、成伟、林芬芳、金艳

2010   石媛媛、王小明、邓睿、丁晓东、祝锦霞

2011   韩凝、王大成

2012   邱乐丰、张东彦、张竞成、付剑晶、林声盼

2013   程勇翔、张丽文、石晶晶、荆长伟、郭燕、苏世亮、盛莉、江振蓝、董莹莹、王慧芳、张峰、雒瑞森、吴达胜

2014   陈利苏、肖锐、支俊俊、纪文君、张中浩、李佳丹、马利刚、潘艺、干牧野、廖钦洪、顾清、宋根鑫

2015   张垚、潘灼坤、付元元

2016   王晶、宋洁、李振海、吴超凡

2017   费徐峰、滕洪芬、佘宝、马自强、郑辛煜

（2）历届毕业的硕士研究生名单（共115人）

1985   周侠

1986   吴嘉平

1987   吴豪翔、梁建设

1988   麻显清、张明奎、周启发

1990   史彦鹏、王援高、蒋亨显、赵小敏

1991 唐根年

1993 沈掌泉

1994 C. Jonea、费建华

1996 史舟

1997 周剑飞、A.杨希、O.A. 依思玛尔、M.S.A.阿贝德、鲁成树

2001 朱君艳

2002 唐蜀川

2003 刘英、张玲、施拥军

2004 祝国群、黄明祥、孔邦杰

2005 曹浩、王新、黄娟琴

2006 姚伟、涂梨平、张新刚

2007 章仲楚、徐豪、谭永生

2008 孙棋、刘璞、王红说、王新辉、贾春燕

2010 张玲、唐惠丽、陈霞、陈祝炉、黄启厅、凌在盈、敖为起

2011 金希、周银、虞湘、路雪、付志鹏、吴静、杨超、周方方、刘王兵

2012 郭瑞芳、宋书艺、陆超、窦文洁

2014 张淑娟、杨宁、卢必慧、刘翔、王巍贺、张乐平、杨大兴、彭丽

2015 庞玉娇、孙辉、羊槐、叶领宾、谢杨波、蒋狄微、林溢、张健、沈高足、王乾龙、蔡广哲、孔哲、张康宇

2016 陈颂超、周振、蔡东燕、花一明、黄涛、叶近天、陶虹向、陶建军、陈东海、刘丽雅、姜志刚、吕志强、翟曼玉、韩冰、林芳

2017 吕志强、沈欢欢、沈一斌、夏莹、叶近天、胡碧峰、刘用、王阳、冯丽英、杨亚辉、韩佳慧、张东东、黄舟、汪丽妹、曾颖、吴长春

2. 获学士学位的本科生名录（共60人）

2003 金珊、林旭、罗慧荣、马俞斌、邱乐丰、沈琳、项银锋、徐灵峰、余磊、余巍、张根、张玲

2004 陈洁丽、陈晓萍、陈泽烽、方乾芳、胡东方、刘碧东、翁腾英、伍苏丹、虞湘、张赫斯、周银

2005 顾万帆、李佳丹、汪凌佳、徐萍、颜军、曹海斌、程宇描、何叶明、骆文强、叶方进、虞舟鲁、赵展翔

2007 王盈、龚裕鹏、李琛、田宝栋、吴飞鹏、叶萃华、余旭东、张江江

2012 朱纯怡、何康、邹中帆、周伯通、胡夏天、张宇兰、张兰因、屠怡瑾、蔡咏芯、王亦凡、薛琳琳、林越

2013 许金涛、谢莉莉、陈镔捷、洪武斌、蒋苏韵

索 引

一、主持完成并获奖的科技成果

1. 水稻遥感估产技术攻关研究（国家五级制三等奖，省二等奖、农业部二等奖）
2. 土壤–作物营养诊断研究及其推广示范（省二等奖、省三等奖）
3. 早稻省肥高产栽培及其诊断技术研究（省三等奖）
4. MSS卫生影像目视土壤解译与制图技术研究（省二等奖）
5. 土地利用总体规划的技术开发与应用（省三等奖）
6. 浙江省红壤资源遥感调查及其信息系统研制与应用（省二等奖）
7. 浙江省水稻卫星遥感估产运行系统及其应用基础研究（省三等奖）
8. 农业资源信息系统研究与应用（省二等奖）
9. 《水稻营养综合诊断及应用》获全国优秀科技图书奖二等奖

二、合作完成的获省部级二等奖以上成果

1. 农业旱涝灾害遥感监测技术（国家二等奖）
2. 植物–环境信息快速感知与物联网实时监控技术与装备（国家二等奖）
3. 浙江省土地资源详查研究（省一等奖）
4. 设施栽培物联网智能监控与精确管理关键技术与装备（省一等奖）
5. 农田信息多尺度获取与精确管理关键技术及设备（省一等奖）
6. 水稻"因土定产、以产定氮技术"的基础研究（省二等奖）
7. 浙江省实时水雨情WebGIS发布系统（省二等奖）
8. 农业高科技示范园区信息管理系统及其应用研究（省二等奖）
9. 富春江两岸多功能用材林效益一体化技术研究（省二等奖）
10. 草地、小麦、土壤水分的卫星遥感监测与服务系统研究（省二等奖）
11. 新疆农牧业生产气象保障与服务系统研究（省二等奖）
12. 北方冬小麦气象卫星动态监测与估产系统（国家奖二级证书）
13. 新疆主要农作物与牧草生长发育动态模拟与应用（国家三等奖）

三、科技著作（本所人员主编为第一作者）

1. 《农业信息科学与农业信息技术》（45万字）
2. 《水稻遥感估产》（50万字）
3. 《浙江红壤资源信息系统的研制与应用》（26万字）
4. 《浙江海涂土壤资源利用动态监测系统的研制与应用》（32万字）
5. 《地统计学在土壤学中的应用》（30万字）
6. 《水稻高光谱遥感实验研究》（50.5万字）
7. 《水稻卫星遥感不确定性研究》（30.4万字）
8. 《浙江土地资源》（69.2万字）
9. 《水稻营养综合诊断及其应用》（21.6万字）
10. 《诊断施肥新技术丛书》（13分册，103万字）
11. 《土壤地面高光谱遥感原理与方法》（36.9万字）
12. 《"多规融合"探索——临安实践》（30万字）

四、正式出版的高校教材

1. 农业资源信息系统（农业部新编国家统编教材、教育部面向21世纪课程教材）
2. 农业资源信息系统（第二版）
3. 农业资源信息系统实验指导（农业部新编国家统编教材、教育部面向21世纪课程教材）
4. 土壤研究的遥感方法（俄译版）

五、未正式出版的自编教材

1. 土壤遥感技术应用
2. 土壤调查及制图（组编本）
3. 土地管理学导论
4. 水稻营养综合诊断及其应用（见科技著作9）
5. 诊断施肥新技术丛书（见科技著作10）

后　记

　　我是王人潮教授的第三届硕士研究生，于1987年以良好的专业课程成绩以及全优的硕士论文成绩完成学业，获得浙江农业大学土壤遥感硕士学位，留校任教，开展卫星数字图像的处理和土地利用分类研究；协助导师指导培养研究生工作，同时担任土壤遥感技术应用和土壤调查与制图实验课的教学任务。1989年晋升讲师，同年调任浙江农业大学经济技术开发公司经理，1995年晋升推广副教授，2003年晋升工程技术研究员。主编《农业技术开发与管理论文集》和《生物技术与人类健康》两部科技著作，发表论文30余篇。

　　2009年，导师将我调回研究所，任副所长和党支部书记，分管实验室建设和科技成果推广工作。2010年浙江大学成立农业技术推广中心，我被安排到推广中心后，先后担任培训办公室主任和成果推广办公室主任。我的主要工作就是开展农业技术推广。这实际上是我大力开展农业遥感与信息技术科技成果推广的绝好机会，然而农业遥感与信息技术成果是现代化高新技术，向社会推广需要项目的研发团队参与推广。遥感所的现状是研究人员少，科研任务繁重，既要组织科研攻关又要深入"三农"参与推广，确实是分身乏术。一项科学研究成果要转化为可以直接服务于农业经济的实用性技术，必须要经历实验孵化、试验示范、培训宣传、才能实现。农业遥感与信息技术成果是信息时代的高新技术，其科技成果推广是一次新的农业技术革命，由于缺少社会经济基础，实践中还存在着诸多难以克服的困难，因此，除土地遥感与信息技术的科技成果有比较好的推广以外，其他科技成果没有能够在农业生产中推广应用。

　　2015年，我受导师的委托，担任《浙江大学农业遥感与信息技术研究进展》主编。在导师的指导下，我对浙江大学农业遥感与信息技术应用研究所1979至2016年的教学科研成果通过系统整理、分类、汇编成集。全书分上下两篇，上篇对历届毕业的研究生的学位论文摘要，根据研究内容分成6个部分进行整理汇编，客观反映历届研究生对研究所做出的贡献；下篇集中对浙江大学农业遥感与信息技术应用研究所37年来实现的科研成果、发表的科技著作和教材、科技产品与专利、人才培养成就、科教平台创建，以及社会经济效益等6个部分进行整理，并做摘要介绍。

　　对我来说，编写《浙江大学农业遥感与信息技术研究进展》是一个非常好的学习过程。通过系统整理37年来每位研究生的学位论文，以及各位老师的研究成果，我比较全面地了解了农业遥感与信息技术应用研究所的每位同仁在教书育人、科学研究和成果推广中所付出的辛劳以及取得的巨大成就。通过编写《浙江大学农业遥感与信息技术研究进展》，我收获很大，主要体会有：（1）比较深入地认识到经过37年的持续研究，王人潮教授带领大家创建了全新的"农业遥感与信息技术学科"，并取得一系列科研成果。经过多年来的实践、总结、凝练和提升，找到了习近平同志提出的"努力走出一条新型农业现代化道路"，这就是运用农业遥感与信息技术、大数据、云计算、网络化等现代高新技术，开发利用农业信息资源，以实现农业信息资源的高度共享，从而推动农业经济高度智能化的新型农业发展之路。（2）导师王人潮先生已87岁高龄，近年来他的视力衰退比较严重，看书、写字都有困难。但他为了农业信息化建设，仍然克服困难坚持工作，为本书撰写"前言"和"浙江省农业信息化建设国家试点实施方案"。这为本书的编写提供了思路，定下了基调。他还为本书统稿把关，使我深为感动，受益匪浅。（3）我在导师的指导下，通过编写本书，对农业遥感与信息技术发展的每个阶段及取得的成果有了更为清晰的认识，首先认识到新学科今后的研究方向和目标。农业遥感与信息技术在现代农业研究，在农业信息化建设过程中，能够起到主导技术的作用。如果"实施方案"能获得批准，我将积极遵循导师教导，进一步强化服务三农思想，积极参与农业遥感与信息技术应用研究所的建设。其次，不断克服困难，创造条件，为农业信息化建设以及逐步实现信息农业不懈奋斗，为浙江大学"立足浙江、面向全国、走向世界、奔国际一流"的奋斗目标做出更多的贡献。

浙江大学农业遥感与信息技术应用研究所经历了37年的发展历程，由于"四校合并"及校区搬迁，现有的文献管理系统没能覆盖全部资料，因此在资料收集、成果汇编过程中，难免有所疏漏，加之编者水平有限，行文多有不足，错误亦在所难免，敬请研究所的各位同仁提出宝贵意见，以资更正。

图书在版编目（CIP）数据

浙江大学农业遥感与信息技术研究进展：1979—
2016 / 梁建设主编. —杭州：浙江大学出版社，2018.5
ISBN 978-7-308-18012-2

Ⅰ. ①浙… Ⅱ. ①梁… Ⅲ. ①遥感技术－应用－农
业－研究②信息技术－应用－农业－研究 Ⅳ. ①S127

中国版本图书馆CIP数据核字（2018）第037653号

浙江大学农业遥感与信息技术研究进展（1979—2016）
梁建设 主编

责任编辑	杨利军
文字编辑	魏钊凌
责任校对	陈静毅 郝 娇 张振华
封面设计	周 灵
出版发行	浙江大学出版社
	（杭州市天目山路148号 邮政编码310007）
	（网址：http://www.zjupress.com）
排 版	浙江时代出版服务有限公司
印 刷	浙江新华数码印务有限公司
开 本	710mm×1000mm 1/16
印 张	20
字 数	423千
插 页	4
版 印 次	2018年5月第1版 2018年5月第1次印刷
书 号	ISBN 978-7-308-18012-2
定 价	58.00元